21세기 동북아 해양전략

경쟁과 협력의 딜레마

21세기 동북아 해양전략

경쟁과 협력의 딜레마

2015년 7월 30일 초판 1쇄 발행
2016년 7월 7일 초판 2쇄 발행

지은이 | 임경한 · 오순근 · 박남태 · 정재호 · 김기주
교정교열 | 정난진
펴낸이 | 이찬규
펴낸곳 | 북코리아
등록번호 | 제03-01240호
주소 | 13209 경기도 성남시 중원구 사기막골로 45번길 14
우림2차 A동 1007호
전화 | 02-704-7840
팩스 | 02-704-7848
이메일 | sunhaksa@korea.com
홈페이지 | www.북코리아.kr
ISBN | 978-89-6324-431-0(93390)

값 20,000원

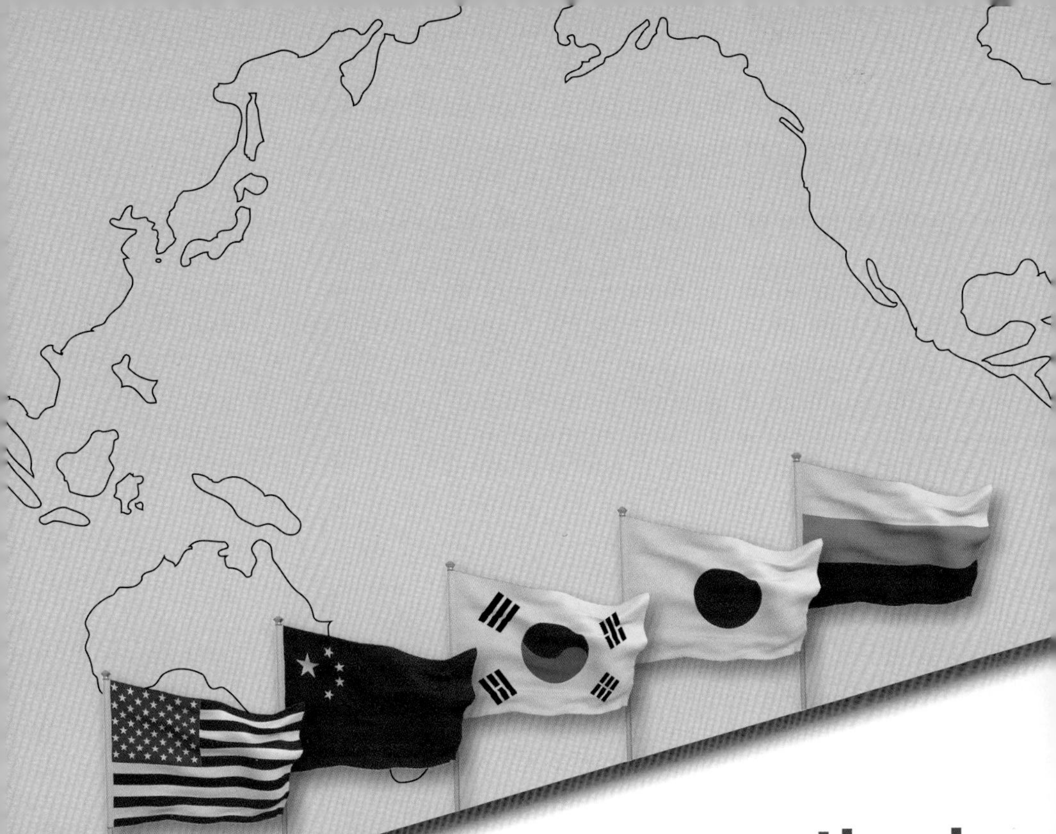

21세기 동북아 해양전략

경쟁과 협력의 딜레마

임경한 · 오순근 · 박남태 · 정재호 · 김기주 공저

북코리아

| 미 · 중 · 일 · 러 · 한 5개국의 해양전략 |

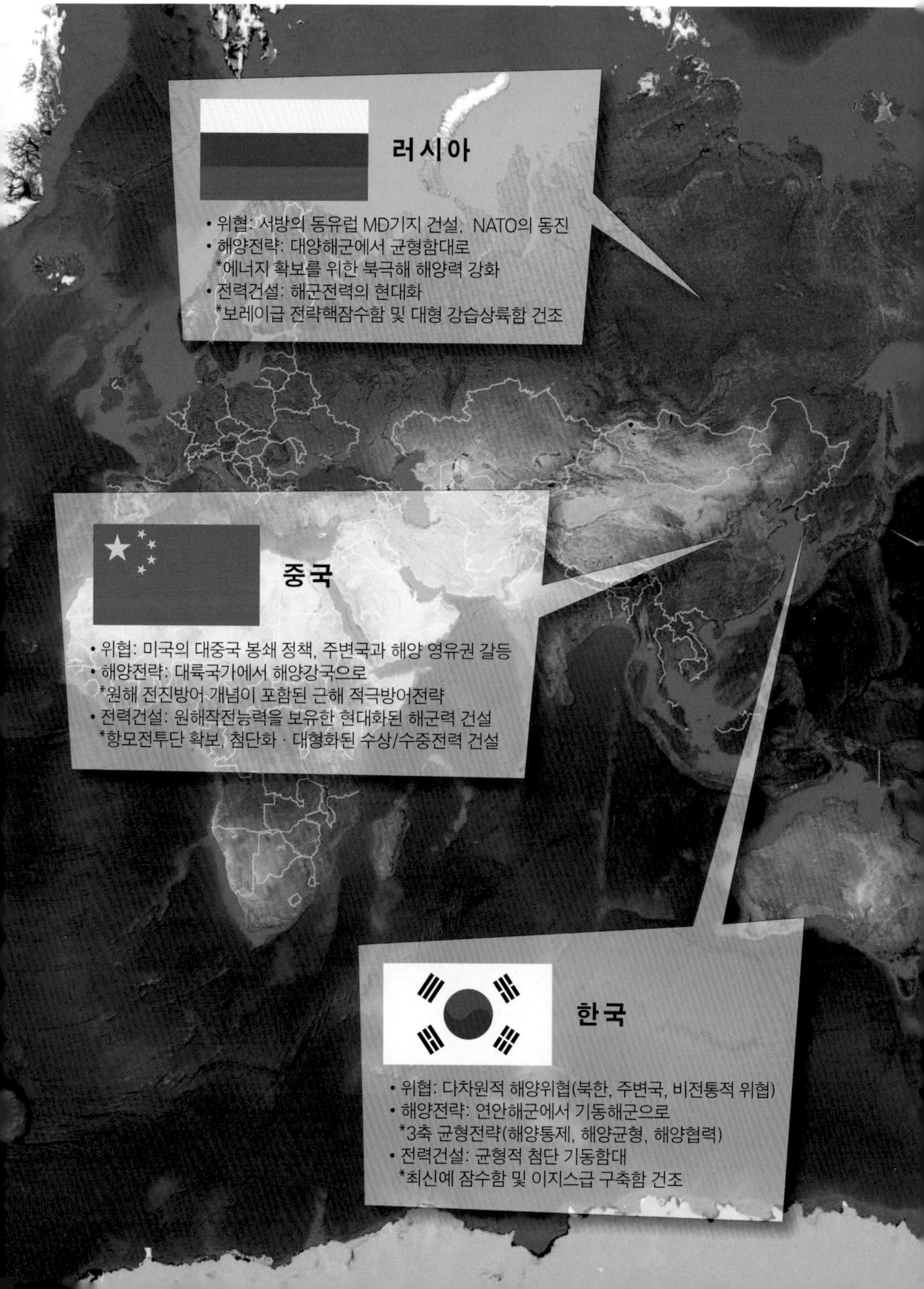

미국
• 위협: 중국의 해양 팽창
• 해양전략: 대서양에서 아시아 · 태평양으로
*아시아 · 태평양 중시
• 전력건설: 전 지구적으로 전개 가능한 해군력
일본
• 위협: 소련 대응에서 중국 대응으로, 북한 핵 · 미사일 위협
• 해양전략: 해상교통로(SLOC) 보호 영역 확대
• 전력건설: 원해 및 기동작전 능력 극대화
*수중전력 지속 확보 및 호위대군 전력 첨단화

추천사

경쟁과 협력의 딜레마, 동북아 해양전략

"바다는 힘 있는 국가에게는 교역과 발전의 통로이지만 힘없는 국가에게는 침략자들의 길이었다."

유라시아 대륙의 동쪽 끝자락에 위치한 3면이 바다로 둘러싸인 반도국가인 대한민국.

북으로는 군사분계선으로 차단되어 있으나 거대한 태평양으로 나아갈 수 있는 바다의 길이 열려 있는 지리적 이점을 가진 해양국가인 대한민국은 강력한 해양력으로 뒷받침되어야만 미래를 보장받을 수 있을 것입니다.

1945년 11월 11일, 해방병단을 창설하여 조국의 바다를 수호하겠다는 의지를 불태웠지만 전투함 한 척 없었던 초창기의 해군은 450톤급 백두산호 한 척을 구입하여 온 해군 가족이 만세를 불렀던 그 시절을 벗어나 우리의 기술과 능력으로 이지스구축함을 만들고 태평양과 동서남해 바다를 누비고 있으며, 3,000톤급 잠수함을 우리의 힘으로 건조하는 해군으로 발전하였습니다.

웅시사해(雄視四海)!

그러나 주변을 냉정하게 바라보면 우리가 가야 할 길이 아직도 멀고 해야 할 일이 너무도 많다는 것을 절실히 느끼고 있습니다.

바다는 힘 있는 자에게 기회를 줍니다. 용기 있는 자에게 허락합니다.

이러한 냉엄한 현실을 인식하여 해양강국 건설을 강조하고 우리가 해야 할 일을 깨닫게 해주는 노력을 해준 후배장교들에게 힘찬 격려와 함께 고마운 마음을 전합니다.

바쁜 일상의 업무 속에서 주경야독하며 일궈낸 그 결실이 해양강국 대한민국을, 강한 해군을 이루어내는 밑거름이 될 것입니다.

이 책이 대한민국의 미래와 바다를 사랑하는 여러분에게 지혜와 의지를 심어주는 커다란 자산이 되기를 바라며, 해양안보에 더 많은 관심을 당부드립니다.

2015년 5월 26일

28대 해군참모총장, 19대 국회의원

프롤로그

유사 이래 한반도와 우리 민족은 미국, 중국, 일본, 러시아로 일컬어지는 주변국들과 갈등 사이에서 협력의 역사를 반복해왔다. 이들은 대부분의 과거 역사에서 우리보다 국력이 큰 강대국들이었고, 21세기 현재에도 세계 속에서 가장 강력한 국가들이다. 그리고 이들 주변국들과 우리는 해양을 사이에 두고 있다. 미국과 일본과는 태평양과 동해를, 중국 · 러시아와는 서해, 남해 그리고 동해를 사이에 두고 있다. 우리는 주변국들과 해양에서의 지속적인 무력충돌을 겪어왔고, 지금도 일부 주변국들과 독도, 이어도 등 해양영유권 및 관할권 갈등을 겪고 있다. 따라서 이러한 주변국들이 해양을 어떻게 인식하고 활용하는지에 대한 지식, 즉 해양력과 해양전략에 대한 이해가 필요하다.

이 책의 집필 목적은 한국의 해양전략에 관심을 가지고 있는 전문가 및 일반인들에게 미 · 중 · 일 · 러 주변 강대국들의 해양전략을 쉽게 이해시키기 위함이다. 이러한 목적으로 현역 해군장교인 5명의 집필자가 부족한 시간과 지혜를 모았다. 이 책의 가장 큰 특징은 미 · 중 · 일 · 러 · 한의 해양전략을 한 권으로 묶었다는 것이다. 지금까지 한국을 포함한 주변 4개국의 해양전략에 대한 개별적인 많은 저서와 연구보고서가 있었다. 그러나 본서처럼 독권으로 된 저서는 없었다. 이 책은 미 · 중 · 일 · 러 · 한의 해양전략에 대한 그간의 연구물들을 일목요연하게 정리했다. 특히, 읽기 쉽도록 학술적인 접근보다는 역사적인 서술방법을 택하고, 그림과 도표(표) 등으로 형상화시키려고 노력했다.

미 · 중 · 일 · 러는 해양력 발전에 있어서 각각 독특한 특징과 과정을 보여주고 있다. 그러므로 각국의 해양전략 집필에 대한 중점은 그 국가만의 특징과 과정을 고려했다. 또한 해양력과 해양전략이라는 주제를 다루고 있지만, 실질적으로는 미 · 중 · 일 · 러 등 한반도 주변 강대국들이 과거로부터 지금까지 운용해온 해군력에 중점을 두었고, 그 과정 속에서 해군력을 어떻게 발전시켜왔는지를 역사적인 맥락에서 되짚어보려 했다.

미국은 앨프리드 마한(Alfred Thayer Mahan)이라는 걸출한 전략가의 사상과 이를 바탕으로 정책적 의지와 실행력을 가진 루스벨트 대통령에 의해 그 위대한 해군력 건설이 본격화된 특징이 있다. 또한 자유민주주의와 문민통제의 철저한 원칙이 성립된 국가로서 국가전략-군사전략-해양전략이라는 체계 내에서 해양전략을 잘 보여주고 있다. 그러므로 미국의 해양전략은 시기별로 명확하게 제시되는 국가전략과 함께 이를 수행하기 위한 군사전략과 해양전략이 공식적으로 발표되었다. 미국은 20세기 초반부터 대외정책의 축을 대서양에서 태평양으로 옮기게 되었고, 21세기 현재는 아시아 · 태평양에서의 해양전략에 집중하는 과정을 중심으로 글을 전개했다.

중국의 해양력과 해양전략에 대한 설명은 15세기 명나라 시기 정화함대의 설명에서 시작된다. 그러나 오랫동안 대륙국가적인 성향을 보인 중국은 해양활동에 큰 관심을 두지 않았다. 중국은 1980년대 덩샤오핑 시대부터 해양과 해군력이 제공하는 국가발전과 국가안보, 국가위상의 기회들에 눈을 뜨게 된다. 이 시대의 중국은 경제 개혁 · 개방정책의 일환으로 외부세계로의 진출을 위해 해양의 필요성을 인식하는 한편 자국 해양의 이권을 보호하기 위한 해군력 건설에 박차를 가했고, 그 결과 현재 중국은 자체 개발한 전략핵추진잠수함과 항공모함을 갖춘 막강한 해군력을 보유하게 되었다. 특히 21세기 해양의 세기에 접어들면서 중국이 해양강국을 지향하는 과정에서 어떻게 급속한 해군력의 현대화를 가져오게 되었는가를 집중적으로 다루고 있다.

일본의 해양력은 일본제국 해군 시절 청일전쟁과 러일전쟁을 통해 그 토대가 이루어졌으며, 태평양전쟁 때 비록 미국에 패배하였지만 당시 가장 강한 해양력을 보유했다. 그러므로 일본의 해양전략은 직접 전쟁을 통해 실험되었고, 그 경험을 바탕으로 발전해온 특징을 보인다. 따라서 과거 일본이 수용했던 주요 해전을 분석하면서 일본이 추구하고자 한 해양력과 해양전략이 무엇이었는지를 중심으로 살펴보았다. 그리고 태평양전쟁 이후 해상자위대로 전환되었는데, 그 이전 해양전략에 대한 기본 사상이 어떻게 해상자위대와 연계되고 있는지를 자세하게 분석했다.

러시아는 지도자의 성향이 국가의 해양전략 발전에 상당한 영향을 가져다준 것을 알 수 있다. 러시아는 태생적으로 대륙국가였다. 지정학적인 이유로 러시아는 대륙국가의 틀에서 크게 벗어나지 못했다. 그러나 표트르 대제라는 걸출한 해양전략 사상가인 절대군주의 출현으로 러시아 해양력은 급격하게 발전하였다. 또한 21세기 들어서면서 러시아는 안보전략을 정립하는 과정에서 해양안보환경의 중요성을 크게 인식했고, 이는 곧 해양력과 해양전략의 발전적인 건설을 이끌어낼 수 있었다. 따라서 러시아의 해양전략은 각 시기별 국가지도자가 해양을 어떻게 인식했는지가 큰 주제라고 할 수 있다.

이러한 주변 4강의 해양전략 분석을 통하여 한국의 해양전략 수립방향을 논의하였다. 한국은 동북아 지역에서 북한 및 주변 4강의 해양위협에 직면하고 있으며, 더불어 국제적으로 초국가적 해양위협에도 당면하고 있다. 한국은 기존에 북한이라는 현존위협에 초점을 맞추어 전략과 전력을 건설해왔다. 하지만 21세기 한국은 북한은 물론 주변국 및 초국가적 해양위협이라는 다차원적 위협에 대응해야 한다. 따라서 이러한 다차원적 해양위협에 대처하기 위한 통합적이고 유연한 전략의 수립과 이를 수행하기 위한 전력의 건설이 필요한 시점이라고 할 수 있다.

이 책의 목차를 구성하는 기본 개념은 과거, 현재, 미래라는 시간적 순서에 따랐다. 과거는 지난 시점으로서 해양력, 즉 해군력 발전의 역사적인 면을 조명하였고, 현재는 각 국가의 21세기 해양전략이라는 주제에 따라 기술했다. 특히 탈냉전 이후의 시기를 21세기라는 시점으로 설정하여 현재 진행되고 있는 각 국가의 해양전략을 논리적으로 분석하려 했다. 미래에 대해서는 결언에서 미 · 중 · 일 · 러의 해양전략을 평가하고 전망했으며, 우리에게 주는 함의를 도출했다. 구체적으로 각 부의 구성에서 1장은 서론이 되며, 2장은 해당 국가의 해양력 변천사, 3장은 21세기 해양전략, 4장은 결론으로 구성된다.

이 저서를 통해 해양전략 분야에 관계된 전문가는 물론, 한국의 해양전략에 관심 있는 일반 독자들에게 우리 주변 강대국들의 해양전략과 한국의 미래 해양전략을 이해하는 데 큰 도움이 되기를 기대한다. 아울러 본서의 부족한 부분을 채울 수 있는 심도 깊은 연구 성과물이 지속적으로 출판되기를 기원한다.

끝으로, 바쁘신 와중에도 동북아 주변국들의 해양전략 연구의 필요성을 피력하시며 직접 추천사를 써주신 김성찬 19대 국회의원(전 28대 해군참모총장)님께 머리 숙여 감사를 드립니다. 또한 이 책이 나오기까지 아낌없는 관심과 독려로 후배 해군 장교들을 격려해주신 전 한국해양전략연구소 송근호 소장님, 양정승, 윤석준 선배님께도 감사드립니다. 졸고를 끝까지 읽어주시고 서평을 해주신 박영준 교수님, 구민교 교수님 그리고 심경욱 박사님께 머리 숙여 감사를 드립니다. 부족한 글을 다듬어주시고 출판해주신 북코리아 이찬규 사장님과 김수진 과장님께 특별한 감사의 마음을 표합니다. 해군에 와서 장교가 되고 특별히 박사과정까지 공부할 수 있도록 기회를 준 모군(母軍) 해군에 감사와 경의를 표합니다. 마지막으로 2년여 동안 주경야독하며 끝까지 함께 달려온 저자들에게 변함없이 격려와 내조를 해준 아내들에게 진실한 사랑과 감사의 마음을 전합니다.

*
본 저서의 내용은 저자들 소속 기관의 공식 의견이 아닌 저자들의 개인 견해임을 밝혀둡니다.

CONTENTS

I부

미국의 해양전략

대서양에서 아시아 · 태평양으로

1장

서론

탈냉전 이후 국제정치의 지정학적 무게중심이 대서양에서 아시아·태평양으로 이동하고 있다. 사상 초유의 9·11 테러가 발생한 이후 테러와의 전쟁으로 점철되었던 '9·11 시대'가 서서히 막을 내리고 있는 가운데 국제질서의 변화는 점점 더 가속화하고 있다. 컬럼비아 대학의 이안 브레머(Ian Bremmer) 교수는 2011년에 '9·11 시대'가 끝을 맺었다고 선언하였다. 그 대신 2008년 금융위기 이후 형성된 '탈 9·11 시대'는 정치와 경제가 극단적으로 중첩되는 시기이며, 세계경제의 불황 속에서 강대국 간 권력 재편 경쟁이 전개되면서 국가들 간의 첨예한 이합집산이 본격화하는 모습을 보이고 있다.[1] 특히 중국의 부상이 현실화되면서 2015년 현재 국제정치의 주요 무대가 서서히 아시아·태평양으로 옮겨지게 되었다.

이러한 가운데 최근 나타나는 미국의 외교안보정책은 냉전에서 탈냉전, 20세기에서 21세기로의 거대한 변화 속에서 9·11 테러와의

---

1) "Top Risks 2012, Eurasia Group," http://eurasiagroup.net/pages/top-risks -2012.

전쟁이라는 과도기를 거쳐 새로운 이행을 겪고 있는 것으로 관측된다. 미국 외교안보정책의 근본적인 변환은 구조 면에서는 양극에서 단극을 거쳐 새로운 다극화와 복합화로, 지역 면에서는 유럽과 중동을 거쳐 아시아로, 내용 면에서는 군사와 경제 중심의 하드파워에서 문화와 제도, 지구화 등이 복합된 소프트파워로 이동하는 모습을 보인다. 그리고 이러한 변환은 세계의 패권국인 미국 외교안보정책의 중심이 아시아 · 태평양 지역으로 옮겨지는 양상으로 나타나고 있다.

이러한 배경에는 중동을 중심으로 전개되던 테러와의 전쟁이 더 이상 미국에게 가장 중요한 안보 현안이 아니라는 현실적인 자각이 있었다. 실제로 클린턴 전 국무장관은 앞으로 21세기 국제정치의 미래는 아프가니스탄이나 이라크가 아닌 아시아에 달려 있으며, 미국은 이 역사적 중심점(pivot point)의 한가운데에 서 있다고 밝혔다. 특히, 이라크와 아프가니스탄에서의 철군과 오사마 빈 라덴의 죽음으로 상징되는 알카에다 테러 세력의 약화는 미국으로 하여금 중국의 부상을 새로운 위협으로 인식하는 계기가 되었다. 중국의 부상이 평화로울 것인가 아니면 위협적일 것인가에 대한 찬반 논쟁이 지속되고 있는 가운데, 미국은 21세기 미국 외교안보정책의 중심을 아시아로 삼을 것임을 분명히 하고 있다.

이와 맥락을 같이하면서 최근 국제정치에서 가장 중요한 화두는 단연 미국의 아시아 중시 전략이다.[2] 2011년 11월 인도네시아 발리에서 열린 동아시아 정상회의(East Asia Summit)에서 오바마 미 대통령

2) 일반적으로 미국은 아시아 지역을 태평양과 한데 묶어 '아시아 · 태평양(Asia-Pacific)'이라는 명칭을 사용한다. 본 글에서 부가적인 설명 없이 사용하는 '아시아'는 '아시아 · 태평양'을 포함하는 의미다.

은 "21세기에 미국은 아시아에 올인(all-in)할 것"이라고 천명했으며, 오바마 대통령의 재선 이후에도 미국은 지속적으로 아시아 중시 전략을 추진했다. 이러한 미국의 의도를 실천하기 위해 2012년 1월에 발표한 미국의 신(新)국방전략지침(new defense strategic guidance)에서는 미국의 아시아 중시 전략을 지원하는 미군의 임무를 잘 반영하고 있다.[3] 주목할 점은 미국의 아시아 중시 전략이 동아시아 해양(아시아 · 태평양)[4]을 배경으로 중국, 러시아 등 역내 강대국뿐만 아니라 동맹국과 우방국가들의 해양안보 전략에도 상당한 영향을 미친다는 것이다. 동아시아 국가들의 전략적 움직임이 분주한 이유다.

이러한 배경에서 미국의 아시아 중시 전략을 국제정치학적 관점에서 심도 있게 분석하고, 이론적 틀을 통해 미국의 전략 변화를 설명하는 것은 의미 있는 작업이라 하겠다. 국제정치학적 관점에서 미국의 아시아 중시 전략이 가져다줄 결과는 비교적 분명하다. 즉, 현실주의(realism) 시각을 반영한 동아시아 국가들의 경쟁적인 대결이다. 미국의 움직임은 이미 동아시아의 안보 현황을 더욱 복잡하게 만드는 요인으로 작용하고 있다. 특히 동아시아 해양에서 진행 중인 다양한 영토 분쟁에 미국이 직접적으로 관여하기 시작하면서 '미국 대(對) 중국', 더 크게는 동맹국 및 안보협력국과 연계한 '해양세력 대 대륙세력'의 경

3) U. S. Department of Defense, "Sustaining U. S. Global Leadership: Priorities for 21st Century Defense," http://defense.gov/news/Defense_Strategic_Gui dance.pdf.

4) 엄밀하게 구분하면 동아시아 해양과 아시아 · 태평양은 다른 해역이다. 아시아 · 태평양이 동아시아 해양을 포함하여 더 광범위하다. 미국의 해양전략을 아시아 · 태평양을 중심으로 설명할 수 있는 데 반해, 미국의 해양전략이 실제적인 영향을 미치는 범위는 동아시아 해양이며 그 주변 국가들의 해양전략이다. 따라서 본 글에서 사용하는 '동아시아 해양' 또한 미국의 입장에서 보면 '아시아 · 태평양'을 의미하는 것으로 보아도 크게 틀리지 않는 설명이 된다. 글의 매끄러운 전개를 위해 본 글에서는 '동아시아 해양'이라는 용어를 주로 사용하기로 한다. 이는 '한반도 주변'에 더 가까운 의미로 해석될 수 있기 때문이다.

쟁 양상이 전개되고 있다. 이러한 현상은 현실주의 이론 중 안보 딜레마(security dilemma)의 핵심 개념으로 설명될 수 있다.

이 글이 주목하는 시기와 대상은 탈냉전 이후부터 최근까지 전개된 미국의 대전략과 군사전략의 변화인데, 그중에서도 특히 미국 해군의 전략 변화를 집중적으로 조명한다. 표면적으로 보면 미국이 안보전략을 위해 최근에서야 군사력 운용의 중심축을 아시아 지역으로 옮기는 것으로 보이지만, 실제로는 탈냉전 이후부터 꾸준하게 전개해왔으며, 그 과정에서 해군력의 중요성이 가장 크게 부각되었기 때문이다. 미 해군이 창설된 뒤 지금까지 걸어온 배경을 역으로 추적하여 해석함으로써 오늘날 미 해군의 전략을 설명할 것이다.

따라서 글을 전개하면서 미 해군의 탄생과 성장 과정을 간략하게 정리하고, 현재 미국의 아시아 중시 전략의 배경 및 전개에 이르는 과정에 대해 구체적으로 살펴봄으로써 미 해군의 성장과 전략 변화 요인을 심층적으로 분석하고자 한다. 이러한 분석을 통해 미국의 아시아 중시 전략이 일시적인 현상이 아니라는 것을 설명하고, 앞으로 단기 및 중 · 장기 관점에서 동아시아 해양안보환경 변화에 어떠한 영향을 미치는가에 대해 전망할 것이다.

글의 구성은 크게 4가지로 구분된다.[5] 2장에서는 미국 해양력과

---

5) 이 글에서 정리한 내용은 저자가 지금까지 연구한 논문에서 일부 발췌하거나 수정 및 보완한 내용들이 다수 있다. "Containing China: Rising China and U. S. Grand Strategy in the East Asian Seas," 「아태연구」, 제19권 1호, 2012, pp. 287-322; "Global Access vs. Access Denial: U. S.-Chinese Naval Security Competition in the East Asian Seas," 「The Korean Journal of Security Affairs」, Vol. 17, No. 1, 2012, pp. 43-64; "미국의 아시아 올인(All-In)", 「전략연구」, 통권 제55호, 2012, pp. 153-186(신성호 공저); "동아시아 해양의 국제정치: 미국의 아시아 중시 전략에 따른 동아시아 해양안보 환경 전망", 「동북아연구」, 제28권 2호, 2013, pp. 43-74; "美 2014년 '4개년 국방검토보고서(QDR)'에 대한 소고", 「해양전략」 등 참고.

해양전략의 변천 과정을 설명하게 될 것이다. 여기에서는 주로 미 해군의 역사와 함께 국제사회에서 미국의 위상을 지원하는 주요 수단으로서 해군력의 발전상을 다루게 된다. 200년이 넘는 역사를 가진 미 해군의 탄생부터 세계 최고 수준에 있는 오늘에 이르기까지 연대별로 굵직한 성장 과정을 조명하고, 미 해군이 특정 해역에 집중하게 된 배경을 설명할 것이다. 3장에서는 미 해군의 발전 과정에 맞춰 미 해군을 중심으로 한 미국의 해양전략을 집중적으로 설명할 것이다. 여기에서는 미국의 해양전략 변천 과정을 시기적으로 구분하여 세부적으로 다루고자 한다. 4장에서는 21세기 미국의 해양전략을 집중적으로 분석할 것이다. 이 장은 본 글의 핵심 내용으로서 탈냉전 이후 미국의 안보전략과 외교정책에 따른 미국의 해양전략 변화와 미 해군의 역할을 살펴볼 것이다. 특히 미국이 전략의 중심축을 대서양에서 아시아 · 태평양으로 옮김에 따른 미 해군의 이동을 분석하고, 장차 이 해역을 중심으로 펼쳐지게 될 안보환경 변화의 방향성을 전망하여 한국에 주는 함의를 찾을 것이다.

2장
미국의 해양력 변천사

오늘날의 미 해군은 언제든 최소한 항공모함 4척, 잠수함 30여 척을 포함하여 세계 어느 해역에서라도 당장 작전이 가능한 수준의 힘을 보유하고 있다. 2015년 현재, 미국이 보유하고 있는 280여 척의 전투함만으로도 여타 경쟁국들을 능가하는 수준인데, 19세기 말과 20세기 초 영국 해군의 소위 2국 표준(two power standard) 기준을 적용해볼 때 미 해군력은 이미 중국과 러시아의 해군력을 합친 수준을 넘어서고 있다.[6] 여기에다가 미 해군이 세계 곳곳에 보유하고 있는 수많은 해군기지는 미 해군력[7]의 실제적인 운용 능력을 보장하기 때문에 역사상 그

6) 2국 표준이라는 것은 자국을 제외하고 차순위 2개 국가의 해군력을 합친 정도와 맞먹는 수준의 해군력을 가지는 것을 의미한다. 제프리 틸 교수의 분석에 따르면 주요 전투함을 비교했을 때(전투함의 질적인 측면은 제외하고 수적인 측면만 고려) 미 해군의 전투력은 중국과 러시아의 전투력을 합친 것을 조금 능가하는 수준이지만, 미 해군이 보유한 함정의 전체 톤수에서는 미 해군이 이미 13국 표준의 수준에 있다. 최종호 · 임경한 공역, 제프리 틸 저, 『아시아의 해군력 팽창: 군비경쟁의 서막인가?』(서울: 해양전략연구소, 2013), pp. 241-242.

7) 이 글에서는 '해군력'과 '해양력'이 혼재되어 사용된다. 해군에 특화된 내용을 설명할 때는 의도적으로 해군력이라는 용어를 사용하지만, 이를 제외한 대부분의 경우에는 해양력을 사용한다. 정확한 의미를 구분하면 해양력이 해군력을 포함하는 개념이지만, 여기에서는 용어의 구분보다는 군사력이 갖는 의미를 더욱 부각시키기 위해 해군력을 해양력과 거의 동일시해서 사용하고 있다는 점을 미리 밝혀둔다.

어느 국가도 누리지 못한 힘을 확보하고 있다고 하겠다.

조지 모델스키와 윌리엄 톰슨이 1988년에 저술한 『국제정치에서의 해양력(*Seapower in Global Politics*)』에서 설명하는 바에 따르면 적극적으로 국제정치에 참여하기 위한 국가의 조건으로 해양력이 필수적이다.[8] 역사적으로 15세기 말부터 포르투갈, 네덜란드, 영국, 미국 등을 세계 강국의 지위를 누린 나라들의 사례로 들고 있다. 그 가운데서도 이러한 주장을 뒷받침하는 완벽한 사례가 미 해군의 발전 과정이다. 지금의 미 해군이 존재하기까지의 과정을 역으로 추적해보면 흥미로운 사실을 발견할 수 있는데, 그중에서 가장 뚜렷한 특징은 미국 해양전략의 변화가 직접적으로 미 해군력의 증강을 이끌어왔다는 것이다. 이는 궁극적으로 미 해군의 발전이 곧 미국이라는 국가의 발전과 밀접하게 연관되어 있다는 사실을 의미하는 것이기도 하다.

지난 200년이 넘는 기간 동안 미 해군이 발전해온 과정을 통해 이와 같은 역사적인 사실을 명확히 할 필요가 있다. 따라서 이 장에서는 창설 후 지금까지 약 240년간 미 해군의 발전을 시기적으로 나누어 개략적으로 살펴본다. 다만 해양전략이 먼저냐 또는 해양력의 발전이 먼저냐 하는 문제에 있어서는 그 순서를 구분하지 않기로 한다. 이는 또 다른 차원에서 논쟁의 대상이 되는 문제이기 때문이다. 이러한 의미에서 본다면 이 장은 미국이 해양전략과 해양력을 바탕으로 국제질서를 주도하는 세계 강대국으로 성장하게 되는 배경지식을 제공한다고 볼 수 있다.

---

8) George Modelski, William R. Thompson, *Seapower in Global Politics, 1494-1993*(Hong Kong: The Macmillan Press, 1988), pp. 11-18.

1. 18~19세기 미 해군의 발전

미 해군은 1775년 10월 13일 창설되었다. 지금은 상상하기 어렵지만 창설 이후 미 해군은 군 조직의 규모가 미미했고, 항해에 관한 전문지식이 부족했기 때문에 오늘날 상상할 수 있는 미 해군이 아니었으며, 한 국가의 해군으로서 역할을 수행할 수 있는 준비 또한 전혀 되어 있지 않았다.

미국은 1812년 영국과 독립을 위한 전쟁을 끝낸 후 미 본토에서의 남북전쟁이 발발하기 전까지 약 50년의 기간 동안 급격한 변화를 경험했지만, 국내 정치 상황을 제대로 수습하지 못한 채 국외 문제에 관여할 여유를 내기조차 쉽지 않은 형편이었다. 여기에 더해 1823년 미국의 제임스 먼로(James Monroe) 대통령은 미국에 대한 외국의 간섭을 배제하고, 또한 미국은 장차 유럽의 문제에 개입하지 않겠다는 독트린(doctrine)을 발표함으로써 미국의 외교정책에서 고립주의(isolationism)라는 개념을 처음 도입하게 된다. 이는 당시 군사력이 약했던 미국의 고육지책(苦肉之策)이었지만, 고립주의는 이후 미국이 수행하게 되는 외교정책의 근간을 차지하게 된다. 하지만 미국이 점차 군사력에 대한 자신감을 갖게 되면서 미국 스스로 먼로 독트린을 수정해서 조심스럽게 사용하게 된다.

먼로 독트린이 발표되고 난 뒤 미국은 점진적으로 해군력을 강화했다. 1860년대 남북전쟁이 종료된 후 미국이 보유하고 있던 해군 함정은 약 700척에 이르렀고 총 톤수는 50만 톤 그리고 포는 총 5,000문에 육박하는 수준이었다.[9] 그럼에도 불구하고 미국은 국내의 정치 ·

---

9) E. B. Potter, *The Naval Academy*(New York: Galand Books, 1971), p. 338.

경제적 이유로 해군력을 지속적으로 증강할 수는 없었다. 이러한 기류는 1890년대가 시작되기 전까지 계속되었다. 1889년 기준으로 미국 해군보다 더 큰 해군을 갖고 있는 국가가 전 세계적으로 11개국이나 되었다는 사실이 이를 잘 보여준다.[10] 아직 자국 내는 물론이고 국제적인 수준에서 미국의 힘을 보여줄 수 있는 준비는 전혀 이뤄지지 않았지만, 해양력의 중요성을 인식한 지도자들을 중심으로 조금씩 그 변화의 바람이 불기 시작했다.

1890년 이전 미국인은 자국의 좌우가 태평양과 대서양이라는 두 대양으로 강대국인 유럽 국가들과 분리된 지리적 이점 때문에 해양에서 적극적으로 미국의 안보와 번영을 지킬 수 있는 해군력에 대한 필요성을 인식하지 못했다. 당시 미국이 가장 관심을 보인 것은 해양에서의 무역이었고, 해군은 이를 지원하는 소극적인 수준의 역할을 담당하고 있었다. 1880년대부터 대두된 증기선의 출현은 주요 강대국 해군들로 하여금 전 세계에서 정박 및 석탄 공급을 위한 군항 보유에 대한 필요성을 인식하게 했다. 특히 영국과 독일이 군함에 강력한 화포를 장착하면서 미 해군은 지리적 이점이 사라질 수 있다는 것에 대한 불안감을 가져야 했다. 이러한 분위기는 궁극적으로 미 해군으로 하여금 자체의 전략, 세력구조, 작전교리, 국가 임무의 본질에 대해 다시 생각하게 했다.[11]

이와 함께 미국의 해양전략 사상에 획기적인 변화를 가져다준 전략가들의 등장 또한 미 해군의 역할 변화를 이끌어낸 주요 동력이다.

---

10) 김주식 역, George W. Baer 저, 『미국 해군 100년사(*One Hundred Years of Sea Power*)』(서울: 한국해양전략연구소, 2009), p. 13.

11) 위의 책, pp. 15-16.

〈그림 1-1〉 앨프리드 마한

여기에는 지금의 미 해군을 있게 한 실질적인 주인공으로 앨프리드 마한(Alfred T. Mahan)이 그 중심에 서 있다. 마한을 중심으로 해군의 적극적인 역할을 주문한 소위 마한주의자들(Mahanists)은 공격적이고, 전함함대를 건설하여 세계적인 수준의 해군력을 보유하는 것만이 미국의 국가안보를 보장하는 핵심적인 사명이라는 것을 강력하게 주장했다. 마한은 미국이 가지고 있는 지리적 이점은 방어적인 측면에서 매우 유용한 것이라고 지적하면서 미국이 공격적인 해양전략을 수행할 수 있는 충분한 힘을 보유해야 한다고 강조했다. 마한이 주장한 거함거포주의는 이후에 백색함대(The Great White Fleet)를 통해 구현되었고, 미국은 백색함대를 통해 해외 주요 항구를 방문하면서 자국의 힘을 의도적으로 과시할 수 있었다. 당시 미국의 해군력 수준이 급상승할 수 있었던 이유를 마한의 해양전략 사상에 의한 결과물이라고 주장할 수 있다.

1890년대에 들어서면서 미국은 세계적인 수준의 해군을 건설하기 시작했다. 미국은 강력한 해군력 확보를 통해 영토 밖 해상에서의 위협에 대비할 수 있다는 마한의 주장을 실천해나갔다. 1898년 미국은 스페인과의 전쟁을 통해 필리핀, 쿠바, 푸에르토리코, 괌 등 새로운 식민지들을 차례로 손에 넣게 되었고, 1899년에는 하와이 제도와 동부 사모아, 웨이크 섬까지 점령했다.[12] 의도적이든, 그렇지 않든 미국은 이 시기부터 서반구(western hemisphere)에서 패권을 장악하기 위한 움직임을 보였다고 할 수 있다. 스페인과의 전쟁을 계기로 미국 내에서는 강력한 해군력을 통해 제국주의(帝國主義)를 실현할 수 있다는 해군주의가 고개를 들기 시작한 것이다. 이는 이제 더 이상 미국이 본토 방위에만 국한된 소극적인 해군력 운용에 머물지 않는다는 것을 의미하는 것이기도 했다.

또한 이 시기 마한의 사상을 높이 평가한 시어도어 루스벨트(Theodore Roosevelt) 해군 차관보가 큰 역할을 했다. 나중에 대통령이 되면서 세계적인 해군을 건설하려던 그의 노력은 국가 정책으로 나타나기 시작했고, 미국은 해군력 증강에 박차를 가했다. 미 해군장관 윌리엄 무디(William H. Moody)는 당시 독일의 해군력 증강을 경계하기 위해 더 많은 예산이 해군력 건설에 투입되어야 한다는 데 목소리를 높이면서 강대한 해군력 건설을 위한 루스벨트의 의지를 실천하는 데 주력했다. 1903년 미국 해군은 해군총괄계획(Grand Naval Scheme)을 통해 장기함정 건조계획을 마련하고자 했다. 비록 최종 승인 단계에서 대통령 및 의회에 의해 승인이 거부되었지만, 세계 제2위의 해군력을 가지는 것에 대한 공감대는 충분히 공유할 수 있었다.[13]

루스벨트의 해군 정책이 정점에 달한 사건은 1907년 12월부터

12) 위의 책, p. 49.

13) 미 해군의 강력한 후원자였던 루스벨트 대통령이 1909년 3월 대통령직에서 물러날 때 미국은 이미 세계 제1위권의 강력한 힘을 보유하고 있었고, 해군력 또한 1위와의 차이가 미세한 2위에 위치할 수 있었다. 조학제 역, Henry J. Hendrix 저, 『시어도어 루스벨트의 해군외교: 미 해군과 미국 세기의 탄생(*Theodore Roosevelt's Naval Diplomacy: The U. S. Navy and the Birth of the American Century*)』(서울: 한국해양전략연구소, 2010), p. 9.

1909년 2월까지 14개월 동안 흰색으로 칠해진 16척의 전함을 이끌고 성공적으로 세계를 일주한 미국 백색함대의 출현이라고 할 수 있다. 전투함대의 필요성을 인식한 루스벨트의 지시에 따라 미 해군은 유럽 각지에 흩어진 해군 함정을 소환하여 1907년 대서양함대(Atlantic Fleet)를 창설했다. 당시 미국이 보유하고 있던 전함 16척 전부가 포함된 대서양함대는 세계에서 가장 강력한 전투함대로 평가받았다.[14] 미 해군은 전함 16척을 태평양으로 불러들인 후 이를 이용해 태평양과 인도양, 수에즈 운하를 통해 대서양을 횡단했다.[15] 또한 남아메리카를 돌고 서부 해안으로 거슬러 올라가 일본까지 세계 일주를 했다. 당시 전함 16척과 병원선 등 총 28척의 함정으로 구성된 백색함대는 전 세계에 미국의 힘을 과시하기에 충분했다.

이처럼 19세기 후반부터 탄력을 받은 미 해군의 증강은 20세기 초기에 가시적인 성과를 나타냈다. 무엇보다 이 시기부터 미국은 대서양에 집중했던 함대 배치 운용 개념을 태평양으로 분산시킬 수도 있는 가능성을 보였다는 데 큰 의미가 있다. 사실 이 시기 미 해군은 국가이익을 보호하기 위해 해군 함대를 어떻게 배치해야 하는가에 대해 고민했다. 미국은 대서양에서 독일의 해군력이 가파르게 증강하고 있는 현실을 인식했으며, 1905년 러일전쟁 이후 일본 해군력에 대한 위협을 직시하기 시작했다. 따라서 미 해군력을 대서양과 태평양에 적절히 배치할 필요성을 인식했다. 비록 마한을 비롯한 몇몇 해양전략 사상가

---

14) 김주식, 앞의 책, pp. 74-75.

15) 당시 미 해군 군함들은 석탄을 연료로 사용했고, 12인치 주포를 1문 이상 탑재했으며, 11,500~16,000톤 내외였다. Kenneth Wimmel, *Theodore Roosevelt and the Great White Fleet*(Washington, D. C.: Brassey's, 1998), p. xi; "World Cruise of the Great White Fleet," *U. S. Naval Institute Proceedings*, no. 10(1958), p. 89.

〈그림 1-2〉 미 해군 백색함대의 항해 모습(1907~1909)

들이 미 해군이 대서양에 집중해야 한다는 것을 주장하긴 했지만, 결과적으로 루스벨트의 머릿속은 일찍이 태평양을 누비는 미 해군을 상상하고 있었다. 1세기 전 전체 항해거리가 4만 6,000마일에 달하는 미 해군 백색함대의 세계 일주를 통해 미국은 이미 아시아로의 영향력 확대를 위한 준비를 마쳤던 것이다.[16)]

2. 20세기 전반 미 해군의 발전

20세기에 접어들면서 두 번에 걸쳐 발발한 세계대전을 통해 미국은 세계의 문제에 관여했고, 결과적으로 역사상 그 어느 국가와도 비교하기 힘든 수준의 강력한 해군력을 보유할 수 있게 되었다. 많은 역

16) 백색함대가 방문한 아시아 주요 국가들은 뉴질랜드, 호주, 필리핀, 일본, 중국, 스리랑카 등이다.

사가들은 1917년 미국이 제1차 세계대전에 참전하면서부터 소위 '먼로주의'라고 불리는 고립주의적인 미국의 대외정책이 개입주의 정책으로 변했다고 주장한다. 이때 미 해군은 미국의 정책에 가장 크게 기여할 수 있었다. 제1차 세계대전 이후 미국이 세계 최강대국으로서의 지위를 갖게 된 것 또한 미국이 해군력을 운용하는 목적과 전력 변화를 통해 치밀하게 계산된 결과물로 볼 수 있을 것이다. 제1차 세계대전이 발발하고 난 뒤, 미국이 참전한 이후부터는 해군력의 운용 이유가 더 이상 바다에서의 통상을 보호하는 데 있지 않게 되었고, 국가안보 담당이라는 핵심적인 역할을 수행해야 했다.

미 해군이 세계의 역사에 뛰어든 순간은 루시타니아(Lusitania)호가 결정지었다. 제1차 세계대전이 한창인 1915년 5월 7일, 독일 잠수함의 공격으로 루시타니아호가 침몰하면서 미국인 128명이 사망한 것을 계기로 미국은 그동안의 고립주의를 깨고, 당시 강대국들이 즐비했던 유럽의 문제에 직접적으로 관여하게 된다. 전쟁 기간 중 미 해군이 수행한 가장 중요한 임무는 전쟁 병력과 물자를 수송하는 것이었다. 미 해군은 약 200만 명의 병력을 유럽으로 수송했는데, 단 한 명의 인원 손실도 없이 완벽한 작전을 수행한 것으로 알려졌다. 또한 제1차 세계대전 중 미국의 함정이 전투에 참여한 것은 대부분이 독일 잠수함과 교전한 것으로 전쟁의 승패에 결정적인 영향을 미쳤다.

제1차 세계대전 이후 독일의 위협이 사라지자 미 해군은 서서히 태평양에 전함을 배치하기 시작했다. 미국은 제1차 세계대전에 참전하면서 이미 해군의 임무로 전시뿐만 아니라 전쟁 종료 후 미국의 전략적 독립을 확보하는 데 큰 관심을 두고 있었다. 그 일환으로 전쟁 종료 후 1919년부터 해군의 주요 전투부대를 나누는 것에 관한 논의가 진행되었다. 이는 두 개의 동일한 전투함대를 편성하여 대서양과 태평양에 각각 배치하는 계획이었다. 그러나 이 계획은 오래가지 않았다. 논의 끝에 미 해군의 수뇌부가 단일 함대를 대서양에 배치하여 전쟁에 대비해야 한다는 데 의견을 모았기 때문이다. 이로 인해 대서양과 태평양에 대등한 규모의 두 함대를 두는 계획은 실현되지 못했고, 2년 뒤인 1921년에 백지화되었다.

그럼에도 불구하고 미 해군이 시도했던 두 함대 분산 배치에 대한 해군력 운용 논의는 제2차 세계대전이 발발하기 전까지 약 20여 년간 계속해서 이어졌다. 두 함대가 어떻게 사용되어야 하고 어떤 목적을 위해 사용되어야 하는가, 그리고 그 규모는 어떻게 배분되어야 하는가에 관한 논쟁이었다.[17] 미국은 유럽에서의 영향력을 유지하기 위해 대서양에서 대규모의 해군력을 운용할 필요가 있었다. 다른 한편으로는 태평양 서부의 제해권을 확보하기 위해 태평양에서 강력한 함대를 운용하는 것이 필요했기 때문에 필리핀과 괌 및 하와이에 요새화된 기지들을 운용해야 했다.[18]

1930년에 이르자 미 해군은 본토 방어는 물론 잠재적 위협이 될 가능성이 커진 일본에 대한 대비책을 고심하게 되었다. 해군의 역할을 본토 방어 수준에 머물게 할 것인가에 관한 문제는 미국이 향후 보유하게 될 해군 함대 규모와 맞물려 활발한 논의 대상이 되었다. 당시 프랭클린 루스벨트(Franklin Roosevelt) 대통령에 의해 추진된 경제정책에서 해군 함정을 다수 건조하는 이른바 '해군의 부흥(naval revival)'은 하나의 경제 부흥의 수단인 동시에 고용 창출의 창구로서 역할을 수행하게 되

17) 김주식, 앞의 책, p. 167.

18) 김주식, 앞의 책, pp. 167-168.

면서 대규모로 늘어난 해군력을 운용하는 데 있어 장기적인 전략의 필요성이 대두되었다.[19] 한편 이러한 분위기에서 미 해군은 가장 강력한 전함 10여 척을 태평양함대로 이동시켜 일본에 대항하기 위한 준비 또한 차근차근 진행했다. 이는 워싱턴 해군군축조약 및 런던 해군군축조약 등 두 번에 걸쳐 시도된 해군 군축을 위한 노력에서 보인 일본의 호전성을 미국이 사전에 인식한 까닭이다.[20]

1939년 제2차 세계대전이 발발했다. 제2차 세계대전이 발발하기 전 미국은 직접 전쟁에 참가하기보다는 연합국에 대한 지원과 원조에 초점을 두고 있었다. 만약 전쟁이 일어난다면 대서양에서는 공격태세를 유지하는 반면 태평양에서는 방어에 집중할 것을 계획했다. 대서양에서는 일반적으로 해군이 지역적인 해양 통제, 즉 선단의 안전과 침공부대에 대한 지원을 추구하는 것이었고, 태평양에서는 해군이 해병대 및 육군과 함께 일본의 공격을 방어하는 것이었다. 그런 상황에서 1941년 12월 일본이 하와이에 주둔한 미 해군을 기습적으로 공격하면서 미국은 본격적으로 제2차 세계대전에 참전하게 되었다. 이 과정에서 미 해군은 일본의 강력한 수상함대, 해군 항공대 그리고 철저하게 요새화된 섬에 있던 수비대들을 상대해야 했고 그전까지 없었던 새로운 해군력 운용에 대한 경험을 습득했다.[21] 결과적으로 미 해군은 일

19) 일례로 1936년 루스벨트 대통령은 함정 건조를 공공사업으로 표현했고, 오래된 함정을 대체하는 함정 건조 사업을 위해 국가산업회복법안(National Industrial Recovery Act)을 제정해 적극적으로 지원했다. 김주식, 앞의 책, p. 237.

20) 1939년 기준으로 일본 해군은 전함 9척, 항공모함 5척, 순양함 39척, 구축함 84척, 어뢰정 38척, 잠수함 58척 등을 보유한 막강한 수준이었다. 윤석준, 『해양전략과 국가발전』(서울: 한국해양전략연구소, 2010), p. 242.

21) 당시 일본에 맞서 미 해군 태평양함대를 지휘한 니미츠(Chester W. Nimitz) 제독이 제2차 세계대전 이후 미 해군이 태평양 지역에 관심을 증가시켜야 하는 근거를 직접 보여줬다는

본 해군과의 해전을 통해 태평양에서의 해군력 운용 능력을 향상시킬 수 있었고, 전후 지금까지 태평양에서의 미 해군력 배치 개념을 이어갈 수 있게 되었다. 제2차 세계대전은 당시까지 유럽 위주의 국가 전략을 추진해온 미국이 아시아에 대한 중요성을 유럽과 동일한 수준으로 취급하기 시작한 계기가 되었다.[22)]

3. 20세기 후반 미 해군의 발전

전쟁이 끝나고 이제 미 해군에 대항할 만한 국가는 더 이상 존재하지 않았다. 이러한 상황은 전쟁 이후 미국이 방대한 수준의 해군력을 왜 유지해야 하는가에 대한 질문이 자연스럽게 등장하게 만들었다. 장차 적이 될 가능성이 있는 국가는 지리적으로 멀리 떨어진 대륙에 있었고, 어떤 공격적인 함대도 보유하지 못하고 있는 상황이었다. 유럽의 강대국들이 전쟁의 상처를 치유하는 데는 꽤 오랜 시간이 걸릴 것이었기 때문에 미국은 당분간 잠재적 경쟁 상대에 대한 대비책을 마련할 필요가 없었다. 이 시기 미 해군은 수행해야 할 임무와 대적해야 할 적에 대한 명확한 개념을 정립하지 못했다고 볼 수 있다.[23)]

점에 주목할 필요가 있다. 니미츠 제독이 사용한 해군력의 전술적인 측면에 관한 연구는 미 해군의 태평양전쟁사와 함께 지금까지 많이 논의되었기 때문에 여기에서 자세한 내용을 다루지는 않는다.

22) 윤석준, 앞의 책, p. 264.

23) 미국은 전쟁이 끝나자마자 전쟁 중 비대해진 전력 중 육 · 해 · 공군 병력의 수를 줄이는 것을 시행했다. 이 또한 전후 미국에 대항할 만한 국가가 없어진 상황에서 미군이 수행해야 할 임무와 적이 불명확해진 상황을 단적으로 보여주는 조치라고 하겠다. 해군의 경우 1945년 6월 30일 당시 현역으로 복무 중인 해군 장병 수는 338만 817명이었다. 그로부터

이러한 상황에서 미국은 자국의 영향력을 유지하기 위해 대서양과 태평양이라는 두 대양 모두에서 주도권을 잡고자 노력했고, 이는 곧 이 지역에서 미 해군이 해양통제권을 확보하여 그 영역을 확대해나간다는 것을 의미했다. 그러나 해군은 군의 전체 예산 중 평균 30% 내외를 사용할 수 있었기 때문에 해군이 주장한 대로 전 세계적인 해군으로서 역할을 수행하는 데는 제한이 있을 수밖에 없었다. 따라서 이 시기 해군은 위협의 우선순위에 따라 전략적인 선택을 감행해야 했다. 위협의 최우선순위는 바로 앞으로 이어질 냉전 시기 라이벌 국가였던 소련이었다.[24] 〈표 1-1〉은 시기별로 미 해군의 전략을 정리한 것이다.

〈표 1-1〉 미 해군의 해양전략

연도	해양전략(명)	발간 책임자
1954.5	Transoceanic-navy	Samuel Huntington
1986.5	The Maritime Strategy	John Rayman
1992.9	… From the Sea	John Dalton
1994.10	Forward… From the Sea	
2002.10	Seapower 21	Vern E. Clark
2005.11	Thousand-ship Navy	Michael Mullen
2007.10	A Cooperative strategy for 21st Century Seapower	Gary Roughead
2015. 3	A Cooperative strategy for 21st Century Seapower: Forward, Engaged, Ready	Jonathan Greenert

5년 후인 1950년 6월 말 미국이 한국전쟁에 참전했을 때, 현역으로 복무 중인 장병 수는 38만 1,538명에 불과했다. 김주식, 앞의책, p. 516.

24) 그러나 시간이 지남에 따라 주요 위협 대상은 소련에서 비국가 테러 행위자를 포함한 공동의 적으로 옮겨가는 특성을 보이는데, 이는 냉전 이후 미국이 소련과도 원활한 협력이 필요하다는 인식을 갖게 만드는 요인이 되었다.

소련의 위협이 증대되면서 미국은 소련의 핵 공격을 억제하기 위한 전력을 가질 필요가 있었다. 미국은 소련의 핵 위협에 대비하기 위해 전략폭격기(ALBM), 대륙간탄도미사일(ICBM), 잠수함발사탄도미사일(SLBM)이라는 소위 '3축 체제(Triad)'라고 일컫는 전략 핵무기 투발수단을 보유하는 데 집중했다. 특히 미 해군은 잠수함발사탄도미사일 확보에 매진함으로써 핵 시대에서도 미국의 국가안보에 가장 중요한 군사력으로 존재할 수 있는 기반을 마련했다.[25] 은밀한 기동을 통해 소련에 보이지 않는 위협을 줄 수 있다는 측면에서 잠수함발사탄도미사일은 핵 억제 전략의 핵심적인 역할을 수행할 수 있었다.

소련의 핵 공격을 억제하는 역할 외에도 미 해군은 공산진영의 확장 전략을 견제하는 핵심적인 역할을 수행했다. 제2차 세계대전과 한국전쟁 이후 더욱 격화된 미 · 소 양대 진영의 이념 대결에서 미국은 소련을 위시한 공산진영을 봉쇄(containment)하는 전략을 추진했다. 1970년대까지 미국은 공산권 봉쇄전략에 주력했다. 1970년대 말 미국의 국방정책이 지상에서 소련에 대응할 수 있는 준비를 추진함에 따라 해양전략으로부터 대륙 개입 체제로, 태평양으로부터 유럽 체제로, 양 대양에서 해군력 유지로부터 한 대양에서 해군력 강화로 방향을 바꾸게 되었다.[26] 1970년대 후반에는 미국 내에서 강압적이고 비용이 많이 발생하는 해군력 증강에 대한 회의적인 목소리가 점점 커지고 있었다. "왜 강력한 해군력이 필요한가?", 즉 "어느 정도 수준의 해군력을 갖춰야 하는가?"에 대한 끊임없는 설득 작업을 통해 미 해군은 스스로

---

25) 이춘근, "미국의 해양전략과 동아시아", 『21세기 해양갈등과 한국의 해양전략』(서울: 한국해양전략연구소, 2006), p. 286.

26) 김주식 역, 앞의 책, pp. 778-779.

의 역할을 찾고 있었다.

그러한 가운데 1980년대 들어 전 세계적으로 해양에 대한 관심이 높아지면서 미국 내에서는 해양에서의 국가이익을 포함한 국가의 제반 안보를 지원하는 해양전략의 필요성이 대두되었다. 미 해군은 1986년 「해양전략(The Maritime Strategy)」이라는 보고서를 통해 냉전 기간 동안 평시작전은 물론 전쟁 및 분쟁에 대비한 전반적인 해양 사용에 대한 미국의 전략 지침을 명확히 했다. 1982년부터 미 해군의 전략으로 비밀리에 검토된 이 보고서는 냉전 시기 소련이 대양해군으로 팽창하는 것을 막기 위해 힘의 우위에 의한 적극적인 억제 전략을 추진하기 위한 미국의 의지를 그대로 담고 있다. 해양전략은 '전방전개, 세계적 차원, 동맹국과 함께 연합작전을 통해(Forward, Global, Allied and Joint)'라는 말로 요약되는데, 즉 소련의 해군력을 격파하고 소련 대륙 본토 종심을 공격한다는 냉전 시기 미국의 전략을 해군이 주도적으로 수행하는 것을 의미했다.[27)]

해양전략의 주요 핵심 내용은 미국이 군사력을 전진 배치하고, 위기대응전략을 수립하여 전쟁 수행에 대비하는 3단계로 이뤄져 있다. 우선 평시 미 해군의 전진 배치는 전쟁을 억제하는 것은 물론이며, 지역적인 세력균형을 통해 국제적으로 안정적인 안보환경을 조성하는 것이었다. 이 과정에서 미국은 동맹국과 우방국을 중심으로 안보 협력을 강화하면서 소련의 팽창 의도를 사전에 차단하는 데 주력했다. 미국이 1980년대 들어 외국 항구를 방문하거나 외국 해군과의 연합훈련을 증대시키는 등 활발한 협력 방안을 추진한 것은 이를 잘 보여주는

---

27) Martin L. Lasater, "U. S. Maritime Strategy in the Western Pacific in the Asia Pacific in the 1990s," *Strategic Review,* vol. 18, no. 3(Summer, 1990), p. 19; 이춘근, 앞의 글, p. 287.

사례라고 할 수 있다.

다음으로 해양전략은 위기대응에 관한 내용을 강조하고 있다. 미국은 1946년부터 1982년까지 총 250회의 군사력을 사용하였는데, 이 중 약 80% 정도의 위기에서 해군 전력이 주요 대응수단으로 활용되었다.[28] 미 해군이 주요 전력으로 사용될 수 있었던 이유로는 첫째, 해군의 전진 배치 태세와 신속한 기동력 때문에 억제력을 가질 수 있고, 신속하게 즉각적으로 대체할 수 있었기 때문이다. 둘째, 해군 전력은 전방전개를 통해 고도의 준비태세를 유지하고, 우방국 및 동맹국과 작전 기회를 증대시킬 수 있었기 때문이다. 셋째, 해군력은 외국 기지 사용이 용이하고, 군수지원을 통해 원거리에서도 작전이 가능하기 때문이다. 넷째, 해군 전력은 신뢰성 있는 억제에 필요한 다양한 능력을 갖추고 있기 때문이다.[29] 다섯째, 해군 전력은 가시적으로 또는 은밀히, 위협적으로 또는 비위협적으로 작전에 임할 수 있고, 쉽게 전개하고 철수할 수도 있어 효과적인 위기관리와 고조된 긴장을 통제할 수 있는 능력을 보유하고 있기 때문이다. 이러한 특성을 바탕으로 미 해군은 평시 억제가 실패할 경우에 대비하여 소련과의 세계전쟁을 어떻게 수행할 것인가에 대한 위기대응 전략을 수립하고 있었다.

마지막으로 해양전략은 전쟁 수행을 위한 실질적인 전략을 보여준다. 소련과의 전쟁 수행을 위해 미국은 해군력의 핵심 전력을 운용하여 제1 단계인 전쟁 억제 또는 전쟁으로의 전환 단계, 제2 단계인

---

28) 합동군사대학교 해군대학, 『주변국 해양전략』(대전: 합동군사대학교 해군대학, 2013), pp. 67-68.

29) 실제 위기 시 입증된 능력은 전방전개의 지속성, 감시활동, 해군력 현시, 해군 함포 및 항공강습, 상륙작전, 민간인 후송, 봉쇄 및 격리(quarantine), 소련과 타 세력의 개입방지 등이다. 위의 책, p. 67.

주도권 장악 단계, 제3 단계인 전쟁 수행 단계로 구분된 성공적인 전쟁수행 전략을 운용하겠다는 것이었다. 특히 미국은 소련과의 전쟁 수행 단계에서 유리한 조건으로 전쟁을 종결시키기 위해 해군력을 공세적으로 운용하여 소련 함대를 완전하게 격파하겠다는 것이었다. 이와 함께 해상교통로를 장악하여 전 세계적으로 소련을 봉쇄함으로써 전쟁 전반의 주도권을 확보한다는 계획을 보여준다.

미 해군은 해양전략을 원활하게 추진하기 위해 필요한 함정 척수를 고려했고, 보고서를 통해 600척 수준의 해군 함정 건조 계획을 수립했다. 이는 소련에 우위를 점하기 위해 해양 통제가 가능한 수준의 해군 전력을 보유하고자 했던 이유에서다. 결과적으로 해군이 추진한 함정 600척 건조 목표를 달성하지 못했지만, 미국은 이러한 시도를 통해 그 어느 때보다 적극적인 해군력 건설 의도를 전 세계적으로 과시할 수 있었다. 미국은 소련과 대적하여 전 세계 자유무역 국가들의 해상교통로에 대한 안전을 보장하는 패권국 해군의 역할을 담당했고, 냉전 시기 소련에 대해 승리하는 데 결정적인 기여를 한 것으로 평가받는다. 이때 미 해군은 미국이 지정학적 동맹 국가들과 연합하여 대서양과 태평양에서 봉쇄전략을 수행하는 주력 역할을 하였는데, 결과적으로 미국과 소련이 벌인 이념대결을 종식시키는 데 큰 역할을 했다고 볼 수 있다.[30] 〈표 1-2〉는 제2차 세계대전 이후 미국의 해군력 현황을 보여준다.

냉전이 끝나고 본격적으로 1990년대에 들어서면서 미 해군은 실질적으로 전쟁과 연관을 짓거나 직접적인 해양 위협에 대응하기 위

30) 윤석준, 앞의 책, p. 272.

〈표 1-2〉 전후 미국의 해군력 현황

(단위: 척)

구분	1945	1950	1960	1970	1975	1980	1985	1990
항공모함	98	15	23	19	15	13	13	14
수상함	832	161	281	233	16	178	202	214
잠수함	237	72	203	144	116	124	135	133
상륙함	1,256	91	113	97	64	63	61	63
지원함	3,295	279	282	250	40	84	114	148
계	5,718	618	812	743	496	462	529	575

출처: James L. George, *The U. S. Navy in the 1990s*(Annapolis, Maryland: Naval Institute Press, 1992), p. 16.

한 해양전략을 발표했다. 대표적으로 걸프 전쟁과 '바다로부터(From the Sea)' 및 '바다로부터… 전방전개(Forward... From the Sea)', 9 · 11 테러로 인한 대테러 전쟁과 '시파워 21(Sea Power 21)' 그리고 마지막으로 전 지구적 해양 위협과 '1,000척 해군(A Thousand Ship Navy)' 및 '21세기 협력 전략(A Cooperative Strategy for 21st Century Sea Power)' 등이다. 이는 냉전이 끝난 상황에서 미국의 새로운 국가 전략을 지원하기 위한 해양 및 해군력 운용에 관한 전략이 미 해군에게 필수적으로 요구되었던 까닭이다.

1991년 1월 17일부터 2월 28일까지 걸프전을 치른 미국은 전쟁을 통한 교훈에 기초한 해양전략을 수립했다. 냉전 이후 첫 번째 미 해군 전략은 1992년에 발표된 '바다로부터' 해양전략이다. 이 문서는 미래 미 해군이 지상에서의 전투 수행을 지원하는 내용에 초점을 맞추고 있다.[31] 여기에서는 해군 원정군(Naval Expeditionary Force), 합동작전(Joint Operations) 등 해군의 임무에 대한 새로운 용어들이 등장했다. 특

31) U. S. Department of Navy, ··· *From the Sea: Preparing the Naval Service for the 21st Century*(Washington D. C.: Government Printing Office, 1992).

히 지휘 · 통제 · 감시(Command, Control, Surveillance), 전장에서의 우위 확보(battlespace dominance), 힘의 투사(power projection), 힘의 유지(force sustainment) 등 해군의 새로운 임무를 추가한다고 주장하면서 육군과 공군력이 감축되는 시대에 해군 · 해병대의 적극적인 역할을 주문하고 있다.[32] 궁극적으로 바다로부터 해양전략의 핵심은 미국이 해군력을 적극적으로 활용하여 개입함으로써 지역 분쟁을 억제하고, 억제가 실패할 경우 승리를 위해 바다로부터 지상에 군사력을 직접 투사하여 영향력을 행사하는 개념이다.

미 해군은 1994년에 '바다로부터' 해양전략을 보강하는 개념인 '바다로부터… 전방전개'라는 전략을 발표했다. 이 보고서는 전방전개를 통해 분쟁을 예방하고, 위기를 방지하는 가장 효과적인 수단으로서 해군의 역할을 강조하고 있다.[33] 문서에서는 이를 세부적으로 풀어서 설명하고 있는데 그 주요 핵심 내용은 바다로부터 육지에 힘을 투사할 수 있는 해군, 해양통제 및 해양 우위를 달성할 수 있는 해군, 전략 억제를 이룰 수 있는 해군, 전략적인 해양수송을 담당하는 해군, 해양력 현시를 실현하는 해군이다.[34]

'바다로부터… 전방전개'를 통해 달라진 미국의 해양전략은 다음과 같다.[35] 첫째, 해양전략의 목표가 기존의 해양 통제에서 바다로부터 적 지상에 군사력을 투사하여 해군력의 영향력을 지상으로까지 확

32) U. S. Department of Navy, … *From the Sea: Preparing the Naval Service for the 21st Century*(Washington D. C.: Government Printing Office, 1992); 이춘근, 앞의 글, pp. 289-290.

33) U. S. Department of the Navy, *Forward… From the Sea*(Washington D. C.: Government Printing Office, 1994).

34) 위의 책, p. 7; 이춘근, 앞의 글, p. 291.

35) 합동군사대학교, 앞의 책, pp. 89-90.

대시키는 것으로 변화된 것이다. 둘째, 바다에서의 전쟁에서 바다로부터의 전쟁으로 개념이 변화된 것인데, 이는 적 해안에 군사력을 투사하여 지상에 영향력을 미친다는 상위 개념을 지원한다. 셋째, 해양전략을 수행하는 수단으로서 해군원정군이 강조되었고, 합동작전 및 연합작전의 중요성이 높아졌다는 것이다.

1990년대를 관통하는 미 해군의 전략은 명확하게 바다로부터 적절한 역할을 수행한다는 것을 의미했다. 당시 미 해군 고위 수뇌부를 포함해서 대부분의 장교들이 이러한 미 해군의 임무를 잘 이해하고 있었다.[36] 또한 이러한 해양전략은 변화하는 안보환경에서 미 해군이 어떻게 작전을 수행하고, 어떻게 전력을 건설할 것인가에 대한 기본 방향을 제시했다. 궁극적으로 1990년대 미 해군이 추진한 계획은 당시 미 해군이 언제(anytime), 어디서나(anywhere) 미국의 주권을 가장 강력하게 대변한다는 것을 의미했다.[37] 이는 곧 냉전이 끝나고, 걸프전에 집중했던 미국의 해양전략 중심을 전 세계로 확대시킬 것을 예고한 것이라 볼 수 있다. 미 해군은 장차 진행될 해양전략의 방향을 시리즈로 발표하면서 21세기의 새로운 임무를 준비했다.[38]

---

36) Edward A. Smith, "What '… From the Sea' Didn't Say," *Naval War College Review*, vol. 48, no. 1(Winter 1995), pp. 9-33; William A. Owens, *High Seas: The Naval Passage to an Uncharted World*(Annapolis, MD: Naval Institute Press, 1995).

37) John B. Hattendorf, *U. S. Naval Strategy in the 1990s*(Newport, Rhode Island: Naval War College Press, 2006), pp. 13-19.

38) 미 해군이 연속해서 발표한 보고서 시리즈는 3가지로, 다음과 같다. U. S. Commission on National Security/21st Century, *New World Coming: American Security in the 21st Century, Major Themes and Implications, Phase I Report on the Emerging Global Security Environment for the First Quarter of the 21st Century*(Washington, D. C.: Government Printing Office, 1999); U. S. Commission on National Security/21st Century, *Seeking a National Strategy: A Concept for Preserving Security and Promoting Freedom, Phase II Report on a U. S. National Security Strategy for the 21st Century*(Washington, D. C.: Government Printing Office, 1999); U. S. Commission on National Security/21st

2001년에 발생한 9 · 11 테러 사건은 미국으로 하여금 전례 없는 안보환경에 놓이게 만들었다. 그동안 특정 국가를 상대로 전쟁을 준비해온 미국으로서는 새로운 적에 대한 대응 전략을 시급히 마련해야 했다. 전 지구적인 차원에서 대테러 전쟁을 수행해야 했던 미국은 단독작전이 아닌 합동작전 및 동맹 · 우방국과의 연합작전을 중시했다. 물론 미국 주도의 전 지구적 대테러 전쟁에 있어 해군력은 핵심적인 역할을 수행했다. 미국은 "21세기 해군력: 결정적 합동 군사력의 투사(Sea Power 21: Projecting Decisive Joint Capabilities)"라는 해양전략을 발표했다.[39] 21세기 미 해군은 우세에 있는 컴퓨터, 시스템의 통합, 산업 기반, 미국 국민의 개발능력 등을 동원해서 미 해군을 바다로부터 공격(Sea Strike), 바다에서의 방위(Sea Shield), 그리고 바다의 기지(Sea Basing)로서 기능하는 데 필요한 역할을 수행할 것을 주문했다.[40] 〈그림 1-3〉은 미 해군에서 설명한 시파워 21의 핵심 개념에 관한 설명이다.

결국 21세기 미 해군의 새로운 전략인 시파워 21 해양전략은 미 해군이 직면한 새로운 도전을 해결하기 위해 해군을 새롭게 편성 · 통

Century, *Road Map for National Security: Imperative for Change, Phase III Report on a U. S. National Security Strategy for the 21st Century*(Washington, D. C.: Government Printing Office, 1999).

39) 2001년에 발표된 해군 전략 계획 지침(Navy Strategic Planning Guidance) 또한 미국의 전체 군사전략을 지원하는 방향을 제시하고 있지만, 당시 QDR 2001 보고서에 나온 해군의 역할에 한정한다는 측면에서 21세기 미 해군의 전략을 전체적으로 보여주기는 어렵다. 이에 대한 자세한 내용은 Gregory V. Cox, *Naval Defense Planning for the 21st Century: Observations from QDR 2001*(Alexandria, VA.: CNA, 2001).

40) 바다로부터의 공격(Sea Strike)은 미국 해군이 직접적으로 적에 대한 공격을 개시하는 상황에서의 임무를 의미한다. 바다의 방패(Sea Shield) 개념은 전통적인 해군의 임무인 단위부대, 함대 및 해상교통로를 보호하는 것이다. 해상기지 구축(Sea Basing)은 군사작전의 성공 요인인 작전적 기동 공간으로서의 바다를 효율적으로 운용하는 것을 의미한다. Vern Clark, "Sea Power 21: Projecting Decisive Joint Capabilities," *Naval Institute Proceedings,* vol. 128, no. 10(2002), pp. 32-41.

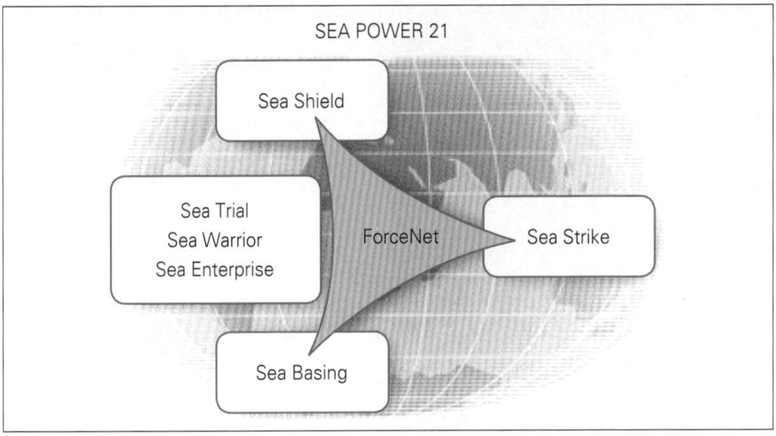

〈그림 1-3〉 시파워 21 핵심 개념

합 · 변혁시키는 것을 강조하고 있다. 한편 이러한 해양전략의 목적은 전통적 위협인 지역 분쟁과 비전통적 위협인 테러리즘에 효과적으로 대처하기 위해 보다 적극적이고 결정적인 합동군사력을 투사하는 것이다.[41] 이를 위한 전략의 개념은 정밀하고 지속적인 공격력 투사를 위한 해상타격, 세계적 수준의 방위 능력을 보장하는 해상방어, 그리고 합동작전의 군수지원을 보장하는 해상기지를 구축하는 것이다.[42]

2000년대 중반에 들어서고 나서도 미국은 여전히 전 지구적인 대테러 전쟁을 주도하고 있었다. 달라진 것이 있다면 전 세계적으로 발생하는 재해 · 재난 사고 등에 대처하고, 해적행위 및 해상테러 등 해양에서의 범죄행위에 대응하며, 불법 이민 · 난민이나 해양오염 등 각

41) Randall G. Bowdish, "Global Terrorism, Strategy, and Naval Forces," in Sam J. Tangredi(ed.) *Globalization and Maritime Power*(Washington, D. C.: National Defense University Press, 2002), p. 80.

42) 합동군사대학교, 앞의 책, p. 101.

〈그림 1-4〉 21세기 협력 전략(표지)

종 불법행위에 주도적으로 맞서는 미 해군의 역할이 중요하게 대두되었다는 점이다.[43] 이러한 배경에서 "21세기 협력 전략(A Cooperative Strategy for 21st Century Sea Power)"이 미 해군, 해병대 그리고 해안경비대에 의해 공동으로 발표되었다.[44] 이러한 해양전략은 세계화 시대를 맞이하여 전 세계의 안보가 점점 더 밀접하게 상호 연결되는 안보 현실을 반영하고 있다. 특히 해양에서의 안보를 위해 미국이 우방 및 동맹 국가들과 긴밀하게 협력하는 것을 골자로 하는데, 이는 멀린 전 미 해군 참모총장이 주장한 1,000척 해군(A Thousand Ship Navy)의 개념을 그대로 적용한 것이다.

미 해군이 협력적인 해군 전략을 강조하는 이면에는 냉전 이후 각종 비군사적 위협 발생에 따른 인도주의 해군 작전의 중요성이 높아지면서 미국이 전 세계의 안정적인 안보환경을 주도할 수 있는 유일한 국가라는 인식이 있었기 때문이다. 아프리카 국가들을 중심으로 점

43) 윤석준, 앞의 책, p. 416; 합동군사대학교, 앞의 책, pp. 113-115.

44) U. S. Navy, U. S. Marine Corps, *U. S. Coast Guard, A Cooperative Strategy for 21st Century Seapower*(Washington, D. C.: Department of the Navy, 2007).

점 더 확대되고 치열해지는 내전에 대응하기 위한 국제평화유지군의 해상수송 및 난민 철수, 2004년 인도네시아 부근을 강타한 쓰나미와 2005년 미국 남부 일부 지역을 폐허로 만든 카트리나 등의 자연재해는 미국이 다른 여러 국가와 연합하여 대응한 사례를 보여준다. 특히 최근에는 소말리아 근해에 자주 출몰하는 해적에 대항하기 위한 다국적 해군 부대의 대해적작전 등을 통해 협력적인 해군의 역할을 수행하고 있다.

2015년 3월 미 해군은 해병대, 해안경비대와 함께 21세기 협력 전략을 개정하여 발표했다.[45] 2007년의 전략서에서 강조한 내용과 같이 전 세계 전방위적인 해양력의 역할을 다시 한 번 언급했다. 2015년 협력 전략서에서 주목해야 하는 분야는 미국이 2015년 글로벌 안보환경의 변화에서 인도-아시아-태평양 지역의 중요성을 강조하고 있는 대목이다. 2020년 기준으로 인도-아시아-태평양 해역에 최신 전력 위주로 60% 수준을 배치함으로써 아시아 중시 전략을 지속적으로 지원하겠다는 의지를 표현한 것이다.

미국은 특히 중국의 A2/AD 전략을 주시하면서 미 해군의 전방현시(Forward Naval Presence)를 통한 역할과 그 준비를 강조했다. 전략서에서 미국은 중국을 기회(opportunities)이자 도전(challenges)으로 명시했다.[46] 따라서 미국은 중국을 가까이에서 지켜보고자 하는 것이며, 이를 위해 아시아 · 태평양으로 접근하려고 한다. 이를 위해 미 해군은 2014년 기준으로 지역 내 97척의 함정을 배치한 것을 2020년 기준으로는 120

45) U. S. Navy, U. S. Marine Corps, *U. S. Coast Guard, A Cooperative Strategy for 21st Century Seapower: Forward, Engaged, Ready*(Washington, D. C.: Department of the Navy, 2015).

46) U. S. Navy, 위의 책, pp. 3-9.

척 수준으로 늘리겠다는 계획을 분명히 밝혔다. 전략서의 제목에서 전방배치(forward), 관여(engaged), 준비(ready)가 추가된 것은 중국을 겨냥한 미국의 의도를 잘 반영한 것이다.

결과적으로 21세기 세계 최강의 해군력을 보유한 미 해군은 미국의 국가 가치와 이념인 자유시장경제체제, 민주주의 그리고 미국의 리더십 확장을 구현하고 전 세계 국가 해군과의 협력을 주도하는 역할을 수행하고 있다.[47] 21세기에 미국이 필요로 하는 해양력 구현을 지향하는 21세기 해양협력전략은 지금까지 미 해군만에 의한 해군의 역할을 제시하던 수준의 해양전략에서 벗어나 미 해군 역사상 최초로 해군·해병대·해안경비대 간 협력과 미국 및 우방국 정부, 비정부 조직을 망라한 포괄적 협력을 위한 해양협력전략 개념을 제시했다는 측면에서 긍정적인 평가가 가능했다.[48] 미 해군이 단독으로 수행하기에는 해양에서의 위협이 과거에 비해 다양해지고 비대해졌다는 점 때문에 이에 대응하는 전력 또한 다양하게 고려되어야 한다는 주장이 자연스럽게 자리 잡게 된 것이다.

하지만 무엇보다 주목해야 할 사실은 다른 곳에 있다. 미국이 전 세계 국가들과의 협력을 강조하고 있는 이면에는 미 해군이 주도하는 방향으로 함께 갈 동맹 국가 및 우방 국가들에게 서서히 손을 내밀고 있다는 것이다. 이 손을 잡고 함께 가는 국가와 다가올 새로운 위협에 공동으로 대응하겠다는 의도를 잘 알 수 있다. 다가올 공동의 위협 중 전 세계적으로 확대되고 있는 테러조직, 해적 및 쓰나미 등 비전통적인 해양안보 위협요인은 국가 간 협력이 매우 중요하다. 그러나 미

47) 윤석준, 앞의 책, pp. 426-427.

48) 합동군사대학교, 앞의 책, p. 116.

국이 이러한 위협은 물론 미국에 대항하는 위협 국가의 등장 등을 포함하는 수준을 고려한다면 큰 틀에서 해양전략을 새롭게 그려야 한다. 최근 미국이 아시아로 뱃머리를 돌리는 것을 통해 미 해군의 전략이 조금씩 그 윤곽을 드러내고 있다.

3장

21세기 미국의 해양전략

미 해군 임무에 대한 공식 규정은 "전쟁에서 이길 수 있는, 침략을 억제할 수 있는, 그리고 해양의 자유로운 사용을 보장할 수 있는 해군력을 유지 · 훈련 · 장비"하는 것이다.[49] 표면적으로 보면 전쟁 침략 같은 전통적인 위협에 대비하는 것이 우선적인 과제이지만, 21세기 들어 테러행위 같은 비전통적 위협 수위가 높아지고 빈번해지면서 미 해군 또한 임무의 우선순위를 조정하기에 이른다. 앞에서 살펴보았듯이 21세기에 접어들면서 비전통 위협에 대응하기 위해 해양을 중심으로 전 세계 국가들의 협력을 강조하는 것 또한 미 해군이 고려하는 임무의 우선순위가 변했기 때문이라고 볼 수 있다.

200년이 넘는 역사를 가진 미 해군이지만, 오늘날의 해군은 2001년 발생한 9 · 11 테러 이후 급격한 속도로 변화하고 있는 양상이다. 9 · 11 테러는 미국의 안보전략 중심축이 국가 간 전쟁에 대비하고 경

49) 미 해군 홈페이지에 있는 원문은 다음과 같다. "The mission of the Navy is to maintain, train and equip combat-ready Naval forces capable of winning wars, deterring aggression and maintaining freedom of the seas."

쟁국의 등장을 억제하는 전략에서 대테러 전쟁 수행으로 변화하게 만든 사건이다. 미국이 새롭게 직면한 전 지구적인 테러 위협과 대량살상무기 확산은 지난 2세기 동안 이어져온 미국 해양전략의 근본적인 변화를 요구하기에 충분했다. 전통적으로 강조해온 전쟁 대비 이외에도 전 지구적인 위협에 대해 전 세계 국가들이 협력하여 대처하는 데 주도적인 역할을 담당하게 된 것이다.

그럼에도 불구하고 미 해군은 중국이라는 새로운 경쟁국의 등장으로 전통적인 위협에 대비하는 역할을 소홀히 할 수 없는 상황이다. 1978년 개혁 · 개방정책 이후 중국의 경제발전이 급속도로 진행되는 과정에서 중국 정부는 해양에 눈을 돌리기 시작했다. 국제적인 무역량이 늘어나고, 해외로부터 수입하는 에너지양이 증가하면서 해상교통로의 중요성을 인식하기 시작한 것이다. 2000년대 들어 중국의 국력은 급성장하여 최근 G-2(Group of Two)라고 칭해질 만큼 강대국으로 성장하였다.[50] 중국으로서는 이에 걸맞은 수준의 해양력을 보유해야 할 필요성을 자각하면서 동아시아 해양에서의 군사력 투사 능력을 강화하고 있다. 이와 같은 중국의 경제적 · 군사적 부상은 미국으로 하여금 아시아에 더 많은 관심을 기울일 것을 요구하기에 이르렀다. 즉, 중국의 부상은 미국이 아시아로 회귀하는 실질적인 이유다.

상기와 같은 상황을 인식하여 이 장에서는 21세기 미국의 해양전략을 두 가지 관점에서 분석할 것이다. 전 지구적인 위협이 출현함에 따른 전 세계적인 해양 협력을 주도하는 미국의 해양전략이 그 한 가

50) "Former Carter's adviser calls for a 'G-2' between U. S. and China," *The New York Times*, January 12, 2009; Niall Ferguson and Moritz Schularick, "'Chimerica' and the Global Asset Market Boom," *International Finance*, Blackwell Publishing, Vol. 10(3)(December 2007), pp. 215-239.

지다. 또 다른 관점으로는 아시아의 중요성을 인식하고, 중국의 부상에 대비하기 위한 미국의 해양전략을 자세히 살펴볼 것이다. 논의의 결론은 앞에서 설명한 바와 같이 미국이 궁극적으로 아시아 중시 전략을 채택하게 되면서 전통적인 위협에 좀 더 치중하게 되는 것으로 나타날 것이다. 다만 이와 같은 접근방식은 미국의 해양전략을 포괄적으로 이해하는 데 도움이 될 것으로 믿는다.

한편 미국의 해양전략을 이해하기 위해서는 미국이 지금까지 채택해온 대전략(grand strategy)을 이해할 필요가 있다. 왜냐하면 미국의 해양전략은 미국이 추구하는 안보전략과 그 맥을 같이하기 때문이다. 따라서 이 장에서는 미국의 대전략에 대한 논의를 시작으로 미국의 해양전략을 살펴보기로 한다. 미국의 대전략 이행 과정에서 미국이 아시아 중시 전략을 채택하게 된 배경에 대해 살펴보고, 미군이 실제적으로 운용하고 있는 군사전략과 전력 운용 등에 관한 내용을 구체적으로 다룸으로써 미국의 아시아 중시 전략의 핵심 내용에 대한 이해를 돕기로 한다.

1. 미국의 대전략

통상적으로 '전략'이라는 용어는 "정치 · 군사적 목표를 달성하기 위해 가용한 자원을 효과적으로 운용하는 기술과 과학"이라고 정의되는데, 리델 하트(Liddell Hart)는 전략의 상위 개념으로 '대전략(grand strategy)'이라는 개념을 소개하면서 이를 국가 목적 달성을 위해 국가가 가진 모든 자원을 분배하고 조정하는 국가 차원의 역할을 수행하는 것으로 정의했다.[51] 즉, 대전략이란 국가의 목표를 달성하기 위해 국가가 가진 모든 군사적 · 비군사적 수단을 포함한 총체적인 능력을 발휘하는 것을 의미한다.

대전략은 3단계로 구체화되는데, 국가의 사활적인 안보 이익을 결정하고, 위협을 확인하며, 마지막으로 그 위협에 대응하기 위한 정치적 · 군사적 · 경제적 자원을 어떻게 분배할 것인가를 결정한다.[52] 따라서 국가의 대전략은 국가 목표로서 국가이익을 구체화하고, 대전략을 수행하는 수단으로서 정치력 · 군사력 · 경제력을 어떻게 통합하고 사용할 것인가에 대한 구체적인 계획을 의미한다. 그중에서도 군사적 수단을 어떻게 사용하여 외교정책을 지원할 것인가는 대전략 수립에 있어 핵심적인 고려사항이다.

로버트 아트(Robert J. Art)는 사활적인(vital) 국가이익, 매우 중요한(highly important) 국가이익, 중요한(important) 국가이익의 3가지로 분류한 국가이익을 수행하는 미국의 대전략을 8가지로 세분화하여 분석을 시도했다. 〈표 1-3〉에서 보듯이 미국의 대전략을 목적, 정치적 실현 가능성, 미국의 이익을 보호하는 범위, 비용, 군사적 배치의 본질, 단독적 또는 다국적인지의 여부 등으로 분석하여 패권 전략(dominion), 지역 집단안보(regional collective security), 세계 집단안보(global collective security), 협력적 집단안보(cooperative security), 봉쇄정책(containment), 고립주의 전략(isolation), 국외 균형 전략(offshore balancing), 선택적 개입 전략(selective

51) 박창희, 『군사전략론: 국가대전략과 작전술의 원천』(서울: 플래닛미디어, 2013), pp. 63-104.

52) John M. Collins, *Grand Strategy: Principles and Practices*(Maryland: Naval Institute Press, 1973), p. 14.

engagement) 등으로 구분했다.[53)]

〈표 1-3〉에서도 알 수 있듯이 봉쇄정책과 선택적 개입 전략만이 미국의 입장에서 정치적으로 실현이 가능하며, 효과적으로 국가이익을 보장할 수 있다. 국가이익을 어떻게 정의하느냐에 따라 전략적 선택이 달라질 수 있지만, 주목할 만한 사항은 두 전략 모두에서 군사력의 전진 배치는 필요한 항목이라는 점이다.

〈표 1-3〉 미국의 대전략 비교

전략	우선적 목표	실현 가능성	효과적 국익 보호	비용	전진 배치 여부	단독적/다국적
패권 전략	세계의 패권국인 미국의 이미지로 국제사회 재건설	불가	불가	매우 높음	필요	단독적
지역 집단안보	전쟁 방지	문제 많음	불가	보통에서 높음	대부분 필요	다국적
세계 집단안보	전쟁 방지	불가	불가	보통에서 높음	대부분 필요	다국적
협력적 집단안보	전쟁방지	불가	불가	보통에서 높음	대부분 필요	다국적
봉쇄정책	침략자 국가나 패권자에 대한 봉쇄정책 유지	가능	가능	보통에서 높음	대부분 필요	다국적
고립주의 전략	자유행동 유지, 전쟁의 회피	가능	불가	낮음	불필요	단독적
국외 균형 전략	전쟁의 회피, 유라시아 패권자 출현 방지	가능	대부분 불가	보통에서 높음	경우에 따라 필요/불필요	단독적/다국적
선택적 개입 전략	핵·생화학무기 확산 방지, 강대국 간 평화유지, 에너지안보 확보	가능	가능	보통에서 높음	필요	단독적/다국적

출처: 로버트 J. 아트(2005), p. 175.

53) 김동신·이석중 옮김, 로버트 J. 아트 지음, 『미국의 대전략: 외교정책과 군사전략』(파주: 나남출판, 2005).

따라서 미국이 선택적 개입 전략 아래 전략의 우선순위를 유럽에서 아시아로 옮겨오게 되었든, 그렇지 않으면 봉쇄정책 기조 아래 아시아에서 급격한 경제적 성장에 발판을 두고 군사력을 강화하고 있는 중국을 봉쇄하기 위해서든 미국은 군사력을 아시아로 집중할 수밖에 없다는 설명이 가능하다. 미국이 아시아에서의 전략을 어떻게 결정짓는지에 관한 논의는 미국 군사력의 전진 배치를 포함한 군사전략의 방향을 확인할 수 있는 근거가 되기 때문이다.[54] 이는 미국의 전략을 설명하는 대부분의 연구보고서에서 미군의 군사력 배치와 운용에 관한 분석과 전망이 빠지지 않는 이유다.

2. 미국의 아시아 중시 전략 채택 배경

최근 몇 년 동안 미국의 외교안보정책은 확연히 아시아 중심으로 재편되고 있다. 21세기 초 테러공격을 겪은 후 대테러 전쟁의 일환으로 실시한 아프간 및 이라크 전쟁을 종료한 미국이 새로운 세기의 무대로 아시아를 선택한 것이다. 21세기 미국의 외교안보정책 변화에서

54) 미국의 대전략에 관해서는 매우 광범위하고 다양하게 연구되었다. 그중에서도 배리 포젠(Barry R. Posen)과 앤드루 로스(Andrew L. Ross)는 신고립주의(neo-isolationism), 선택적 개입(selective engagement), 협력 전략(cooperative strategy), 우세 전략(primacy)을 분석적으로 비교하고 있다. 한편 카이 허(Kai He)는 아시아에서 패권 유지를 위한 미국의 전략을 분석하고 있다. 아시아에서 미국이 어떤 전략을 채택할 것인가에 대한 논의는 미국의 국가이익을 어떻게 정의하고, 미국의 국제적 위상을 어떻게 평가하는지에 따라 분석의 기준이 달라진다. 이는 이 책에서 다루는 주제의 범위를 벗어나기 때문에 이에 대한 세부적인 설명은 생략한다. Barry R. Posen, and Andrew L. Ross, "Competing Visions for U. S. Grand Strategy," *International Security*, vol. 21, no. 3, 1996-1997, pp. 5-53; Kai He, "The hegemon's choice between power and security: explaining U. S. policy toward Asia after the Cold War," *Review of International Studies*, no. 36, 2010, pp. 1121-1143.

단연 두드러지는 현상은 아시아 지역에 대한 미국의 관심이 증가했다는 것이다. 이를 두고 아시아로의 귀환(pivot to Asia) 또는 미국 외교안보정책의 재균형(rebalancing) 등으로 표현하는데, 함축적으로 표현하면 이전에 외교안보정책의 균형을 유럽 지역에 맞췄던 미국이 이른바 아시아에 올인(all in)하는 정책을 새롭게 채택한 것으로 볼 수 있다.

미국의 외교안보정책 기조는 이전 부시행정부의 힘에 근거한 과도한 이상주의(idealism)로부터 오바마 행정부하에서 보다 실용적이고 현실주의적(realism)인 모습을 보여왔다. 9 · 11 테러 직전 유일 초강대국의 지위를 누리던 미국에게 엄청난 충격과 위기의식을 초래했다. 그 대응으로 이라크와 아프가니스탄을 중심으로 한 과도한 개입주의 양상을 보인 부시행정부의 일방적인(unilateral) 패권전략은 국제사회의 비판을 초래한다. 더불어 부동산 폭락으로 시작된 경제위기 속에서 당선된 오바마 정부는 여전히 테러와의 전쟁을 중시하면서도 이를 위한 다자주의적(multilateral) 협력을 강조하는 외교전략의 수정을 꾀했다.

이와 동시에 새로운 패권 경쟁국의 부상에 더욱 초점을 맞추는 모습을 보였다. 이러한 미국의 외교정책 전환에 대해 일부 논자들은 더욱 과감한 축소전략으로 미국이 전 세계 패권 추구 대신 역외균형자(offshore balancer)로서의 역할을 추구해야 한다고 주장하기도 한다. 2008년 이후의 경제위기 속에서 미국이 패권의 상대적 쇠퇴 관리 혹은 쇠퇴 이후의 회복전략을 위한 축소(retrenchment)전략으로 가야 한다는 주장이다. 소위 '품위 있는 축소전략(graceful retrenchment)'으로 쇠퇴의 속도를 늦추고, 여러 지역에 대한 공약을 감소시키면서 지역별 세력균형을 유지하고, 동맹국에 대한 의존도를 높이고, 최대한 차기 패권국 지위

에 구조적으로 관여하자는 것이다.[55)]

그러나 21세기 미국의 외교정책 변화에서 가장 두드러지는 현상은 아시아 · 태평양 지역에 대한 강조이다. 최근 미국의 지도자들은 미국이 대서양 국가임과 동시에 '태평양 국가(a Pacific power)'임을 천명하고 나섰다. 2011년 말 힐러리 클린턴 미 국무장관은 「포린폴리시(Foreign Policy)」 기고문을 통해 아시아의 성장 동력을 어떻게 활용하고 관여할 것인지가 앞으로 60년간 미국 외교의 근간이 될 것임을 강조했다.[56)] 이를 위해 전진 배치 외교(forward-deployed diplomacy)를 아시아 외교의 지침으로 내세우며, 다음의 6가지 주요 행동을 약속했다.

① 양자 간 안보동맹 강화(주요 5개국: 일본, 한국, 호주, 필리핀, 태국)

② 중국을 포함한 신흥 국가와의 협력 강화

③ 지역 다자기구와의 교류 확대

④ 무역 및 투자 증대

⑤ 폭넓은(broad-based) 군사력 배치(military presence)

⑥ 민주주의와 인권 증대

오바마 대통령은 2012년 1월에 발표한 21세기 국방전략에서도 미국이 전 세계에 걸쳐 과도하게 투사된 군사력을 효율적으로 축소할 것을 천명하는 가운데 아시아 지역의 전략적 중요성이 오히려 더욱 증

---

55) Paul K. MacDonald, and Joseph M. Parent, "Graceful Decline?: The Surprising Success of Great Power Retrenchment," *International Security*, Vol. 35, No. 4(Spring 2011), pp. 7-44; Steven E. Lobell, "The Grand Strategy of Hegemonic Decline: Dilemmas of Strategy and Finance," *Security Studies*, Vol. 10, No. 1(2000), pp. 86-111 참조.

56) Hillary Clinton, "America's Pacific Century," *Foreign Policy*, November 2011.

가했음을 강조하고, 이 지역 내에서 미국의 기존 군사적 역량을 유지함은 물론, 질적으로 강화하겠다고 공언했다.[57] 이는 미국이 자국의 경제적 번영과 안보에서 날로 증대되고 있는 아시아 지역의 전략적 · 군사적 중요성을 인식했기 때문이다.

미국이 아시아 중시 전략을 채택하게 된 동인(動因)을 경제와 안보 면에서 비교적 분명하게 알 수 있다. 먼저, 경제적인 측면을 보면 국제사회에서 아시아의 위상이 지속적으로 올라가고 있기 때문이다. 세계 총생산의 절반 이상을 생산해내며 세계 경제의 엔진 역할을 하고 있는 아시아는 미국의 경기 회복과 성장을 위해 필수적인 지역으로 부상하고 있다.[58] 2020년경 전 세계에서 아시아가 차지하는 경제적인 비율은 40%를 훌쩍 뛰어넘을 전망인데, 아시아는 국내총생산 기준으로 2위 중국, 3위 일본, 12위 호주 그리고 15위 한국 등이 위치하고 있는 곳이다.[59] 특히 아시아는 지난 30년 동안 전 세계에서 교역량이 거의 2배가 증가할 만큼 급격한 경제성장을 해오고 있다.[60] 또한 2011년 한 해 동안 미국의 아시아 지역으로의 수출량은 미국 전체 수출량의 60%를 차지했는데, 이는 앞으로도 더욱 증가할 것으로 전망된다. 아래 표는 지난 30년간 미국의 지역별 교역량 변화를 나타낸다.

---

57) U. S. Department of Defense, "Sustaining U. S. Global Leadership: Priorities For 21st Century Defense," January 2012.

58) 위의 글, pp. 153-186.

59) World Bank, "Gross Domestic Product 2012," http://databank.worldbank.org/ data/download/GDP.pdf.

60) Mark E Manyin, et al, "Pivot to the Pacific? The Obama Administration's 'Rebalancing' Toward Asia," CRS Report for Congress, 2012, p. 26, http://fas. org/sgp/crs/natsec/R42448.pdf.

〈표 1-4〉 미국의 지역별 교역량 변화(1980~2010)

(단위: %)

구분	수출		수입	
	1980년	2010년	1980년	2010년
유럽	44.1	37.0	48.8	37.4
아시아	15.9	33.3	16.9	31.4
북아메리카	15.3	12.9	16.5	17.4
중동	10.4	5.9	4.9	3.6
아프리카	6.0	3.3	4.7	3.0
중앙 · 남아메리카	4.5	3.8	4.9	3.7
독립국가연합	3.8	3.9	3.3	2.7

출처: Mark E Manyin, et al, "Pivot to the Pacific? The Obama Administration's 'Rebalancing' Toward Asia," p. 26.

여기에 더해 앞으로 환태평양 파트너십이 체결된다면 아시아 지역에서 미국의 경제적 이해가 한층 더 증가할 것이다. 환태평양 파트너십은 미국을 비롯해 호주, 브루나이, 캐나다, 칠레, 일본, 말레이시아, 멕시코, 뉴질랜드, 페루, 싱가포르, 베트남 등 주로 아시아에 위치하거나 아시아를 경유하는 교역에 활발하게 참여하는 국가들이 대부분이다. 환태평양 파트너십 참가국들의 인구는 약 8억 명에 달하고, 미국은 이들 국가들과 활발한 무역 활동을 펼치고 있다. 미국은 환태평양 파트너십을 강화하여 향후 아시아 지역을 포괄적인 자유무역지대로 확대 · 발전시키고자 하는 21세기 신통상정책을 추진하고 있는 것으로 평가된다.[61] 미국의 입장에서 아시아 국가들과의 경제적인 유대가 필수적으로 요구되는 이유이다. 〈그림 1-5〉는 미국과 환태평양 국가 간 무역 현황을 보여준다.

61) 최원기, "미국의 환태평양 파트너십(TPP) 추진 전략: 추진 배경 및 향후 전망", 『주요 국제문제분석』, no. 2010-24, 2010.

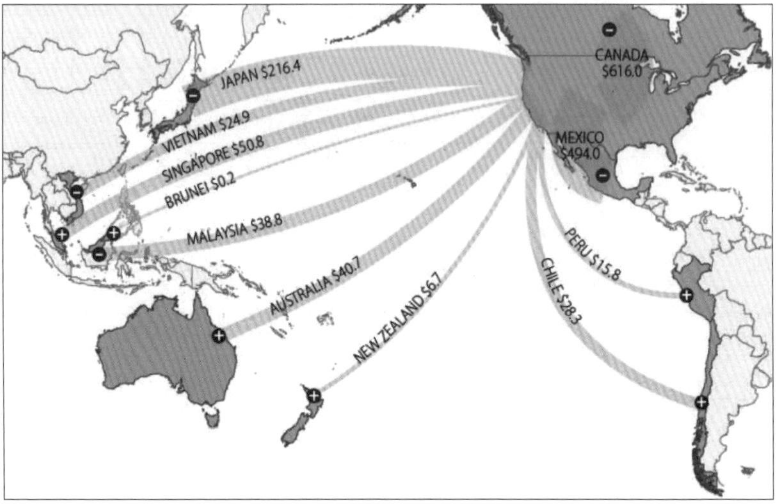

〈그림 1-5〉 미국-환태평양 국가 간 무역(상품/서비스) 현황

출처: Ian F. Fergusson et al., "The Trans-Pacific Partnership(TPP) Negotiations and Issues for Congress," CRS Report(2013), p. 1.

사활적인 국가이익을 보호한다는 측면에서 보면 안보적 요인은 경제적 요인보다 더욱 중요하다. 〈그림 1-6〉에서 보듯이 2003년부터 2012년까지 10년 동안 아시아 국가들의 국방예산 증가율은 175% 수준으로 다른 지역의 증가율을 압도하고 있다.[62] 이와 같은 맥락에서 아시아가 국제안보질서의 핵심 지역으로 등장한 것은 미국이 아시아 중시 전략을 채택하게 된 또 다른 이유이다. 특히 중국의 군사력이 급격하게 증강된 것이 미국의 발걸음을 아시아로 재촉한 직접적인 원인이다. 중국은 반접근/지역거부(A2AD: Anti-Access/Area-Denial)라고 평가받는 군사전략 목표 아래 비약적으로 증가한 경제력을 바탕으로 10년 전에

62) SIPRI(Stockholm International Peace Research Institute), "Trends in World Military Expenditure, 2012," p. 5, http://books.sipri.org/files/FS/SIPRIES13 04 .pdf.

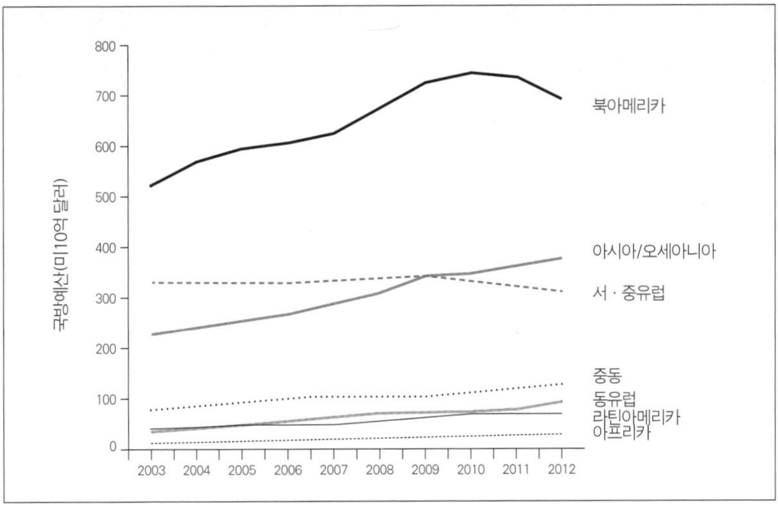

〈그림 1-6〉 지역별 국방예산(2003~2012년)

출처: SIPRI, "Trends in World Military Expenditure"(2012), p. 4.

비해 약 3배 이상의 국방예산을 쏟아 붓고 있다.[63)]

이러한 중국의 행보를 지켜보는 미국은 중국의 군사력 운용 의도에 대한 확신이 없다. 미국은 2010년 국가안보전략에서 중국을 주시할 것을 공식적으로 밝혔으며, 4개년 국방검토보고서(Quadrennial Defense Review, 이하 QDR)에서는 중국의 행동과 의도에 의문을 제기한다고 기술하고 있다.[64)] 이러한 경향은 신국방전략지침에서 중국의 등장이 미국의 경제와 안보에 영향을 주는 주요 요인이며, 중국의 군사력에 대한 분명한 의도를 확인할 수 있어야 한다는 것을 강조하면서 중국을 잠재

63) 스톡홀름 국제평화연구소의 발표에 따르면, 2012년 기준으로 중국의 국방예산은 1,660억 달러에 달한다.

64) The White House, "National Security Strategy," http://whitehouse.gov/ sites/default/files/rss_viewer/national_security_strategy.pdf; U. S. Department of Defense, "Quadrennial Defense Review Report," http://defense.gov/qdr/qdr%20as%20%20 29jan10%201600.PDF.

적 적국으로 지적하기에 이르렀다. 따라서 미국의 아시아 중시 전략은 중국의 군사력을 근거리에서 감시하고 대응함으로써 잠재적 위협 가능성을 상쇄시키고자 하는 노력의 일환으로 이해할 수 있다. 2012년 한 해 동안 미국의 국방부장관, 해군성장관, 태평양함대사령관 등 고위급 인사가 연이어 중국을 방문하여 군사교류를 진행하는 것 또한 중국의 군사적 투명성을 제고하기 위한 것으로 해석할 수 있다.

2014년 3월 4일, 미국 국방부는 2014 QDR을 공식 발표했다. 4년마다 발간되는 QDR을 통해 미국 국방부가 향후 10년을 어떻게 전망하고, 그 준비를 위한 우선순위를 어디에 두고 있는지를 알 수 있다. 2014 QDR에서 A2/AD 전략을 수행하는 중국의 위협을 다음과 같이 밝히고 있다. "중국은 A2/AD 전략과 사이버 및 우주 전장 환경을 통제하는 기술을 보유함으로써 미국의 힘에 직접적으로 대응하는 방안을 계속 찾고 있다."[65] 〈표 1-5〉는 1990년대 이후 발표된 NSS와 QDR에서 중국의 위협을 어떻게 평가하고, 중국에 대한 군사전략 방향이 무엇인지를 보여준다. 〈표 1-5〉에 나타난 바와 같이 중국에 대한 미국의 시각은 경제 및 안보의 협력자에서 중국을 주시하고(monitoring), 중국의 행동과 의도에 의문을 제기하는 수준으로 변해왔다. 한편 미국은 이러한 중국에 대응하기 위한 군사전략으로 동맹국과의 협력을 강조한다. 이러한 흐름을 반영하듯 2014 QDR에서도 중국의 A2/AD 전략을 경계한다고 분명히 밝히고 있다.

65) 원문은 다음과 같다. "China will continue seeking to counter U. S. strengths using anti-access and area-denial(A2/AD) approaches and by employing other new cyber and space control technologies."

〈표 1-5〉 NSS/QDR에 나타난 대중 위협평가 및 군사전략[66]

		NSS 1995 QDR 1997	NSS 2002 QDR 2001	NSS 2006 QDR 2006	NSS 2010 QDR 2010
위협평가	NSS	Economic relations Security cooperation * 경제 협력	Cooperation Welcome peaceful China * 협력	Non-transparency military expansion * 불투명한 전력 팽창	Monitoring China * 중국 주시
위협평가	QDR	Potential threat Engagement * 잠재적 위협	Cooperation Welcome peaceful China * 중국의 평화적 성장 환영	Greatest potential military competitor * 군사적 경쟁자	Question about China's conduct and intentions * 중국 행동 및 의도에 의문
군사전략	NSS	Robust oversea presence Active Engage * 적극 개입	GWOT Collective security * 대테러전 및 집단 안보 중시	Conventional military competition * 군사적 경쟁자	Strengthening alliance in Asia * 아시아에서 동맹 강화
군사전략	QDR	Threat based strategy Sea supremacy * 해상 우위	Capability based strategy Pacific fleet tighten * 태평양함대 강화	Greater presence in the Pacific Ocean * 태평양 전개	Strengthening Pacific power Strengthening alliance in Asia * 태평양 전력 강화, 아시아에서 동맹 강화

또한 군사적 자신감은 중국으로 하여금 센카쿠 열도, 스프래틀리 제도 등 동·남중국해 영토 분쟁에 적극적으로 나서게 하는 힘이 되고 있다. 특히 양안 문제는 미국이 동아시아에서 어떠한 역할을 수행할 것인가에 대한 지표로서 활용이 될 만한 요소인데, 중국은 대만에 비해 압도적인 해군력을 보유함으로써 미국을 자극하고 있다. 또한 동아시아 해양에서 중국의 부상으로 인해 무역과 항해를 위한 지역의 해상

66) 위협의 정도가 변화는 양상을 그대로 표현하기 위해 연도별 NSS 및 QDR에서 영어 원문을 직접 인용하여 정리했다.

교통로(SLOCs)를 보장하는 것 역시 중요한 문제로 부각되고 있다. 인도양과 남중국해를 지나는 해상교역량이 세계 전체의 절반 이상을 차지한다는 사실을 감안할 때, 이 지역 해상에서의 자유롭고 안전한 항해를 보장하는 것은 미국뿐만 아니라 전 세계의 이익이 걸린 문제이다.

이러한 상황에서 중국과 갈등을 겪는 역내 미국의 동맹국 및 안보협력국의 러브콜이 이어짐에 따라 미국은 역내 안보질서 확립과 위상 제고를 위해 아시아에 관심을 집중시키고 있다. 이를 통해 미국은 동맹국 및 안보협력국의 요구를 충족시켜줌으로써 정치 · 경제를 망라한 미국의 국가이익을 달성하고자 한다. 한편 이러한 안보 상황은 자연스럽게 미국 군사력의 재배치를 수반하고, 궁극적으로는 미국이 아시아에서의 군사력을 어떻게 운용할 것인가를 전망할 수 있는 근거를 제공한다.

3. 미국의 대(對)아시아 군사전략

아시아 중시 전략을 채택하게 된 미국은 변화하는 국제안보환경에 따라 국가이익을 보장하기 위해 국방의 우선순위 조정을 가장 먼저 시행하게 된다. 2012년 1월 오바마 대통령이 직접 펜타곤을 방문한 자리에서 발표된 미국의 신국방전략지침은 이러한 노력이 반영된 최초의 산물이었다. 신국방전략지침에서는 미국이 2008년 금융위기로 인해 지속되는 재정적자 상황과 경제 불안정으로 국방예산 감축 압박과 함께 아프간전쟁과 이라크전쟁을 종료함에 따라 새로운 군사전략지침 설정에 대한 필요성을 인식하면서 미군의 주요 임무 10가지를

제시하였다.[67]

비록 신국방전략지침의 배경이 국방예산을 효과적으로 충분히 확보할 수 없다는 데 있었지만, 오바마 행정부는 국방예산이 줄어드는 가운데서도 국가이익을 보장하기 위한 군사 훈련과 군사력 준비를 가장 완벽한 수준으로 유지할 것임을 거듭해서 강조했다.[68] 신국방전략지침은 전반적인 수준에서 미국 군사력 운용의 획기적인 변화를 보여준 것이 아니라 앞으로의 방향을 조정하는 성격을 가진다. 미국의 아시아 중시 전략을 직접적으로 지원하는 군사력의 역할과 운용을 예고하는 것이다.

국방예산은 군사전략 수행 방향과 규모를 가늠할 수 있는 지표가 된다. 미국의 국방예산은 2011년 8월에 제정된 예산통제법에 따라 앞으로도 추가적인 감축이 불가피하다. 미국은 회계연도 기준으로 2012~2021년 기간 동안 총 4,869억 달러의 국방예산 삭감을 추진하고 있으나, 이 또한 미국 및 세계 경제 여건을 고려하여 탄력적으로 조정될 수 있다. 따라서 당분간 국방예산을 증액하는 것은 쉽지 않을 전망이다. 실제로 기본 예산(base budget) 기준으로 회계연도 2012년에 비해 2013년의 미 국방예산은 1% 정도 줄어든 5,254억 달러 수준에 머물렀다. 2013년 7월 미 하원이 2014년 국방예산으로 5,125억 달러를

67) 10가지 임무는 다음과 같다. ① 대테러와 비정규전 대비, ② 침략 억제 및 격퇴, ③ 반접근/지역거부 환경하의 전력투사능력 구비, ④ 대량살상무기 확산 방지, ⑤ 사이버 및 우주공간에서의 효율적인 작전 수행, ⑥ 안전하고 효과적인 핵 억제력 유지, ⑦ 본토 방어 및 민간 조직에 대한 지원, ⑧ 주요 지역 안정화를 위한 전력 전개, ⑨ 안정화 작전 및 대반군작전 수행, ⑩ 인도주의적 재해 · 재난 구호작전 수행

68) Donna Miles, "Strategy Guidance Underscores Asia-Pacific Region," American Forces Press Service, 2012; Leon E. Panetta, "Defense Strategic Guidance Briefing from the Pentagon," http://defense.gov/landing/comme nt. aspx.

승인했지만, 이 또한 정부에서 요구한 수준에서 약 30억 달러 줄어든 수치다.[69] 신국방전략지침 발표 이후 미군의 운용 방향은 국방예산이 줄어드는 데 따른 운용병력 감축, 전쟁수행 전략 변화, 해외주둔 재배치라는 크게 3가지 측면에서 분명한 특징을 나타내게 될 것이다.

첫째, 미군은 운용병력을 감축하고자 한다. 미 국방부는 군의 전체적인 규모를 축소하되 제한된 자원으로 다양한 임무를 수행할 수 있도록 준비할 예정인데, 그 첫 번째 단계로 미군은 적정한 군사력 유지를 위해 현역 병력을 대규모로 감축할 것을 예고하고 있다. 2012년 초 발표된 자료에 따르면, 2017년까지 지상군을 56만 2,000명에서 49만 명(-7만 2,000명) 수준으로 줄이는 것을 비롯하여 해군은 6,200명이 줄어든 31만 9,500명 수준으로, 공군은 4,200명이 줄어든 32만 8,600명 수준으로 각각 감축할 계획임을 밝혔다.[70] 2013년 6월에는 레이 오디에르노(Ray Odierno) 미 육군 참모총장이 향후 5년간 11개 여단을 줄임으로써 최대 8만 명까지 현역 병력을 감축하겠다고 발표했다.[71] 미군 운용병력 감축 계획에서 나타난 특징적인 내용은 향후 지상에서의 군사작전 소요가 줄어들 것에 대비하여 지상군을 대폭 감소하는 것이다.

척 헤이글(Chuck Hagel) 전 미 국방장관은 불가피한 국방예산 감축이 가져올 두 가지 옵션으로 병력을 감축하는 것과 전력 현대화를 늦추는 방안을 제시했다.[72] 향후 10년간 줄어드는 국방예산 때문에 현역 군인

---

69) John Bennett, "House approves 2014 defense spending bill," *Military Times*, July 24, 2013.

70) U. S. Department of Defense, "Fiscal Year 2013 Budget Request," 2012, pp. 4~13 www.dcmo.defense.gov/publications/documents/FY2013_Budget_Request_ Overview_Book.pdf.

71) Erin, Banco, "Army to Cut Its Forces by 80,000 in 5 Years," *The New York Times*, June 25, 2013.

72) Kate Irby, "Military considers cutting 25% of Army personnel, Marines to trim budget for

및 군무원의 수를 감축하는 것은 불가피한 선택이라는 것이며, 전력을 개발하는 데 필요한 연구예산의 삭감 또한 고려하고 있다고 덧붙였다. 이러한 상황에서 헤이글 전 국방장관이 추진하고자 했던 미군의 전략적 선택(strategic choice)은 "적은 병력으로, 적은 지역에서, 적은 임무"를 수행하는 것이었다.[73] 국방예산에 대한 압박은 미군 운용병력의 감축에서 가장 먼저 시작되지만, 결과적으로는 뒤에서 살펴보게 될 전력의 변화와 해외주둔 병력의 재배치와도 밀접하게 연관된다는 점에서 미국의 대아시아 군사전략에서 가장 두드러지는 특징이라고 볼 수 있다.

둘째, 미군은 새로운 전쟁수행 전략을 준비하고 있다. 신국방전략지침이 발표되고 난 뒤 미 국방부는 중국의 해군력 증강과 해양에서의 영향력 확대를 위한 팽창정책에 대항하는 전략으로서 공해전투(ASB: Air-Sea Battle) 및 합동작전접근개념(JOAC: Joint Operational Access Denial Concept)에 따른 군사력 운용 계획을 발표했다. 공해전투는 전방 지역으로 전개된 공군력과 해군력을 유기적이고 통합적으로 운용하는 것을 골자로 하고 있다. 반접근/지역거부 전략에 특화된 방안으로서 공해전투는 종심이 깊은 공격을 위해 공중과 해상에서의 네트워크를 확보하고, 잠재적인 적을 와해(disrupt) · 격파(destroy) · 격퇴(defeat)하는 개념이다.[74]

sequester," *McClatchy Washington Bureau*, July 31, 2013.

73) Chris Lawrence, "Pay, benefits, troops reduction 'on the table' as Pentagon wrestles with budget cuts," CNN, July 31, 2013.

74) Air-Sea Battle Office, "Air-Sea Battle: Service Collaboration to Address Anti-Access & Area Denial Challenges," http://defense.gov/pubs/ASB-Con ceptImplementation-Summary-May-2013.pdf; General Norton Schwartz and Admiral Jonathan Greener, "Air-sea Battle: Promoting Stability in an Era of Uncertainty," The American Interest, February 20, 2012; 김재엽, "미국의 공해전투(Air-Sea Battle): 주요 내용과 시사점", 『전략연구』, 통권 제54호, 2012, pp. 187-216.

즉, 전장에서 상대의 네트워크와 주요 무기체계를 무력화하는 공격을 시행하는 동시에 미군의 전진기지를 분산시키고, 미사일방어 체계를 통해 미군을 방어한다는 것이다.

공해전투개념은 미군의 전력 운용과 적 위협을 격퇴하는 데 필요한 요구사항을 식별한다는 측면에서 합동작전접근개념을 지원하고 있다. 합동작전접근개념은 미군이 미래 합동 전력을 이용하여 작전적 목표를 어떻게 성취할 것인가에 대한 개괄적인 시행 방안이며, 잠재적인 적의 반접근/지역거부 위협을 극복하기 위해 필요한 능력에 대한 지침이다. 이를 위해 필수적으로 요구되는 능력은 해군과 공군 전력을 이용하여 전쟁 발발 초기에 잠재적인 적의 저항 능력을 무력화시켜 장차 지상군의 작전 투입이 용이한 상황을 마련하는 것이다. 따라서 미국이 동아시아 해양에서 추진하고 있는 군사력 배치 및 동맹국 · 안보협력국과의 연합훈련은 공해전투와 합동작전접근개념을 구현하고자 하는 시도로 해석할 수 있다.[75)]

셋째, 미군은 아시아 중심의 해외주둔 재배치를 추진하고 있다. 전략적 중심을 아시아로 옮김에 따라 미군의 전체적인 무게중심을 아시아로 이동하는 것이며, 이는 오바마 행정부에서 지속적으로 강조하고 있는 태평양 국가를 실천하는 직접적인 예다. 아시아로 군사력을 이동하는 미국은 아시아에서 "보다 광범위하게 분산되고, 유연하고, 정치적으로 지속 가능한 배치를 추구"하겠다는 것을 천명했다.[76)] 최근

75) 박영준, "동아시아 해양안보의 현황과 다자간 해양협력방안", 『제주평화연구원 정책포럼』no. 2012-10, 2012, p. 8.

76) Tom Donilon, "America is Back in the Pacific and will Uphold the Rules," *The Financial Times*, November 27, 2011.

미국의 국방장관들은 아시아 중시 전략을 위해 이 지역에 최우선적으로 군사적 역량을 집중하겠다는 의도를 밝히고 있으며, 이를 위해 전 세계적인 수준에서 네트워크화된 분산을 시도하는 미군의 해외주둔 재배치는 국방부의 핵심 현안임을 계속해서 강조하고 있다. 이는 유사시 아시아에 미리 전개되어 있는 전력을 이용하여 미 본토에서 전개하는 것보다 훨씬 빠르게 대응할 수 있다는 판단에 따른 결과라고 볼 수 있다.

사실 미국의 아시아 중시 전략은 최근에 갑작스럽게 시작되었다고 보기에는 무리가 있다. 미국은 아시아 중시 전략을 밝힌 2012년 이전부터 병력을 유럽에서 아시아로 조금씩 옮기기 시작했다. 〈표 1-6〉은 이를 종합하여 보여주고 있는데, 1991년 기준으로 유럽에 28만 4,939명의 미군에 비해 아시아 · 태평양 지역에는 하와이와 괌을 포함해도 15만 6,020명에 그치는 수준의 병력을 유지하였다. 그러나 2010년 말 기준으로 미국은 유럽에서 약 72%의 병력을 감축한 7만 9,940명을 유지하는 데 반해, 아시아 · 태평양 지역에는 1991년에 비해 29%만 감축한 11만 1,114명을 유지하고 있다. 결과적으로 유럽과 아시아 주둔 미군 비율의 역전 현상을 초래함으로써 미국이 상대적으로 유럽보다 중국이 위치한 아시아 지역에 군사력을 강화하고 있다는 것을 보여주고 있으며, 이러한 현상은 앞으로도 지속될 것임을 다수의 미군 지도부의 발언에서 잘 알 수 있다.

특히, 미군의 해상 군사력(afloat forces), 즉 해군 및 해병대 전력 변화를 보면 미국이 유럽에 비해 아시아 · 태평양 지역에 훨씬 더 비중을 두고 있음을 알 수 있다. 해상세력 기준으로 미국은 유럽에서 약 98%를 감축하여 1991년 기준으로 약 2% 정도의 해상세력을 유지하고 있

〈표 1-6〉 유럽 및 아시아 · 태평양 지역 미군 주둔 현황(1991 vs. 2010)

(단위: 명)

구분	1991년		2010년	
유럽	전체	해군/해병	전체	해군/해병
독일	203,423	421	54,431	597
영국	23,442	2,749	9,318	373
이탈리아	13,389	5,220	9,779	2,212
터키	6,342	129	1,485	21
스페인	6,166	3,604	1,345	890
해상 전력	19,758	19,758	253	253
기타	12,319	3,354	3,329	655
전체	284,939	35,235	79,940	5,001
동아시아 · 태평양	전체	해군/해병	전체	해군/해병
일본	44,566	27,933	35,329	20,107
한국	40,062	498	24,655	354
하와이	44,092	20,611	38,892	11,655
괌	7,147	4,694	3,030	952
호주	707	423	127	39
싱가포르	66	20	120	101
해상 전력	11,300	11,300	8,521	8,521
지원	7,960	5,497	440	371
전체	156,020	70,976	111,114	41,999

주: 1991년 9월 30일 및 2010년 12월 31일 기준(한국은 2008년 12월 기준).
출처: U. S. DoD Military Personnel Statistics.

는 반면, 아시아 · 태평양 지역에서는 여전히 75% 이상의 해상세력을 배치하고 있다. 다음 〈그림 1-7〉과 〈그림 1-8〉은 1991년과 2010년 기준으로 각 지역의 미 해외주둔군 수를 보여준다. 그림에서 나타난 것과 같이 미군은 과거 소련의 위협에 대비한 유럽 중심의 군사력 운용에서 중국의 위협에 대비하기 위한 아시아 · 태평양 지역에서의 군사

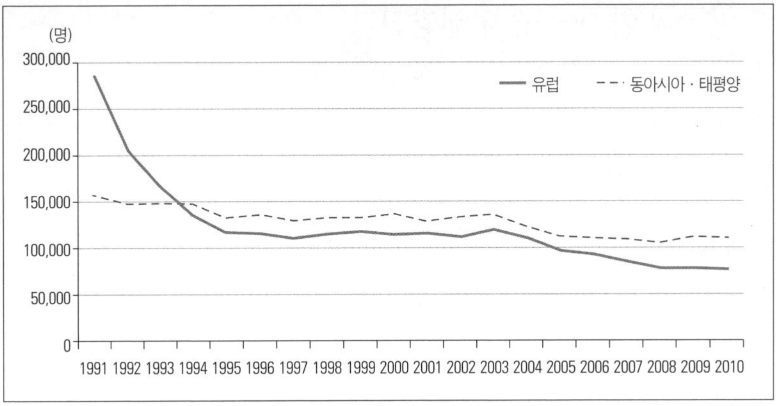

〈그림 1-7〉 유럽과 아시아 미군 주둔 군사력 현황(1991 vs. 2010)

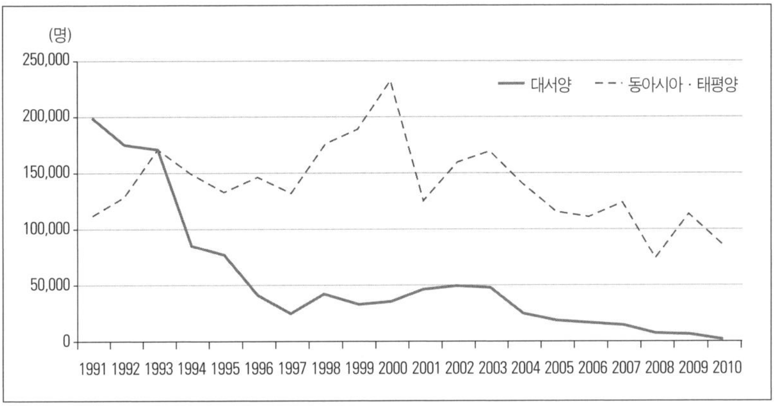

〈그림 1-8〉 유럽과 아시아 해상 전력 현황(1991 vs. 2010)

출처: U. S. DoD(2011).

력 운용으로 변화를 가져오게 된다. 특히 유럽과 아시아 지역 간 미국 군사력 배치의 역전 현상은 해군의 경우 그 편차가 두드러지게 나타남을 알 수 있다. 이러한 현상에 대한 세부적인 설명은 다음 장에서 하기로 한다.

4. 미국의 아시아 중시 해양전략

미국은 군사력을 아시아로 재배치하는 데 있어 해군 · 해병대 전력 운용에 공을 들이고 있다. 미 해군은 태평양에서의 힘을 보여주는 움직임으로써 냉전 이후 지속적으로 대서양 중심의 해군력 운용을 태평양 중심으로 재배치하고 있다. 2020년까지 해외에 전개하는 해군 전력 비율을 60% 수준으로 끌어올리고, 항공모함 등 해군의 주요 전력을 아시아로 옮겨오는 것이다. 또한 오바마 대통령은 2013년 국정 연설에서 아프간전쟁을 성공적으로 평가하면서 잔류하고 있는 6만 6,000명의 병력을 2014년까지 완전히 철군시킬 계획을 제시했는데, 이는 미군의 전체적인 주둔 계획의 변화를 의미했다.[77] 특히 이와 연계되어 아시아 동맹국들의 안보 상황을 고려한 미 해병대 전력의 재배치가 지속적으로 논의되고 있다. 비록 공식적으로 발표되지는 않았지만, 이러한 해군 · 해병대의 전력 변화를 바탕으로 판단할 수 있는 미국의 해양전략은 분명하다. 미국의 해양전략은 대서양에서 아시아(태평양)로의 재균형이며, 이는 중국이라는 새로운 위협이 부상하는 것을 억제하려는 의도에 기인한 결과이다.

이를 좀 더 자세하게 살펴보자. 미국이 안보전략을 위해 군사력 운용 중심축을 아시아 지역으로 옮기는 과정에서 해군 · 해병대의 중요성이 크게 부각된 이유로는 다음과 같은 두 가지로 설명이 가능하다. 첫째, 중국의 군사력 증강, 그중에서도 해군력 증강에 대한 가장 효과적인 대응 수단으로서 지역 내에서 일정 수준의 해군력이 필요했

77) Jake Tapper, "Obama announces 34,000 troops to come home," *CNN International*, February 13, 2013.

다. 중국은 전통적으로 대륙국가로 평가되지만, 최근 자국의 경제발전을 위한 해양의 중요성을 인식하고 해양에서의 이익을 보호하기 위해 해군력을 강화시키고 있다. 이는 곧 잠재적으로 아시아 지역 내에서 미국의 국가이익을 침해할 가능성이 있다는 것을 의미한다. 따라서 미국으로서는 중국의 해양진출을 경계하기 위한 선제적인 방어 조치로서 해군력을 강화하여 해양에서의 우세를 유지하려 한 것이다.

미국은 이러한 목표 아래 중국의 해양진출 증강을 억제하기 위하여 아시아 · 태평양 지역으로의 부대 및 함정의 전진배치를 감행했다. 다음 〈표 1-7〉은 미 해군의 대륙별 해군력 비율을 정리한 것이다. 2007년 기준으로 미국은 전체 함정 279척 중 태평양에 151척(54.1%)을 운용하면서 냉전 이후 처음으로 대서양에서의 미 해군함정 운용 척수를 넘어섰다. 같은 해 대서양에서는 128척(46.9%)의 전력을 운용하였다.[78] 최근 미국은 항공모함 및 차세대 구축함 등 몇 가지 사업에 대한 취소 및 연기에도 불구하고 함정을 꾸준하게 증강시키고 있다. 스텔스 능력과 탄도탄 요격능력을 가진 줌왈트급 구축함 건조와 알레이버크급 이지스함(DDG-51급)의 대공방어 능력 강화는 중국의 대함 유도탄, 잠수함발사탄도미사일(Submarine Launched Ballistic Missile: SLBM) 등의 위협에 대비한 것이다.[79] 잠수함의 경우, 8,000톤급 신형 잠수함인 버지니아(Virginia)급 공격형잠수함(SSN) 건조가 추진 중에 있다.

---

78) Ronald O'Rourke, "China Naval Modernization: Implications for U. S. Navy Capabilities—Background and Issues for Congress," *CRS Report for Congress*(April 2008), p. 60.

79) Otto Kreisher, "Is the 313 Ship Fleet Realistic?" *U. S. Naval Institute Proceedings*(January 2008), http://www.usni.org/magazines/proceedings/20 08-01/313-ship-fleet-realistic.

〈표 1-7〉 대서양과 아시아 · 태평양 해군력 비율(1995~2007)

(단위: 척, %)

연도	전체 전투함정 수	대서양함대		태평양함대	
		전투함정 수	점유율	전투함정 수	점유율
1995	373	205	55.0	168	45.0
1996	356	192	53.9	164	46.1
1997	354	192	54.2	162	45.8
1998	333	183	55.0	150	45.0
1999	317	172	54.3	145	45.7
2000	318	174	54.7	144	45.3
2001	315	174	55.2	141	44.8
2002	313	168	53.7	145	46.3
2003	297	158	53.2	139	46.8
2004	291	153	52.6	138	47.4
2005	282	149	52.8	133	47.2
2006	281	149	53.0	132	47.0
2007	279	128	45.9	151	54.1

출처: Ronald O'Rourke, "China Naval Modernization: Implications for U. S. Navy Capabilities—Background and Issues for Congress," p. 60.

한편 2012년 6월 2일 싱가포르에서 열린 제11차 아시아 연례안보회의(샹그릴라 대화) 기조연설에서 리온 파네타 미 국방장관은 전체 해군 군함 가운데 아시아 · 태평양 지역에 전진 배치되는 함정의 비율을 2020년까지 현재의 50% 수준(54.1%)에서 60%로 증대하기로 했다고 발표했다. 이와 더불어 미 항공모함 6척이 아태지역에서 상시 작전을 수행하고 군함 30척가량이 이 지역에 추가 파견될 것이라고 전망했다.[80] 이러한 기조에 따라 앞으로도 아시아에서의 전투력 투사 능력과 관련

80) Panetta, "Remarks by Secretary Panetta at the Shangri-La Security Dialogue in Singapore."

〈표 1-8〉 미국의 아시아 해군 전략 강화 방안 요약

태평양과 대서양 해군의 전력 조정 - 50% 대 50% → 60% 대 40%
항공모함 6척 운용 유지 - 5척은 미국 서부해안, 1척은 일본 - 2013년 엔터프라이즈호 퇴역에 따라 2014년까지 건조 중인 제럴드 포드호 배치
태평양함대 전함 8척 증가 - 현재 50척 → 58척
태평양함대 군함 40척을 5년 내 최신형으로 교체
연안전투함(The Littoral Combat Ship) 4척 싱가포르 배치
아시아 지역에 전진 배치 가능한 전함 4척 추가 확보 - 현재 23척→ 27척, 샌디에이고 등에 기배치
2016년까지 호주 주둔 해병대를 2,000명까지 확대 - 한국과 일본 등 미군 주둔 병력 수준 유지

된 투자가 가장 우선시될 것임은 분명하다. 〈표 1-8〉은 미군 지도부가 밝힌 아시아 중시 전략의 구체적인 계획을 요약하고 있다.[81]

둘째, 미국의 해군력 강화는 아시아 지역 내 주요 행위자들과의 군사협력을 강화하여 중국의 A2/AD 전략에 대항하기 위해서다. 중국은 A2/AD 전략을 추구하면서 자국의 군사력 운용 범위를 조금씩 확대하고 있다. 이에 미국은 독자적으로 중국의 해양활동 확대를 견제 · 포위하거나 주변국과의 협력을 통해 중국의 해군력 확대를 저지할 필요성을 인식하게 되었다. 아시아 · 태평양 지역 대부분 국가들은 일정 수준의 해군력을 운용하고 있기 때문에 미 해군과의 군사협력은 용이하며, 미국은 동맹국 및 안보협력국가들과의 협력을 통해 중국의 해양활동을 견제하려 한 것이다. 이와 같은 이유로 미국은 2000년 중반부

81) "美해군력 60% 태평양에 배치", 「매일경제」, 2012년 6월 3일.

터 전 세계적 네트워크를 연결할 수 있는 협력의 해양전략을 추구하였다. 미국은 '1,000척 해군(1,000-Ship Navy)' 및 '21세기 해양력을 위한 협력 전략(A Cooperative Strategy for 21st Century Seapower)'을 통해 세계적인 테러 행위 근절은 물론 지구적 차원의 각종 재앙에 대응하기 위하여 전 세계 해군의 협조를 요청했다.[82]

2008년 '미국 국방전략(National Defense Strategy 2008)'에서 미국은 동맹에 얽매이지 않고 협력을 확대 및 강화할 것을 천명했다.[83] 이러한 미국의 움직임은 대테러 · 대량살상무기 확산을 방지하기 위한 지구적인 노력의 일환이지만, 그 속내를 자세히 들여다보면 미국이 지구적 이슈를 부각하여 동맹국 및 안보협력국가들과의 군사적 협력을 무엇보다 우선적인 과제로 추진하고 있음을 알 수 있다. 미국은 동맹국인 일본, 한국, 호주, 필리핀, 태국과 준동맹국인 대만, 싱가포르를 비롯하여 베트남, 캄보디아, 말레이시아, 브루나이, 인도네시아, 방글라데시 등 ASEAN 및 동아시아 주요 국가들과의 군사협력을 통해 동아시아 해양에서의 영향력을 지속적으로 유지함으로써 중국의 해양진출을 견제하고 있다.[84] 최근 미국이 그동안 외교관계가 단절된 미얀마와 관계 정상화를 꾀한 모습은 중국의 세력진출을 차단하거나 봉쇄하려는 미국의 군사전략을 드러낸 것으로 분석되기도 한다.

한편, 미국의 보다 적극적인 아시아 정책은 미국의 이해와 요구에

---

82) U. S. Navy, "A Cooperative Strategy for 21st Century Seapower," October 2007, http://www.navy.mil/maritime/MaritimeStrategy.pdf.

83) U. S. Department of Defense, "U. S. National Defense Strategy 2008," June 2008, http://www.defense.gov/news/2008% 20national%20defense%20strategy .pdf, p. 15.

84) Kyunghan Lim, "U. S.-Chinese Naval Security Competition Over the East Asian Seas Since the End of the Cold War," Doctoral Dissertation(Seoul: Seoul National University, 2012).

못지않게 아시아 국가들의 적극적인 미국 끌어안기(U. S. embracing)에 의해 진행되고 있다. 중국의 부상과 최근의 강압적인(assertive) 행보는 미국보다 오히려 아시아 주변 국가들에게 더욱 큰 우려와 위협을 느끼게 하고 있다. 미국의 군사력 감축은 중국의 부상을 보다 직접적으로 느끼고 있는 아시아 국가들로 하여금 이 지역에서 미국의 영향력과 군사적 기여의 축소에 대한 심각한 우려를 초래하였다. 그 결과 과거 미국과의 군사적 연루(entrapment)를 걱정하던 많은 국가들이 앞 다투어 미국과의 군사적 협력을 강화하려는 노력을 보이고 있다. 이는 아시아 국가들에게 미국과의 군사적 협력에 의한 연루 못지않게 미국으로부터의 방기(abandonment)도 큰 우려가 되고 있음을 방증한다.[85]

20여 년 전 미군 철수를 요구한 필리핀은 새로운 미군의 증파에 합의하였고, 호주는 해병대 기지 건설을 합의하였으며, 싱가포르는 미 해군의 새로운 연안전투함 배치를 허용하는 등 이러한 행보는 아시아 국가들의 우려를 잘 드러낸다. 미얀마와의 새로운 외교도 최근 미얀마 정부가 아웅산 수치 여사의 가택연금을 완화하고 새로운 정치개혁을 시도하는 등 미국과의 관계개선에 나선 것이 가장 중요한 시발점이 된 것도 지적된다.

또한 미국은 베트남전쟁 당시 사용하던 기지를 포함하여 새로운 기지를 사용할 수 있게 되었다.[86] 지난 2006년, 베트남전쟁 이후 31년 만에 미국과 베트남은 전면적인 군사협력을 강화했고, 2011년에

85) Richard Bush, "The Responses of China's Neighbors to the U. S. 'Pivot' to Asia," *The Brookings Institution*, January 31, 2012.

86) Travis Tritten, "Philippine government gives OK for U. S. to use old bases," *Stars and Stripes*, June 7, 2012.

는 중국과의 남중국해 영토 분쟁에 대비하여 위협을 느낀 베트남이 캄란(Cam Ranh) 등의 항만 시설에 대한 미 해군의 사용을 허가했다. 이 밖에도 미국은 싱가포르와 미 해군의 연안전투함 전진 배치에 합의했고, 인도네시아, 말레이시아, 브루나이 등과 접근기지 확보를 위한 논의를 지속하고 있다.[87)] 특히 일본과 호주는 미국의 동맹국으로서 더욱 적극적으로 미국과 협력하고 있다. 미국 · 일본 · 호주 3국은 일본 오키나와 주둔 해병대 병력 중 8,000명을 괌 및 호주 다윈(Darwin) 등으로 순환 배치하는 데 합의한 것은 물론, 올 2월에는 3국이 해양에서 합동 군사훈련을 실시함으로써 동맹관계 강화를 꾀하고 있다.

현실적으로 미국 정부의 국방예산 문제로 미 해군이 연안전투함 등 새로운 함정을 도입하는 것이 어려워지면서 2013년 목표로 정했던 306척의 함대는 쉽지 않은 계획이 되었다.[88)] 물론 미 해군은 새로 발간한 「21세기 협력전략」에서도 최소 300척 이상의 함정을 보유할 당위성을 거론하고 있지만 이마저도 장담하기 어려운 상황인 것은 분명하다. 이러한 상황에서 미국은 일본과 개량형 연안전투함 공동 개발을 추진할 것을 밝힘으로써 동맹국을 통한 우회적인 방법을 확보하고 있다.[89)] 이는 과거 1,000척 해군(A Thousand Ship)을 통해 글로벌 협력을 추진했던 미국이 새롭게 추진하고 있는 전략 모델이 될 수도 있다. 또한 미국은 호주에 해병대원 2,500명을, 싱가포르에 연안전투함을 순환

---

87) Christian Le Mière, "America's Pivot to East Asia: The Naval Dimension," *Survival*, vol. 54, no. 3, 2012, pp. 81-94.

88) 2013년 1월 미국 해군은 전력구조평가(Force Structure Assessment) 결과 306척의 함정이 필요하다고 의회에 제출했다. Ronald O'Rourke, "Navy Force Structure and Shipbuilding Plans: Background and Issues for Congress," p. 1, www.fas.org/sgp/crs/weapons/RL32665.pdf.

89) 김태훈, "국방예산 출소 美, 日과 연안전투함 공동 개발 추진", 「SBS 뉴스」, 2014년 3월 12일.

배치하여 긴급 상황에 대한 전략적 대응 방안을 수립하고 있다. 미국이 해양을 배경으로 점점 더 아시아 중심으로 접근하고 있는 것이다.

여기에 더해 최근 마틴 뎀프시(Martin E. Dempsey) 미국 합참의장은 2014 QDR을 평가하면서 미군의 전략 목표를 국가 생존, 미국 영토 공격 예방, 세계 경제체제 보호, 동맹국 안보, 해외 미국시민 보호, 보편적 가치 보호 및 확대 등으로 정리했다. 이러한 전략 목표 달성을 위해 합동참모본부가 할 12가지 임무를 명시했는데, 핵 억제 및 전 세계 미군 주둔 등에 우선순위를 두고 있다.[90] 이와 같이 미국은 북한의 미사일 및 핵 위협과 중국의 팽창적인 군사전략에 직접적으로 대응하기

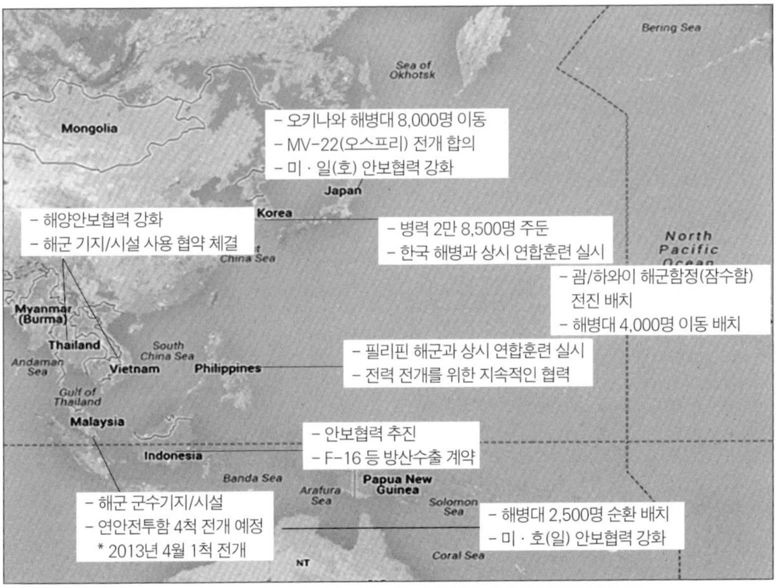

〈그림 1-9〉 동아시아 미군의 군사 배치 및 안보협력 현황

---

90) 12가지 임무는 안전하고 효과적인 핵 억제, 미국 본토 방위, 적 격퇴, 전 세계 미군 주둔, 대(對)테러리즘, 대(對)대량살상무기, 적 목표 거부, 위기 대응, 군사적 개입 및 안보협력, 안정화 작전, 대민지원, 인도주의 구호작전이다.

위해 아시아에 군사력을 집중 배치하려는 의도를 명확하게 밝히고 있다. 미국이 아시아 중시 전략을 추진하는 과정에서 가장 필수적인 요소로 동맹국들 및 안보협력국가들과의 양자(bilateral) 및 다자(multilateral) 훈련이라고 명시한 것은 한국이 굳건한 한·미동맹의 토대에서 적극적인 역할을 해주기를 바라는 의미이다. 앞의 〈그림 1-9〉는 최근 미국이 공개한 내용을 바탕으로 아시아에서의 미군 주둔 현황을 정리한 그림이다.

4장
결론: 미국 해양전략의 평가와 전망, 함의

1. 대서양에서 아시아 · 태평양으로

미국의 군사 · 외교정책에서 군사력은 가장 효과적인 수단으로 고려되었고, 그중에서도 해군력은 단연 핵심적인 역할을 해왔다. 1775년 미 해군이 창설되고 나서 240년이 지난 2015년 현재도 미 해군은 여전히 미국의 군사 · 외교정책을 지원하는 가장 강력한 수단이다. 18~19세기 기간 동안 미 해군은 자국을 방어하는 수준에서부터 세계적인 수준의 해군이 되기 위한 준비를 차근차근 진행해왔다. 20세기 초반, 16척의 전함을 전 세계적으로 과시하면서 국제무대에 등장한 미 해군은 이후 제1차 세계대전을 통해 가장 강력한 해군력을 보유한 국가로 자리매김하게 된다. 이러한 과정에서 미 해군은 본토 주변 위주의 연안해군 수준에서 유럽 문제에 관여하는 수준으로 진화했고, 이는 대서양에 우선순위를 둔 해양전략이 최고조에 달했던 시기였다.

1941년 미국이 본격적으로 제2차 세계대전에 참전하면서 미국의 해양전략은 더 이상 대서양에 집중되지 못했다. 특히 일본과의 태평양전쟁을 통해 20세기 초반부터 조금씩 추진했던 미 해군의 태평양 진출이 가시화되어 나타나기 시작했다. 제2차 세계대전 이후 대서양과 태평양이라는 두 대양에 해군력을 어떻게 배치해야 하는가에 대한 저울질이 거의 균형에 맞춰지게 된 것이다. 이 시기 미 해군에 대항할 수 있는 분명한 적이 보이지 않게 되면서 미 해군이 유지해야 하는 해군력의 적정규모 문제 또한 크게 불거졌지만, 미국이 두 대양에 해군력을 골고루 배치하면서 세계적인 해군력은 오히려 미 군사력을 과시하는 수단이 된 것이 사실이다.

21세기에 접어들면서 미 해군은 비전통 해양안보 위협에까지 대응하려는 노력을 집중했다. 또한 수면 밑에서 부상하고 있던 중국이라는 잠재적 위협 국가가 모습을 드러내면서 미국에게 새로운 군사전략의 변화를 마련할 것을 요구했다. 이 과정에서 미국이 추진한 해양전략의 중심은 이제 전 세계적으로 배치한 해군 함정을 어떻게 효과적으로 재배치할 것인가에 관한 것이었다. 이러한 상황을 인식한 미국은 자연스럽게 대서양과 태평양의 함정 배치 비율을 조절하기 시작했고, 2012년부터 본격적으로 아시아 중시 전략에 따른 해양전략을 서둘러 진행했던 것이다. 종합하면 21세기 미국은 국가이익을 보호하기 위한 해양전략의 무게중심을 완연하게 대서양에서 아시아·태평양으로 옮겨왔다고 할 수 있다.

2015년 미국은 공식 전략보고서를 통해 인도를 포함하여 아시아·태평양 해역에서의 역할을 재차 강조했다. 미국은 전 세계 모든 전장에서 역할을 수행할 수 있는 준비를 강조하면서 동맹 및 우방국들과의 연합작전을 중요시한다. 이들 국가들과 함께 전 지구적 관여(engaging partners across the globe)를 실천하겠다는 의지를 표현한 것이다. 앞으로 미국의 해군 및 해병대 전력을 아시아 · 태평양 해역에서 자주 볼 수 있을 전망이다. 이러한 전망에 따라 미국은 국가안보전략이나 해양 전략의 중심축을 아시아 · 태평양에 두게 될 것이다.

2. 한국 해군에 주는 함의

앞으로 미국은 아시아에서 국가의 핵심이익(core interests)을 찾으려고 할 것이다. 미국이 아시아 중시 전략을 채택함에 따라 미국과 중국이 동아시아 해양에서의 영향력 확보를 위한 경쟁적인 양상을 나타내지만, 당장 동아시아 해양에서 양국 간 무력분쟁이 발발할 것으로 보이진 않는다. 다만, 양국은 상대의 의도를 명확하게 파악할 수 없기 때문에 군사력 운용에 관해 지속적으로 관심을 가지고 견제하려 할 것이고, 이로 인한 경쟁 및 대결 국면이 지속될 가능성이 매우 높다. 미국의 군사력 전개는 공격적인 양상이라기보다는 동아시아 해양으로 한 걸음 다가간 방어 우위의 군사전략이다. 중국은 작전적 범위를 확장시키면서 미국의 역내 접근을 방어하고자 한다. 이러한 이유로 양국 관계는 안보 딜레마(security dilemma) 상황에 놓일 가능성이 매우 높다.

앞으로도 중국이 경제적으로 계속 부상하고, 이를 발판으로 군사력 증강을 계속 진행하는 한 미국의 아시아 중시 전략은 당분간 지속될 것이다. 비록 국제사회 곳곳에서 미국의 아시아 중시 전략의 실효성에 대한 의문이 제기되고, 미 국방예산 운용상 아시아 중시 전략의 지속 여부에 대한 비관적인 전망이 많아지고 있지만, 미국은 어떤 방식으로든 이를 극복할 것이다. 그러한 과정에서 미국이 동맹국들에게 요구하는 안보 부담의 수준은 점점 증가할 것이 분명하다.

미국의 아시아 중시 전략은 중 · 장기적인 관점에서 국가이익을 계산한 결과이며, 이는 한국에게 새로운 기회와 도전을 함께 제시한다. 그러나 한국이 추구할 수 있는 전략적 선택지는 비교적 제한된다. 앞으로 미국과 중국의 경쟁 속에서 한 · 미동맹의 중요성이 더욱 부각되는 동시에 다양한 방면에서 중국과의 갈등이 심화될 개연성이 농후하다. 굳건한 한 · 미동맹 틀 속에서 중국과의 관계 정립이 매우 중요한 이유이다. 문제는 앞으로 내부적으로든 외부적으로든 한국이 어느 한쪽을 선택해야 할 요구에 직면할 수 있다는 데 있다. 이런 때일수록 미국 아니면 중국 쪽으로 편입을 급히 선택하기보다는 양국과의 관계를 보다 넓고 유연하게 가져갈 수 있어야 한다. 따라서 한국의 전략도 미 · 중 간의 이분법적 선택을 스스로에게 섣불리 강요하기보다 양국과의 관계를 보다 널리 유연하게 설정하는 지혜가 필요하다.

미국의 아시아 전략과 한국의 해양전략 사이의 인과관계 또한 뚜렷하다. 앞에서 설명한 바와 같이 미국이 전략의 중심축을 아시아로 옮기는 과정에서 해군 · 해병대의 중요성이 크게 부각되었다. 이는 중국의 해군력 확장에 대한 미국의 적극적인 대응이라고 할 수 있다. 미국은 동맹국 및 안보협력국과 공동으로 중국에 대한 대응전략을 수립하는 데 있어 해군 · 해병대 전력 운용을 가장 핵심적인 수단으로 인식하고 있는 것이다. 강조했다시피 동아시아 해양을 배경으로 한 영유권 분쟁에서 '중국 대 반(反)중국'의 대결 구도는 궁극적으로 '중국 대 미국'의 해양력 대결을 의미한다. 대표적인 대륙세력인 중국과 해양세력인 미국의 첨예한 경쟁이 한반도 주변에서 펼쳐지고 있는 것이다.

한국은 한반도 주변의 안보상황을 심각하게 인식하고, 이에 대응할 수 있는 치밀한 전략을 수립할 수 있어야 한다. 한국은 전략지정학적인 관점에서 주변이 막혀 있는 섬과 같다. 북한, 중국, 러시아, 일본 등에 의해 해상 및 육상으로 포위되어 있다. 이러한 전략지정학적인 상황은 한국에게 있어 안정적인 해상교통로 확보의 중요성을 방증한다. 한국은 삼면이 바다로 둘러싸여 있으며, 수·출입 물동량의 99.7%를 해양을 통해 운송하기 때문에 〈그림 1-10〉과 같이 한국의 5대 주요 해상교통로를 보호하는 것은 국가이익이 걸린 사활적인 문제이다.[91] 따라서 한국은 동아시아 해양안보환경을 안정적으로 유지

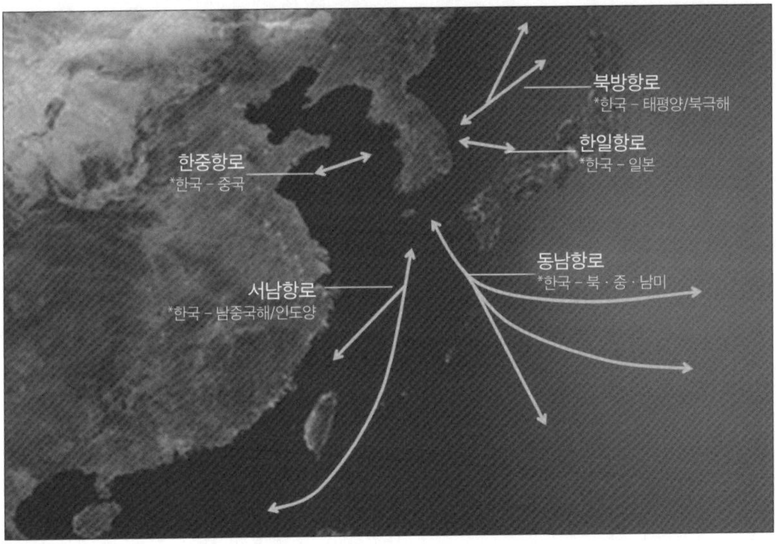

〈그림 1-10〉 한국의 해상교통로 현황

91) 한국의 해상교통로에 대해 세부적으로 분석하면 총 12개로 구분할 수 있다. 한국해양수산개발원에서는 해양수산부(2012년 당시 국토해양부) 자료를 인용하여 한국 선박의 수출입 현황을 일본(Japan), 극동아시아(Far East Asia), 동남아시아(Southeast Asia), 서남아시아(Southwest Asia), 중동(Middle East), 유럽(Europe), 아프리카(Africa), 북미주(North America), 중미(Central America), 남미(South America), 대양주(Oceania), 기타(Others) 등으로 구분하여 정리하고 있다. 한국해양수산개발원, 『2012 해운통계요람』(서울: 한국해양수산개발원, 2012), pp. 180-207.

하는 데 적극적인 역할을 수행하는 노력이 반드시 필요하다.

현 상황을 토대로 예상해보면 앞으로 시간이 지날수록 재정 문제로 인한 미국의 긴축 국방예산 상황은 미군의 운용 방향의 변화를 가져올 것이며, 이러한 과정에서 해군의 역할이 중요한 이슈가 될 것이다. 최근 자료를 종합해보면 미군은 운용병력 감축, 전쟁수행 전략 변화, 해외주둔 재배치라는 크게 3가지 측면에서 분명한 특징을 나타내게 될 것이다. 이는 앞에서 언급한 내용과 연계하여 미국의 동맹국들 및 안보협력국가들의 해군 역할도 중요해진다는 것을 의미한다. 미국은 해양에서 중국의 해양력 팽창에 견제하기 위해 앞으로 준비해야 할 과제가 산적해 있다. 무엇보다 미국은 중국 해군의 급부상으로 인해 해양에서 중국의 영향력이 계속 확대되는 것을 원하지 않는다. 그럼에도 불구하고 시기적으로 미국이 과거와 같은 수준의 국방예산을 확보하기는커녕 매년 국방예산이 줄어드는 상황에서 이러한 해군의 역할을 요구 수준까지 달성하기에는 한계가 있다. 이는 2104 QDR에서도 우려한 한계다. 따라서 미국은 주요 동맹국들 및 안보협력국가들의 해군력 운용과 역할에 큰 관심을 보일 것이 분명하다.

이러한 상황을 인식하고 앞에서 전망한 내용을 토대로 정리하면 한국 해군이 해야 할 역할이 명확해진다. 한국 해군이 한·미동맹에서 중추적인 역할을 담당하는 것이다. 2013년 5월 7일 한미 양국 정상이 워싱턴에서 "한·미동맹 60주년 기념 공동선언문"을 통해 한반도의 안정과 아시아·태평양 지역의 평화와 안정을 위한 핵심적인 역할로서 한·미동맹에 대한 의미를 부여하였다. 최근 미국이 아시아 중시 전략을 표명하고 군사력을 아시아로 집중시키고 있는 상황은 지금까지와는 다른 각도에서 한·미동맹을 재조정해야 할 필요성을 제기한다. 이를 통해 신(新) 한·미동맹의 방향을 모색할 수 있으며, 한국 해군의 전략과 전력 발전 또한 같은 방향을 향해야 할 것이다.

미국의 아시아 중시 전략이 호재로 작용하는 상황에서 향후 한·미동맹의 비약적인 발전을 위해 한국 해군이 집중적으로 준비해야 할 역할을 찾는 것이 무엇보다 시급한 과제다. 가장 가까이에서는 한미 양국 연합훈련 및 한미가 공동으로 참가하는 다자간 연합훈련을 한국 해군이 주도하는 방법이 있을 수 있겠다. 미국의 입장에서 보면 국방비 감축 기조 속에서 동맹국들 및 안보협력국가들과 약속된 훈련을 제대로 이행하기 위해 일정 수준의 부담 배분이 필요하다. 따라서 한국 해군이 미국이 수행해야 할 역할을 주도적으로 대신할 수 있다면 이를 통해 전략 및 전력 면에서 한 단계 업그레이드된 모습을 갖출 수 있을 것이다. 이는 방위비 분담 문제 같은 국내 정치적 상황이나 대중 봉쇄 같은 외교적으로 불편한 상황을 초래하지 않고 수행할 수 있는 역할이다.

한편 해군 플랫폼뿐만 아니라 전투체계까지 포함한 종합적인 전투함 개발을 위한 연구에서 미국 해군과 연계하는 것도 고려해볼 수 있는 역할 중 하나다. 이를 통해 미국 해군에서 보유하고 있는 다양한 종류의 함정과 전투체계를 직간접적으로 배울 수 있을 뿐만 아니라 앞으로 한국이 전투함을 다른 국가들로 수출하는 데 있어 획기적인 진전을 이룰 수도 있다. 한국 해군이 안보와 경제 두 분야 모두에서 국가이익을 보호하는 최선의 수단임을 입증할 수 있는 방법이기도 하다. 궁극적으로 이러한 방법은 중·장기적으로 방산 수출을 통한 경제이익은 물론, 수출 국가와의 군사외교 강화를 통해 한국의 위상을 높일 수 있는 가장 효과적인 대안이 될 수 있다.

부록

2014 QDR 요약

해군 운용 관련 내용을 중심으로

1. 안보환경 & 전략적 도전과 기회

세계는 더욱 위험해지고 있으며, 예측하기 어렵고, 미국에게 점점 더 위협적으로 변화하고 있다. 특히 북한과 이란 등은 우리의 동맹국들과 안보협력국가들을 위협하는 도전이다. 아프리카에서부터 남아시아에 이르기까지 정권이 취약한 국가들로부터 파생되는 극단적인 폭력과 불안 또한 마주하고 있는 도전이다. 이와 동시에 공중, 해양, 우주 및 사이버 전장에서 벌어지고 있는 치열한 경쟁에서 보듯이 현대의 전쟁 양상은 급격하게 진화하고 있다. 특히 미국은 지난 백 년 이상 동안 태평양 국가(a Pacific power)로서 이 지역에 경제 및 안보적으로 깊이 관여하고 있다. 지난 60년 동안 미국은 자유롭고 개방된 교역, 국제질서 확립, 공동의 가치를 추구하면서 아시아 · 태평양 지역의 평화와 번영을 위해 노력해왔다. 이처럼 경제, 안보, 인적 네트워크 측면에서 미국은 이 지역을 매우 중요시하고 있다.

아시아 · 태평양은 글로벌 교역, 정치, 안보의 중심지로 자리 잡고 있다. 지역 내 국방예산은 계속해서 증가하고 있다. 이로 인해 이 지역 국가들의 군사력이 증강됨에 따라 지역 내에서 영토 주권 및 자원 문제 등과 같은 갈등의 양상이 커지고 있으며, 이는 궁극적으로 지역의 평화와 번영에 역행하는 결과를 초래할 수 있는 위험이 존재한다는 것을 의미한다. 특히 중국의 국방 현대화가 빠르게 진행되고 있는 상황과 군사적 능력 및 의도와 관련하여 중국의 지도자들이 상대적으로 불투명하다는 사실이 맞물리면서 이러한 우려는 더 커지고 있다. 또한 지역 내 대부분의 국가들이 평화와 번영을 추구하고 있는 데 반해 북한은 여전히 폐쇄되어 있으며, 장거리미사일과 핵무기 같은 대량살상무기(WMD)를 고집함으로써 한반도와 동북아시아의 안정은 물론 미국에도 직접적인 위협이 되고 있다.

기술이 발달하면서 국가 및 비국가(테러리스트) 등 적성 행위자들은 비대칭 수단을 통해 미국의 가장 취약한 곳을 조준하고 있다. 가까운 시기에 중국 같은 국가들은 A2/AD(Anti-Access/Area-Denial, 반접근/지역거부) 전략[92]과 사이버 및 우주 공간에서의 능력을 향상시켜 미국의 힘에 맞서려는 시도를 계속하고 있다. 또한 해양 및 공중에서의 자유로운 접근을 제한할 수 있는 매우 세밀한 대공방어 능력을 계속해서 발전시키고 있다. 여기에 더해 정확성이 우수한 탄도/순항미사일을 다량으로 확보함에 따라 미국뿐만 아니라 안보협력국가들의 해군 함정과 육상 시설물에 대한 위협이 가중되고 있다.

---

92) '반접근'이란 중국의 입장에서 미국이 관심을 두는 주요 지역으로의 전력 투사를 원거리에서부터 차단하는 개념이며, '지역거부'는 중국 근해에서 작전을 시도하는 미국 전력의 자유로운 군사행동을 차단한다는 개념으로, 미군에 의해 도출된 중국의 군사전략을 말한다.

이렇듯 급격하게 변화하는 안보환경에 직면해 있는 미국은 앞으로 미국의 미래를 결정지을 수 있는 전략적인 도전과 기회에 집중하기 위해 전력을 재배치하고 있다. 그럼에도 불구하고 이러한 임무를 수행하기 위한 국방예산을 운용하는 데 있어 매우 불확실한 상황에 처해 있다. 2011년 예산통제법에 따라 2012년부터 향후 10년 동안 4,870억 달러의 국방예산이 감축될 예정이다. 미국은 재정지출 자동삭감 조치(Sequester, 이하 시퀘스터)[93]를 발동하면서 앞으로도 긴축 국방예산을 운용할 수밖에 없는 상황이다. 2015년 회계연도에 의회에 요청한 국방기본예산(DoD Base Budget)은 2014년에 비해 0.4% 감소한 4,956억 달러 수준인데, 이는 미국의 어려운 재정 상황을 잘 설명해준다.[94]

지난 12년간의 전쟁과 앞으로의 국방예산 삭감은 합동 전력의 균형적인 발전을 저해하고 있다. 특히 2013년부터 발동된 시퀘스터 조치로 인해 미군의 현대화가 요구수준을 따라가지 못하고 있다. 따라서 앞으로의 군사력은 새로운 패러다임 속에서 전개해나가야 할 것이다. 미군은 핵심지역으로의 해군력 전방전개와 함정, 항공기, 지상 전력 그리고 위기대응 전력을 조합해 전개하는 것을 포함하여 비용을 최소화하면서 최대의 효과를 달성하기 위한 방법을 모색할 것이다.

93) 미국의 재정적자 해소 방안으로, 미국 의회가 2011년 예산관리법(Budget Control Act)을 통해 향후 10년간 미 연방정부 지출을 자동으로 삭감하기로 한 조치이다.

94) 2014년 입법(enacted) 국방비는 4,960억 달러이다. U. S. DoD, "United States Department of Defense Fiscal Year 2015 Budget Request Overview," www.comptroller.defense.gov/Portals/45/Documents/defbudget/fy2015/fy2015_Budget_Request_Overview_Book.pdf.

2. 핵심 우선순위

2014 QDR은 다가오는 전략적 도전과 기회를 위해 미군이 준비해야 할 내용을 담고 있다. 2014 QDR에서 강조하고 있는 3가지 기둥,[95] 즉 핵심적인 우선순위(priorities)는 ① 미국 본토를 방어하고(protect the homeland), ② 미국의 영향력을 발휘하고 침략행위를 억제함으로써 세계평화를 확립하며(build security globally), ③ 억제가 실패할 경우에는 어떤 적과의 전쟁에서 전력 투사를 통한 결정적 승리를 보장(project power and win decisively)하는 것이다.

이러한 핵심적인 우선순위를 달성하기 위해 2014 QDR은 크게 3가지 중요한 이슈를 발전시키고 있다. 2014 QDR은 최근 발표된 안보 전략에서 발전되었는데, 그 중심에는 전시(wartime) 전략이었던 2010 QDR과 전시 전략에서 미래의 안보 위협에 대비하는 전략으로의 변화를 이끌었던 2012 DSG가 있다. 세부적으로 보면 첫째, 2012년에 발표된 DSG에 따라 미국의 이익을 보호하고, 글로벌 리더십을 유지하기 위한 방안을 담고 있다. 둘째, 변화된 환경에서 합동 전력 요소를 재배치하는 방안을 구체화하고 있다. 셋째, 미국이 당면한 긴축 국방예산이라는 조건에서 전투력을 저하시키는 내부 위협요소를 통제하고자 하는 국방부의 의지를 반영하고 있다.

먼저 미국 본토 방위를 위해 미사일 및 핵 위협에 대비한다. 북한은 계속해서 미국에 도전하고 있다. 미국은 이러한 상황에서 한반도의 평화와 안보를 유지하기 위해 한국, 일본, 중국, 러시아와도 군사 및

---

95) QDR 본문에서는 '3가지 기둥(three pillars)'이라고 명시되어 있지만, 전체적인 맥락에서 2014 QDR에서 강조하는 핵심 우선순위가 될 것이다.

외교적인 채널을 통해 긴밀한 협력을 할 것이다. 특히 북한의 도발을 억제 · 방어하기 위해 한국군과 긴밀한 협력을 계속할 것이다. 이를 위해 다양한 수준의 양국 또는 다국적 훈련을 통해 상호 작전 운용성을 향상시킬 것이다.

미국은 지상기반외기권방어(Ground Based Interceptors) 미사일 시스템을 30개에서 44개로 늘리고, 센서를 네트워크화할 것이다. 일본에 두 번째 감시 레이더를 설치함으로써 앞으로 북한이 발사하는 미사일에 대한 조기 경보와 추적이 가능할 것이다. 미국 본토를 공격하는 어떠한 대륙간탄도미사일 위협에도 대비하기 위해 2020년까지 미사일 방어 능력을 확보할 것이다. 미국은 본토 내에서 미사일 방어를 위한 최적의 장소를 물색하는 한편, 동맹국들 및 안보협력국가들의 동참을 통해 효과적인 미사일 방어를 꾀할 수 있을 것이다. 특히 핵 위협에 대해서는 가장 중요한 국가이익인 미국 본토 방어를 위해 필요한 합동 전력을 유연하게 운용할 것이다. 미국이 보유하는 핵무기 수는 전체적으로 감소하겠지만, 전략핵 3축 체계(Nuclear Triads)[96]와 전술 핵무기 타격 능력은 효과적으로 유지될 것이다.

또한 미국은 사이버 위협에 대비하기 위해 사이버 전사 양성과 사이버전 수행을 위한 투자를 지속하여 2016년까지 사이버임무부대(Cyber Mission Force)를 창설할 것이다. 사이버임무부대는 전 세계에서 작전을 수행 중인 국방부 예하 부대를 연결하면서 네트워크 보호 작전을 담당하는 사이버보호부대(Cyber Protection Forces), 전투 지휘관들의 군사작전 수행을 지원하는 전투임무부대(Combat Mission Forces), 그리고 미국에

96) 핵무기 투발을 위한 3가지 방법으로 공중 기반의 전략폭격기, 지상 기반의 대륙간탄도미사일, 그리고 해상(수중) 기반의 잠수함발사탄도미사일을 '전략핵 3축 체계'라고 한다.

대한 사이버 공격에 대항하는 국가임무부대(National Mission Forces)로 구분된다.

또 다른 핵심 우선순위로 미국은 글로벌 안보 상황을 안정적으로 관리하고자 한다. 전 세계의 안정과 번영을 지원하기 위한 미국의 글로벌 지위를 유지하는 것이 더욱 어려워지고 있지만, 다른 한편으로는 더욱 필수적인 일이 되고 있다. 국방부는 글로벌 수준에서 국가이익을 효과적으로 보호하기 위한 군사배치 조정을 지속할 것이다. 이를 위한 미국의 노력은 아시아 · 태평양 지역에서의 활동을 보면 잘 알 수 있다. 미국은 오세아니아, 동남아시아, 인도양에서의 현시(presence)를 강화하면서도 동북아시아에 중점을 두고 아시아 · 태평양 지역으로의 재균형(rebalancing) 정책을 지원할 것이다. 2020년까지 해군력의 60%를 아시아 · 태평양 지역에 배치하게 될 것이다. 여기에는 연안전투함 순환 배치, 지역 내 미군 기지로의 구축함 및 상륙함 배치, 합동 고속수송함 배치 등이 포함된다. 앞으로 지역 내 해군 및 공군의 배치를 늘리고, 해병대를 괌(Guam)에 재배치함으로써 지리적으로 잘 분산되고, 작전적으로 탄력적이며, 정치적으로 안정적인 관리가 가능할 것이다.

또한 미국은 전술 및 장거리 폭격기, 정보 · 감시 · 정찰(ISR) 능력을 보유한 공군 전력을 지역 내에 추가적으로 배치하여 동맹국들 및 안보협력국가들과 함께 공중 · 지상 · 해상에서의 감시 및 정찰 능력을 강화할 것이다. 이와 함께 최대 2,500명의 해병대 병력을 호주 다윈에 순환적으로 파견할 것이며, 한반도와 동북아시아 지역에 신뢰할 만한 수준의 육군 전력을 유지하여 지역의 안정을 도모할 것이다. 한편 이라크전쟁 및 아프간전쟁이 종료됨에 따라 병력을 아시아 · 태평양 지역으로 재배치하여 지역 내 양자 및 다자간 연합훈련을 지속할 것이다. 이를 통해 인도주의 구호작전, 대(對)테러리즘과 같이 지역 내 안정에 공헌할 수 있는 작전 능력을 향상시킬 것이다.

마지막으로 미국은 군사력 투사를 통해 결정적인 승리를 보장하고자 한다. 미국의 군사력을 전 세계로 투사하는 것은 미국의 국익 증진뿐만 아니라 전 세계의 안보를 향상시키는 데 핵심적인 역할을 한다. 공중 수송, 공중 재급유, 해양 수송, 사전 전개 등을 통해 우수한 기동성을 확보하는 것은 전력의 운용 및 발전 측면에서 우선적으로 고려되어야 할 필수 조건이다.

전투기, 장거리 폭격기, 감시 정찰기, 대잠 전력 등 공중과 해상에서의 군사력 투사에 투자하는 것은 궁극적으로 A2/AD 도전에 대응할 수 있는 합동 전력 능력을 향상시킬 것이다. 따라서 앞으로도 공군, 해군, 해병대를 위한 F-35 프로그램을 포함하여 요구되는 능력을 향상시키기 위해 투자를 계속할 것이다. 동맹국들이 F-35를 운용하게 된다면 상호 운용성을 향상시키는 획기적인 계기가 될 수 있기 때문에 동맹국들 및 안보협력국가들의 미래 전력을 향상시키는 데도 깊은 관심을 유지할 것이다. 또한 침략을 억제하고, 접근을 보장하며, 힘을 투사하여 결정적인 승리를 보장하기 위해 적의 육군을 격퇴하고 영토를 점령할 수 있는 능력을 보유하는 것은 필수적이다. 한편 미국 및 동맹국들에 대한 공격을 억제 · 방어 · 격퇴하기 위해 우주 자산 강화를 강조하고 투자할 것이다.

3. 합동전력 재균형 및 주요 전력 구조(~2019년)

미국이 추구하는 4가지 핵심적인 국가이익은 ① 미국 영토 및 시민 그리고 동맹국들 및 안보협력국가들의 안보 보장, ② 기회와 번영을 창출할 수 있는 개방된 국제경제체제에서 미국의 경제발전, ③ 전 세계적으로 보편화된 가치 존중, ④ 글로벌 도전에 대한 미국 주도의 협력을 통해 평화로운 국제질서 유지이다. 미국의 국방력은 경제, 외교, 협력 등 다양한 수단 중의 하나로서 필요할 경우에만 국가이익을 보호하는 수단이 될 것이다. 미국은 지금까지 경험하지 못한 강력한 적을 상대하기 위해 교리를 새롭게 쓰고, 능력을 현대화시키고, 우선순위를 재조정할 것이다. 또한 육군 · 해군 · 공군의 전력 균형을 조정할 것이다.

1) 육군

육군은 평화와 안녕을 보장하기 위한 미군의 필수 전력으로 유지될 것이다. 아프간전쟁이 종료되고 난 뒤 육군은 미래 도전이 될 수 있는 곳에 필요한 전력을 더 효과적으로 전개할 수 있게 되었다. 미래 육군은 전장지역을 안전하고 번영이 가능한 곳으로 변화시키는 전후 안정화 작전을 포함하여 다양하고 다층적인 작전의 일부를 수행하기 위해 즉각적으로 투입될 수 있는 능력을 보유해야 한다. 앞으로 육군은 균형적인 전력을 유지하기 위해 최대 57만 명에 달했던 병력을

44~45만 명 수준으로 감축할 것이다.[97)]

- 사단: 18개(정규군 10개, 주방위군 8개)
- 항공여단: 22개(정규군 10개, 예비군 2개, 주방위군 10개)
- 대공방어부대: 15개 패트리어트(Patriot) 대공 방어 대대, 7개 전구고고도 지역방어(THAAD) 부대
- 병력: 정규군 44~45만 명(예비군 19만 5,000명, 주방위군 33만 5,000명)

2) 해군

글로벌 안보를 확립하고 군사력을 투사하기 위해 미국은 전 세계 해양에서 작전이 가능한 해군력을 필요로 한다. 해군은 가장 중요한 전쟁 시나리오 등에서 요구되는 능력을 갖추기 위해 함대 건설을 지속해나갈 것이다. 이를 위해 해군은 SSBN(X) 잠수함을 포함한 신뢰할 만한 해상 기반의 전략적 억제능력을 유지하고, 공세적인 대함전 무기, 차세대 육상 공격 무기, 버지니아 무장장착 모듈(Virginia Payload Module), F-35 프로그램 등을 포함한 비대칭적 이점을 강화하는 노력을 지속한다. 새로운 안보환경에 따라 요구되는 능력은 해군 함정 건조에 많은 영향을 미칠 것이다. 특히 이지스 순양함은 2030년대까지 함정 수명을 연장하여 해군의 공중방어 지휘 능력을 유지하기 위해 장기간의 현대화 과정을 거치게 될 것이다. Flight III DDG-51 구축함 건조는 대공방어 능력을 획기적으로 향상시킬 것이다. 연안전투함은 32척

97) 만약 시퀘스터가 작동된다면, 육군 병력 수를 더 줄일 수 있을 것이다. 현역 규모는 42만 명 수준까지 줄어들 수도 있다.

까지만 건조할 것이며, 연안전투함이 아시아·태평양 지역에서 우수한 성능을 지닌 적성 함정에 비교하여 어느 정도의 능력 우위에 있는지를 평가할 것이다. 해군은 우수한 능력을 지닌 소형 수상 전투함 확보를 추진할 것이다.[98)]

3) 해병대

해병대는 분쟁을 억제하고, 동맹국들 및 안보협력국가들의 안보를 보장하며, 전 세계적으로 발생하는 위기에 즉각적으로 대응할 수 있는 원정 세력이다. 안보적으로 중요한 지역이나 동맹국으로의 접근이 거부될 경우 잘 훈련된 해병대는 미국의 이익을 지원할 수 있도록 상륙작전을 수행할 수 있다. 이러한 작전을 위해 해병대는 상륙전투차량(Amphibious Combat Vehicle)을 확보해야 한다. 이를 통해 연안에서의 기동을 효과적으로 수행할 수 있는 능력이 보장될 것이다. 여기에 더해 이러한 상륙작전을 수행하기 위해서는 18만 2,000명의 해병대원을 확보해야 한다.[99)]

- 항공모함: 11척, 10개 항모비행단
- 전투함: 92척[구축함 71척(DDG-1000 3척 포함), 순양함 21척]
- 소형 전투함: 43척(연안전투함 25척, 대기뢰전함 8척, 연안경비함 10척)

---

98) 만약 시퀘스터가 작동된다면, USS George Washington 항모는 재정비 없이 퇴역하게 될 것이며, 2016년부터는 10개의 항공모함 강습단을 운용할 수 있을 것이다.

99) 만약 시퀘스터가 작동된다면, 17만 5,000명이 될 것이다. 여기에는 전 세계에서 미국의 국익과 시설물을 보호하는 900명의 해병대원을 포함한다.

- 상륙함: 33척(강습상륙함 10척 등)
- 잠수함: 55척(공격형 잠수함 51척, 유도미사일 잠수함 4척)
- 병력: 정규군 32만 4,200명(예비군 5만 8,000명)

* 해병대: 해병원정군 2개(3개 사단, 7개 여단), 정규군 18만 2,000명(예비군 3만 9,000명)

4) 공군

공군력은 전 세계적으로 힘을 투사할 수 있으며, 위기상황에 빠르게 대응할 수 있는 필수적인 전력이다. 공군력을 유지하기 위한 핵심적인 우선순위에는 차세대 전투기를 지속적으로 확보하는 것과 사이버 능력, 항공전자, 무기, 전술, 훈련 분야에서 큰 진전을 이루는 것이다. 이러한 목표를 달성하기 위해 공군이 가장 핵심적으로 추진하고 있는 현대화 분야는 다기능의 5세대 F-35 전투기, 새로운 스텔스 장착 장거리 폭격기, 차세대 KC-46A 공중급유기 등이다.[100)]

- 전투비행대대: 48개(정규군 26개, 예비군 22개/전투기 971기)
- 폭격대대: 9개/96대
- 공중급유기: 443대
- 전략 공중수송기: 300대
- 감시정찰기: 280대
- 지휘통제기: 27대

100) 만약 시퀘스터가 작동된다면, 공군은 KC-10 공중급유기 편대, Global Hawk Block 40 편대 등을 포함하여 80여 대 이상의 공군기를 퇴역시켜야 한다. 이와 함께 합동타격전투기(Joint Strike Fighter) 구입이 늦어지고, 24시간 전투정찰이 가능한 무인기(Predator와 Reaper)를 10기 적게 유지해야 하며, 비행시간을 줄여야 한다.

• 위성 부대: 6개

• 병력: 정규군 30만 8,800명(예비군 6만 6,500명, 주방위군 10만 3,600명)

부록

〈미국 주요 해군사(海軍史)〉

연 도	사 건
1775	미 해군 창설
1775	미국 독립전쟁
1812	미 · 영 전쟁
1823	먼로 독트린
1845	미 해군사관학교 설립
1846	미 · 멕시코 전쟁
1861	남북전쟁
1898	미 · 스페인 전쟁
1907	백색함대 전 세계 순항
1917	제1차 세계대전 참전
1921	워싱턴 군축회의
1927	런던 군축회의
1941	진주만 피습
1941	제2차 세계대전 참전(태평양전쟁)
1950	한국전쟁 참전
1954	해양전략(Transoceanic-navy) 발표
1962	쿠바 미사일 위기
1963	베트남전쟁 참전
1986	해양전략(The Maritime Strategy) 발표
1991	걸프전쟁 참전(사막의 폭풍 작전)
1992	해양전략(… From the Sea) 발표
1994	해양전략(Forward… From the Sea) 발표
2001	9 · 11 테러 발생
2001	아프가니스탄 전쟁(항구적 자유 작전)
2002	해양전략(Seapower 21) 발표
2003	이라크전쟁(2차 걸프전쟁)
2005	해양전략(Thousand-ship Navy) 발표
2007	해양전략(A Cooperative strategy for 21st Century Seapower) 발표
2012	아시아 중시전략 추진 * 아시아 재균형(Rebalancing) 정책 발표
2015	해양전략(A Cooperative strategy for 21st Century Seapower: Forward, Engaged, Ready) 발표

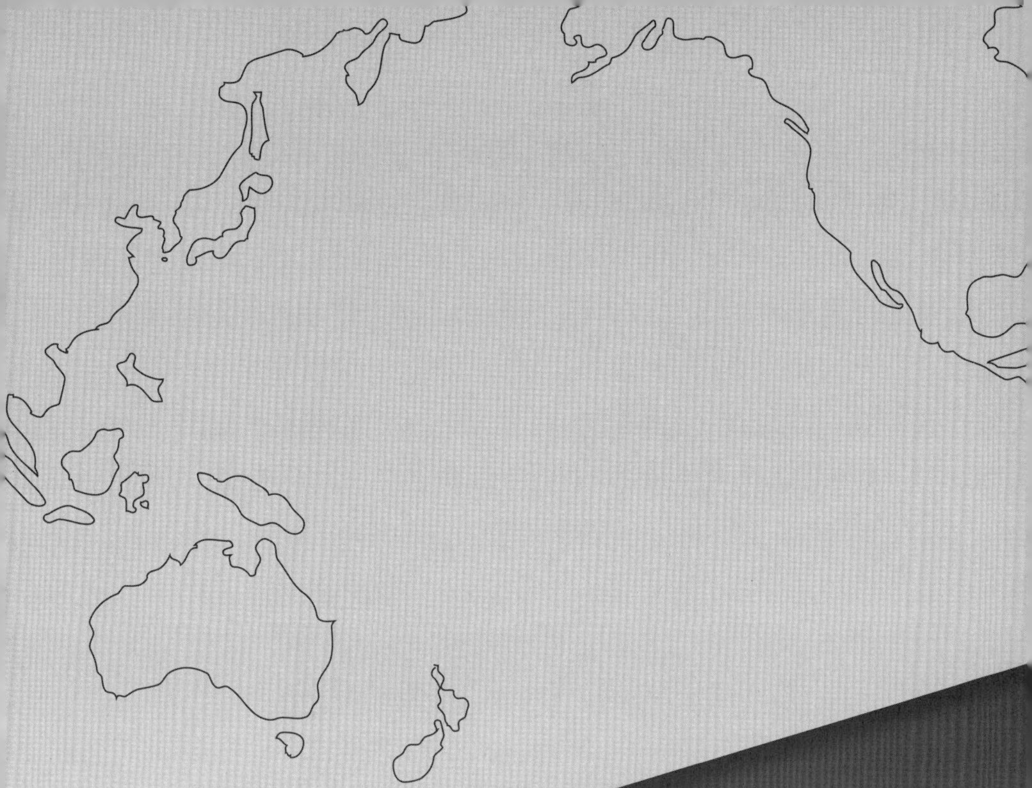

Ⅱ부

중국의 해양전략

대륙국가에서 해양강국으로

1장
서론

21세기가 시작된 지 15년이 지난 현시점에서 동북아 국제관계의 최대 화두는 G2 국가로 성장한 중국의 해양 팽창과 해군력 증강이라고 할 수 있다. 2013년 11월 이슈가 되었던 중국의 방공식별구역(ADIZ) 선포와 이에 따른 미국, 일본, 한국 등 주변국들의 즉각적이고도 민감한 반응을 보면 잘 알 수 있다. 중국의 경제적 부상과 그에 따른 해군력 팽창은 냉전기를 넘어 탈냉전기까지 계속되어온 미국 중심의 동아시아 지역 질서에 급격한 변화를 초래하고 있으며, 특히 미·일동맹을 중심으로 역내 강력한 해군력을 유지해온 일본에게 큰 위협으로 작용하고 있다.

세계 최강의 군사대국들과 이웃하는 동시에 수시로 핵전쟁의 위협을 일삼고 있는 북한과 대적해야 하는 우리나라의 지정학적 현실에서 중국의 존재와 중국과의 관계는 21세기 전반기 국가발전과 국가안보를 결정짓는 가장 중요한 변수라고 할 수 있다. 특히 21세기에 접어들면서 미국과 중국은 갈등과 협력을 상징하는 다양한 색깔의 끈들이 마구 얽힌 실타래처럼 복잡하고 다양한 경쟁과 협력 관계를 지속하고 있다. 미국과의 전통적인 안보동맹과 중국과의 깊어가는 경제협력을 동시에 추구할 수밖에 없는 상황에서 현재 우리나라는 살얼음으로 만들어진 거대한 체스판 위를 조심스럽게 걷고 있는 형국이다. 21세기를 살아가는 우리가 이러한 국제관계에 관심을 가져야 하는 이유는 최근 학자들이 '신냉전(new Cold War)'이라고도 부르는 현 21세기 동북아 질서의 핵심변수가 바로 해양에서 비롯되고 있다는 점이다. 최근 동아시아에서 일어나고 있는 다양한 해양영유권 분쟁과 항공모함 건조로 대표되는 역내 해군력 경쟁이 이를 대변한다.

21세기에 접어들면서 중국은 국가적 차원에서 더욱 공세적으로 해권(海權)[1]을 주장하며 해군력을 증강하고 있다. 그 이유는 간단하다. 1978년 덩샤오핑(鄧小平, 1904~1997)의 개혁 · 개방정책 이후 중국의 지도자들은 21세기 중국 국익의 핵심이 해양에 존재한다고 보기 때문이다. 한 국가의 이익은 국가적 번영과 국가의 안전보장 그리고 국가적 위신 증대의 3가지 요소로 이루어져 있다고 볼 수 있다. 지상 자원의 고갈과 에너지 수요가 급증하는 21세기를 맞아 중국의 국가번영은 해양에서 시작되고 해양에서 꽃피울 것이다. 이는 1982년 유엔해양법 협약(UNCLOS: United Nations Convention on Law of Sea) 등장 및 1994년 발효에 따라 12해리 영해와 200해리 배타적경제수역(EEZ: Exclusive Economic Zone), 대륙붕 주권, 접속수역 등에 대한 국제적 레짐을 제공하게 된 이후 중국뿐 아니라 해양을 접하고 있는 모든 국가들이 취하고 있는 21

1) 중국에서는 sea power(해양력)를 '해권(海權)'으로 번역하고, '권(權)'의 의미를 ① '권력(權力)'뿐 아니라 ② '권리(權利)'와 '이익(利益)'으로 부여한다. 하도형(2012)에 의하면 중국인은 해권(海權)을 국가 '해양권리(sea right)'와 '해상역량(sea power)'이 결합된 국가주권 개념의 자연스러운 연장으로 인식한다. 하도형, "중국 해양전략의 인식적 기반: 해권(海權)과 국가이익을 중심으로", 「국방연구」, 2012, 제55권 제3호, pp. 50-53 참조.

세기 핵심적인 국가발전 및 생존전략이다.

한편 21세기 중국의 국가안보 위협은 냉전기 소련, 인도 등 강대국들과 벌였던 지상 중심의 국경분쟁에서 탈냉전기 대만해협과 남·동중국해 인근 해양영유권 갈등 같은 국지적 해양분쟁으로 전환되고 있다. 또한 2010년 일본을 제치고 세계 제2위의 경제대국이 된 중국은 경제적 부상을 발판으로 하여 19세기 중반 치욕적인 아편전쟁(1차: 1839~1842, 2차: 1856~1860) 이후 잃어버렸던 강대국 중화제국의 위상을 되찾기 위해 노력하고 있다. 이렇듯 21세기 중국은 해양자원을 통한 국가발전, 동중국해에 대한 국가안보, 아시아대국으로의 민족적 자존심 회복을 위해 국가적 차원에서 해군력 증강에 매진하고 있는 것이다.

특히 2012년 9월 중국 최초의 항공모함인 '랴오닝(遼寧, Liaoning)'의 배치는 해상교통로 보호와 배타적경제수역 확보, 해양위협으로부터 해양권익 수호뿐 아니라 21세기 세계 강대국으로서 중국의 국제적 위상 고양을 목적으로 하는 국가 전략적 발걸음이다. 현재 중국은 2020년까지 여러 개의 항모전투단 확보를 목표로 하는 공세적인 해군력 건설에 박차를 가하고 있다.

앞으로 중국의 공세적인 해양전략과 해군력 건설은 제주 남방 이어도 주변 해양관할권 및 서해 EEZ 획정과 대륙붕 문제 등 중국과 해양 무력충돌 가능성을 가지고 있는 우리나라의 국가발전에도 심대한 영향을 미칠 것이다. 해양이 우리 국익에 차지하는 비중이 더욱 높아짐에 따라 앞으로 중국의 해양 팽창은 우리에게 더욱 중요한 안보위협으로 자리 잡게 될 것이다. 중국이 군사력을 이용하여 우리의 해양이익을 침범할 때, 이에 대응할 수 있는 유일한 군사적 수단은 해군력이 될 것이다. 따라서 중국의 해양위협이 가시화되고 있는 2015년 현시점에서 중국의 해양전략과 해군력 건설 방향에 대한 좀 더 깊은 관심과 이해는 이제 선택이 아닌 필수라고 생각한다.

2000년 김덕기 제독은 지금도 널리 읽히고 있는 『21세기 중국해군』을 통해 당시 중국의 해양전략과 해군력 건설 방향을 분석하였다.[2] 『21세기 중국해군』은 중국 해군이 대륙국가의 연안해군에서 1980~90년대의 경제성장기와 국제사회 격동기를 거치면서 어떠한 과정을 통해 해양국가의 대양해군으로 발돋움하고 있는지를 당시 관점에서 잘 설명하고 있다. 특히 그 당시에는 잘 알려지지 않았던 중국 해군의 아버지 류화칭(劉華淸) 제독의 도련선 개념에 따른 중국 해군의 근해 적극방어전략으로의 전환과 3단계 해군력 건설에 대한 논의를 통해 해군뿐 아니라 국제관계와 지역안보를 연구하는 학자들에게도 중국 해군에 대한 이해를 넓히고 공감대를 확산시키는 중요한 역할을 했다고 본다.

이와 유사하게 2015년 현시점에서 이 책이 제시하는 가장 중요한 목적은 21세기 동북아 국제정치 안보환경에 대한 안목을 가지고 중국 해양력의 과거 · 현재 · 미래를 조망하며, 21세기 중국의 국가 안보전략, 해양전략, 해군력 건설과 해군력 운용의 상관관계를 이해하는 데 있다. 앞에서 언급한 바와 같이 해양력은 국가발전, 국가안보, 국가위상으로 대변되는 국익 창출과 주권 수호의 핵심적 수단이기 때문이다. 중국의 해군력 건설과 운용에 대한 전반적인 이해는 최근 논의되고 있는 미 · 중 간 반접근/지역거부(A2/AD: Anti-Access/Area Denial), 공해전투(ASB: AirSea Battle), 합동작전접근개념(JOAC: Joint Operational Access Concept)

2) 김덕기, 『21세기 중국해군』(서울: 한국해양전략연구소, 2000).

등 전략 · 작전개념뿐 아니라 중국의 주동작위(主動作爲)와 일대일로(一帶一路) 구상, 미국의 아시아 회귀(Pivot to Asia) 및 전략적 재균형(Strategic Rebalancing) 정책 등 다양한 현안 쟁점들에 대한 분석력을 제고할 것이다. 또한 자칫 북한 중심의 한반도 안보정세에만 국한될 수 있는 안보분야 전문가들의 편중된 사고범위를 확대시키고, 미래 우리 해군의 작전영역 확장과 역할 확대를 위한 장기적 안목을 제공할 것이다.

이 책에서 다루고 있는 중국의 해양전략 분석에 대한 시간적 범위는 다음과 같다. 본문은 중국의 해양사상이 본격적으로 출현하기 시작한 근대(明 · 淸期) 시기부터 20세기 이후 현대(냉전 · 탈냉전기 구분) 시기까지 중국의 해양전략 정립과정과 영향요인들을 시대별로 다루고 있다. 이러한 근 · 현대 중국 해양력 변천사를 바탕으로 21세기 중국의 해양전략과 해군력 건설을 분석하고자 한다. 따라서 시간적 흐름은 2000년을 기준으로 하여 그 이전을 과거(근대와 현대)로, 2000년 이후 2015년까지를 현재로 설정하고, 현재부터 대략 2030년까지를 미래로 설정했다. 서술방법은 현재를 중심으로 과거를 평가하고 미래를 조망하는 방법으로 중국의 해양전략 및 해군력 건설과 관련된 핵심적인 주제들을 시간적 순서대로 분석하였다.

먼저 2장에서는 역사적으로 해양을 기피하고 대륙주의적 성향을 강하게 표출해온 중국대륙에서 어떻게 해양사상이 출현 · 발전해왔는지를 설명하고, 중국의 해양력 형성에 미친 영향요인을 크게 환경적 요인과 인식적 요인으로 구분하여 살펴보았다. 근대 시기 중국의 해양력 변천 과정은 해양활동이 크게 융성했던 명나라 정허함대와 당시 동아시아 최대의 해군력을 보유했던 청나라 리훙장의 북양함대를 중심으로 설명하였다. 명나라 정허함대와 청나라 북양함대는 중국의 해양전략에 관심을 가지고 있는 독자들이 현대 중국의 해군력 증강의 역사적 배경을 이해하기 위해 반드시 짚고 넘어가야 할 부분이다. 1949년 중화인민공화국(中華人民共和國) 건국 이후 해군력 발전 과정은 1950년대 소련군 지원기에서부터 1960~70년대 해군함정 자체 건조기, 1980년대 중국 해군력 현대화의 시작과 1990년대 걸프전 이후까지를 시기별로 구체적으로 살펴보았다.

3장은 이 책의 핵심내용인 21세기 중국의 해양전략과 관련된 다양한 논의를 담고 있다. 21세기 현재와 미래 중국의 해양전략을 설명하기 위해 우선 급격히 변화하는 중국의 해양안보환경을 살펴보았다. 특히 미국과 중국의 패권경쟁이 벌어지고 있는 동아시아 해양안보환경을 중심으로 중국의 다양한 국가이익과 안보위협을 분석하였다. 해양안보환경에 대한 분석을 바탕으로 이 책의 핵심주제인 21세기 중국의 국가·안보전략과 해양전략, 해군력 건설·운용 간의 상관관계를 살펴보았다. 2000년 이후 G2 국가로 성장한 중국의 해양팽창정책이 해양전략과 해군력 건설에 어떤 영향을 미쳐왔으며, 2015년 이후 중국 해군의 전략 개념과 해군력은 어떻게 발전할 것인지를 제시해보았다.

결론에서는 21세기 해양의 세기를 맞아 앞서 살펴본 중국의 해양전략과 해군력 건설이 우리나라 국가안보와 국가발전에 어떤 영향을 줄 것인지에 대한 정책적 함의를 도출하고 있다. 이를 바탕으로 인접국인 중국과 더불어 21세기 해양 중심의 안보환경을 살아가고 있는 우리가 미래 해군력 운용과 해군력 건설을 위해 어떠한 노력을 해야 할 것인지에 대한 화두를 제시하고자 한다.

2장
중국의 해양력 변천사

1. 중국의 해양력 형성에 미친 영향요인

역사적으로 해양력(sea power 또는 maritime power)은 한 국가의 발전과 안보에 핵심적인 영향을 미쳐왔다. 다시 말하면 하나의 국가가 자국의 이익을 추구하는 다양한 방법들에 있어 해양력은 결정적인 수단이 되어온 것이다. 과거부터 현재에 이르기까지 해양력을 국력의 기반으로 한 강대국들이 전 세계를 지배해왔다. 이는 해양력이 국력의 양대 핵심요소인 군사적 측면(국가안보)과 경제적 측면(국가발전)을 가장 밀접하게 상호 연계시키는 역할을 해왔기 때문이다. 이를 설명하는 대표적인 저서가 잘 알려져 있는 19세기 미국의 해양전략가 앨프리드 마한(Alfred Mahan, 1840~1914)이 1890년 저술한 『해양력이 역사에 미치는 영향』이다.[3]

역사적으로 볼 때 강대국이 보유한 해양력의 핵심은 그 국가의 해군력(naval power)의 수준에 달려 있었다고 볼 수 있다. 근대 해양국가들

---

3) 김주식 역, 알프레드 마한(Alfred Mahan) 저, 『해양력이 역사에 미치는 영향 1, 2』(서울: 책세상, 1999), 원문 제목 『The Influence of Sea Power upon History 1660~1783』.

은 강력한 해군력을 통해 해양우세를 확보하고 확보된 해양우세를 통해 국가발전의 기틀이 되는 해상무역의 주도권을 장악해왔다. 여기서 확보된 주도권은 해양자원을 우선적으로 확보할 수 있는 국력의 증대로 연계되고, 국력의 증대는 다시 해군력의 확대로 귀결된다. 역사적으로 이러한 해양력 중점 국가의 해양우위 순환고리를 활용한 대표적 성공 사례는 영국이라고 할 수 있으며, 반대로 인접국가로 해양보다는 대륙 중심의 국가발전을 추구했던 사례로는 프랑스를 들 수 있다.[4] 〈그림 2-1〉은 21세기 영국의 해양전략가 제프리 틸(Geoffrey Till)이 자신의 저서 『21세기 해양력』에서 제시하고 있는 해양무역-해양자원-해군력-해양우세 간 '해양력의 순환고리'를 설명하고 있다.[5]

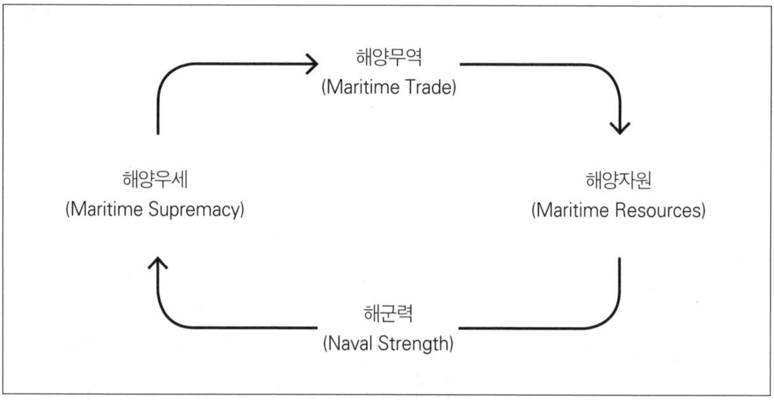

〈그림 2-1〉 해양력의 순환고리

---

4) 역사적으로 대부분의 대륙지향적 국가(프랑스, 독일, 러시아 등)들이 해양을 제대로 활용하지 못해 국가번영에 성공하지 못했다는 교훈은 국가발전을 위해서는 대륙뿐 아니라 해양을 균형 있게 잘 다루어야 함을 지적한다. 21세기를 맞아 거대한 대륙의 나라 중국은 대륙지향적 국가에서 해양강국으로 국가전략의 대전환을 추구하고 있다.

5) 배형수 역, 제프리 틸(Geoffrey Till) 저, 『21세기 해양력』(서울: 한국해양전략연구소, 2011), p. 68. 원문 제목 『Seapower: A Guide for the Twenty-First Century』.

〈그림 2-1〉이 보여주고 있는 해양력 순환고리 중 한 가지 요소인 해양무역 및 해양자원과 관련하여 중국은 매우 유리한 지리적 조건을 가지고 있다. 현대 중국은 6,000마일의 장대한 해안선과 6,000여 개의 도서, 그리고 390만 km^{2}의 영해면적을 보유하고 있는 지정학적 · 지경학적 해양국가이다. 특히 화남지방의 조밀한 인구로 인해 근대 중국인들은 다양한 해외진출을 시도해왔으며, 그 결과 오늘날 동남아 지역에 산재한 화교 인구는 1,200만 명에 이른다. 한편 현재 중국대륙 본토 인구의 상당수도 상하이(上海), 다롄(大連), 톈진(天津), 광저우(廣州) 등 연안지역에 거주하고 있다. 구체적으로 살펴보면 현재 중국 전체 인구의 40%(약 6억 명), 대도시 인구의 50%, 국민총생산(GDP)의 70%, 외국인 투자의 84%, 수출상품의 90% 이상이 연안내륙 200km 범위 내에 집중되어 있으며, 대외무역의 90% 이상이 해양수송으로 이루어지고 있다.[6)]

이와 관련하여 2000년 이후 중국의 상선들은 세계에서 가장 크고 빠른 규모로 성장하고 있으며, 특히 해상을 통한 중국의 원유수입은 전체 수입량의 90%를 넘는다. 이와 같이 해양은 21세기를 살아가는 중국에게 있어 더 이상 선택이 아닌 생존과 번영을 위한 사활적 요소이다. 본 장에서는 이러한 상황인식을 바탕으로 역사적으로 중국의 해양력이 어떻게 발전해왔는지에 대해 중국의 해양력 형성에 미친 영향요인들을 중심으로 살펴보고자 한다.

역사적으로 중국의 다양한 지리 · 정치 · 경제 · 역사 · 문화 · 사상적 요인들은 중국의 해양력 발전에 긍정적이기보다는 부정적인 영향

6) 프레드릭 벨루치, "중국의 해군 전략과 발전 전망: 제1방어선 확대", 한국해양전략연구소 편, 『중국 해군의 증강과 한 · 미해군 협력』(서울: 한국해양전략연구소, 2009), p. 39.

을 미쳐왔다. 따라서 근 · 현대시기 중국은 해양보다는 대륙주의적 성향의 국가로 발전해왔다. 그렇다면 그동안 중국의 해양력 형성과 관련된 다양한 영향요인들을 우리는 어떠한 분석의 틀(analytical framework)로 바라보아야 할 것인가?

가장 기본적인 방법으로는 중국이라는 국가 테두리를 기준으로 내부적(internal) · 외부적(external) 요인들을 구분하여 영향요인을 살펴보는 방법이 있겠다. 또한 국제정치 연구에 주로 사용되는 방법으로 영향요인들을 체제(system) · 국제관계(relational) · 국가(state) · 국내(domestic) · 개인(individual) 요인 등 다양한 분석 수준(levels of analysis)으로 나누어 살펴볼 수도 있겠다. 또 다른 방법으로는 결과적으로 정책적 함의 도출이 용이하도록 영향요인들을 정치 · 경제 · 안보 · 사회 · 문화 · 역사 분야별로 나누어 분석하는 방법이다.[7)]

이러한 다양한 분석방법들 중 여기서는 중국의 해양력 형성에 미친 영향요인을 크게 환경적(contextual) 요인과 인식적(epistemological) 요인으로 구분하여 설명하고자 한다. 환경적 요인에는 주로 국가의 지리적 위치 등 물리적 형태와 지정학적 · 지경학적 요인들이 포함된다. 국경분쟁 등 안보위협의 형태도 환경적 요인에 포함될 수 있다. 한편, 인식적 요인들은 역사적 전통이나 사상의 발전에 따른 국민과 지배층의 인식체계 정립과 해양을 중시하는 지도자의 등장 등 국가전략적 인식 변화와 관련된 요인들로 구성된다.

---

7) 국제정치 현상을 분석하는 다양한 분석의 틀에 대한 논의는 Benjamin A. Most and Harvey Starr, *Inquiry, Logic, and International Politics*(Columbia: University of South Carolina Press, 1989); Bruce Russett, Harvey Starr, David Kinsella, *World Politics: The Menu for Choice*, 8th ed.(CA: Wadsworth, 2006) 참고.

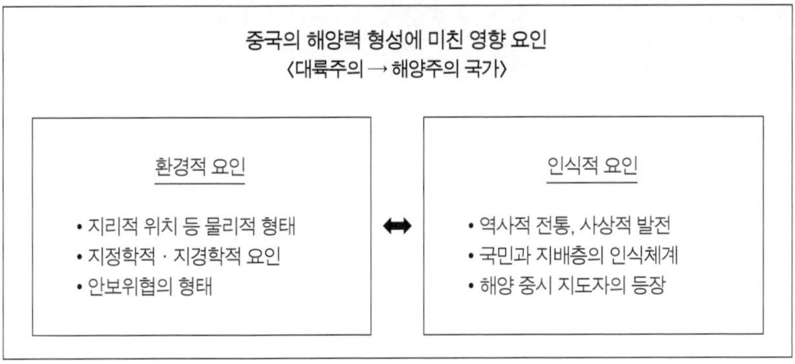

〈그림 2-2〉 분석의 틀: 중국의 해양력 형성에 미친 영향 요인

해양력에 미친 영향요인을 환경적 요인과 인식적 요인으로 구분하는 장점은 전략을 구상하는 과정에서 환경적 요인들이 어떻게 인식적 요인들과 상호 결합하여 궁극적으로 그 시대와 상황에 맞는 전략이 도출되는가를 쉽게 설명하기 위해서이다. 시대에 따라 변화하는 환경적 요인들과 그 환경적 요인들을 받아들이는 인식적 요인들이 결합하면, 당대의 국가이익(국가발전, 국가안보, 국가위상) 추구를 위한 한 국가의 전략이 형성되는 것이다. 이러한 관점으로 볼 때 우리가 살아가는 21세기에 있어 해양력은 국가생존과 번영이라는 목표 달성을 위한 핵심적인 수단이며, 수단인 해양력을 운용하는 방법이 바로 그 국가의 해양전략을 의미한다.

과거부터 현재까지 중국의 해양력 형성 과정을 설명하기 위해 본문에서는 중국 해양력 형성에 영향을 미친 다양한 환경적 요인들과 인식적 요인들을 시대별로 살펴보고, 양대 요인들이 어떻게 결합하여 중국의 국가이익 추구를 위한 전략으로 나타나는지 설명한다. 시대별로 국가전략과 해양전략의 상관관계를 살펴보고, 해양전략은 다시 해군력 건설과 해군력 운용으로 구분하여 설명하고자 한다.

2. 중국의 대륙주의적 성향과 해양 기피 경향

21세기 중국 해군의 해양전략, 특히 중국이 왜 그리고 어떻게 대륙국가 중심의 국가전략에서 해양강국의 전략으로 전환하고 있는가를 설명하기 위해서는 먼저 중국의 대륙국가적 문화와 역사, 사상의 발전 과정을 살펴보아야 한다. 2천 년 이상을 대륙지향적 국가로 발전해온 중국 역사는 뒤에서 살펴볼 1949년 이후 마오쩌둥의 군사사상과 전략, 군사력 건설에 매우 중요한 영향을 미쳤다. 한마디로 중국의 역사 속에서 국가안보와 발전을 위한 다양한 환경적 요소들과 조건들은 중국을 대륙 중심의 국가로 만들어왔고, 이에 따라 중국의 대다수 서민층과 지배층은 자연스럽게 해양보다는 대륙을 중시하는 인식을 갖게 될 수밖에 없었다.

학자들은 중국 역사 속에서 해상무역이 본격적으로 시작된 시기를 대략 당나라(618~907) 때로 보고 있다. 당대 말기에 이르러 중국대륙인들은 서남아시아와 서아프리카까지 정규적인 해상 무역활동을 해온 것으로 알려져 있다.[8] 하지만 전통적으로 중국의 지배계급은 해양적 중국에 대한 관심이 적었고, 지나친 해양진출을 경계해왔다. 추측하건대 가장 큰 이유는 중국대륙의 광활한 크기 때문일 것이다. 중국인은

8) 8세기 무렵 중국대륙에서 일시적으로 해양활동이 활발해진 까닭은 농산물의 흉작과 인구증가로 당시 경제 · 문화 중심지였던 북부지역의 인구가 양쯔 강 하류 해안과 남부로 이동했기 때문인 것으로 알려져 있다. Bernard D. Cole, "The History of the Twenty-First-Century Chinese Navy," *Naval War College Review*, Summer 2014, Vol. 67, No. 3, p. 43.

일반적으로 해양을 국가발전과 이익을 위한 수단이라기보다는 외부세력으로부터의 잠재적인 침략의 경로로 생각해왔다.[9] 상대적으로 규모가 작은 우리나라에서 신라와 백제 시기부터(특히 남북국시대 장보고 대사의 청해진 설치 등) 활발한 해양활동이 이루어졌던 것에 비교하면, 중국에서 일찌감치 국가적 차원의 해양 인식의 중요성이 형성되기에는 중국의 지정학적 요건이 우리와는 달랐다고 볼 수 있다. 중국 역사의 첫 천 년 동안 정치 · 경제 · 문화의 중심지는 주로 북부지역이었다. 북부를 중심으로 한 자립경제적 시장제도는 농촌의 상업적 물류가 해로를 통해 타국으로 이동하는 것을 제한했다. 또한 당시 중국인은 미개한 민족과 교섭한다는 것 자체를 매우 불안하게 생각하여 해양을 통한 대외무역을 경시하는 경향이 있었다.

당나라 이후 송나라(960~1279)와 원나라(1271~1368) 시기에도 해양사상이 중국대륙에 본격적으로 자리 잡기에는 매우 어려운 환경이었다. 근대로 넘어오는 과정에서 중국의 역사적 발자취와 문화사상의 전통에는 근본적으로 대륙적인 기운이 강했기 때문이다. 지정학적 차원에서 외침 방어를 위한 만리장성의 축조와 중원 통일에 대한 국가적 과제는 대륙 중심의 국가건설과 유지에 대한 강한 의지를 보여준다. 중국의 정착 농경민들은 북부와 서부초원에 살던 유목 · 기마민족으로부터 끊임없는 침략을 받아왔기 때문이다. 한편 지경학적 측면에서 광활한 영토를 기반으로 한 농업의 중시는 해양을 통한 경제활동을 상대적으로 등한시하게 만들었다.

근대 이전 중국은 세계질서의 중심지로 중화사상을 발전시켜왔

9) Bernard D. Cole, 위의 글, p. 44.

고, 강력한 동아시아 대륙국가로서 정치적으로는 주변국인 한반도와 인도차이나반도를 조종해왔다. 결론적으로 15세기 명나라 시대에 접어들어 정허함대의 대원정이 실시되기 이전까지는 중국의 지정학적 · 지경학적 환경과 역사 · 문화의 대륙주의적 성향이 지배층의 해양 기피 인식을 조장하여 중국에서 해양사상의 본격적인 출현과 발전을 제한해온 것이다.[10)]

3. 근대(明 · 清期) 중국의 해양활동과 해군력

1) 명나라 이전(宋 · 元期) 중국의 해군력

앞서 설명한 중국대륙의 대륙기질적 성격과 지도층의 해양 인식 결핍을 고려할 때 송나라(960~1279)를 대항해시대 서유럽의 스페인, 포르투갈, 영국 같은 해양국가라고 부르는 것은 무리가 있다. 하지만 송나라(특히 남송) 시기의 해양기술적 발전과 해군력은 그 당시 세계 다른 국가들에 비교해서 매우 주목할 수준이었다.[11)] 당시 서남아시아의 무역루트로 널리 사용되고 있던 바다를 항해하기 위해 송나라 항해자들

10) 김종두는 중국 역사에서 해양력이 성장하지 못한 장애요소를 다음과 같이 설명한다. ① 이데올로기, ② 전통적인 대륙적 요소, ③ 7,000km가 넘는 러시아, 인도, 베트남, 북한과의 국경선 및 소수민족 문제, ④ 지배계급의 대륙적 성격, ⑤ 인구 대다수의 중국대륙 의존, ⑥ 해양진출의 역사적 경험 제한, ⑦ 대륙과 해양정책 동시 추구의 제한성, ⑧ 해양진출 심화는 중국의 분열 촉진 인식. 김종두, 『중국해양전략론』(서울: 문영사, 2002), p. 100 참조.

11) 이춘근 박사는 중국의 역대 왕조 중에서 송나라가 가장 해양적 성격이 강했던 왕조라고 설명하고, 원나라도 실제로 매우 해양적이었다고 평가한다. 이춘근, "해군력이 세계사에 미친 영향", 「Strategy 21」, 2008(봄 · 여름호), 제21호, pp. 12-13 참조.

은 최초로 돛(sail)과 방향타(rudder)를 사용하고, 칸막이(compartmentalization) 방식의 함선을 건조했으며, 선저의 부식을 방지하기 위해 도색을 했다는 기록이 남아 있다. 또한 당시 송나라 군함들은 선박 건조와 수리를 위해 최초로 건식도크를 사용한 것으로 알려져 있다. 이뿐 아니라 송나라는 세계 최초로 항해용 나침반(1044년)을 개발하여 사용한 나라였다. 일부 기록에 의하면 1274년 당시 송은 무려 1만 3,500여 척에 이르는 해군함정을 배치하고 독립군종으로 상비해군을 갖춘 세계 최초의 국가였다.[12)]

그러나 13세기 초부터 시작된 북방 몽고족의 본격적인 대륙침입으로 근근이 유지되어온 송나라 시대는 막을 내리게 되고, 1271년 중국대륙에는 몽고족의 원(元)나라가 세워진다. 원나라는 북방 유목민족이었던 몽골제국의 나라로, 해양활동에 대해 국가적 차원의 큰 관심을 보이지는 않았으나 송나라에 이어 대규모 해군 전력을 보유했던 것으로 알려져 있다. 이는 원나라가 베트남, 자바, 일본 등을 침략하기 위해 파견한 대규모 원정함대의 규모를 통해 알 수 있다.

원나라의 주요 해상활동으로는 우리에게도 잘 알려져 있는 원과 고려의 여몽연합군이 추진한 일본 원정이 있다. 원나라 황제 쿠빌라이 칸은 원나라 초기인 1274년과 1281년 두 차례에 걸쳐 여몽연합군을 결성하여 일본 정벌에 나섰다. 당시 일본 원정에 참여한 원나라와 고려의 전선 수는 1274년 1차 원정에 약 900여 척(병력 약 23만여 명), 남송 멸망 후 1281년 2차 원정 때는 약 4,400여 척(병력 약 10만여 명)으로 알려져 있다. 단순히 원정대 규모로만 본다면 당시 그 어떤 국가와도 비교

12) Bernard D. Cole, 앞의 글, p. 44.

할 수 없는 엄청난 전력이다. 그러나 이 두 차례의 일본 원정은 태풍과 일본의 완강한 방어로 인해 막심한 피해를 입고 실패하고 만다.[13]

2) 명나라와 정허함대(鄭和艦隊)

1368년, 한족 출신인 주원장은 중국대륙에서 원나라를 무너뜨리고 명나라(1368~1644)를 세운다. 명나라 시기부터 중국에서는 대규모 해상무역이 활발하게 이루어지기 시작했다. 또한 인도, 이슬람과의 교류로 인해 세계지리와 조선술, 항해술에 대한 관심도 더욱 높아지게 된다. 15세기 초에 이르러 명나라의 전략적 목표는 원정함대를 건설하여 과거 당·송시기 동남아와 중앙아시아 종속국가들에 대한 영향력을 회복하는 것이었다.

〈그림 2-3〉 정허(鄭和, 1371~1434) 제독

이에 따라 명나라 영락제에 이르러서는 이슬람계 태감 출신인 정허(鄭和, 1371~1435)[14]를 필두로 한 원정함대를 조직하게 된다. 정허함대는 해외식민지 확보와 조공 강요

13) Bernard D. Cole, 앞의 글, p. 45.

14) 정허(鄭和, 1371~1434)의 본명은 마삼보(馬三保)로 명나라 영락제 시기 해군제독, 탐험가, 정치가, 외교관으로 활동했다.

를 목적으로 약 30년(1405~1433) 동안 인도양 방향으로 총 7차례의 대원정을 떠난다. 정허의 원정함대는 당시 아프리카의 모가디슈와 걸프 만의 호르무즈 해안까지 진출한 것으로 알려져 있다.

기록에 의하면 정허의 대원정에는 최대 317척의 함정이 참가했고, 일부 함정은 1,000여 명이 승조 가능한 대형 함정이었다. 1405년 첫 원정 때는 길이 137미터, 폭 56미터의 대형선박을 포함하여 총 62척의 함정에 2만 7,800여 명의 인원이 참가한 것으로 알려져 있다. 이는 우리가 잘 알고 있는 1492년 콜럼버스 함대(250톤급 3척 68명)와 1498년 바스코 다가마의 원정(120톤급 3척 170명)에 비교할 때 실로 엄청난 규모의 원정대였음을 알 수 있다. 〈그림 2-4〉의 오른쪽 아래 검은색 배가 정허함대의 함선과 비교한 콜럼버스의 산타마리아호이다. 당시 정허의 원정함대는 말라카 해협에 전진기지를 확보했으며, 가장 장거리 항해는 2년에 걸쳐 이루어진 인도양 동남부 마다가스카르 섬까지의 항해였다.

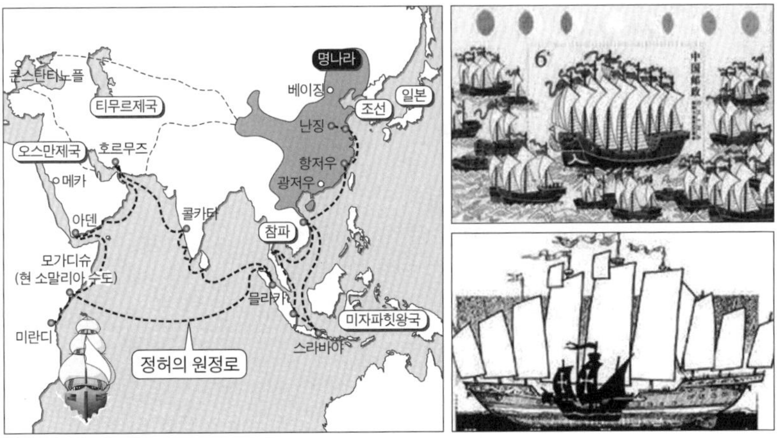

〈그림 2-4〉 정허의 대원정(1405~1433)

명나라 시기 정허함대의 원정은 유럽의 대항해시대보다 70년이나 앞선 대원정이었다. 결과적으로 중국의 상권을 인도양 연안 국가들에까지 확대시킴에 따라 이후 중국은 반세기 동안 이들 국가들에 대해 영향력을 행사할 수 있었다. 더불어 이 지역에 해외이민(화교의 시작)이 증가하고 동남아에 중국 식민지가 형성됨에 따라 19세기까지 조공무역이 이어지는 계기가 되었다. 그러나 불행하게도 1424년 영락제 사망 이후 새로 등극한 홍희제에 의해 해양 원정정책이 전면적으로 중단됨에 따라 정허함대의 해양활동은 지속되지 못하고 만다. 결국 16세기 후반 명제국의 쇠퇴와 함께 정허함대에 의해 구축되었던 항해기록과 해도자료 등 원정 관련 대부분의 자료들도 파괴되고 만다. 참고로 2002년 미국의 역사학자 개빈 멘지스(Gavin Menzies)는 정허함대가 동아프리카뿐 아니라 지구 전체를 돌아 콜럼버스(1492) 이전인 1421년에 이미 아메리카 대륙을 발견했다고 주장한 바 있다.[15)]

15세기 후반부터 유럽에서는 포르투갈, 스페인, 네덜란드, 영국 등에 의해 대항해시대(Age of Exploration 또는 Age of Discovery)가 시작되었는데, 중국에서 그보다 훨씬 먼저 부흥했던 정허함대가 일순간에 그 영향력을 상실했다는 것은 매우 특기할 만한 일이다. 미국의 저명한 역사학자인 폴 케네디 교수는 명나라 홍희제의 급작스러운 해금조치의 원인을 중앙집권적인 유교 중심의 관료제에서 찾고 있다. 당시 중앙수도에 집권하고 있던 유교관료들이 해양원정과 교역을 통한 변방세력의 확장을 막으려 했다는 것이다.[16)] 또 다른 이유로는 당시 북방의 흉

15) Gavin Menzies, *1421: The Year China Discovered America*(New York: Morrow, 2002).

16) Paul Kennedy, *Rise and Fall of the Great Powers: Change and Military Conflict from 1500 to 2000*(New York: Random House, 1987), pp. 4-9.

노족(만주족: 후의 청나라)이 점차 흥기함으로써 중국대륙의 위협이 되었다는 점과 당시 유교국가인 명나라의 경직된 경제원칙으로 인해 해양을 통한 외국과의 자유무역을 경시했다는 점을 들 수 있다.[17] 이와 같이 당시 국가 내외의 환경조건들은 명나라 초기 싹트고 있던 지배층의 해양 인식을 제한하게 되고, 궁극적으로 해양지향적 중국의 출현을 늦추게 된다.

한편 송나라와 원나라, 명나라에 이르기까지 중국인의 해양 과학기술과 해군력은 분명히 당시 세계 어느 나라보다 우수했고 규모가 컸다. 하지만 중국대륙을 위협하는 세력은 대부분 서북방의 내륙지역에서 비롯되었고, 그동안 중국의 어떤 왕조도 해상으로부터의 침략으로 인해 몰락한 경우는 없었다. 즉, 국가의 존망을 위협하는 결정적인 전쟁들은 항상 지상에서 이루어졌던 것이다. 당시 중국의 해군력은 강했지만, 이후 서구 국가들 같이 국가의 생존에 있어 해군력이 핵심적인 역할을 할 기회가 없었던 것이다.[18] 궁극적으로 15세기 정허함대 폐기를 계기로 명나라는 해양강국으로 성장할 모멘텀을 잃게 된다. 반면 16세기 대항해시대를 맞아 서구 열강들은 본격적으로 해군력을 기르기 시작하고, 결국 그러한 서구 열강들에 의해 중국은 19세기 중반 연이은 아편전쟁의 패배를 맛보게 되고 반식민지화의 길을 걷게 된다.

2009년 10월, 정허 제독의 이름을 딴 중국의 훈련함 정허호가 최초로 중국 해군사관생도 등 360명의 승조원과 함께 우리 해군의 모항

17) 이춘근, 앞의 글, pp. 14-18 및 Bernard D. Cole, 앞의 글, p. 46 참조. 이춘근은 명나라의 정허함대 폐기의 추가적인 이유로 막대한 여행경비에 대한 부담감과 내시들의 권력 확장에 대한 궁중의 두려움을 들고 있다.

18) Bernard D. Cole, 앞의 글, p. 46.

인 진해항에 입항하였다. 이와 같이 최근 들어 중국이 600년이나 지난 명나라 시기의 정허함대 대원정을 국가적으로 부각시키는 가장 큰 이유는 동아시아에서 중국 해군력의 증강 위협을 불식시키고 정허함대가 주는 평화적 이미지를 고취시키는 데 그 목적이 있다. 특히 중국은 최근 '진주목걸이 전략'으로 불리는 인도양 지역 중국 해군 전략기지 구축에 매진하고 있는데, 이와 연관하여 중국 위협론 불식을 위해 과거 정허함대의 인도양 원양항해가 주었던 긍정적 효과를 강조하고 있다. 더불어 명나라 정허함대의 역사적 의미는 서구유럽에 비해 강성했던 과거 근대 중화제국에 대한 현대 중국인의 국가적 향수와 역사적 자부심이라고 할 수 있겠다.

3) 청나라와 리훙장(李鴻章)의 북양함대

청나라(1636~1911)는 1636년 유목민족인 만주족이 세력을 확장하고 남하하여 건설한 국가다. 따라서 지배층의 대륙주의적 성향에 따라 당시 대항해시대 서구 열강들에 비해 해양력의 중요성에 대한 인식이 부족했다. 이전 제국들과 같이 명과 청이 교체되는 과정에서 대부분의 주요 전투는 내륙에서 이루어졌으며, 해전의 역할은 상대적으로 미미했다. 또한 청나라가 부흥하기 시작한 17세기부터 19세기 초반에 이르기까지 청나라를 위협하는 특별한 해상세력은 존재하지 않았다. 따라서 19세기 초까지 청나라의 해양활동과 해군력 건설은 당시 해군력 신장을 국력의 중요한 부분으로 생각하고 있던 서구 열강에 비해 상당히 침체되어 있었다. 궁극적으로 명나라에 이은 청나라의 해금(海禁)정책은 대항해시대를 거쳐 막강한 해군력을 구축한 서구 열강(영국, 프랑스,

독일, 포르투갈, 스페인 그리고 1868년 메이지유신 이후 일본 등)의 침략을 초래하게 된다.

〈그림 2-5〉 리홍장(李鴻章, 1823~1901)

결국 근대 해군력을 갖지 못한 청나라는 1842년 영국과의 제1차 아편전쟁 패배 이후 중국 역사상 처음으로 서구 열강에 의한 반식민지화를 경험하게 된다.[19] 서구 제국주의 열강은 아편전쟁 이후 강력한 해군력을 앞세워 본격적으로 중국대륙을 침탈하기 시작한다. 이에 따라 청나라는 해안방어사상을 갖게 되며, 이는 현대 중국의 해양전략 형성에 매우 중요한 영향을 미치게 된다. 아편전쟁 이후 청나라는 서방의 개방정책 요구에 따라 최초로 서양식 해군력 건설을 추진하게 되고, 그 결과 1871년 북양함대가 탄생하게 된다.

리홍장의 북양함대는 청나라 북양군 소속으로 정식 명칭은 북양수사(北洋水師)이며, 지휘관은 정여창(丁汝昌, 1836~1895)이었다. 북양함대는 서구 위협에 맞서기 위해 청조 말기(1871년) 창설된 4대 서양식 함대인 북양함대, 남양함대, 복건함대, 광동함대[20] 중 하나이며, 창설 초

19) 아편전쟁에서 패한 청나라는 1842년 8월 영국 군함 콘월리스(Cornwallis) 함상에서 역사적인 난징조약(南京條約)에 서명하게 된다. 이후 이어진 제2차 아편전쟁, 청불전쟁, 청일전쟁 등 열강의 무력간섭과 침략으로 19세기 말 중국대륙은 국가적 분열 상태에 빠지게 된다.

20) 4개 함대 모두 청조 해군 소속이기는 했으나, 실제적으로는 각각 독립된 함대였다.

기에는 가장 약한 함대였으나 청불전쟁을 계기로 청조 해군의 주축으로 급부상하게 된다. 1884년 청나라는 베트남 식민지 문제로 프랑스와 전쟁을 하게 된다. 청불전쟁 시 프랑스 함대는 복건함대를 공격하여 전 함정을 침몰시켰으나, 이때 청나라의 다른 함대들은 복건함대를 지원하지 않았다. 1890년에 이르러서는 북양함대가 사실상 청조 해군 그 자체가 되었다. 이와 같이 당시 청나라 해군함대의 가장 큰 문제점은 각 함대가 하나의 국가 전력으로 합쳐지지 못했다는 점이다. 즉, 국가안보의 핵심수단으로서 해군력이 존재했음에도 불구하고 제대로 활용되지 못했음을 의미한다.

북양대신 리훙장은 태평천국의 난(1851~1864) 이후 청의 부국강병과 양무운동을 주도한 인물이다. 특히 그는 북양함대 건설에 막대한 재원을 투자하였는데, 독일과 영국에서 기술과 자재를 수입하여 함정들을 건조했다. 리훙장은 중국에 근대식 해군함대를 건설하기 위해 자체 생산, 외국 수입, 수입함정들의 역설계라는 3가지 방법을 혼합하여 사용했다. 이러한 방법은 이후 1970년대의 현대식 중국 해군 건설에 그대로 답습된다.[21] 리훙장의 노력으로 1894년 청일전쟁 당시 북양함대는 함정 78척(총 배수량 8만 3,900톤 규모)을 보유한 극동아시아 최대 규모의 해군함대가 되었다. 북양함대의 기함인 정원함(定遠艦)과 진원함(鎭遠艦)은 당시 잘 알려진 독일의 7,500톤급 철갑전함으로, 12인치 2연장 포를 다수 보유하고 있었다. 이에 비해 당시 일본 연합함대 기함인 마쓰시마함은 4,300톤급 순양함이었다. 이렇듯 북양함대는 신형 함정들을 보유하고 있었으나, 한편으로는 국가적 분열 상태의 지속으로 정

21) Bernard D. Cole, 앞의 글, p. 47.

〈그림 2-6〉 북양함대의 기함인 정원함

부고위급의 심각한 부정부패와 취약한 행정체계라는 약점도 가지고 있었다.

청일전쟁은 1894년 7월 25일, 일본 해군이 서해 아산만 풍도 앞바다에서 청의 군함을 기습 공격하여 침몰시킴으로써 발발하였다. 당시 청국의 군인과 무기를 한반도로 이송 중이었던 영국 국적 상선 고승호를 격침시킨 일본 순양함 나니와함 함장은 후에 러일전쟁 시 일본 연합함대사령관이 된 도고 헤이하치로(東鄕平八郞) 제독이었다. 청일전쟁의 분수령은 1894년 9월 17일 황해(압록강)해전에서 북양함대와 일본 연합함대의 결전이었다. 청나라 북양함대는 2척의 전함, 10척의 순양함, 2척의 어뢰정 등 강력한 전력에도 불구하고 첫 실전이던 황해해

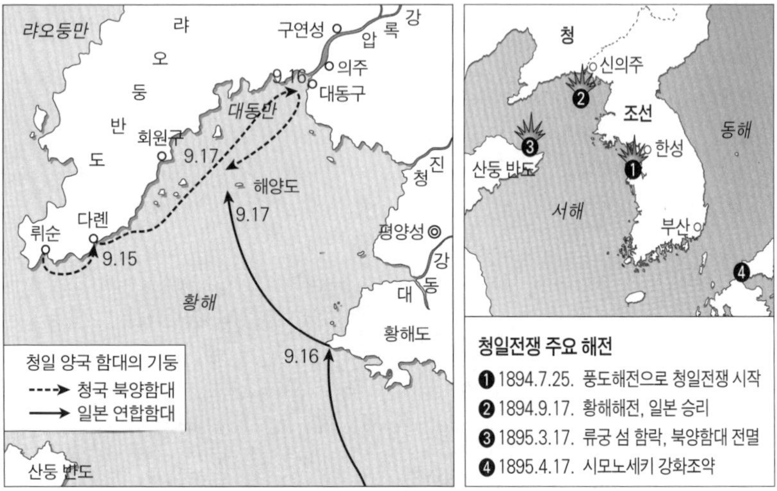

〈그림 2-7〉 황해해전(압록강해전)과 청일전쟁

전에서 일본군 연합함대에 대패하여 궤멸하고 만다.[22] 이를 통해 황해의 제해권을 장악한 일본은 곧이어 뤼순(旅順)과 다롄(大連)을 점령하고, 1895년 3월에는 산둥성 웨이하이웨이(威海衛)로 도주한 북양함대를 완전히 격멸시키고 만다. 1895년 4월 17일 시모노세키조약으로 청일전쟁은 막을 내리고, 이후 일본은 국제적으로 한반도에 대한 지배권을 인정받게 된다. 또한 당시 청나라의 랴오둥 반도와 타이완 · 펑후 열도가 일본에게 할양된다. 최근 중 · 일 간 분쟁이 일어나고 있는 센카쿠(중국명 댜오위다오) 열도 영유권을 일본이 가져가게 된 것도 당시 청일전쟁의 결과였다.

당시 청나라 북양함대의 황해해전 패전의 주원인은 인적 측면에 있다는 점에서 현대의 해군력 운용에도 큰 시사점을 준다. 당시 리훙

22) 황해해전의 구체적인 내용과 당시 일본의 관점에 대해서는 이 책의 '일본의 해양전략' 편을 참고할 것.

장은 짧은 기간 동안 전력 면에서는 극동아시아 최강의 함대를 건설하였으나, 근본적으로 함대를 운용하는 인적자원 측면에는 그만큼 투자하지 못했다. 즉 영국과 독일로부터 당대 최신에 근대식 해군함정들을 도입했으나, 이러한 함정들을 운용할 수 있는 기술력과 전술적 능력은 쉽게 갖추어지는 것이 아니었다. 특히 당시 북양함대에는 지휘통제, 교육훈련, 군수보급, 정비지원 등을 총괄할 수 있는 효과적인 행정체계가 부재했다. 이는 근본적으로 오랫동안 지속되어온 대륙국가 중심의 중국 국가지도자들의 해양인식 부족에서 비롯되었다고도 할 수 있을 것이다.

이뿐만 아니라 청나라 말기 관료들의 극심한 부정부패로 인해 함대 유지보수에 필수적인 군수보급품 공급이 제대로 이루어지지 않았다. 황해해전 당시 북양함대의 함정들은 대부분 여유분의 탄약을 보유하지 못했으며, 장전되어 있던 포탄의 일부에는 화약 대신 모래가 들어 있었다고 한다. 그 외의 패전 원인으로는 북양함대의 지나친 과신과 함대 간의 상호 견제로 남양함대 등 타 함대의 지원을 받지 못한 측면도 있었다고 본다. 청 말기에 군벌 현상이 더욱 극심해짐에 따라 근본적으로 다른 함대들은 청나라 보존을 위해 리훙장의 북양함대를 도울 생각이 없었던 것이다. 한마디로 당시 청나라 말기 중국에는 국가안보를 위한 일관된 군사전략과 통합된 노력이 부재했다고 볼 수 있다.

이와 같이 대륙주의 국가를 지향해온 중국은 19세기 중반 이후 1·2차 아편전쟁(1839~1842, 1856~1860)과 청일전쟁(1894~1895)을 겪으면서 서구 열강과 일본의 해상침입에 효과적으로 대응하지 못하고, 천 년 이상 유지해온 지역패권을 신흥 서구 해양국가들에게 넘겨주게 된다. 결과적으로 근대 말기 중국에는 공세적인 해양통제사상보다는 수세적인 해안방어사상이 발전하게 되고, 이러한 방어 중심의 사상이 1949년 이후 현대 중국의 해양전략 형성에도 큰 영향을 미치게 된다. 결론적으로 해양국가들로부터의 굴욕적인 근대 역사의식이 21세기 이후 본격적으로 추진되고 있는 중국의 해양강국 천명과 해군력 증강 근저에 뿌리 깊게 자리 잡고 있다고 할 수 있다.

4. 현대 중국의 해양전략 형성

1) 마오쩌둥의 연안방어전략과 해군력 건설(1949~1976)

청나라의 몰락과 신해혁명의 결과로 1912년 중국대륙에는 중화민국(中華民國)이 건국된다. 이 시기 국민당이 보유한 해군 전력은 청나라가 가지고 있던 일부 해군함정들과 외국에서 가져온 구식함정들이 전부였다. 당시 중국의 정치적 · 경제적 여건은 근대식 해군을 건설할 수 있는 상황이 아니었다. 각 지역의 군벌들은 각자의 필요와 목적에 요구되는 만큼의 해군함정들을 일부 보유하는 수준이었다. 이런 와중에 1921년 중국공산당이 창당되면서 중국은 혁명기로 접어들게 된다. 1차(1922), 2차(1937) 국공합작에 이어 결국 국공내전과 대장정(1945~1949) 결과, 공산당의 마오쩌둥(毛澤東)은 국민당의 장제스(蔣介石) 정부를 대만으로 몰아내고 1949년 중국대륙에 중화인민공화국을 건국한다. 혁명 과정에서 양측 해군 전력은 대부분 방어적인 목적으로만 사용되었으며, 주요 전투는 내륙에서 이루어졌다. 국공내전 시기 중국대륙은 하나의 국가로서 해양전략과 해군력 건설에 집중할 수 있는 상황적 여건이 아니었으며, 따라서 현대 중국의 해양전략의 시작은 공산주의 중국이 건국된 1949년으로 보는 것이 적합하다.

〈그림 2-8〉 마오쩌둥(毛澤東, 1893~1976)

중화인민공화국이 시작된 1949년은 제2차 세계대전 이후 베를린 봉쇄로 인해 미국과 소련을 양대 축으로 한 냉전이 시작되는 시점이었다. 당시 공산당 중국에게 가장 큰 위협은 미국의 지원을 받으며 대륙의 연해지역을 위협하는 대만이었다. 대만의 국민당 정부는 1949년 6월부터 대륙경제 파괴를 목적으로 연해지역에 대한 해상봉쇄를 실시한다. 당시 중국대륙은 길고 취약한 해안을 보유하고 있었으며, 대만의 해상봉쇄는 중국의 연약한 대륙경제에 큰 영향을 주게 된다. 중국공산당은 오랜 내전의 결과로 지상군 중심의 군사전통을 가지고 있었기 때문에 건국 당시 대만의 해상봉쇄에 대응할 수 있는 해군력은 보유하고 있지 않았다.

중국공산당 지도자 마오쩌둥[23]은 건국 당시 일본과의 오랜 전쟁

23) 마오쩌둥의 글들에는 국가전략에 있어 해군의 역할이나 해전에 대한 언급이 거의 없다. 마오쩌둥은 역사가로서 중국이 세계의 중심이라는 중화사상의 영향을 받았으며, 스탈린 시대 소련에서 공부한 학자들에 대한 반감이 높았다. 그의 역사인식의 중심에는 항상 북쪽 국경선을 침입하는 외적에 대한 위협이 자리 잡고 있었으며, 만리장성을 중국의 방대한 중심지대 방어사상의 상징이라고 생각했다. 마오쩌둥은 20년간 대륙에서 인민전쟁을 수행했으며, 그 이후 한국전쟁과 중·소 국경분쟁도 결국 지상군 중심의 전쟁이었다. 또한 마오쩌둥의 자급자족 경제원칙은 해양의 중요성을 경시하고, 최소 규모의 해군 유지

과 이어진 국민당과의 내전 경험을 바탕으로 한 인민전쟁전략[24)]을 유지하고 있었다. 당시 마오쩌둥의 해양 인식은 대만 해방작전, 국부군의 해상봉쇄, 해군력 미보유에 따른 국부군의 대만 도주 시 추적 불가 경험 등을 고려하여 해안방어 수준의 해군력의 필요성을 인식하는 정도였다.

따라서 마오쩌둥은 인민전쟁전략을 바탕으로 연안방어 임무에 치중한 해상인민전쟁론을 발전시키려고 했다. 여기에는 당시 연안방어를 강조한 소련 해군 소장학파(Young School)의 영향도 있었다. 인민전쟁 개념을 해전에 적용시킨 연안방어전략은 열세한 전력을 만회하기 위해 적을 연안으로 깊숙이 유인하여 기습한다는 것이다. 즉, 잠수함과 고속정 위주의 해상전력으로 섬과 어선군 사이에 함정을 매복시킨 뒤 야간 기습공격으로 적을 격퇴하는 전략이다. 기본적으로 지상배치 전력을 중심으로 연안방어에 집중하고, 해군은 경쾌(고속) 소형함정으로 제한적인 해상 게릴라 역할을 수행하면 된다는 것이다. 마오쩌둥의 이러한 전략전술은 당시 국부 해군과의 일부 해전에서 효과를 거둔 바 있다. 결국 건국 초기 마오쩌둥의 연안방어 중심의 수세적이고 소극적인 해양전략은 이후 중국의 현대적 해양전략 개념 정립과 해군력 건설을 지연시키는 결과를 초래하게 된다.

1949년 4월에는 인민해방군 해군(PLAN: Peoples Liberation Army Navy)

만 요구하였다. 이와 같이 당시 마오쩌둥을 비롯한 국가 지도층 대부분은 지상군 위주의 대륙주의적 사고를 지니고 있었으며, 근본적으로 그의 전쟁교리와 경제발전 전략에는 해양사상이 부족했다. 김종두, 앞의 책, p. 58 참조.

24) 인민전쟁전략은 기본적으로 적을 깊숙이 유도하여 포위 섬멸한다는 전법으로, 마오쩌둥 군사전략의 기본전제이다. 구체적으로는 적군을 자기 영토 깊숙이 끌어들인 뒤 정규군과 민병대를 집중시켜 적과 유격전 및 지구전을 수행하는 개념이다.

이 창설된다. 최초에 중국 해군이 보유한 해군함정은 일본 해군과 국부 해군으로부터 획득한 구식 함정들이었다. 초기 인민해방군 해군은 장기 혁명전쟁에 익숙한 지상군 중심으로 편성되었기 때문에 해군작전에 대한 기본지식이나 과학문화의 중요성에 대한 인식이 매우 낮았다. 이후 중국의 지도자들은 한국전쟁을 계기로 해군의 중요성을 인식하기 시작한다. 1950년 6월 트루먼 미국 대통령은 한반도에서 전쟁이 발발하자, 미 7함대 전력을 대만해협으로 파견하여 중국을 위협하였다. 또한 한국전쟁 당시 결정적인 역할을 한 인천상륙작전을 통해 마오쩌둥은 해군과 해군작전의 중요성을 새롭게 인식하게 되었다. 1953년 마오쩌둥은 한국전쟁 당시 경험한 미 해군력(항모전투단)의 위력과 중국의 해군력 부재의 교훈을 토대로 "제국주의에 대항하기 위한 강력한 해군" 건설의 필요성을 역설한 바 있다. 그러나 한국전쟁 또한 전반적으로 지상군 위주의 전쟁이었고, 중공군의 참전도 대부분 지상군 위주로 이루어졌다. 결론적으로 당시 중국의 기본적인 군사건설 방향은 미국과 소련 등 강대국과의 전면전을 대비한 지상군 위주의 전력에 비중을 두고 있었다.

한국전쟁 이후 1950년대 중국 해군력 운용의 핵심은 대만 해군의 중국 본토 공격에 대한 방어와 당시 대만이 보유하고 있던 도서들에 대한 점령작전이 주를 이루었다. 1950년 5월 인민해방군은 국부군의 저항운동 거점 중 하나였던 하이난도(海南島)를 점령하였다. 1954년과 1958년에는 1 · 2차 대만해협 위기가 발생한다. 중국은 당시 대만 소유였던 진먼도(金門島)와 마주도(馬祖島)를 포격하여 점령을 시도했으나, 미 항모강습단의 대만해협 무력시위로 인해 목적을 달성할 수 없었다. 당시 미 해군력의 대만 근해 무력시위에 대한 중국의 경험은 1996년 발생한 제3차 대만해협 위기와 함께 중국의 반접근/지역거부(A2/AD: Anti-Access/Area Denial) 위주의 전략 구상과 공세적 해군력 증강에 큰 영향을 미치게 된다.

인민해방군 해군 창설 이후 1950년대 중국의 해군력 건설은 당시 공산주의 강대국이었던 소련의 영향을 크게 받았다. 초창기 대부분의 함정들은 소련의 지원을 통해 건조되었으며, 이를 위해 중국 해군의 많은 인원이 소련에 유학했다. 중국 해군의 소련 해군 따라 배우기는 1970년대 중반까지 지속되었다. 당시 중국 해군은 고르시코프(1910~1988)[25]를 중심으로 한 소련의 소장파 전략에 영향을 받아 잠수함 중심의 방어적 해군력 건설에 치중하게 된다. 기본적으로 잠수함이 해양방어의 제1선을 담당하고, 연안경계정(어뢰정, 포정, 유도탄정)이 내측 방어해역을 형성하는 개념이다. 이러한 개념에 의해 이후 중국 해군은 수상함부대(구축함, 호위함, 어뢰정 중심), 잠수함부대, 해군항공부대, 해안포병부대, 해군해병대라는 5개의 주요 부대를 중심으로 발전하게 된다.[26]

한편 소련은 중국과 동아시아에 대한 자국의 영향력 확대를 위해 1958년 중국에 중·소 공동함대 창설을 제안한다. 당시 소련의 의도는 함정, 병력, 지휘관은 소련에서 담당하고 수병은 쌍방이 분담하되, 해군기지는 중국의 기지를 사용하는 것이었다. 하지만 자존심에 상처를 입은 마오쩌둥은 소련의 중·소 공동함대 제안을 거절하게 되고,

25) 세르게이 고르시코프는 '소련 해군의 어머니'로 불리며, 쿠즈네초프에 이어 1956년부터 1985년까지 소련 해군의 총사령관직을 역임했다. 고르시코프의 해군 전략은 기본적으로 방위에 중심을 둔 연안방어적 성격이 강했으며, 이에 따라 해군은 육군에 종속되어 육·공군과 협력하는 것으로 그 성격이 정해진다고 보았다. 고르시코프는 균형해군발전론을 주장하며 대함미사일과 잠수함 전력의 중요성을 강조했다. 자세한 내용은 이 책의 '러시아 해양전략'편을 참고할 것.

26) 김종두, 앞의 책, pp. 36-40.

양국관계는 점차 소원해지기 시작한다. 결국 1960년 중·소 이념분쟁의 격화로 소련군은 중국에서 완전히 철수하게 된다. 하지만 1950년부터 1960년 소련군 철수 시까지 10년 동안 소련 해군의 중국 해군 함정원조는 수상함과 잠수함을 포함하여 총 350여 척에 달했다.

1960년 갑작스러운 소련지원단의 철수로 중국의 해군력 건설은 많은 어려움을 겪게 된다. 우선 중·소 대립으로 시베리아 철도를 이용한 동유럽 국가들과의 대외무역이 제한됨에 따라 조선산업이 중국의 국가적인 과제로 부상하게 된다. 이에 따라 중국 해군은 1964년부터 독자적으로 함정을 건조하기 시작한다. 이 시기를 거쳐 건조되기 시작한 함정들이 최초의 중국산 여대(旅大)급(3,000톤) 미사일구축함, W·R급 재래식잠수함, G급 탄도미사일잠수함, 그리고 이후 1970년대에 배치된 한(漢)급 핵추진공격잠수함 등이다. 그러나 전반적으로 1960년대는 중국을 둘러싼 대부분의 안보위협이 지상 국경지대에서 발생했고, 이에 따라 중국 해군의 근대화가 이루어지기 어려운 상황이었다. 특히 국내적으로 1960~70년대는 마오쩌둥의 이상주의 혁명의식이 주도한 대약진운동(大躍進運動, Great Leap Forward, 1958~1962)과 문화대혁명(文化大革命, Cultural Revolution, 1966~1976)이 발생한 기간이었다. 결과적으로 이 기간 동안 중국의 전반적인 과학기술력 발전은 퇴보하게 되고, 국가경제력의 파탄으로 인해 해군력 건설도 크게 제한을 받게 된다.

이 시기까지도 중국의 국가지도자들은 인민전쟁전략에 근거하여 해군은 지상군을 보조하는 전력이라는 인식에서 벗어나지 못하고 있었으며, 국방 분야에 있어 해군력 건설을 위한 자원은 할당되지 않았다. 하지만 이러한 혼란기에도 해군 전력 중 유일하게 발전할 수 있었던 분야는 핵추진잠수함이었다. 1960년대 초반 이후 소련으로부터 더 이상 핵보호를 기대할 수 없게 된 마오쩌둥은 중국의 독자적인 핵전력 확보를 결심하게 되고, "1만 년이 걸리더라도 핵추진잠수함을 확보할 것"을 지시한 바 있다.[27]

한편 냉전이 심화되던 1960년대 후반부터 소련 해군은 본격적으로 아시아로 진출하기 시작한다. 일례로 1968년 소련 해군은 인도양에서 흑해, 발트 해, 태평양, 북해 4개 함대가 참가한 대규모 해상훈련을 실시한다. 이와 같이 중 · 소 이념분쟁 이후 지역 내에서 중국의 국가안보에 가장 큰 위협은 소련이었다. 중국은 1969년 아무르 강(Amur River) 지류인 우수리 강 유역의 영유권 문제를 둘러싸고 소련과 국경분쟁을 벌이게 된다. 중 · 소 국경분쟁의 여파로 중국은 미국과의 국교회복에 나서게 되고, 1972년 닉슨 대통령의 중국 방문 이후 미국과의 관계를 개선하게 된다. 중국은 1974년 베트남 해군과의 교전을 통해 베트남 소유였던 시사군도(西沙群島, Paracel Islands)의 일부 도서를 무력으로 점령한 바 있었다. 또한 1979년 중 · 월전쟁 시 소련은 베트남과의 우호조약을 근거로 남중국해와 동중국해에 함정을 파견해 중국을 위협한다. 당시 소련 해군은 미 해군과 더불어 세계 최고의 해군력을 자랑하고 있었으며, 1979년부터는 남중국해의 전략적 요충지인 베트남 캄란 만(Cam Rahn Bay)에 해군기지를 두고 인도양과 북아라비아해에서 중국의 해상교통로를 위협해왔다.

---

27) 1959년 소련의 핵무기 원조 철회에 직면한 중국은 미국의 대량보복전략(MAD) 위협 속에서 중소관계 악화에 따른 고립무원의 포위감을 맛보게 된다. 이에 마오쩌둥은 "1만 년이 걸리더라도 핵추진잠수함을 연구하여 건조하라."는 지시를 내린 것으로 알려져 있다. 당시 핵무기 보유는 국가독립을 유지하고, 대외적 영향력을 확보하며, 아시아에서 강대국의 위상을 제고할 수 있는 유일한 수단으로 여겨졌다. 내부적으로는 핵무기 개발에 따른 기술혁신으로 공산당의 지도력에 대한 국민의 신뢰 제고와 인민해방군에 대한 공산당 통제력 강화의 계기가 된다고 보았다.

2) 덩샤오핑의 적극방어전략과 해군력 건설(1978~1990)

덩샤오핑(鄧小平)이 중국 국가지도자로 등장하면서 1978년 이후의 개혁 · 개방 시기는 중국의 경제발전뿐 아니라 해양전략에도 심대한 변화가 시작된 시기였다. 베트남전 이후 미 · 소 냉전이 점차 데탕트로 접어드는 시기인 동시에 내부적으로 1976년 마오쩌둥의 사망과 덩샤오핑의 집권, 1978년 개혁 · 개방 등으로 중국사회 전반에 대변혁이 시작된 시기였다. 군사전략과 군사력 건설 측면에서는 무엇보다 그동안 유지되어온 마오쩌둥의 인민전쟁전략에 대폭 수정이 일어나게 된다.

덩샤오핑은 1949년 이후 지속되어온 소련, 미국 등 강대국 중심의 위협인식에서 비롯된 전면전쟁 준비 개념을 1980년대에 접어들면서 국부전쟁 개념으로 변경한다. 이는 1970년대 중반부터 시작된 미 · 소의 중국에 대한 위협 감소로 금세기 내 초강대국 간 핵전쟁을 포함한 대규모 세계전쟁은 없을 것이라는 덩샤오핑의 국제정세 인식에 기초한 것이다. 기본적으로 국부전쟁은 남중국해 해양영토 분쟁과 같이 지역에 국한된 제한적인 국지전을 의미한다. 즉, 앞으로는 미국과 소련 같은 초강대국과의 전면전쟁보다는 인접한 주변국가에 의한 제한적 영토분쟁 가능성이 더 높다는 것이다.

〈그림 2-9〉 덩샤오핑(鄧小平, 1904~1997)

전쟁 개념의 변화(전면전쟁→국부전쟁)에 따라 덩샤오핑은 1980년대 초부터 중국인민해방군의 대규모 병력감축과 재개편을 단행한다. 덩샤오핑은 1979년 중 · 월전쟁의 실패 경험을 통해 인민전쟁전략에 근거한 중국군의 현대전 수행능력 부족을 확인하고, 국가정책의 우선순위를 혁명에서 현대화로 전환할 필요성을 느끼게 된다. 이러한 덩샤오핑의 전환적 사고에는 중국이 강대국으로서 경제적 · 기술적 기반을 구축하기 위해 20세기 내에는 전쟁이 절대로 발생해서는 안 된다는 기본적인 전제가 깔려 있다. 즉, 주변국과 좋은 관계를 유지해야만 현대화된 군사력을 구축할 수 있다는 것이다. 특히 덩샤오핑은 마오쩌둥과는 달리 현대화된 군사력의 핵심은 국방과학기술의 발전과 해 · 공군력의 강화에 있다고 인식했다.

덩샤오핑의 국가전략 · 정책의 변경과 그에 따른 군사전략의 변화로 인해 중국 해군은 중화인민공화국 건국 이후 처음으로 기존의 소극적 해양전략을 탈피하게 된다. 기존의 방어적 해양전략 개념에 추가하여 세력투사, 현시, 전략적 억제 같은 적극적 · 공세적 요소들을 포함시키게 된 것이다. 특히 1982년 국제사회의 유엔해양법 협약 채택 이후 국가적 차원에서 해양영토 · 자원의 중요성을 깨닫게 되고, 이에 따라 해상교통로 보호 등 경제성장과 국력신장을 적극

〈그림 2-10〉 류화칭(劉華清, 1916~2011) 제독

적으로 뒷받침할 해군력의 필요성을 재인식하게 된 것이다.

결과적으로 과거 마오쩌둥 시대의 군사전략이던 연안방어전략은 1985년 실시된 중앙군사위원회를 계기로 하여 근해 적극방어전략으로 전환된다. 여기서 가장 중요한 변화는 공격을 받은 후에 반격하는 마오쩌둥의 제한적인 해안방어사상 중심의 전쟁원칙에서 벗어나 인민해방군 해군은 어디서나 적극적으로 먼저 싸울 수 있는 능력을 갖춘다는 것이다. 이와 같이 적극방어전략은 기본적으로 공세성을 가지고 있는 방어전략이다.

중국 해군이 1980년대에 이르러 현대적인 해양전략 개념을 발전시킬 수 있었던 계기는 물론 덩샤오핑의 정세인식 및 전쟁수행 개념 전환에도 있었으나, 궁극적으로 중국 해군에 류화칭(劉華淸)이라는 인물이 있었기에 가능했다.[28] 덩샤오핑의 신임과 지지를 받은 류화칭 제독은 '중국의 고르시코프'로 불리며 현대 중국 해군의 아버지로 추앙받는 인물이다. 그는 앞으로 중국의 국가발전에 있어 해양이익이 얼마나 중요하며, 이를 보호하는 것이 해군의 주임무라는 것을 덩샤오핑을 포함한 중국 고위층에게 지속적으로 인식시켜주었다. 1980년대에 류화칭 제독은 해군사령원으로 재직하며 최신 외국 군사기술과 전략에 대한 깊은 식견을 통해 중국 해군의 현대화에 필요한 전략 개념을 발

28) 류화칭 제독은 1954~58년의 소련 유학 후 1960년 북해함대사령관으로 임명되었다. 1960~70년대에는 전투함 설계 · 건조 및 전략무기 연구개발 등 주로 국방과학 분야에 근무하였다. 1982~1988년 해군사령원(우리의 해군참모총장에 해당)으로 재직하고, 중앙군사위원회 부주석을 역임했다. 당시 류화칭 제독은 제1/2 도련선 개념 정립과 단계별 해군력 증강 등 중국 해군의 현대화에 크게 기여하게 된다. 류화칭 제독은 해군발전과 국가전략과의 관계를 정립하였고, 해양권익의 중요성을 강조하였으며, 현대화된 해양전략 · 해군교리 개념을 정립하였고, 중국 해군의 대양해군 건설 방향을 제시하였다. 특히 그는 1980년대부터 항공모함을 획득해야 할 필요성을 제기하는 등 중국 해군이 장거리 투사능력을 확보해야 한다고 주장하였다.

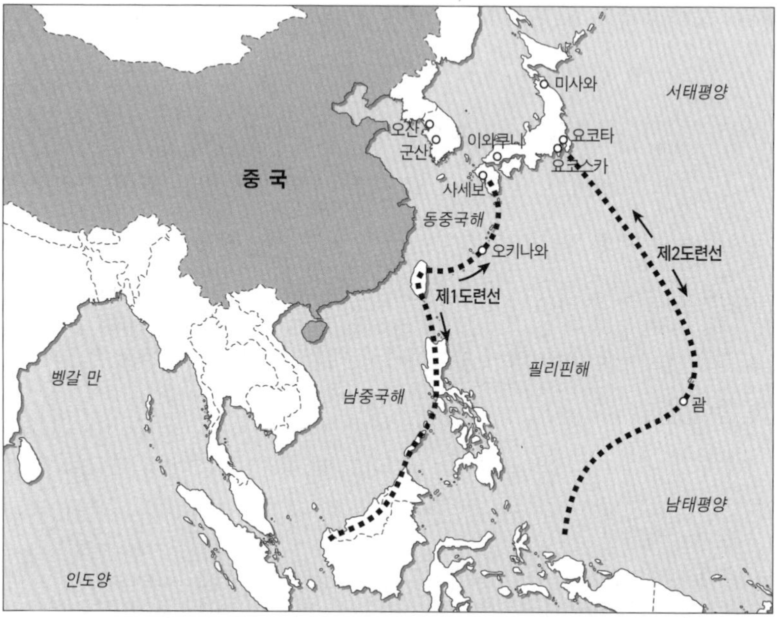

〈그림 2-11〉 중국 해군의 제1/2 도련선(First/Second Island Chain) 개념

출처: Jan Van Tol., Air Sea Batttle: A Point-of-Departure Operational Concept(DC: Center for Strategic and Budgetary Assessments, 2010), p. 13.

전시키는 데 지대한 역할을 하게 된다.

류화칭 제독은 1980년대 초 연안방어 전력 수준의 중국 해군을 개혁하여 제1도련과 제2도련 개념을 바탕으로 한 단계별 해양전략 발전과 해군력 건설계획을 수립했다. 여기서 도련선은 해상에 설정한 방어선으로, 제2차 세계대전 이후 미국 국무장관 딘 애치슨(Dean Acheson)이 1950년에 선언한 태평양 방어선(Acheson Line)과 유사하다고 볼 수 있다.[29] 단계별 해군력 건설의 핵심은 우선 2000년까지 일본, 필리

29) 2013년 9월 한국 해군과 해양전략연구소가 주최한 「국제해양력심포지엄」에서 일본의 해양전략을 발표한 전 자위함대사령관 요지 코다 제독에 의하면, 도련선 개념은 중국 해군

핀, 남중국해 해역을 포함하는 제1도련 내 해역을 효과적으로 통제하고, 2020년까지 제2도련인 괌을 포함한 마리아나 제도까지 진출한다는 것이다. 당시 류화칭의 논리는 미국 등 선진 해군이 운용하는 해상배치 순항미사일, 순양함, 항공모함 등의 최첨단 전력을 고려할 때 미래 중국의 방어선은 제2도련선까지 확장되어야 한다는 것이었다. 그는 중국 해군의 궁극적인 목표로 2050년까지 원해작전이 가능한 대양해군 건설을 주장했다. 류화칭은 중국 해군 창설 후 30년간 이어져온 연안방어 중심의 소극적 해양전략을 근해 적극방어전략[30]으로 발전시켜 중국 해군이 21세기 대양해군을 지향하는 해군으로 변화할 수 있는 기틀을 마련하게 된다. 여기서 중국이 제시하는 근해(近海)의 개념은 대륙붕과 200해리 배타적경제수역은 물론 난사군도와 괌, 태평양

의 군사전략 설명에는 용이하나 실제적인 작전계획 수립 관점에서는 중요성이 떨어진다. 그 이유로 ① 냉전기 중국 본토 만리장성과 유라시아 해안선 등 비동맹국 영토 상에 그려진 일본 방어선이 무의미했고, ② 제2차 세계대전 당시 일본의 태평양 절대방어선이 미 해군 항모기동부대에 의해 쉽게 무력화된 사례를 들었다. 따라서 요지 코다 제독은 해상작전의 특성인 기동성, 유연성, 민첩성 고려 시 해상방어선은 의미가 없다고 주장했다. 요지 코다. "일본의 해양전략과 동북아 해양안보", 해양전략연구소 편, 『해양안보 환경변화와 한국 해군의 역할』(서울: 한국해양전략연구소, 2013), pp. 54-55.

30) 요시하라와 홈스에 의하면, 서구학자들은 '근해'를 'offshore'로 번역하지만, 중국어 표현으로 볼 때 'near seas'에 가깝다. 류화칭 제독의 근해는 원해와 연안의 중간 해역을 의미하며, 반드시 지리적 개념만은 아니다. 즉 정확한 지리적 개념에 대한 정립 없이 신축적인 장기 비전 제시를 위해서도 사용되고 있는데, 이는 중국 해군력 건설의 불투명성을 반영한다. 따라서 근해방어는 다분히 중국적 사고개념으로 중국의 중화주의(세계의 중심)가 해양에 적용된 사례라고 볼 수 있다. 적극방어는 해양으로 침략하는 적을 섬멸하고 중국을 보존하기 위해 모든 수단을 사용하는 것이다. 따라서 적극방어는 공세적 개념으로 보아야 하며, 방어적 태세를 취하다가 공세적 전술로 전환되는 것을 의미한다. 중국은 제1도련선을 중심으로 미 해군에 공세적으로 대응할 것이며, 중국 해군이 핵잠수함과 대함탄도미사일 개발에 우선적으로 투자하는 이유가 여기에 있다. 윤석준 역, 도시 요시하라(Toshi Yoshihara) · 제임스 홈스(James R. Holmes) 공저, 『태평양의 붉은 별: 중국의 부상과 미국 해양전략에 대한 도전』(서울: 한국해양전략연구소, 2013), pp. 37-38. 원문 제목 『Red Star over the Pacific: China's Rise and the Challenge to U. S. Maritime Strategy』.

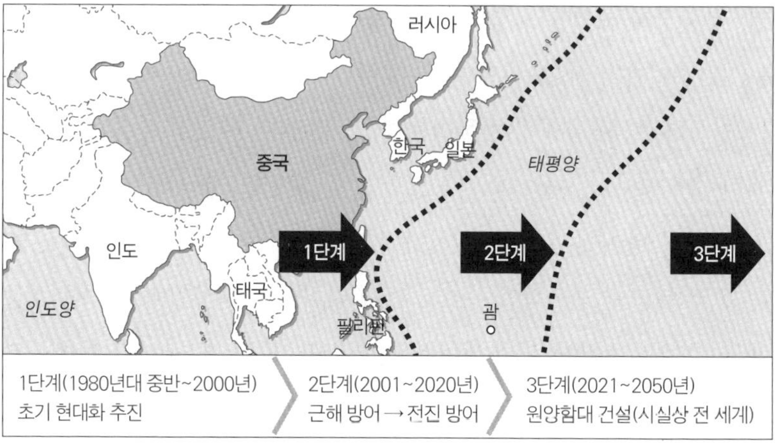

〈그림 2-12〉 중국 해군의 3단계 해군력 건설계획

상의 마리아나 군도까지를 포함하고 있다고 볼 수 있다.

중국 해군은 국제정세 인식과 전쟁수행 개념의 변화로 비로소 현대적 해양전략 개념을 정립하게 되고, 그 역량과 활동영역을 점차 확장하게 된다. 일례로 1980년 5월 미사일구축함 등 18척으로 구성된 중국 해군 함대가 최초로 적도를 통과하여 남태평양으로 진입한 사례를 들 수 있다. 당시 명목상은 대륙간탄도미사일(ICBM) 발사실험 지원이었지만, 1980년대를 기하여 연안 중심의 중국 해군이 대양으로 나서게 되는 중요한 첫걸음을 내디딘 것으로 볼 수 있는 사건이었다.

한편 1984년 포클랜드전쟁에서 영국 구축함 셰필드함이 아르헨티나 엑조세 미사일에 의해 격침되는 것을 목격한 중국은 미사일의 위력과 경제성에 더욱 주목하게 된다. 기본적으로 항모전단은 공격 기동부대임에도 불구하고 대부분 방어세력으로 운용될 뿐 아니라, 항모가 잠수함 기습에 취약하고 항모 건조를 위해 고도의 기술력과 천문학적인 건조 · 운용비용이 든다는 점 등을 고려하여 1980년대 중국은 단기간 동안 미사일과 잠수함 전력을 중심으로 한 해군력 증강에 매진하게 된다.[31] 결국 1980년대 후반 중국은 시아(夏)급 전략핵잠수함과 한(漢)급 핵추진공격잠수함, 재래식 미사일잠수함 등 수중 전력 100여 척과 루다급 미사일구축함, 징후급 미사일호위함 등 주요 수상함 전력 40여 척, 후지안급 유도탄고속정 300여 척을 보유한 지역해군으로 발전하게 된다. 1988년에는 시아급 전략핵잠수함(SSBN)에서 쥐랑(JL)-1 잠수함발사탄도미사일(SLBM)을 성공적으로 발사함에 따라 중국 해군은 해상 전략핵무기를 보유하게 된다. 결론적으로 덩샤오핑의 전쟁 개념의 전략적 전환, 류화칭 제독의 등장, 중국의 경제적 성장과 해양의 국가경제적 중요성 인식 등에 힘입어 중국 해군은 1980년대 이후 현대화된 지역해군으로 거듭나기 시작한다.

3) 냉전의 종식과 장쩌민의 해군력 증강(1991~2000)

1980년대 말 동유럽의 붕괴와 1990년대 초 소련의 몰락으로 인한 냉전의 종식은 국제체제에 심대한 변화를 초래했다. 이에 따라 냉전시기 강대국 중심의 안보정책과 국가전략을 바탕으로 한 중국의 군사전략에도 더욱 큰 변화가 일어난다. 우선 중국은 소련 공산체제 붕괴의 교훈으로 미래 국가의 흥망성쇠가 군사력만이 아닌 경제력에 바탕을 둔 종합적인 국력이라는 것을 깨닫게 된다. 또한 1978년 이후 이어진 고도의 경제성장에 따른 에너지 소모율 증가와 지상자원의 한계

31) 중국은 1964년 최초의 핵실험 성공 이후 핵미사일 개발을 추진한다. 1981년에는 시아(Xia)급 핵잠수함을 진수하고, 1988년에는 잠수함발사탄도미사일(SLBM) 실험에 성공한다. 이후 SLBM은 대륙간탄도미사일(ICBM) 및 전략핵폭격기과 함께 중국 핵전력의 3대 지주로 중국의 국가전략에 중요한 역할을 수행하게 된다.

성으로 인해 해양자원의 중요성을 더욱 인식하게 된다.

한편 중국의 지도부는 유고슬라비아 내전과 러시아의 체첸 분쟁처럼 민족종교와 영토분쟁이 소규모 지역분쟁으로 확대될 가능성에 더욱 주목하게 된다. 특히 중국은 동아시아 지역 안보균형자 역할 수행을 위해 지역의 다른 국가들에 비하여 군사적 우위를 유지하기 위해 더욱 노력하게 된다. 즉 강대국에 초점을 둔 안보정책에서 국경지대와 해양권익 확보, 아시아 지역안보에 중점을 둔 종합적인 안보정책으로 전환하게 되는 것이다. 이러한 국가 안보정책의 전환은 1994년 유엔 해양법 발효와 200해리 배타적경제수역 현실화, 남 · 동중국해의 해양 영토 분쟁 심화와 함께 중국 국가지도자들의 해양에 대한 중요성 인식으로 귀결된다.

장쩌민(江澤民)은 1990년에 국가중앙군사위원회 주석으로 임명되고, 1993년 3월 덩샤오핑에 이어 중국의 국가주석으로 취임한다. 1991년 걸프전에서 미국의 첨단무기체계들을 활용한 전쟁 수행 과정을 목격한 장쩌민은 중국의 군사전략 목표를 '첨단 조건하 국지전 승리'로 제시한다. 이에 따라 장쩌민은 스텔스, 순항미사일, 전자방해, 정밀유도공격, 정찰감시 활동 등 과학기술을 가미한 훈련, 즉 과기연병(科技鍊兵)의 필요성을 강조하고 첨단과학

〈그림 2-13〉 장쩌민(江澤民, 1926~2014)

기술을 기반으로 한 해 · 공군 중시정책을 지시한다. 장쩌민은 1992년 10월 공산당 제14차 전인대에서 '영해주권과 해양의 권익방위'를 강조하고, 1992년 댜오위다오와 난사군도, 미스치프 군도 영유권을 명기한 중화인민공화국 영해 및 접속수역법을 공포한다. 이처럼 장쩌민 시대의 중국 지도자들은 중국의 국가발전에 있어 해양력의 중요성을 더욱 깊이 인식하고, 과거 15세기 명나라가 누렸던 강력한 해양력을 다시 회복하겠다는 국가적 일체감을 형성하게 된다.

한편 1990년대에는 앞서 언급한 류화칭 제독의 근해 적극방어전략 구현과 현대적 해군력 건설을 위한 다양한 노력들이 지속된다. 특히 중국 해군은 2000년까지 류화칭이 제시한 제1도련선 해양통제를 위한 해군력 건설에 매진하게 된다. 중국의 국방비는 1989년을 기점으로 연 10% 이상의 급격한 증가율을 보인다. 이는 냉전 이후 새로운 국제환경의 변화, 안보에 대한 인식 변화, 걸프전 이후 전쟁양상 변화의 충격을 반영하고 있다. 특히 1990년대 이후 중국의 군사력 건설은 해양주권과 해양권익 보호를 위한 전략미사일 개발과 해 · 공군 위주의 군사력 증강에 초점을 맞추어왔다.

1998년 7월 중국은 최초로 국방백서 「중국의 국방(中國的國防)」을 발간하였다. 당시 국방백서는 주요 현안으로 해상교통로 방위, 대만통일 문제, 유한국부전쟁 수행을 위한 해 · 공군의 화력, 기동력, 원거리 투사능력 향상, 수송보급 능력과 합동작전 수행능력 제고 등을 제시하고 있다.[32] 2000년 발간된 「중국 국방백서」를 보면 당시 중국의 인

---

32) 중국은 1998년부터 2013년까지 총 여덟 차례 국방백서를 발간했다. 2013년 4월 16일에 발간된 국방백서는 예년과는 달리 '중국 무장역량의 다양화 운용'이라는 제목으로 특정 분야에 관한 전문주제만 다루었다. 중국 국방부는 2015년 5월 26일 2015년판 국방백서를 발표했다.

민해방군 해군은 북해, 동해, 남해 3개 함대에 총 770여 척의 해군함정(약 90만 톤)을 보유하고 있었다. 세부적으로는 병력 23만 명, 주요 수상전투함 53척, 잠수함 71척, 상륙함 70척, 소해함 119척, 항공기 455대, 헬기 176대, 2개 해병사단을 보유하고 있었다.

3장

21세기 중국의 해양전략[33)]

1. 탈냉전기 국제정세와 동북아 해양안보환경

1990년대 국제정치의 화두가 냉전종식과 미국의 유일체제, 걸프전 등이었다면, 2000년대 초반 국제정세를 주도한 가장 중요한 사건은 9 · 11 테러사건과 그에 따른 미국의 아프간전쟁과 이라크전쟁 수행이라고 할 수 있다. 알카에다에 의해 2001년 9월 발생한 9 · 11 테러사건 이후, 전 세계는 미국을 중심으로 전 지구적 테러와의 전쟁(Global War on Terrorism) 광풍에 휩싸였다. 그 결과 영국, 프랑스 등 서구유럽 주요국뿐 아니라 러시아, 중국 등 미국의 군사경쟁국들까지도 2002년 미국이 주도한 아프가니스탄(탈레반)전쟁을 적극 지원하게 된다. 하지만 2003년 이라크전쟁부터는 분위기가 달라지기 시작했다. '부시 독트린'으로 알려진 부시 행정부의 일방주의적인 외교정책(Unilateralism)과 대량살상무기(WMD: Weapons of Mass Destruction) 제거를 빙자

33) 2000년 김덕기 제독이 『21세기 중국해군』에서 주장한 중국 해군의 현대화와 관련된 많은 부분들이 2015년 현재 현실로 나타나고 있다.

한 국익 추구에 러시아와 중국은 물론이고 일부 서방국들까지 미국 주도의 탈냉전기 국제질서에서 서서히 일탈하기 시작한다.

9 · 11 체제와 함께 2000년대 국제질서 변화를 주도한 가장 큰 변수는 1978년 이후 30여 년간 연 평균 10%대의 경이적인 경제성장률을 지속해온 중국의 경제적 부상(Rise of China)이다. 중국은 2001년 세계무역기구(WTO)에 가입함으로써 세계경제에 본격적으로 편입되기 시작했다. 이후 2008년 미국에서부터 확산된 세계 경제위기에도 불구하고 중국은 일본을 제치고 2010년 세계 제2위의 경제대국으로 부상하게 된다. 이러한 경제적 성장을 바탕으로 중국은 미국과 함께 G2국가로 불리며 탈냉전기 국제관계에서 지속적으로 영향력을 확장하고 있다.

1996년 중국은 러시아와 함께 상하이협력기구(SCO: Shanghai Cooperation Organization)[34)]를 창설하고, 2003년부터 합동군사훈련을 실시하는 등 SCO를 미국의 유일체제를 견제하는 지역협력기구로 발전시켜왔다. 2015년에는 미국의 아시아재균형 정책과 환태평양경제동반자협정(TPP: Trans-Pacific Partnership)에 맞서 일대일로(一帶一路, New Silk Road) 구상 발표, 아시아인프라투자은행(AIIB: Asia Infra Investment Bank) 창설 등 미국과 아시아 주도권에 대한 치열한 경쟁을 벌이고 있다. 또한 중국은 경제적 국력 신장에 부합한 군사력의 증강을 추구하며, 특히 동아시아에서의 지역패권 확보와 동 · 남중국해에서 해양 영향권 확대를 강력히 추진하고 있다. 이에 맞서 현 패권국가인 미국은 미 · 일 방위협력지침 개정으로 인한 일본의 군사적 역할 확대 등 미일동맹을 주축

34) 상하이협력기구는 1996년 중국, 러시아, 카자흐스탄, 우즈베키스탄, 키르기스스탄, 타지키스탄 등 6개국에 의해 결성된 지역경제협력체로, 2000년대 들어 중국의 대외정책 대변 수단과 미국에 대한 중 · 러의 견제 기구로 발전하고 있다.

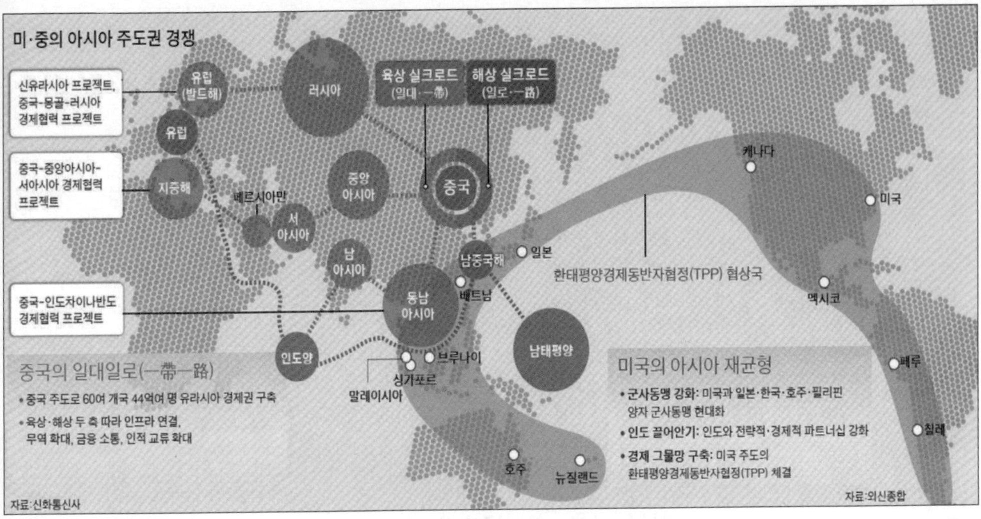

〈그림 2-14〉 아시아를 둘러싼 미 · 중의 주도권 경쟁

출처: "시진핑 띠 vs 오바마 망… 누가 아시아 품을까", 「중앙일보」, 2015년 3월 31일.

으로 중국의 국력이 해양으로 팽창하는 것을 적극적으로 견제하고 있다. 21세기 두 강대국 간의 군사적 충돌은 동북아 해양에서 시작될 가능성이 매우 높다.[35)]

근본적으로 해양력은 국력의 확장을 위해 지정학적인 측면과 지경학적 관점에서 반드시 필요한 요소이다. 특히 21세기 국제질서는 해양지배를 통해 형성될 전망이며 세계화에 따른 해상교통로의 중요성과 해상에서의 자유로운 통항 보장을 고려할 때, 앞으로 해군력은 과거보다 더 중요한 국가의 중추적 외교안보 수단으로 활용될 것이다. 최근 들어 주요 국가들이 해양을 새로운 국부 창출의 터전으로 인식하는 가운데 전 세계적으로 해양자원 개발의 광역화와 가속화가 확산되

35) 정철호, "미국과 중국의 동아시아 해양전략과 한국의 해양안보: 미중간의 남중국해 해양통제권 경쟁과 갈등의 영향", 「세종정책연구」, 2012-8, 2012.

는 추세이다. 1994년 유엔해양법협약 발효와 200해리 배타적경제수역 적용 이후 해양에 대한 국가경제적 관심은 갈수록 증가하고 있다. EEZ는 전 세계 해양의 약 36%를 차지하고 있으며, 2010년 기준으로 전 세계 EEZ 협력비준국은 총 155개국이다. 더 중요한 점은 전 세계 해저석유의 90%와 수산물의 96%가 EEZ 내에서 생산된다는 것이다.

현재 경제성장과 교역량 증가로 국제무역의 75% 이상이 해상을 통해 운송되고 있다. 특히 동아시아 주요 국가들은 원유를 포함해 수출입 물동량의 대부분을 해상수송에 의존하고 있으며, 2013년 물동량 기준으로 세계 10대 컨테이너항만 중 9개가 동아시아에 위치하고 있다.[36] 한편 육상자원의 지속적인 고갈과 수급 불균형 심화로 인해 해양을 둘러싼 각국의 경쟁과 갈등은 더욱 심화되고 있다. 2010년 기준 세계 원유 및 가스 총 생산량의 30%와 25%를 해양에서 생산 중이며, 육상채굴량 감소로 해저유전의 비중이 갈수록 증대되고 있다. 특히 동아시아 해양강국들 간에는 심해 잠수정 개발 경쟁, 북극 · 남극해 개발 등 해양자원 탐사와 해양영토 확보를 위한 사활적인 경쟁이 더욱 치열해지고 있는 실정이다.

1) 동북아 주요 국가들의 안보전략과 해군력 증강

21세기를 맞아 동아시아 주요국들은 변화된 해양 인식을 바탕으로 공세적인 해양정책을 추진 중에 있다. 각국의 공세적 해양진출은

36) 현재 세계 10대 컨테이너항만은 상하이, 싱가포르, 홍콩, 선전, 부산, 광저우, 두바이, 닝보, 칭다오, 톈진이다. 이언오 · 임기택, 『2013 항만 · 공항물류통계집』(부산: 부산발전연구원, 2013), p. 10.

해양경계획정, 해양자원 확보, 해상교통로 보호를 위한 해군력 증강 등 해양에서의 다양한 갈등과 대립으로 표면화되고 있으며 이에 따라 해양에서의 무력분쟁 가능성은 더욱 증가하는 추세이다. 특히 군사·경제적 강대국들이 밀집한 동북아 지역은 다양한 해양 이해관계가 형성되어 있는 지역으로, 21세기 들어 강대국들의 해양주도권 확보 경쟁이 가장 치열하게 전개되고 있다.

(1) 미국

오바마 정부는 2012년 1월에 발표한 신국방전략(Defense Strategic Guideline)과 이후 추진 중인 아시아 중시(Pivot to Asia) 정책을 통해 21세기 미국의 국제적 리더십 유지를 위한 우선순위가 중동지역이 아닌 아시아 지역에 있음을 밝힌 바 있다. 동아시아 지역과 관련한 신국방전략의 요지는 전략 개념을 과거 선형(線型) 방위에서 다(多)거점 망상형(網狀型) 방위로 전환하여 주요 동맹국인 한국, 일본과 우방국인 필리핀, 싱가포르, 태국, 호주 등을 연계하는 다각화된 동맹전략을 추진하는 것이다. 특히 동아시아 지역에서 미국의 해양이익(SLOC, 항행의 자유 등) 보호를 위해 난사군도와 센카쿠 분쟁 등 중국이 연루된 해양 분쟁에 적극적인 군사개입 의지를 표명해왔다.

특히 미국은 최근 중국의 군사전략을 반접근/지역거부 전략[37]으로 규정하고, 해·공군 합동작전을 중심으로 한 공해전투(ASB)와 합동작전접근개념(JOAC) 등 해군 중심의 대중국 작전개념을 발전시키고 있

37) 도시 요시하라, 제임스 홈스, 앞의 책, p. 19; "접근과 반접근 개념은 다분히 지리적 요인이다. 미국 해군이 중국 해군의 원해 진출을 차단하고 있으므로 이에 중국은 미국 해군의 중국 근해 접근을 차단해야 한다는 이중적 사고를 갖고 있다."

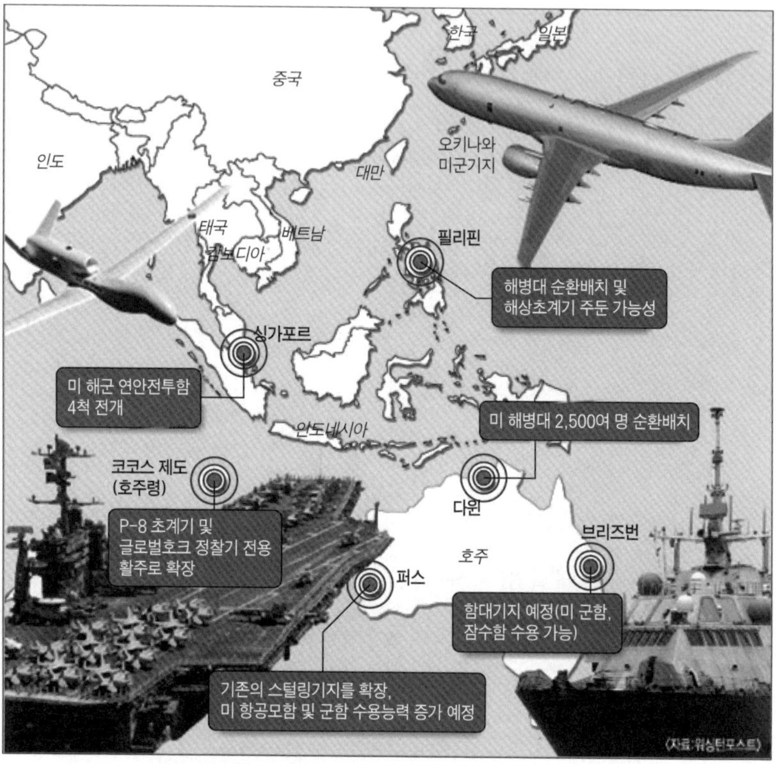

〈그림 2-15〉 미군의 아태지역 배치 현황 · 계획

출처: "미 군사력, 남중국해 넘어 인도양까지 확대", 「국민일보」, 2012년 3월 28일.

다.[38] 중국의 해양진출 견제를 위해 최근 미 해군참모총장 그린너트(Greenert) 제독은 미 해군의 아시아로의 전략적 재균형(Strategic Rebalancing)을 천명한 바 있다. 이에 따라 미 해군은 2020년까지 해군 전력의 60%를 아태지역에 증강 전개할 예정이다. 또한 2016년까지 호주 다

---

38) ASB와 JOAC 개념은 미 국방부에 의해 최근 전 지구적 공공재 접근 · 기동을 위한 합동개념(JAM-GC: Joint Concept for Access and Maneuver in the Global Commons)으로 발전되고 있다. http://news.usni.org/2015/01/20/document-air-sea-battle-name-change-memo(검색일: 2015.5.10)

윈기지에 해병대 전력 2,500명을 순환 전개하고, 2017년부터는 싱가포르 창이항에 연안전투함(LCS : Littoral Combat Ship) 4척을 순환 배치할 예정이다. 2008년 재정 위기 이후 최악의 예산삭감을 진행 중인 미 해군은 2030~40년경에도 현재 수준의 함정 300여 척(주요 함정 11CVN, 85CG · DDG, 11SSBN 등)을 지속 유지할 것으로 보인다.[39)]

(2) 일본

일본은 최근 보수우익 성향의 아베정권이 재집권(2013년)에 성공함에 따라 평화헌법(9조)의 확대 해석을 통한 보통국가화를 빠르게 추구하고 있다. 이는 집단적 자위권 허용범위 확대, 전수방위 개념 탈피와 자위대의 국방군화, 무기수출 3원칙 수정 등 다양한 정책 변화로 나타나고 있다. 가장 최근(2015년 5월)에는 미 · 일 방위협력지침(일명 가이드라인) 개정을 통해 미국 후방 지원을 명분 삼아 전 세계 작전에 참여가 가능하도록 일본 자위대 역할의 한계를 없앴다. 한편 해양과 관련해서는 2000년대 들어 해양기본법 제정과 종합해양정책본부 설치 등 해양입국(海洋立國) 기반 구축을 통한 국가성장 재도약을 추진 중이다. 특히 일본은 해양영토와 해양관할권 확대를 위해 센카쿠 제도, 독도, 오키노도리시마, 미나미도리시마 등을 포함한 국토면적의 12배가 넘는 광범위한 배타적경제수역(약 447km²)을 주장하고 있다.

2010년 일본의 방위계획대강은 군사력 운용 개념을 '기반적 방위력'에서 군사력의 적극적인 운용을 강조하는 '동적 방위력' 개념으로 전환하였다. 2013년 12월 발표된 일본의 신 방위계획대강은 동적

---

39) Ronald O'Rourke, "Navy Force Structure and Shipbuilding Plans: Background and Issues for Congress," *Congressional Research Service*(August 1, 2014), p. 7.

방위력을 다시 통합운용의 강화를 중시한 '통합기동방위력'으로 한 차원 더 발전시켰다. 즉, 기동성과 즉응성을 강조한 동적방위력 개념에 육·해·항공자위대의 통합운용능력을 제고하여 전투력을 높이겠다는 것이다. 이러한 방위력 운용 개념의 변화는 최근 아베 총리의 집단적 자위권 확대 행사, 무기수출 3원칙 수정, 해병대 창설 등 적극적인 군사력 운용정책과 맞물려 주변국들로부터 일본의 군사대국화에 대한 우려를 자아내고 있는 실정이다.

이와 더불어 1980년대에 세시된 기존의 1,000해리 해상교통로 보호도 앞으로는 2,000해리 이상으로 해상방위권을 더욱 확대할 것으로 보인다. 또한 해양에서의 작전영역이 확대됨에 따라 함정의 대형화와 첨단화가 추진될 전망이다. 특히 전략적 자산인 최첨단 이지스 구축함을 8척까지 증강하고, 잠수함도 기존의 18척에서 22척 체제로 증강할 예정이다. 2013년 일본은 항공모함급 구축함 이즈모함(22DDH, 30,000톤급)의 취역을 통해 중국(랴오닝함), 인도(비크란트급) 등과 함께 동아시아 지역 항공모함 경쟁에 뛰어들었다. 일본은 앞으로 총 3척의 이즈모급 헬기항모를 보유할 예정이다. 이즈모급 헬기항모는 앞으로 일본이 F-35B 수직이착륙기 도입 시 언제든지 정규 항모로 전용이 가능한 전력이다. 이렇듯 미일동맹을 주축으로 중국의 해양팽창을 견제하고 있는 일본은 아베정부의 보통국가화 외교정책에 힘입어 해군력을 중심으로 한 공세적인 방위력 증강을 추진 중이다.

(3) 러시아

러시아는 최근 동아시아와 동유럽에서 추진되고 있는 미국의 MD체계 구축 대응, 2008년 조지아 침공, 2014년 크리미아공화국 합병과 시리아 사태 등으로 미국을 포함한 서방국가들과 대립과 긴장 국면을 지속하고 있다. 특히 에너지자원 중심의 국가발전을 통해 과거 냉전시기에 강력했던 러시아의 재건을 추구하고 있다. 이를 위해 21세기를 '천연자원 고갈의 시대'로 규정하고 '국가 에너지전략 2030'을 추진 중이다. 특히 동아시아 지역에서 해양에너지 주도권 확보를 위해 북극해 항로개발과 극동의 부동항 확보를 위해 노력하고 있으며, 동시베리아 개발정책으로 동시베리아-극동지역 에너지 수송 간선망 확충 등 2020년까지 동북아지역 석유수입의 1/3, 천연가스의 1/6 공급을 위한 기간산업 구축을 목표로 하고 있다.

군사전략과 관련하여 러시아는 전략핵을 유지한 가운데 군의 기동화 · 현대화를 중심으로 한 공격적 방어전략을 추구하고 있다. 2012년 집권 3기에 성공한 푸틴은 "강력한 군사력의 건설 없이는 위대한 러시아의 재건도 없다"는 슬로건하에 2020년까지 군 현대화 70% 달성을 목표로 하고 있다. 중국 등 SCO 국가들 간에는 '평화의 사명(Peace Mission)' 연합훈련을 주기적으로 실시하고 있으며, 중국과는 2012년부터 매년 서해와 동해, 동중국해 인근에서 '해상연합(Maritime Cooperation)' 훈련을 실시하고 있다.[40] 한편 아태지역에서의 군사력 증강을 위해 태평양함대의 임무와 역할을 점차적으로 확대시키고 있다. 역내 미 · 중 · 일의 해군력을 견제하고, 북극해 자원 개발과 쿠릴 열도 영유권 분쟁에 대비하여 2020년까지 신형 프랑스제 미스트랄급 강습상륙함 1척을 태평양함대에 배치할 예정이며, 6만 톤급 신형 항공모함 3척과 블라바(Bulava) SLBM(사거리 8,000km)을 탑재한 보레이급(Borey)

40) 2014년 5월 중 · 러 해군의 '해상연합-2014'는 상하이 인근 동중국해 북부해역에서 실시되었다. 중국은 함정 8척과 잠수함 2척, 러시아는 함정 6척이 참가하였다.

핵잠수함 5척을 확보할 전망이다.

2) 지역 내 해양갈등과 분쟁 심화

각국의 공세적 · 팽창적인 해양전략과 해군력 증강이 추진되는 가운데 역내 해양영유권 및 해양경계획정과 관련된 분쟁들은 동북아 강대국들 간 갈등과 대립의 핵심변수로 작용하고 있다. 특히 2000년대 들어 해양자원 개발과 확보를 위한 국가 간 경쟁이 가열화 · 가속화됨에 따라 역내 난사 · 시사군도 분쟁, 센카쿠 열도 분쟁, 독도 · 이어도 분쟁, 쿠릴 열도 분쟁 등 도서영유권과 해양관할권 갈등이 국가안보 위협의 주요인으로 등장하고 있다.

지역 전체로는 2012년 이후 미국의 전략적 재균형(Strategic Rebalancing) 정책과 중국의 해권(海權) 확대를 위한 해양굴기(海洋崛起) 정책이 상호 충돌하는 양상으로 전개되고 있다. 특히 중국은 남 · 동중국해의 중국해화(中國海化)와 서해의 내해화(內海化)를 추구함에 따라 대만을 포함한 동남아국가들과 한국, 일본 등과 해양분쟁 소지를 높이고 있다. 우리나라 이어도 해역 관할권 확보를 위한 중국의 군사도발 가능성도 점증하고 있으며, 일본 또한 보수적 역사인식 강화로 인해 독도 영유권 강탈을 시도하고 있다. 러시아도 북극해 항로 확보와 자원 선점, 쿠릴 열도(일본 북방 4개 도서) 영유권 유지를 위한 국가적 노력을 확대하고 있다.

한편 역내 해양분쟁 해결을 위한 지역 차원의 해양협력 메커니즘의 중재 역할 부재로 각 국가들 간의 안보 딜레마 현상이 더욱 심화되고 있는 추세이다. 앞서 살펴본 바와 같이 동아시아 주요국들은 해군

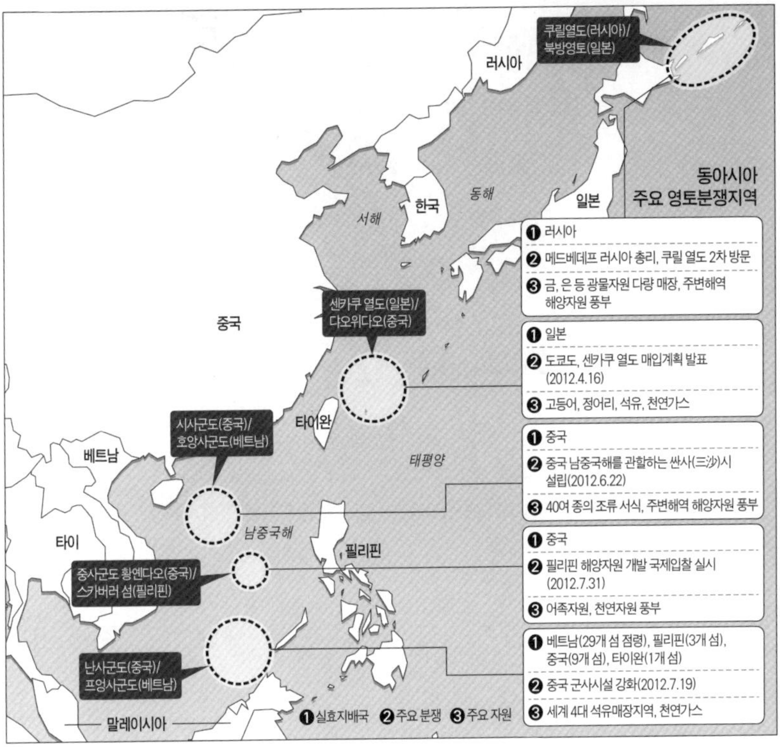

〈그림 2-16〉 동아시아 주요 해양영유권 분쟁 현황

출처: "동아시아 영토 '깃발 꽂기' 경쟁", 「한국경제」, 2012년 7월 31일자 참조.

력 중심의 국방 · 군사전략을 바탕으로 국가적 차원에서 해군력 증강을 추진 중이다. 해군력 증강은 궁극적으로 미 · 중 간 신냉전 구도를 형성하는 한편 지역 분쟁해결 · 협력강화를 위한 기존의 다자안보협의 기능을 더욱 약화시키고 있다.[41] 특히 해양영토 문제는 국가정체성 및 자원민족주의와 결부되어 외교적 · 비군사적 해결방법을 어렵게 한다. 일례로 중국의 이어도에 대한 '쑤엔자오' 호칭과 동북공정, 일본의 과

41) 아세안지역안보포럼(ARF: ASEAN Regional Forum) 등 동아시아 다자안보협의체들이 가지고 있는 해양분쟁의 평화적 해결에 대한 강제력은 매우 미약하다고 볼 수 있다.

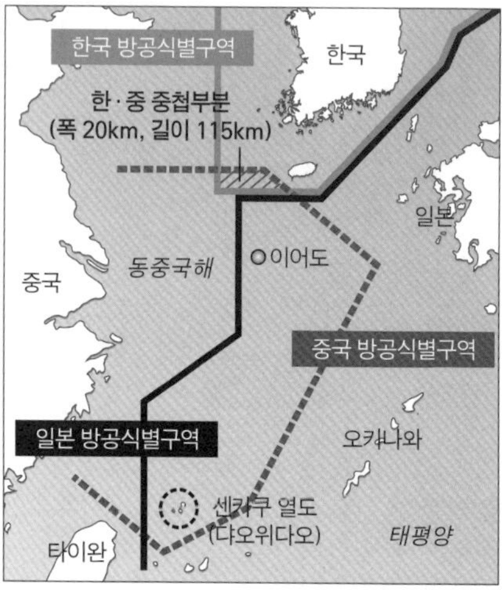

〈그림 2-17〉 2013년 11월 한 · 중 · 일 방공식별구역(ADIZ)

거사 논쟁과 역사교과서 왜곡 등 각국은 영토문제와 민족주의를 결부시켜 국가정책화하고 있는 추세이다.

현재 동아시아에서 군사적 충돌 가능성이 가장 높은 곳은 동중국해에 위치한 센카쿠 열도(중국명 댜오위다오) 주변해역이다. 센카쿠 열도는 현재 일본이 실효지배 중이며, 2012년 9월 일본이 국유화를 추진한 이후 현재까지 중 · 일은 지속적으로 영유권 문제를 가지고 대립하고 있다. 2013년에는 양국의 해상 · 공중 전력에 의해 일촉즉발의 군사적 충돌 상황까지 전개된 사례가 있다.[42] 미국은 일본의 센카쿠 열도에 대한 실효적 지배를 지지하고 있으며, 미 · 일 군사동맹을 바탕으로 센카쿠 열도 분쟁 시 일본에 대한 군사적 지원을 공식화한 바 있다. 현재는

42) 2012년 4월 일본 도쿄지사는 그동안 개인이 보유하고 있던 센카쿠 열도의 5개 섬 중 3개를 구입해 국유화하겠다고 발표하고, 9월에 국유화 조치를 단행했다. 이에 중국은 강하게 반발하면서 해경 함정들과 어선들을 해당 해역으로 진입시킨 바 있다.

중국과 일본이 군사적 충돌을 자제하고 고위급 협의 등을 통해 문제해결을 추진하고 있지만, 국제적 안보환경과 국내적 정치상황의 변화로 인해 언제 또다시 양국 간 무력충돌로 치달을지 모르는 상황이다.

중 · 일 간 센카쿠 열도를 둘러싼 대립이 더욱 강경해질 수밖에 없는 이유는 앞서 설명한 바와 같이 해양영토분쟁에는 양국의 강대국으로서의 위신, 해양자원 확보와 해상교통로 보호, 민족주의 여론 등 포기할 수 없는 다양한 국익이 맞물려 있기 때문이다. 일례로 중국은 2013년 판 국방백서에서 "일본이 댜오위다오 문제에 있어서 말썽을 조성하고 있다."고 비난하면서 일본에 대한 국가적 적대의지를 강조한 바 있다.[43] 미일동맹을 주축으로 동아시아 안보균형자 역할을 수행하는 미국은 동북아 군사요충지인 센카쿠 열도에서 중국이 도발할 경우 일본 편에 설 수밖에 없을 것이다. 앞서 서문에서 언급한 바와 같이 2013년 11월 중국의 일방적인 동중국해 ADIZ(ADIZ) 선포로 인해 미국, 일본, 한국 등 주변국들이 강하게 반발한 사례가 있었다. 궁극적으로 2013년 12월 8일 우리나라는 이어도를 포함한 제주남방 해역의 한국방공식별구역(KADIZ) 확장을 선포하였다.

센카쿠 열도와 마찬가지로 남중국해도 군사적 충돌 가능성이 높은 해역이다. 최근 중국의 국력이 더욱 강성해짐에 따라 남중국해 해양영토에 대한 중국의 권익 추구도 더욱 강경해지는 추세이다. 특히 분쟁대상인 난사군도(南沙群島, Spratly Islands) 근해는 말라카 해협과 더불어 중동과 인도양을 거쳐 중국으로 수입되는 원유, 천연가스, 원자재 등 중국의 에너지 안보에 핵심적인 해상물동량이 경유하는 핵심 길목

43) 정철호, "2013년 중국 국방백서의 대한국전략 함의", 「정세와 정책」 2013년 7월호, p. 8.

이다. 후진타오는 2004년 중국의 '말라카 딜레마'에 대해 언급한 바 있다. 즉, 원유를 포함한 중국의 대다수 물동량이 통과하는 말라카 해협의 해상교통로가 봉쇄될 경우 중국의 경제력은 큰 타격을 입을 수 있다는 의미이다.[44] 현재 동아시아 해상교통로의 대부분은 미국과 미국의 우방국들에 의해 통제되고 있으나, 중국은 남중국해 해양영유권을 과도하게 주장하며 인접 국가들과 갈등 중에 있다. 2013년 중국은 베트남과 남중국해 공동개발협상을 위한 조직 설치에 합의하였으나, 2014년 5월에는 시사군도(西沙群島, Paracel Islands)에 석유시추 장비를 일방적으로 설치하여 갈등을 고조시킨 바 있다.

〈그림 2-18〉은 남중국해 전체에 대한 해양주권을 주장하는 중국의 나인-대시 라인(Nine-Dash Line)[45]을 보여주고 있다. 이에 대해 미국은 최근 남중국해 해역에서의 항행의 자유 보장이 미국의 핵심적인 국익 중 하나임을 밝힌 바 있다. 남중국해에서 중국의 군사적 행동으로 인해 미국과 우방국들의 항행의 자유가 제한될 경우, 미국의 해군력 투입 가능성을 배제하기 힘들 것이다. 실제로 2013년 12월에는 하이난도 남방 32마일 지점에서 중국 해군 함정 2척과 미 해군 USS COWPENS(CG 63)함이 근접 조우하는 사례가 있었다.

결론적으로 가까운 미래에 동아시아 지역에서 해양분쟁이 발생할

---

44) 2012년 현재 중국은 국내 소비 유류의 60%를 해외에서 수입하고 있는데, 이는 2030년까지 75%로 증가할 전망이다. 2012년 기준 수입원유의 약 84%가 남중국해와 말라카 해협을 통해 수입되고 있다. Office of the Secretary of Defense, *Annual Report to Congress: Military and Security Developments Involving the People's Republic of China 2014*(D.C.: Department of Defense, 2014), p. 18.

45) Office of the Secretary of Defense, 위의 책, p. 3., Ronald O'Rourke, "Maritime Territorial And Exclusive Economic Zone(EEZ) Disputes Involving China: Issues for Congress," *Congressional Research Service*(August 5, 2014), p. 14.

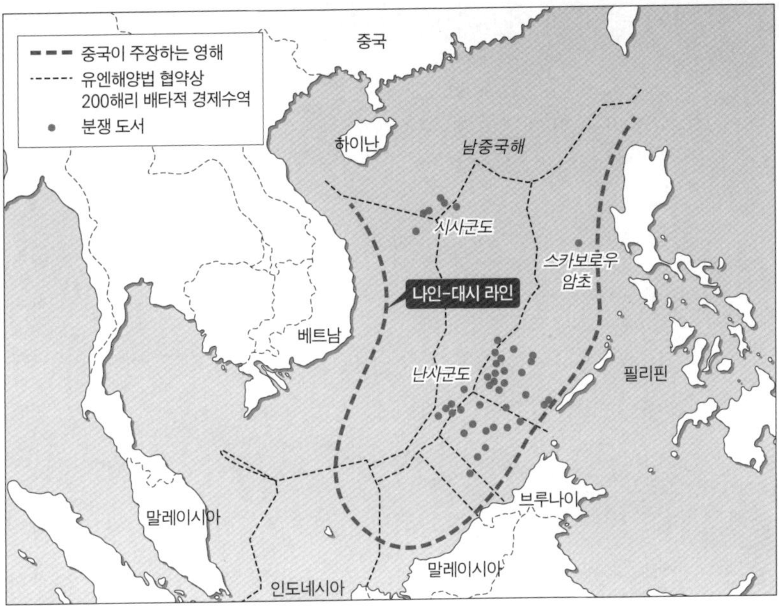

〈그림 2-18〉 남중국해에 대한 중국의 영해 주장(Nine-Dash Line)

출처: Ronald O'Rourke, CRS(August 5, 2014), p. 37.

경우 협력을 통한 해결보다는 군사적 무력대결 가능성이 갈수록 높아지고 있다. 이러한 현상은 G2 국가인 미국과 중국 간에 확산되고 있는 신(新)냉전의 분위기 속에서 미일동맹 대(對) 중러협력 간의 갈등 구도로 발전할 것이다. 미 · 일 · 중 · 러 등 동아시아 강대국들은 경제성장 지속을 위해 해양을 통한 에너지 수입과 21세기 해양강국 건설을 위해 해양으로의 진출이 필수적임을 인식하고 있기 때문이다.

2. 21세기 중국의 안보전략과 해양 인식

1) 중국의 안보전략과 군사전략

후진타오(胡錦濤)는 2008년 개혁 · 개방 30주년을 맞아 행한 연설[46]에서 공산당 창당 100주년인 2021년까지를 중국의 중요한 '전략적 기회시기(重要戰略幾遇期)'로 설정하고, 중국 인구 10억 명이 높은 수준의 혜택을 누리는 고도의 '전년적 소강사회(小康社會)' 건설을 목표로 제시했다. 한편 중화인민공화국 건국 100주년이 되는 2049년까지는 부강하고 민주적이며 문명화되고 현대화된 '조화로운 사회주의(和諧社會) 국가' 건설을 목표로 제시했다. 이러한 목표를 달성하기 위해서는 10억이 넘는 인구를 지탱하는 데 필요한 에너지와 자원, 전략적인 광물 확보가 필수적임을 중국의 지도자들은 잘 인식하고 있다.[47] 한편 후진타오는 2012년 제18차 당대회에서 '책임대국 건설'을 위한 국가적 노력을 주문했다. 책임대국의 숨은 의미는 신장된 중국의 국력에 걸맞은 강군 육성과 이를 바탕으로 그 어떤 외부의 압력에도 굴복하지 않는 국가주권과 이익 수호에 있다. 이는 최근 중국 지도자들이 언급

46) 중국은 미국처럼 국가안보전략, 국방전략 등과 같은 문서는 발간하지 않으며, 일반적으로 중국의 안전보장에 대한 인식과 정책은 국가지도자의 공식석상에서의 발언 등으로 판단할 수 있다. 중국의 주요 지도부는 당대회 보고, 정부공작 보고, 국제회의에서의 연설을 통해 안보 인식의 변화와 주요 정책을 제기한다.

47) Robert D. Kaplan, "The Geography of Chinese Power," *Foreign Affairs*, Vol. 89, Issue 3(2010). 미 에너지성에 의하면 전 세계 대비 중국의 에너지 소비율은 1990년 7.8%에서 2006년 15.6%로, 2030년경에는 20.7%로 증가할 것으로 예측하고 있다. 중국은 2010년 이후 GDP 대비 해양투자 비율을 10%에서 19%로 상향했으며, 최근에는 태평양 마리아나 해구 7,062미터까지 심해 잠수정 탐사활동을 실시한 바 있다. 특히 국가적으로 증대하고 있는 석유의 안정적 공급을 위해 해외 유전개발에 적극 참여하고 있다.

하고 있는 미국과의 '신형 대국관계'를 기초로 한 G2 시대의 새로운 국제질서를 의미한다.[48)]

〈그림 2-19〉 후진타오(胡錦濤, 1942~)

군사적 측면에서 현재 중국의 안보위협은 크게 두 가지로 구분해볼 수 있다. 첫째는 탈냉전 이후 세계 경찰국가를 자처하고 있는 초강대국 미국의 대중국 봉쇄정책과 내정간섭이고, 둘째는 대만을 포함한 아시아 주변국들과의 영토분쟁이다. 중국은 인도(1962년), 소련(1969년), 베트남(1979년)과 국경분쟁을 벌인 바 있으며 1998년 이후 현재 6개 국가와 11곳에서 영토분쟁을 벌이고 있다. 추가적으로 한반도 북핵문제와 남·북 무력충돌로 인한 미군의 한반도 군사개입도 중국에게는 큰 위협요인이다. 이러한 군사적 위협들에 대처하기 위해 현재 중국군은 육군과 해군, 공군 등 3군과 제2포병[49)]이라는 독립병종으로 구성되어 있으며, 앞서 살펴본 바와 같이 1978년 개혁·개방과 1991년 걸프전 이후부터는 해·공군과 제2포병의 전력증강을 위해 더욱 노

48) 신형 대국관계(대국은 미국과 중국을 의미)는 대국 상호 간 핵심이익을 상호존중하면서 대국 간 협력하에 안보를 촉진하고 공동발전하자는 것으로, 2012년 2월 부주석이던 시진핑이 미국 방문 시 최초로 언급한 바 있다. 이후 후진타오가 2012년 5월 제4차 전략경제대화에서 천명하고, 동년 7월 시진핑이 세계 평화포럼에서 재천명하였다.

49) 중국군 제2포병은 별도의 병종부대로, 지대지전략미사일을 중심으로 전략핵 반격을 수행하는 중앙군사위원회의 직할부대이다. 제2포병은 고도의 과학기술 작전 수단과 인재를 구비하고 핵공격 능력을 갖춘 전략군이다.

력하고 있다.

장쩌민 이후 중국의 군사전략 목표는 '정보화 조건하 국부전쟁 승리' 달성이다.[50] 이를 위해 중국군은 '적극방어전략'[51]과 '비대칭전략'을 내세우고 있다. 기본적으로 적극방어전략은 냉전 이후 국부전쟁의 특성을 반영한 신속결전 추구를 핵심으로 하고 있으며, 비대칭전략은 점혈전쟁(點穴戰爭) 개념하에 우주군사체계 공격 등 적대국의 정보화에 내재하고 있는 취약성을 겨냥한 전략이라고 볼 수 있다.[52] 여기서 핵심이 되는 개념은 중국 특색의 군사혁신(RMA: Revolution in Military Affairs) 추구이다.[53] 이는 이미 앞서가고 있는 서구의 정보화에 편승하고 따라잡기 위한 도약식 발전전략이다.[54] 현재 중국군은 아직 정보화시대에 진입하지 못한 채 기계화-반기계화 시대에 머물러 있기 때문에 기계화

---

50) 시기별 중국의 군사전략 변천 과정을 살펴보면 ① 1930~1970년대 '인민전쟁전략', ② 1980~1990년대 '현대적 조건하 인민전쟁전략', ③ 1990~2002년 '첨단[高]기술 조건하 유한국부전쟁 전략', ④ 2003년 이후 '정보화 조건하 국부전쟁 전략'이다. 2010년 『중국 국방백서(中國的國防)』에 의하면 정보화 조건하 국지전 승리를 위해서는 ① 자위방어의 핵전략 견지를 위한 핵전력 건설, ② 현대전 수행을 위한 재래식 전력의 정보화·기계화, ③ 신속기동 능력 및 장거리 투사능력 확대, ④ 국방동원체계 완비 및 예비전력 건설 수준 제고가 요구된다.

51) 적극방어 개념은 마오쩌둥의 공세방어·결전방어·반격진공을 위한 방어개념에서 유래한 것이다. 방어와 동시에 공격을 실행하여 적당한 시기에 방어에서 공격으로 전환하며, 적의 침입에 대응하되 필요한 경우 적의 영토에 진입하여 위협 발생요인을 제거하는 개념이다.

52) 박창희, "21세기 전략환경 변화와 중국의 군사전략", 『중소연구』 2008 가을, 통권 119호, pp. 60-61.

53) 2003년 3월 전국인민대표대회 기간 중 당시 당 중앙군사위 주석이었던 장쩌민은 '중국 특색에 맞는 군사혁신'을 추진할 것을 촉구한 바 있다.

54) 1989년 천안문사태 이후 미국을 중심으로 한 서구 선진국들은 대중 무기수출 금지체제를 유지해오고 있다. 현재 중국의 군사기술 수준은 미국 등 선진국에 비해 약 5~10년 정도의 격차가 있는 것으로 추정되며, 특히 디지털 분야의 첨단기술 격차로 지휘통제와 통신능력이 상대적으로 떨어지는 것으로 판단된다.

와 정보화를 동시에 추진하면서 기계화 단계를 뛰어넘어 곧바로 정보화 단계에 진입해야 한다는 논리이다. 단순히 적을 따라잡기 위한 군의 현대화는 마치 구소련과 같이 미국이 파놓은 첨단무기 개발의 함정에 빠지는 결과를 초래할 수 있다는 것이다. 따라서 중국은 네트워크 분야에서 가장 먼저 정보화를 달성하여 네트워크체계 파괴를 통해 우세한 적을 무력화시키는, 적의 급소를 겨냥한 점혈전쟁 전략을 추구하고 있는 것이다.

이러한 전략개념을 바탕으로 중국군은 국방과 군의 현대화를 위한 '3단계 발전전략(三步走發展戰略)'을 추진 중이다. 1단계는 2010년까지 정보화에 필요한 기본 인프라를 구축하고, 2단계는 2020년까지 기계화 완성과 정보화의 가시적 성과를 이룩하며, 3단계는 최종적으로 21세기 중반까지 정보화전쟁에서 승리할 수 있는 군사적 능력을 구비하는 것이다. 현시점에서 중국은 1단계가 종료되고 계획대로 2단계가 진행 중이라고 자체적으로 평가하고 있다. 2010년부터 진행되고 있는 2단계 발전전략의 핵심은 병력을 230만에서 최종적으로 150만까지 감축하고 군 정보화와 첨단화에 주력하는 것이다. 특히 중국군은 접근거부능력, 정밀타격능력, 핵 억지력, 원거리 공정작전능력 강화를 위해 항공모함, 5세대 전투기, DF-21 계열 탄도미사일 성능개량과 조기경보 및 공중통제능력 향상을 통한 정보화전쟁 수행능력 강화를 추진 중이다.

2) 중국 지도부의 해양 인식과 해양팽창 정책

앞서 설명한 바와 같이 해양의 중요성에 대한 중국 지도부의 인식은 덩샤오핑과 장쩌민 이후 지속적으로 발전해왔다. 후진타오 시대에 이르러서는 해양자원과 해양경제, 해양권익 등 종합적인 국력배양 차원에서 해양의 중요성이 대두되기 시작했다. 후진타오는 2009년 해군 창설 60주년 연설에서 "근해해군에서 벗어나 대양해군으로 거듭나자."고 언급한 바 있고, 이에 중국인민해방군 기관지 「해방군보」는 "중국 해군은 원해방위를 향해 나아갈 것"이라고 밝혔다. 2012년 18차 당대회[55]에서 후진타오는 '해양강국 건설'을 중국공산당의 공식목표로 정하였고, 2013년 취임한 시진핑은 해양강국 건설을 위해 국가해양부 승격과 해양발전 5개년 계획[56]을 추진 중이다.

〈그림 2-20〉 시진핑(習近平, 1953~)

55) 18차 당대회 시 논의된 해양발전 관련 강조사항은 다음과 같다. ① 바다는 거대한 자원의 보고이며, 발전의 전략적인 공간임. ② GDP 중 에너지, 조선, 관광 등 해양 관련 생산규모가 10% 가깝게 도달함. ③ 앞으로 해양 관련 분야에 5년간 260만 명의 신규고용을 창출할 예정임. ④ 신규 해양보호구역을 80개소 설정(주변국 분쟁 중인 해역 지정 가능성 내포) 예정임. ⑤ 해양권익과 해양안전 확보할 것.

56) 중국의 해양발전 5개년(2011~2015년) 계획의 주요 내용은 ① 해양자원개발 등 해양 관련 경제활동의 연간 평균 8% 확대, ② 해수를 담수화하여 대륙으로 끌어와 이용, ③ 해상과 섬에서의 풍력과 태양광 발전, ④ 국경 근처의 섬을 대상으로 개발중점 지원 등이다.

시진핑(習近平) 총서기는 2013년 당 정치국 상무위원회에서 해양권리와 이익 보호 의지를 재강조하면서 해양개발과 관리에 관한 지식을 증진시키는 데 더욱 노력할 것을 요구했다고 한다. 한편 중국의 해양영유권 수호와 관련하여 시진핑은 "중국은 평화적 발전을 추구하나 국가 핵심이익은 절대 포기하지 않을 것이며, 어떤 나라도 우리가 핵심이익을 놓고 거래할 것이라고 기대해서는 안 된다."고 강조한 바 있다.

중국 지도자들의 해양강국[57] 건설을 향한 공개적이고 강력한 의지는 동아시아 지역안보에 매우 중요한 화두를 던진다. 세계역사에서 볼 때 제1차 세계대전 이전 영국의 단호한 의지는 독일 지도자에게 대륙지향적 국가전략을 채택할 수밖에 없도록 하였다. 이후 독일이 해양지향적 국가전략을 추구하면서 유럽대륙의 현상유지를 파괴하고 결국은 세계대전을 불러일으키게 되었다고 볼 수 있다. 중국의 지도자들이 해양을 중시하게 된 이유는 일단 중국 내륙의 위협과 분쟁이 감소하는 환경적인 요인과 해군력의 우세가 대외무역을 보장할 것이라는 인식적인 측면이 결합한 것으로 보인다. 특히 중요한 것은 현재 중국의 지도자들은 해상교통로 보호와 항행의 자유 보장을 국내적으로 중국공산당 집권 정당화를 위한 핵심수단으로 생각한다는 점이다.

해양강국을 지향하는 중국의 해양정책은 지정학적 측면에서 두 가지로 구분할 수 있다. 하나는 해양굴기를 위한 서태평양으로의 진출이며, 다른 하나는 인도양을 중심으로 한 해외 원양기지 건설이다. 이

57) 중국의 해양강국 선언과 관련하여 2014년 제7회 KIMS-CNA 해양안보 국제학술회의에 참석한 미국 CNA의 마이클 맥데빗은 시진핑 주석의 중국 해양강국 지향 근거를 아래와 같이 제시했다. ① 중국 해군의 원해작전 능력 추구, ② 중국 해양경찰의 통합, ③ 중국의 조선산업 발전, ④ 중국의 해운 발전, ⑤ 중국의 원양어선 증가. 맥데빗은 중국이 이미 해양강국(Maritime Power)에 진입한 것으로 평가했다.

에 따라 서태평양 쪽으로는 도련선 전략이, 인도양 방향으로는 진주목걸이 전략이 추진되고 있다. 기본적으로 중국은 1980년대 류화칭 제독이 제시한 해양전략 개념에 따라 2020년까지 서태평양 제2도련선 진출을 위해 항모전투단 운용과 SLBM 사거리 연장 등을 목표로 해군력을 지속 발전시키고 있다.

한편 인도양 쪽으로는 중국의 경제적 권익 보호를 위해 서아시아, 아프리카, 인도양 거점을 잇는 진주목걸이 형태의 기지 건설을 추진 중이다. 현재 시트웨(미얀마), 치타공(방글라데시), 함반토타(스리랑카) 등 인도의 동남쪽을 둘러싼 군사 요충지에 해군기지를 건설 중이며, 아라비아 해에서 걸프 만으로 들어가는 길목인 과다르(파키스탄)에 해군기지 건설을 추진 중이다. 최근에는 아프리카 마다가스카르 북동쪽 세이셸 군도에 해군기지를 건설하고 아프리카 대륙 동쪽 연안국들과 항만 건설 협약을 체결하는 등 인도양에서의 진주목걸이 전략을 한 단계 더

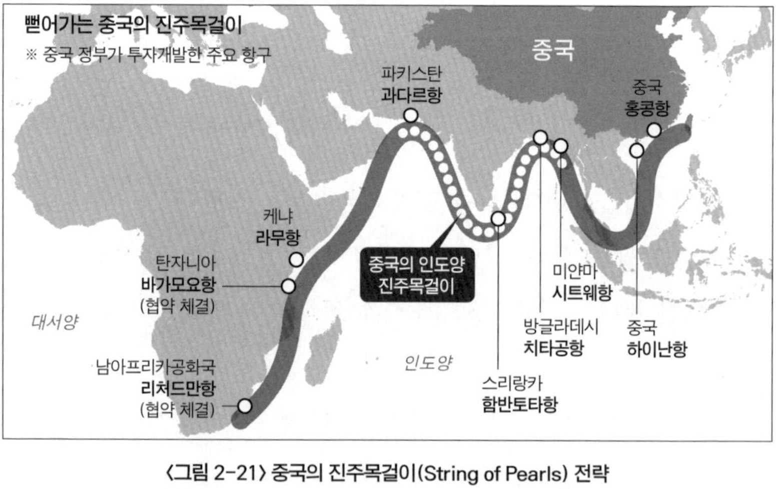

〈그림 2-21〉 중국의 진주목걸이(String of Pearls) 전략

출처: "중국, 아프리카 물류항 확보… 길어지는 진주목걸이", 「중앙일보」, 2013년 3월 29일.

강화하는 것으로 알려졌다.[58]

중국 해군의 해양 소프트파워(maritime soft-power) 시현도 중국 지도자들의 중요한 국가전략 중 하나이다.[59] 중국의 소프트파워에 대한 중요성 인식은 2004년 12월 동남아 쓰나미 자연재난 시 미국, 일본, 싱가포르, 호주, 뉴질랜드의 인도주의적 해상 재난구조 활동과 이를 통한 소프트파워의 우월성을 목격한 이후 더욱 강화되었다. 중국 해군은 2008년 12월 첨단 구축함과 호위함, 군수지원함으로 구성된 해군 기동부대를 인도양 아덴 만에 파병하여 해적퇴치작전에 참가시킴으로써 인도양과 동아시아 지역에 중국 해군이 군사적 위협이 아니라는 점을 과시하였다.[60]

2008년 이후 중국 해군 함정의 아덴 만 대해적작전 파견을 통해 중국 지도자들은 ① 중국 경제의 생명선인 SLOC를 보호하고, ② 중국 해군 함정의 원해작전 능력을 향상시키고, ③ 국제사회의 책임 있는 국가로서 중국의 국가적 위신을 증대하며, ④ 중국의 해군력 증강에 대한 중국위협론 불식과 평화 추구의 이미지 고취에 목적이 있는 것으로 보인다.[61] 이와 같은 맥락에서 최근 2013년에는 중국의 병원선 안웨이(Anwei)함이 동남아시아에서 4개월 동안 임무를 수행하고, 2013

---

58) "중국, 인도양 세이셸 군도에 해군기지 추진", 「한겨레」, 2011년 12월 14일.

59) 최근 중국 해군의 해양 소프트파워 시현과 관련해서는 요시하라, 홈스의 『태평양의 붉은 별』 제6장을 참고할 것.

60) 현 중국 해군사령원 우성리 제독은 중국 해군의 아덴 만 해적퇴치작전 참가 및 성과는 "강력한 인민해군의 정치적 · 군사적 역할을 완벽히 수행한 것이며, 중국이 책임 있는 국가로서의 위상을 정립하는 데 있어 중요한 성숙한 문화적 역할을 수행한 사례"라고 강조한다.

61) Office of Naval Intelligence, *A Modern Navy with Chinese Characteristics*(D.C.: Office of Naval Intelligence, 2009), p. 11.

년 11월 필리핀 태풍피해를 지원한 바 있다.[62)]

한편 중국 해군은 600년 전 남중국해와 인도양에 진출하여 외교적 · 상업적 교류를 추진하고 아시아적 정치를 구현한 명나라 정허 제독을 통해 중국의 해양 소프트파워를 재부각시키고 있다. 최근에는 정허 제독의 원양활동 600주년을 기념하여 전 세계에 200여 개의 공자학교(Confucious Centers)를 설립하여 중국의 평화지향적인 문화사상을 홍보하고 있다. 같은 맥락으로 아세안(ASEAN) 국가들과는 2002년 제8차 아세안 정상회의(캄보디아 프놈펜)에서 발표한 '남중국해 행동선언(Declaration on the Conduct of Parties in the South Chinese Sea)'을 지속 유지하는 한편, 2013년부터는 기존의 행동선언을 좀 더 강제성 있는 '남중국해 행동강령(Code of Conduct)'으로 발전시키려고 추진 중이다.

3. 변화하는 해양시대에 중국의 해양전략과 해군력 건설

1) 21세기 중국의 해양전략

21세기 중국 해군의 해양전략은 기본적으로 1980년대 덩샤오핑과 류화칭 제독이 제시한 '근해 적극방어 전략'의 큰 틀 안에서 발전하고 있다. 앞서 살펴본 바와 같이 1985년까지는 해상에서의 인민전쟁 수행 개념을 바탕으로 한 연안방어 전략이었다면, 1985년 이후부터는 거리 측면에서 연안에서 근해로 확장되고, 적극성 측면에서 소극적 방

62) Office of the Secretary of Defense, 앞의 책, pp. 37-39.

어에서 공세적 방어로 전환된 근해 적극방어전략이 추진되고 있다. 이 시기는 류화칭 제독의 리더십을 바탕으로 중국에서 처음으로 현대적 개념의 해양전략이 정립되기 시작한 시기라고 볼 수 있다. 이에 따라 해군력 건설도 소형 고속 수상전투함과 재래식잠수함 위주의 전력에서 구축함, 호위함, 핵추진잠수함 등 원해작전이 가능한 전력으로 발전해왔다.

한편 중국은 2000년을 기점으로 제1도련선 내 해양통제를 위한 중국의 해군력 건설은 어느 정도 완성되었다고 판단하고, 2020년까지 류화칭 제독이 제시한 제2도련선 진출을 위해 노력하고 있다. 2000년을 기점으로 적극방어의 지리적 개념이 제1도련선에서 제2도련선으로 확장되고 있는 것이다. 중국의 공식적인 해양전략은 변함없지만 단계별 도련선 개념에 따라 근해의 개념이 근거리에서 중거리, 중거리에서 원거리로 확장되는 전진방어의 개념으로 발전하고 있다. 즉, 중국은 해양안보환경의 변화와 중국 해군의 작전능력 신장에 따라 자의적인 해양전략을 추진 중이라고 할 수 있다. 확장된 근해에서의 전진방어를 위해 기존의 호위함, 구축함 등 주요 해상 전력들을 더욱 첨단화 · 대형화하고 이에 추가하여 항모전투단, 대함탄도유도탄, 대함순항유도탄 등 강력한 공격적 방어전력 확보를 위해 노력하고 있다.

류화칭 제독 이후 발전해온 중국의 해양전략과 해군력 건설은 중국이 현대적 사회민주주의국가 건설을 목표로 하는 2050년경에 완성될 것으로 보인다. 2020년 이후부터는 근해의 개념이 서태평양까지 확대되는 시기로 일부 학자들은 알래스카와 하와이, 남극을 잇는 선

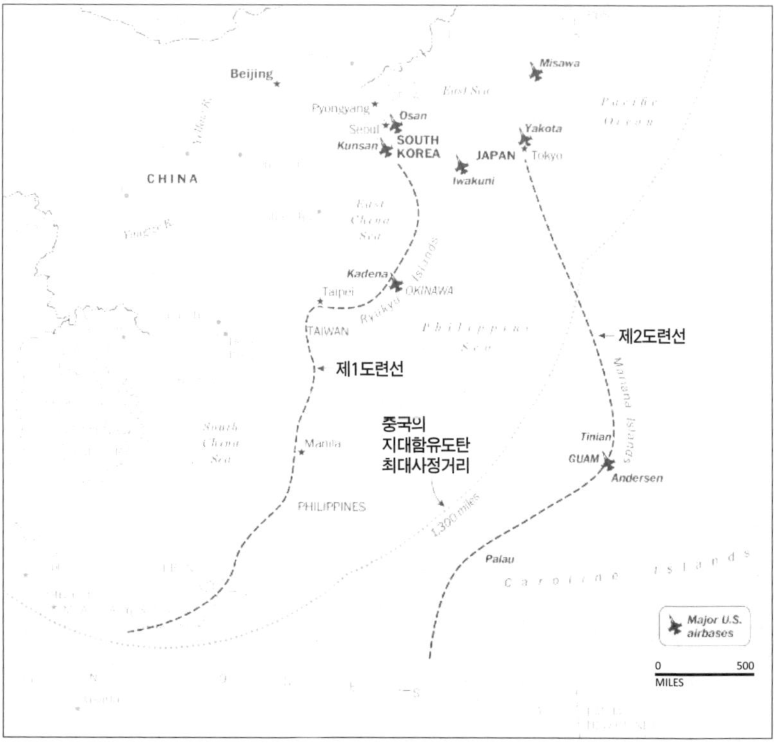

〈그림 2-22〉 중국의 도련선과 미국의 역내 주요 공군기지

출처: http://globalbalita.com/wp-content/uploads/2012/10/Air-Sea-Battle-map.jpg(검색일: 2014.11.15.)

을 제3도련선으로 설정하기도 한다.[63] 중국은 서태평양 해양통제권 장악을 위해 항모전투단, 핵잠수함, 대함탄도유도탄, 무인체계 등을 이용하여 하와이 이서지역에서 미국의 자유로운 해양 사용을 억제할 것으로 보인다. 하와이는 전통적으로 미 해군의 태평양 거점기지 기능을

63) 2007년 5월 미 태평양사령관 키팅(Timothy Keatting) 제독 방중 시, 중국 해군 고위인사는 미국의 태평양 독점을 점진적으로 철회하라고 요구했다고 키팅 제독이 2008년 3월 미 상원군사위원회 청문회에서 증언한 바 있다. 일본 산케이신문(2008.3.12.)에 의하면 중국 고위관리는 키팅 제독에게 "하와이 동쪽은 미국이 관리하고 하와이 서쪽은 중국이 관리하자."고 제안했다고 한다.

담당해왔기 때문에 2020년 이후 중국 해군의 서태평양 진출 시도는 미 해군과의 충돌 없이는 불가능할 것이다.

최근 일각에서는 중국의 군사전략을 A2/AD전략으로 부르기도 한다. 여기서 반접근/지역거부(Anti-Access/Area-Denial)는 미국의 관점에서 중국의 대미 군사전략을 평가하여 부르는 용어이며, 중국이 공식적으로 사용하는 군사전략이나 해양전략 명칭은 아니다.[64] 먼저 반접근(A2: Anti-Access)은 서태평양 지역에 위치한 대규모 미 전진기지로부터 미군 전력의 대중 작전수행을 차단하는 전략개념이다. 지역거부(AD: Area Denial) 개념의 핵심은 남·동중국해와 서해에서 작전 중인 미 해상전력의 자유로운 군사행동을 차단한다는 것이다.

미국이 바라보는 중국의 A2/AD전략은 미국과의 정면대결을 회피하고 취약점을 기습공격하는 비대칭전략으로, 제2차 세계대전 시 독일과 냉전시기 소련의 대미 잠수함작전과 유사한 성격의 전략이다. 이는 미국의 대중 군사력 사용에 대해 고비용과 혈투를 유발하여 군사력 사용의지를 약화시키는 효과를 가져올 수 있다. 군사전략·전술적 차원에서는 미 군사력의 분쟁지역 접근을 차단 지연시키고 최대한 원거리에서 작전을 수행토록 강요할 수 있게 된다. 궁극적으로 오키나와, 괌 등 역내 미군기지 사용을 거부함으로써 미국의 지휘통제, 조기경보, 증원 및 군사지원에 지장을 초래하여 작전능력을 감소시키는 전

64) 반접근(Anti-Access)은 미국이 제시한 개념으로, 중국군은 사용하지 않는 표현이다. 중국이 가지고 있는 유사한 개념으로는 '적극방어' 또는 '전략방어'를 들 수 있다. 중국의 권위있는 『전략서』(2001)는 "적극방어의 본질은 공세적 방어이며, 전략방어는 전체적으로 방어적이고 형식상으로 피동적이나 이는 순전히 방어적 작전이 아니며 적의 공격을 소극적으로 기다리는 것을 의미하지 않는다."고 설명한다. 김태호, "중국의 군사적 부상과 역내 해양안보: 주변국의 전략적 대비 및 유사를 중심으로", 「Strategy 21」, 2014, 33호, Vol. 17, No. 1, p. 120 재인용.

략이다. 미국을 겨냥한 중국 해군의 대표적인 비대칭전력으로는 대위성무기체계(ASAT: Anti-Satellite), 전략핵잠수함, 공격핵잠수함, 다수의 유도탄고속함과 제2포병에서 운용하고 있는 대함탄도미사일(DF-21D)과 대지순항미사일(DH-10) 등이 있다.

2) 중국의 현대화된 해군력 건설

2015년 현재 중국 해군은 수상함부대, 잠수함부대, 항공병, 해안방어, 해병 등의 병과와 특수부대로 구성되어 있으며 해군사령부 예하 3개 함대로 편성되어 있다. 2006년 이후 현재까지 중국의 해군사령원으로 재직 중인 우성리(嗚勝利) 제독은 '강력하고 전투준비가 된 해군(powerful and combat ready navy)'을 주창하고, 중국 해군의 해외활동 확대를 강조하는 것으로 알려져 있다.[65] 그는 1980년대 덩샤오핑의 신임으로 중앙군사위 부주석까지 역임한 류화칭 제독 이후 해군에서는 유일하게 두 번째로 중앙군사위 위원을 역임하고 있다.

〈그림 2-23〉 우성리(嗚勝利, 1945~) 제독

2013년 기준 중국 해군의 총 병력은 약 25만 5,000

65) 우성리 제독은 수상함장교로서 1964년 해군에 입대하여 동해함대 부사령관과 남해함대 사령관을 역임했으며 2006년 8월 해군사령원에, 2007년 중앙군사위 위원으로 임명되었다.

명이며 이 가운데 해군항공대 2만 6,000명, 연안방어부대 2만 5,000명, 해병대가 1만여 명으로 추산된다.[66] 각 함대별로 300척 내외의 수상함과 20척 내외의 잠수함으로 구성되어 있으며, 2개의 항공사단을 배치하고 있다. 기본적으로 황해지역은 산둥성 칭다오(青島)기지에 위치한 북해함대, 동중국해 지역은 저장성 닝보(寧波)기지에 위치한 동해

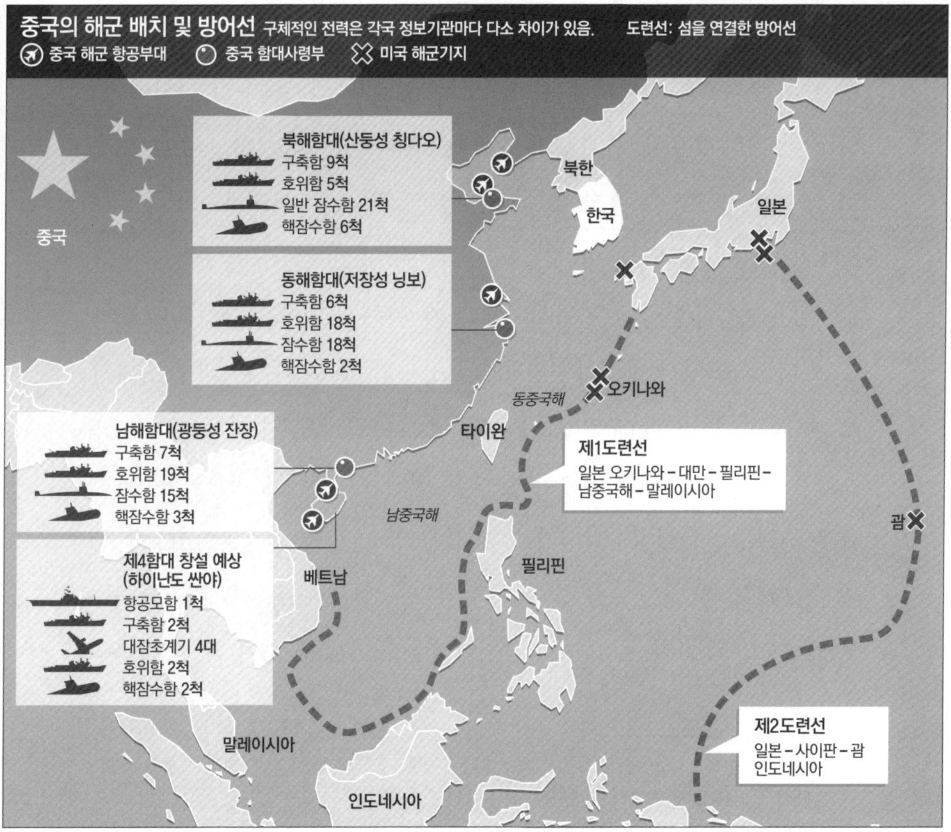

〈그림 2-24〉 중국 해군 함대와 전력 현황

출처: "중국의 해군 배치 및 방어선", 「동아일보」, 2012년 3월 13일.

66) 2013년 판 중국 국방백서는 중국 해군(PLAN) 병력을 23만 5,000명으로 명시했다.

함대, 남중국해는 광둥성 잔장(湛江)기지에 위치한 남해함대가 지역별로 관할하고 있다. 최근 논란이 되고 있는 제4함대는 남중국해 하이난도(海南島) 싼야(山亞)기지에 창설될 것으로 예상된다. 현재 하이난도 신 해군기지 건설이 기본적으로 완료된 것으로 보이며 신 기지에는 다수의 전략핵잠수함, 최신 수상전투함을 수용할 수 있는 능력과 지하시설들을 구축하고 있는 것으로 알려져 있다. 하이난도는 중국의 핵심이익 해상교통로에 대한 직접적 접근을 제공할 뿐 아니라 남중국해 해상으로 잠수함을 비밀리에 전개하기에 용이한 지 · 전략적 위치에 있다.[67] 이러한 측면에서 21세기 중국의 하이난도 싼야기지는 우리 해군이 2015년 완공을 목표로 추진하고 있는 제주 전략해군기지와 유사한 성격을 지닌다고 볼 수 있다.

2013년 기준 중국은 아시아에서 가장 큰 규모의 해군력을 보유하고 있다. IISS에서 발행하는 「세계의 군사력(Military Balance)」과 IHS에서 발행하는 「제인연감(Jane's Fighting Ships)」에 의하면 2013년 현재 중국은 총 900여 척의 함정을 보유 중이며, 주요 전력으로 항공모함 1척, 주력전투함 76척, 전략핵잠수함 4척, 공격잠수함(핵추진잠수함 5척 포함) 61척, 상륙함 240여 척 등을 보유 중이다.[68] 참고로 일본에 위치한 미 7함대는 항모(조지 워싱턴) 1척, 주요 수상전투함(순양함, 구축함 등) 10여 척, 공격잠수

67) 일례로 2010년 12월 중국 해군의 핵잠수함이 일본 규슈와 타이완, 필리핀을 잇는 제1도련선을 별다른 제지 없이 돌파한 사례가 있었다.

68) 2013년 기준 중국의 함정 보유 현황은 「Military Balance 2013」, 「Jane's Fighting Ships 2012~2013」을 참고할 것. 각 함정 유형의 구체적 작전능력은 김민석, "중국군의 해양작전능력과 한국군의 과제", 「Strategy 21」, 2014, 33호, Vol.17, No.1, pp. 71-73 참조. 중국 각 함대의 주요 전력 구성 최신 자료는 Office of Naval Intelligence, *The PLA NAVY: New Capabilities and Missions for the 21st Century*(D.C.: Office of Naval Intelligence, 2015), p. 14-25 참조.

함 3척, 상륙강습함 6척을 보유하고 있다.[69] 물론 중국과 미국의 해상 전력을 단순하게 함정 척수로만 비교하는 것은 무리가 있다.

2009년 3월 중국의 양광례(梁光烈) 국방부장은 "중국이 항모 없는 유일한 강대국으로 남아있지 않을 것"이라고 언급하고, 2012년 중국 해군의 오랜 숙원사업이었던 항공모함 랴오닝(Liaoning, 遼寧)함[70] 실전 배치를 발표했다. 랴오닝함(6만 톤)은 우크라이나의 미완성 항모 바랴그(Varyag)를 1998년에 도입하여 14년 동안 개조하여 확보한 함정이다. 항공모함은 앞서 언급한 국가이익의 3가지 요소인 국가안보, 국가발전, 국가위상을 동시에 충족시킬 수 있는 유일한 국가전략적 자산이다. 류화칭 제독의 현대화된 해군력 건설이 시작된 1980년대부터 항모 보유는 중국 해군의 오랜 꿈이었다. 중국의 항공모함 보유는 중국의 강대국화 욕구를 실현하는 과정에서 지정학적 외연의 확장과 군사과학 기술적 발전 측면이 동시에 작용한 결과라고 볼 수 있다.[71]

랴오닝함 건조는 중국의 경제력과 산업기술력이 뒷받침되었기 때문에 가능할 수 있었다. 21세기에 접어들면서 중국 해군이 가장 심혈을 기울이는 부분은 미 7함대 같은 독자적 기동함대를 건설하는 것이다. 기본적으로 기동함대는 수상, 수중, 항공, 군수지원 및 조기경보

---

69) 항공모함은 미국의 군사력 및 외교적 영향력 투사에 있어 무엇보다 중요한 군사적 수단이다. 현재 미 해군은 총 11척의 핵추진 항공모함을 보유 중이다. 미 해군의 항모강습단(Carrier Strike Group)은 전역에서 승리하기 위해 작전술과 기동력에 중점을 둔 작전적 기동부대이다. 미 항모강습단은 항모 외에도 2척의 대공전함, 2척의 유도탄 순양함, 1~2척의 구축함 · 호위함, 1~2척의 공격핵잠수함으로 구성된다.

70) 랴오닝 기본 제원: 만재톤수 6만 톤, 전장 304m, 전폭 70m, 최대속력 30노트, 최대항속거리 7,100km, 승무원 1,960명, J-15 18대 탑재 가능.

71) 박병광, "중국의 항공모함 건조에 관한 소고: 지정학과 군사과학기술 요인을 중심으로", 「국가전략」, 2011, 제17권 4호, p. 175.

전력들을 요구한다. 중국은 2012년 11월 최초로 자국에서 자체 제작한 함재기 젠(殲)-15(J-15)의 항모 이착륙 훈련에 성공한 바 있다.[72] 2013년 랴오닝함은 2001년부터 모항이었던 다롄항에서 북해함대가 위치한 칭다오항으로 이동했다.

중국은 기존의 구축함과 호위함 등 수상전투함들을 원해작전이 가능하도록 더욱 첨단화·대형화하고 있다. 2000년 이전까지 중국 해군 함정은 척수 위주의 소형, 노후화된 함정이 대부분이었으나 2000년을 기해 척수 감소와 함정 대형화로 방향을 틀었음을 알 수 있다. 2014년 현재 중국의 구축함 현황으로는 2000년 이전 건조된 루다급(Luda, Type 051, 3,700톤) 16척과 루후급(Luhu, Type 052, 4,800톤) 2척 등 총 18척을 제외하고는 모두 2000년 이후 건조된 함정들이다. 2000년 이후 건조된 함정

〈그림 2-25〉 루양 III급(Type 052D) 이지스구축함

72) J-15(Flying Shark)는 함재기 제작기술 유출을 우려한 러시아의 SU-33(Flanker D) 판매 거부로 중국이 동 기종을 모방해서 자체 개발한 함재기이다. J-15는 최대속도 마하 2.5, 작전반경 1,200km, 쌍발엔진과 스텔스 기능을 구비한 것으로 알려졌다. 현재 중국은 J-15에 추가하여 스텔스 기능을 강화한 수직이착륙기 J-18을 개발 중에 있다.

들로 루하이급(Luhai, Type 051B, 6,600톤) 1척, 루저우급(Luzhou, Type 051C, 7,100톤) 2척, 루양 I급(Luyang, Type 052B, 6,600톤) 2척, 루양 II급(Type 052C, 7,000톤) 6척을 보유하고 있다.

2014년부터는 최신예 구축함인 루양 III급(Type 052D, 7,500톤) 2척을 운용 중인 것으로 알려져 있다. 특히 루저우급과 루양 II/III급 구축함은 미 이지스함과 유사한 위상배열 레이더를 탑재한 함정으로, 중국 해군 대공방어 능력 강화를 위한 핵심전력이다. 이와는 별도로 2006년까지 러시아로부터 도입해온 소브레메니(Sovremenny, 8,000톤)급 구축함 4척을 운용 중에 있다.

또한 최신예 함정으로 장카이 II급(Jiangkai, Type 054, 4,300톤) 호위함, 장다오급(JiangDao, Type 056, 1,500톤) 초계함과 허우베이급(Houbei PTG, Type 022, 225톤) 유도탄고속함이 있다. 기존의 장웨이급(Jiangwei, Type 053, 2,300톤) 호위함을 대체하고 있는 장카이 II급 호위함은 현재까지 총 12척이 건조되었으며 2020년까지 16척을 보유할 것으로 예상된다. 장카이 II급 호위함은 스텔스 기능과 어뢰를 장착하여 대함전 능력을 강화한 것으로 알려져 있다. 2012년 이후 신규 건조 중인 장다오급 초계함은 중국의 EEZ와 동남중국해상 분쟁 투입에 유용한 전력으로 현재 20여척의 장다오급 초계함을 운용중이다. 허우베이급 유도탄고속함은 총 60척이 건조되어 운용 중이다. 신형 허우베이급 유도탄고속함은 향후 약 100여 척을 확보하여 대미 비대칭전력으로 운용할 예정인 것으로 알려져 있다.

상륙전력으로는 대만 상륙작전 시 필요한 병력수송을 위해 중대형상륙함 총 40여 척을 보유 중이다. 대만해협 100마일의 원거리 상륙능력 확보를 위해 현재 2만 톤이 넘는 유자오급 대형상륙함 6척(Yuzhao,

Type 071 2척, 신형 LHD Type 081 4척)과 유팅급 중형상륙함(Yuting, Type 072, 4,800톤) 30여 척을 건조하여 운용 중이다. 이와 같이 최근 수상 전력의 첨단화·대형화 추세로 현재 중국 해군의 수상함 현대화 비율은 2000년 4%에서 2010년 기준 26%로 증가하였다.[73)]

2000년 이후 급속한 성장을 거듭해온 것은 중국의 잠수함 전력이다. 중국 해군은 2013년 현재 공격용 재래식잠수함인 킬로(Kilo, 3,100톤)급 12척, 송(宋)급(Song, Type 039, 2,250톤) 13척, 밍(明)급(Ming, Type 035, 2,100톤), 로미오(Romeo, Type 033, 1,350톤)급, 위안(元)급(Yuan, Type 039A, 2,400톤) 12척 등 60여 척을 운용 중이다. 최신 디젤잠수함인 위안급 잠수함은 대함순항미사일(ASCM: Anti-Surface Cruise Missile)을 탑재 중이며, 공기불요추진체계(AIP: Air Independent Propulsion) 운용뿐 아니라 러시아의 킬로급에 버금가는 정숙도를 유지하는 중국산 잠수함으로 알려져 있다. 또한 중국 해군은 핵추진 공격잠수함인 한(漢)급(Han, Type 091, 5,500톤) 4척과 상(商)급 3척, 전략핵잠수함 시아(夏)급(Xia, Type 092, 6,500톤) 1척, 진(晋)급(Jin, Type 094, 8,000톤) 3척을 보유 중이다. 또한 쥐랑(JL)-2 미사일 발사실험에 사용되고 있는 골프급(Golf, Type 031, 3,500톤) 재래식탄도미사일잠수함(SSG) 1척을 보유하고 있다. 2000년 이전까지 운용해온 위스키급(Whiskey, Type 03, 1,350톤)과 로미오급(Romeo, Type 033, 1,700톤)은 대부분 퇴역하였다.

중국 해군은 기존의 시아급 전략핵잠수함(SSBN)을 대체할 진급 차세대 SSBN을 계속해서 건조 중이며, 진급 SSBN에는 쥐랑(巨浪)-2(JL-2)[74)] 잠수함발사탄도미사일(SLBM) 12기가 장착될 예정이다. JL-2는

73) 김기주·이승렬, "중국 해군력 부상의 위협성 평가: 능력, 의도, 의지를 중심으로", 「신아세아」 2012 봄, 19권 1호, p. 191.

74) 현재 시아급 SSBN에서 운용 중인 JL-1의 사거리는 2,700km이다.

DF-31의 변형으로 사거리 8,000km와 6개의 독자적 표적 타격능력을 갖추고 있다. 진급 잠수함에 탑재되는 JL-2 SLBM은 중국 해군에 신뢰성 높은 제2 타격능력(second strike capability)을 제공할 것이다. 상급(Shang, Type 093, 6,000톤) SSN은 지상공격용 순항미사일과 대함미사일, 어뢰 등을 장착한 최신형 핵추진 공격잠수함으로 기존의 한급 SSN을 대체할 전력으로 계속 건조 중이다. 2002년부터 2011년까지 중국은 총 23척의 잠수함을 신규 건조하였는데, 그중 4척이 핵잠수함이었다.[75] 결과적으로 잠수함 전력 현대화 비율은 2000년 7%에서 2010년 57%로 증가하였다.[76]

중국 잠수함부대의 주 임무는 ① 미국의 항모강습단을 포함한 수상함 부대에 대한 원거리 타격, ② 중국 항모전투단 호위 및 해상교통

〈그림 2-26〉 진급(Type 094) 전략핵잠수함

75) 김덕기, "중국의 잠수함 전력 증강과 전략적 함의", 「해양전략」, 2013, 제159호, p. 8.

76) 김기주 · 이승렬, 앞의 글, p. 192.

로 보호, ③ 해상에서의 핵억제전력 역할 수행이다.[77] 특히 수중 핵억제력은 미국과 중국 간 전략적 균형에 영향을 미치는 결정적 수단이다. 전략핵잠수함은 높은 생존성과 은밀성, 공세성, 파괴력 등으로 인해 제2 타격능력을 지닌 최상의 핵억제전력이기 때문이다. 결과적으로 중국의 수중전력 향상은 중국의 대미 반접근 전략 적용범위를 원해로 더욱 확장시킬 것이다.

중국 해군은 2000년부터 2013년까지 총 160척의 신형 함정(잠수함 38척, 전투함정 122척)을 자체 건조 또는 러시아로부터 도입하였다.[78] 따라서 1980년대에 시작된 중국 해군의 현대적 해군력 건설 노력은 2000년대에 들어와서 비로소 이루어지기 시작했다고 볼 수 있다. 2000년 이전까지는 양적 성장과 질적 전환을 위한 여건 조성기였다면, 2000년 이후부터 현재까지는 질적 전환기로, 2014년을 기준으로 하여 그 이후부터는 해군력 건설의 질적 성장기와 성숙기로 표현할 수 있겠다.[79] 즉, 중국 해군은 수량 중심의 해군에서 성능 중심의 해군으로 급속히 전환하고 있음을 보여준다. 2001년부터 2012년까지 중국 해군은 국방비 전체 비율의 약 10% 내외를 순수하게 주력전투함과 잠수함 건조비용으로 사용한 것으로 알려져 있다.[80] 최근 발표된 미 해군정보국(ONI: Office of Naval Intelligence)의 중국 해군 연구보고서에 의하면 중국 해군은 2013년 총 60척의 해군함정을 신규 건조하였고, 2014~16년에

77) 김덕기, 앞의 글, pp. 22-27.

78) 김민석, 앞의 글, p. 77.

79) 김민석, 앞의 글, p. 76.

80) 김민석, 앞의 글, p. 79.

도 비슷한 숫자의 함정들을 확보할 것으로 예상된다.[81] 이렇듯 중국의 현대화된 해군 함정의 특징은 첨단화를 통해 공격 및 방어능력을 향상시킬 뿐 아니라 대함전, 대공전, 대잠전 등 다양한 임무를 수행할 수 있는 능력을 갖추고, 대형화를 통해 원해작전능력을 증대시키는 데 초점이 맞추어져 있다. 또한 선령이 젊은 주력함정의 다수 보유도 현대화된 중국 해군의 특성이라고 할 수 있다.

4. 중국의 해군력 건설 방향

앞서 살펴본 바와 같이 21세기 중국 지도자들의 해양강국에 대한 국가적 차원의 노력은 지속될 것으로 보인다. 특히 안정적인 에너지원 확보를 위해 해상교통로 보호, 해외유전 개발, 해외기지 구축 등의 공세적 해양정책을 지속 추진할 것으로 예상된다. 한편 중국은 G2 시대를 맞아 강대국의 위상에 부합하는 대양해군 건설과 원해를 지향하는 적극방어전략을 지속적으로 추진할 것이다. 이에 따라 서태평양에서 미국과의 해양패권 경쟁은 갈수록 심화될 것으로 예상되며 양안 문제, 센카쿠, 난사군도, 시사군도 등 주변국들과의 무력분쟁 가능성도 더욱 증대할 것이다.

2015년 5월 26일 중국 국방부는 "중국의 군사전략(中國的 軍事戰略)"이라는 제목으로 2015년 판 국방백서를 공개했다. 이번 국방백서는 중국이 해양권익 보호와 해양전략을 고도로 중시하고 있음을 밝히고

---

81) Office of Naval Intelligence, *The PLA NAVY: New Capabilities and Missions for the 21st Century*(D.C.: Office of Naval Intelligence, 2015), p. 13.

있다. 국가적으로는 해양강국 건설을 목표로 제시하고, 이를 위해 중국의 해양권익을 지킬 수 있는 강한 해군력의 건설을 추구한다는 전략이다. 특히 해군은 기존의 근해방어 개념에서 벗어나 근해방어와 원해호위를 동시에 수행한다는 개념이다. 이는 집권 3년차를 맞이한 시진핑 주석의 해양강국 건설에 대한 국가적 의지를 보여준다고 할 수 있다.[82)]

미래 중국을 둘러싼 해양안보환경과 중국 지도자들의 해양에 대한 중요성 인식을 고려할 때 중국의 해군력 건설은 기본적으로 지리적 개념에 기초한 류화칭 제독의 3단계 해양전략을 지속 유지, 발전시킬 것으로 예상된다. 현시점에서는 제1도련선 안쪽 해역에 대한 해양통제를 더욱 강화하고, 2020년까지는 제2도련선 내 작전이 가능한 전력을 구축하여 해양우세 달성을 위해 노력할 것이다. 그리고 제2도련선 너머 해역에 대한 해양 진출을 2050년까지 달성한다는 개념이다.

중국 해군은 앞으로도 제1도련 내 해양통제 강화를 위해 대함유도탄과 고성능 전자장비를 장착한 수상전투함을 지속적으로 건조하는 한편, 입체적 해상작전 수행을 위한 지휘통신체계 구축과 해상보급 능력 제고에 힘쓸 것이다. 이를 통해 대만봉쇄, 남중국해 해군력 투사와 현시, 난사군도 영유권 확대, 중국 근해 해상교통로 보호, 미국의 해군력 투사거부 등 지역 내 절대 우위를 점할 수 있는 해군력 구축을 위해 노력할 것이다.

현시점에서 중국 해군의 최대 과제는 제2도련선 내 해상작전을 수행하기 위한 항모전투단의 구축 및 운용일 것이다. 현재 운용 중인 랴오닝함의 전력화와 작전 경험을 바탕으로 2020년까지 1~2개의 항

82) "적극적 방어… 중국 66년 만에 국방전략 수정", 「중앙일보」, 2015년 5월 27일자.

모전단 창설이 가능할 것으로 예상된다. 앞서 언급한 바와 같이 항공모함은 중국의 국가 경제력 향상, 과학기술 발전, 강대국으로의 위상 확보를 위해 반드시 요구되는 국가전략적 수단이다. 따라서 제2도련선 해양통제를 위한 중기 해군력 건설의 최대 목표는 항모기동부대 중심의 입체적 해상작전능력 구축이 될 것이다. 장기에 해당되는 3단계(2021~2050년) 기간 중 중국의 국가전략적 목표는 대륙국가를 탈피하여 세계 주요 해양강국으로 발돋움하는 것이다. 중국 해군은 2020년 이후 중국이 건설한 대양함대가 현재 미 해군과 같이 아시아 지역 및 세계 주요 해로를 항해하는 것을 꿈꾸고 있다.

한편 큰 틀에서 중국의 해군력 건설 방향은 중국이 추구하는 첨단과학기술 중심의 비대칭전력 강화에 영향을 받게 될 것이다.[83] 이는 장쩌민의 과기강군(科技强軍), 후진타오의 질량건군(質量建軍) 육성 전략에서도 잘 드러난 바 있다. 중국군은 최근 지상 · 해상 · 공중 발사용 핵미사일을 개발하고, 미국의 F-35에 버금가는 제5세대 스텔스 전투기 J-31의 자체 개발을 추진 중이다. 또한 2020년까지 전국적인 중국판 미사일방어시스템 구축과 우주베이스 유도탄 요격무기 개발을 목표로 하고 있다. 기존에 개발된 대위성요격체계(ASAT)와 베이더우(北斗) 항법위성을 바탕으로 2030년까지 30개의 위성항법시스템을 구축하여 전 세계를 아우르는 제3의 우주국으로의 도약을 추진 중이다. ASAT와 베이더우 시스템은 중국 해군의 제천권 확보에 기여하여 원양에서의 작전능력 강화에 중요한 역할을 수행할 것이다.

83) 중국에서 민간과학기술을 국방현대화에 접목시키는 데 가장 중요한 기능을 담당하는 부서는 인민해방군 총장비부이다. 총장비부 산하 과학기술위원회에서 대위성요격체계(ASAT) 등 우주군사력 발전과 스텔스 전투기, 함재기, 잠수함, 항공모함 건조에 주도적 역할을 담당하고 있다.

특히 중국이 세계 최초로 개발한 항공모함 공격용 대함탄도미사일(DF-21D)은 사거리 1,550km와 정확도 10m를 자랑하는 위력적인 무기이다. 21세기는 유도탄이 전쟁의 승패를 결정짓는 시대이다. DF-21D 같은 정밀타격이 가능한 장거리 미사일은 해양에서 공격과 방어 간 균형에 결정적인 영향을 미칠 수 있다. 참고로 태평양의 해양통제권 행사에 있어 중국의 대함탄도미사일 개발은 전쟁의 승패를 결정지을 수 있는 게임체인저(Game Changer)로 평가받고 있다.[84] 양국 간 해상에서 실전이 벌어졌을 경우, 전문가들은 궁극적으로 중국 해군의 대함탄도미사일 대 미국 해군의 이지스 대공방어체계 간 창과 방패의 대결이 될 것으로 보고 있다.[85]

또한 중국은 해상전자전 능력 확대를 위해 다양한 무인전투체계(UAV, UUV, USV)를 개발하여 운용할 것으로 판단된다. 결과적으로 중국 해군은 ① 융합된 지휘통제체계 구축, ② 다층 함대방공체계 구축, ③ 인원과 무기의 효과적인 결합, ④ 원거리 해상타격능력 제고, ⑤ 연합작전능력 제고, ⑥ 잠수함의 성능 개선을 중점적으로 추구할 것이다.

궁극적으로 앞서 언급한 전력건설의 다양한 중점분야들이 현실화되는 전력이 바로 미래의 중국 항모전투단이 될 것이다. 2013년 9월

84) Andrew Erickson and David D. Yang, "On the Verge of a Game-Changer," *Proceedings*, 2009. 135, no. 5, pp. 26-32.

85) 미 해군 「US NI Proceedings」(May 2009)지는 "Chinese Carrier Killer?"라는 제목으로 미국 해군 항공모함이 중국의 대함탄도미사일(DF-21D)의 공격으로 불타고 있는 표지사진을 게재한 바 있다. 미 해군은 타이콘데로가(Ticonderoga)급 이지스 순양함과 알레이버크(Arleigh Burke)급 이지스 구축함으로 항모기동타격단을 보호하고 있다. 일본 해군은 기존의 곤고(Kongo)급 이지스 구축함에서 아타고(Atago)급 신형 이지스 구축함으로 이지스 능력을 향상시키고 있다. 미 · 일의 미사일방어(MD)체계는 공격과 방어 간 구분이 뚜렷하지 않은 개념으로, 중국의 군사전문가들은 이지스 MD체계를 '방어용 창(defense spearhead)'으로 평가하고 있으며 그 주된 표적을 북한이 아닌 중국으로 보고 있다.

중국의 양위쥔(楊宇軍) 국방부 대변인은 "랴오닝함은 중국의 첫 항모이지만 결코 유일한 항모는 아니다."라고 언급한 바 있다.[86] 중국 지도자들의 강력한 해군력 증강 의지와 세계 2위의 경제력(1~2위의 조선 능력)을 고려할 때 중국의 독자적인 항모 건조는 충분히 가능할 것이다. 현재까지 중국 해군의 추가 항모 건조에 대해서는 다양한 논란과 추측이 있어왔지만, 대체적인 의견으로는 현재 운용 중인 랴오닝함(6만 톤급)에 추가하여 2017년까지 중형항모(48,000~64,000톤급) 2척과 2025년까지 핵추진항모(8만 톤급 이상) 2척을 건조할 것으로 알려져 있다.[87] 이렇게 된다면 중국은 2030년경 총 4~5개의 항모전투단을 보유할 수 있을 것이다. 이와 함께 중국은 미 F-35와 유사한 5세대 스텔스 함재기인 J-31을 개발 중인 것으로 알려져 있다. 핵추진 항모전투단의 보유는 중국에 있어 군의 현대화와 군사과학기술 발전에 따른 진보와 성취를 대변하는 것으로 볼 수 있다.

하지만 중국의 항공모함 건조와 함께 반드시 염두에 두어야 할 점은 항모의 운용능력이다. 항모전투단의 작전능력 완비에는 장시간이 소요되기 때문이다. 항모는 함재기를 운용함에 따라 엄청난 타격능력을 보유하지만, 그에 못지않게 수중과 공중위협에 매우 취약하다. 2013년 우리 해군의 국제해양력 심포지엄에 참가한 일본 전 자위함대 사령관 요지 코다 제독은 중국의 항모 운용능력에 대해 매우 비판적인 견해를 제시한 바 있다. 요지 코다 제독에 의하면 초보단계인 중국 해

86) "강한 전투력 열망 중… 임시 명칭 '001A'의 정체는?", 「YTN」, 2013년 9월 26일.

87) 미 국방부에서 매년 발행하는 *Annual Report to Congress: Military and Security Developments Involving the People's Republic of China* 2014년 판(p. 7)에 의하면 중국의 독자적 항모 전력화는 2020년대 초에나 가능할 것으로 판단하고 있다.

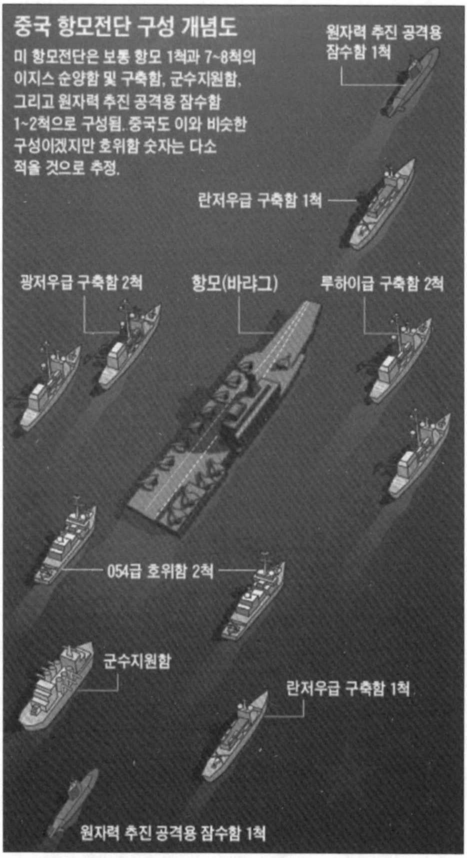

〈그림 2-27〉
중국 항모전단 구성 개념도

출처: 유용권의 군사세계(2013.10.26.)
원출처: 「홍콩명보」

군의 대잠전 및 정찰능력을 고려할 때 중국의 항모는 당분간 적의 잠수함과 대함유도탄 위협에 매우 취약할 것으로 본다. 그는 "해전에서 국가 차원의 상징적 의미인 항모가 격침될 경우 중국 국민에게 엄청난 심리적 충격을 가져올 것이다."라고 언급한 바 있다.[88]

항모전투단의 확보와 더불어 앞으로 중국 해군 수상전투함의 작

88) 요지 코다, 앞의 글, pp. 45-46.

전영역 또한 더욱 확대될 전망이다. 원해로의 작전영역 확대와 대공전 등 현대전 능력 강화를 위해 기존의 구축함과 호위함 전력의 추가적인 증강이 예상된다. 2020년까지 차기 구축함으로 루양 III급(Type 052D, 8,000톤)을 10여 척 보유할 것으로 예상되며, 이는 기존의 루다급(Type 052, 3,700톤)을 대체하게 될 것이다. 루양 III급 구축함은 중국 해군 함정 최초로 다목적 수직미사일발사대를 장착하여 대함 · 대지순항미사일은 물론 대공미사일, 장거리대잠로켓을 발사할 수 있는 플랫폼으로 개발되었다. 이와 더불어 2020년 전후 중국 해군은 1만 2,000톤급 차차기구축함(Type 055)을 건조할 것으로 예상된다.

호위함 전력으로는 현재 운용 중인 장카이 II급(Type 054, 4,300톤) 호위함을 2020년까지 26척 확보하고, 초계함(또는 경호위함, FFL) 전력으로 징다오급(Type 056, 1,500톤)을 20~30여 척 보유할 것으로 예상된다. 상륙함 전력은 2020년까지 기존의 유팅급(Type 072, 4,800톤) 중형상륙함을 38척으로 늘리고 유자오급(Type 071, 2만 톤) 7척과 신형 상륙수송함(LPH, Type 081, 20,000톤급) 6척, 신형 상륙강습함(LHA, 45,000톤급) 3척을 추가로 확보할 것으로 예상된다.

한편, 앞에서 언급한 바와 같이 가까운 미래에 남중국해 하이난도에 제4함대가 창설됨에 따라 잠수함 전력의 현대화가 더욱 가속화 될 것이다. 2017년까지 진급 전략핵잠수함 4척(총 6척)을 추가 확보하고 공기불요추진체계(AIP: Air Independent Propulsion)를 보유한 위안급 디젤잠수함을 총 20척 확보하여 잠수함 세대교체를 이룰 전망이다.[89] 특히 진

89) 미 국방부는 중국이 진급 잠수함을 최대 5척까지 건조할 것으로 판단하고 있으며, 2020년대에는 차세대 SSBN Type 096을 개발할 것으로 예측하고 있다. Office of the Secretary of Defense, 앞의 글, p. 7.

급 전략핵잠수함의 SLBM 수중발사 능력 확대와 사거리 연장(8,000→1만 1,200km)이 추진될 것으로 보인다. 또한 중국 해군은 상급 SSN의 개량형으로 제3세대 SSGN인 Type 095 최신형 핵잠수함을 개발하고 있으며, 앞으로 총 5척이 배치될 예정인 것으로 알려져 있다. 개발 중인 Type 095 SSGN은 기존의 SSN에 비해 소음이 적어 탐지, 정찰, 공격, 차단 등 다양한 임무 수행을 통해 중국의 잠수함 작전능력을 크게 향상시킬 것으로 보인다.[90)]

〈표 2-1〉 미 군사전문 웹사이트(Globalsecurity.org)에서 제시하는 중국 해군의 주력함정 현황 및 발전방향

SYSTEM				Inventory							Expect	
Class	Source	Year	Tons	1985	1990	1995	2000	2005	2010	2013	2015	2020
Submarines				117	63	48	50	55	62	63	71	78
SSB Ballistic Missile Submarines				2	2	2	2	2	3	6	5	7
SSBN(New)	Type 096	2020	15,000	–	–	–	–	–	–	–	–	1
SSBN Jin	Type 094	2008	12,000	–	–	–	–	–	1	3	4	5
SSBN Xia	Type 092	1983	8,000	1	1	1	1	1	1	1	–	–
SSB Qing	Type 032	2012	6,600	–	–	–	–	–	–	1	1	1
SSB Golf	Type 031	1970	2,700	1	1	1	1	1	1	1	–	–
SSN Nuclear Attack Submarines				3	4	5	5	6	7	6	7	9
SSGN(New)	Type 095	2015	10,000	–	–	–	–	–	–	–	1	3
SSN Shang	Type 093	2006	8,000	–	–	–	–	1	2	2	4	6
SSN Han	Type 091	1974	5,500	3	4	5	5	5	5	4	2	–
SS Conventional Submarines				113	57	41	42	46	52	51	51	64
SS Kilo	Sov Kilo	1995	3,100	–	–	1	4	10	12	12	12	12
SS Yuan	Type 041	2006	2,400	–	–	–	–	2	4	8	12	20
SS Song	Type 039	1999	2,250	–	–	–	1	10	13	13	13	13
SS Ming	Type 035	1974	2,100	2	3	10	17	17	17	14	14	9

90) 김덕기, "중국의 잠수함 전력 증강과 전략적 함의", 2013, p. 18. 홍콩 명보(2011.12.1.)에 의하면 중국 해군은 2020년까지 유사시 미 항모의 대만 지원 차단 및 원양작전 능력 향상 도모를 위해 총 60억 달러를 투입하여 잠수함 20척을 추가 건조하여 총 100여 척의 잠수함을 운용할 예정이다. 최근 미 해군정보국은 2020년 중국 해군이 총 63척의 재래식 잠수함과 11척의 핵잠수함을 보유할 것으로 추정하고 있다. ONI, 2015, 앞의 글, p.18.

SS Wuhan	Type 033G	1976	2,100	1	1	1	–	–	–	–	–	–
SS Romeo	Type 033	1960	1,700	90	53	29	20	7	6	4	–	–
SS Whiskey	Type 03	1957	1,350	20	–	–	–	–	–	–	–	–
Aircraft Carrier				–	–	–	–	–	–	–	1	2
CV(New)		2015	80,000	–	–	–	–	–	–	–	1	2
Liaoning	ex–Varyag	2012	65,000	–	–	–	–	–	–	–	1	1
ATS Shichang		1996	9,500	–	–	–	1	1	1	1	1	1
Destroyers				15	18	17	20	23	27	29	27	30
DDG Hangzhou	Sovremenny	2000	7,625	–	–	–	1	2	4	4	4	4
DDG(New)	Type 055	201x	12,000	–	–	–	–	–	–	–	…	…
DDG Luyang III	Type 052D	2014	8,000	–	–	–	–	–	–	–	4	12
DDG Luyang II	Type 052C	2004	7,000	–	–	–	–	2	2	4	6	6
DDG Luyang I	Type 052B	2003	6,600	–	–	–	–	2	2	2	2	2
DDG Luzhou	Type 051C	2006	7,100	–	–	–	–	–	2	2	2	2
DDG Luhai	Type 051B	1999	6,600	–	–	–	1	1	1	1	1	1
DDG Luhu	Type 052	1994	4,800	–	–	1	2	2	2	2	2	2
DDG Luda	Type 051	1972	3,730	11	16	16	16	14	14	14	6	1
DD Anshan	Type 07	1954	2,040	4	2	–	–	–	–	–	–	–
Frigates				20	26	32	40	45	48	47	45	46
FFG Jiangkai	Type 054	2005	4,300	–	–	–	–	2	6	12	19	26
FFG Jiangwei III	Type 053H2	2006	3,000	–	–	–	–	1	3	3	3	3
FFG Jiangwei II	Type 053H3	1998	3,000	–	–	2	6	8	8	8	8	8
FFG Jiangwei I	Type 053H2G	1991	2,250	–	–	4	4	4	4	4	4	4
FFG Jianghu	Type 053	1976	1,960	20	26	26	30	30	27	20	11	5
Light Frigates / Corvettes				11	11	3	–	–	–	8	24	30
FFL Jingdao	Type 056	2013	1,300	–	–	–	–	–	–	8	24	30
FFG Jiangdong	Type 053K	1977	1,425	2	2	1	–	–	–	–	–	–
FF Jiangnan	Type 065	1960	1,400	5	5	–	–	–	–	–	–	–
FF Chengdu	Type 01	1960	1,510	4	4	2	–	–	–	–	–	–

출처: http://globalsecurity.org/military/world/china/navy.htm(검색일: 2015. 5.10.)

앞서 중국 해군의 해군력 현대화와 항공모함을 중심으로 한 앞으로의 공세적인 해군력 증강계획에 대해 살펴보았다. 여기서 우리가 중국 해군력 증강과 관련하여 관심을 가져야 할 부분은 바로 중국 해군이 이러한 전력들을 과연 어디서 어떻게 운용할 것인가, 또한 이러한 중국의 해군력 증강이 우리 해군에 어떤 영향을 미치는가 하는 부분일 것이다. 현재 추진되고 있는 중국의 해군력 증강계획이 어느 정도 가시화되는 2020년 중반에 접어들면 중국 해군은 다양한 군사적 목표를 달성할 수 있게 될 것이다. 즉, 중국 해군은 한반도 분쟁 시 서해상에서 미 항모의 접근을 거부할 수 있는 능력, 대만사태 발생 시 미 해군력 접근을 거부하고 대만해협을 봉쇄할 수 있는 능력, 동중국해 분쟁 시 미 증원전력 도착 이전 대일본 군사적 우위 선점 능력, 남중국해 도서영유권 분쟁 시 미 개입을 거부하고 해당 해역을 봉쇄할 수 있는 능력을 보유할 것으로 예상된다.

중국 해군은 2005년 최초로 서태평양에서 군사훈련을 실시한 이후 현재까지 약 10회 이상의 서태평양 군사훈련을 실시해왔다. 이와 더불어 중국 해군은 아덴 만 해적 퇴치를 목적으로 2008년부터 현재까지 약 45척의 함정을 파견해왔다. 2012년에 시작한 러시아와의 해상연합훈련도 점차적으로 확대되는 추세이다. 2005년 최초로 실시된 양국 간 대규모 합동상륙훈련 이후 양국 해군은 해마다 해상연합훈련을 실시 중에 있다. 2012년 서해 칭다오 근해에서 실시된 '해상연합-2012' 훈련에는 러시아 수상함 7척과 중국 수상함 16척, 잠수함 2척이 참가했다. 2013년에는 동해 블라디보스토크 표트르대제 만 인근해역에서, 2014년 5월에는 동중국해 북부해역에서 양국은 해상연합 훈련을 실시했다. 2013년 5월에는 필리핀 근해에서 북해, 동해, 남해 3개 함대 전력이 모두 참가한 사상 최대 규모의 해상기동-5(Maneuvering-5) 훈련을 실시한 바 있다. 한편 중국 해군은 2014년 6월 사상 최초로 미국이 주도하는 하와이 림팩훈련(RIMPAC Exercise)에 참가하였다. 아태지역 23개국 함정이 참가하는 림팩훈련에 중국은 루양-II급(Type 052C) 구축함, 장카이급(Type 054A) 호위함 등 최신 함정 4척을 참가시켰다.

이처럼 중국은 서태평양 해역 훈련과 아덴 만 함정 파견, 최근의 림팩훈련 참가 등을 통해 해상전력의 원해작전 및 합동작전 능력을 과시하는 한편, 미 해군에 대한 반접근/지역거부 능력을 향상시키는 데 중점을 두고 있는 것으로 보인다. 특히 러시아와의 연합해상훈련 강화를 통해 양국 해군의 전술적 능력 향상뿐 아니라 미 · 일 중심의 역내 해상 주도권 견제와 힘의 균형을 유지하려는 목적을 가지고 있다.

중국 해군의 작전영역이 서태평양과 아덴 만까지 확대되기는 했으나, 그렇다고 현재 중국 해군이 그들이 주장하는 제2도련선 내 해상통제 또는 해상거부 능력을 확보했다고 보기는 어렵다. 지리적으로 볼 때 아직까지 중국 해군의 전투능력은 제1도련선 내로 제한된다고 보는 입장이 대부분이다.[91] 특히 랴오닝 항모가 완전히 전력화되고 항모들이 추가로 건조되기 이전인 2020년까지 중국 해군의 실질적 작전능력은 제1도련선 이내로 제한될 것이다. 따라서 당분간은 일본 요코스카에 위치한 미 7함대의 실질적인 위협이 되지는 않을 것으로 판단된다.

하지만 이러한 중국의 해상 작전능력 강화가 우리나라를 포함하여 중국의 제1도련선 이내에 위치한 주변국들에게 미치는 영향은 매우 심대하다고 볼 수 있다. 특히 한국의 입장에서 한반도 서해에 중국의 항모전투단이 배치될 경우, 종심이 짧은 한반도 해역의 특성상 서해 전 해역과 한반도 전역이 중국의 작전반경에 포함될 것이다. 예를 들어 북한의 도발 등으로 인해 한반도에 긴장이 고조된 시점에서 서해상에 중국과 미국의 항모전력이 동시에 진입할 경우에는 양국 해군 간

91) 김민석, "중국군의 해양작전능력과 한국군의 과제", 2014, p. 87.

우발적인 충돌 가능성이 매우 높다.

이는 2010년 3월 천안함 사건 이후 미 항모강습단의 서해 진입에 대한 중국의 민감한 반응을 통해 충분히 예측할 수 있다. 당시 미 항모강습단은 중국과의 마찰 가능성을 고려하여 한반도의 서해 대신 동해로 진입했다. 이렇듯 미래 중국의 항모전투단은 한반도 위기상황 시 북한뿐 아니라 우리나라에도 정치 · 군사적 영향력을 발휘할 것으로 예상된다. 중국이 한반도에 가지고 있는 지리적 근접성을 고려할 때 중국의 해상작전능력 향상은 한 · 미 안보당국과 연합해군 작전에 매우 큰 도전이 될 것이다.

더욱 우려되는 시나리오는 현재 이어도 해역[92]을 비롯하여 한 · 중 간 해양경계획정 문제가 해결되지 않은 상황에서 중국이 무력으로 해당 해역 점령을 시도하거나 서해의 내해화(內海化)를 주장할 경우, 이러한 국가전략적 목적을 달성하는 수단으로 항모전투단이 활용될 가능성이 높다는 점이다. 역사적으로 볼 때 중국은 강대국과 약소국을

92) 이어도는 1987년 한국 해운항만청의 '이어도 등부표' 설치를 계기로 최초로 그 존재를 국제적으로 공표한 바 있다. 이어도는 마라도 서단에서 80해리, 중국 서산다오에서 155해리에 위치하고 있으며 면적은 2km²로 여의도 면적의 약 1/4이다. 이어도는 수면 하 4.6미터에 자연 형성된 수중암초로 UN 해양법 협약상 '도서'의 지위를 갖지 못하기 때문에 자체의 영해나 EEZ 등 관할수역 설정이 불가능하다. 이어도 과학기지는 해상시설 구조물로서 안전을 보장하기 위하여 적절한 조치를 취할 수 있는 안전구역을 주위 500m 범위에서 설정할 수 있다. 이어도는 국내법적으로 한국의 대륙붕과 EEZ에 포함된 관할구역에 속해 있다. 1952년 선포된 '평화선' 내측에 위치하고, 1970년 제정된 '해저광물 자원개발법'상 제4광구에 해당된다. 1996년 8월 제정된 '배타적경제수역법'에 의해 한국의 EEZ 내에 있어 '주권적 권리'와 '관할권'의 대상이다. 현재 한국과 중국이 각각 주장하고 있는 EEZ 중첩구역 내에 위치하고 있으며, 양국 간 경계획정은 합의에 이르지 못하고 있다. 한국은 유엔해양법상 중간선 원칙을 기초로 양국 바다의 중간선 획정을 주장하는 데 반해, 중국은 자연연장설을 기초로 중국대륙의 토사가 쌓여 발달한 대륙붕이므로 중국에 관할권이 있다고 주장하고 있다. 2014년 6월 시진핑 국가주석 방한 시 양국 정상은 2015년부터 한 · 중 해양경계획정을 위한 논의를 재개하기로 합의했다.

〈그림 2-28〉 미 · 중 · 일의 각축장인 서해바다

출처: "미 · 중 · 일, 서해에서 21세기 판 냉전 조짐", 「조선일보」, 2012년 6월 1일.

가리지 않고 영토와 관련된 핵심이익에 대해서는 주저함 없이 군사력을 투입해왔다. 한국전쟁(1950년) 개입뿐 아니라 인도(1962년), 소련(1969년), 베트남(1979년)과의 국경분쟁 등을 예로 들 수 있다. 한반도 서 · 남해는 유사시 중국의 영토방어에 핵심적인 해역이며, 2013년 11월 중국의 일방적인 ADIZ 선포에서도 볼 수 있듯이 중국은 최근 들어 서해, 이어도 · 가거도 등 서남해역에서 해상과 공중 정찰활동을 더욱 강화하고 있는 실정이다. 우리나라 서 · 남해 해역은 중국의 북해함대와 동해함대가 위치한 작전적 요충지로, 중국의 입장에서는 전략적으로 평시부터 자국의 영향력을 확대할 필요가 있을 것이다.

중국의 해군력 증강과 관련하여 우리에게 위협이 되는 또 하나의 가능성 있는 시나리오는 중국이 동·남중국해에서 주변국과 해양분쟁을 일으킴으로써 우리의 국가경제 생명선인 서남항로 해상교통로가 위협받게 되는 경우이다. 동중국해상 중·일 간 센카쿠(중국명 댜오위다오) 분쟁과 남중국해의 중국과 베트남·필리핀 간 난사·시사군도 분쟁은 한국의 생명선인 서남항로 해상교통로 통행에 치명적인 영향을 줄 것이다. 서남항로의 자유로운 통행이 단 며칠만 제한되더라도 우리나라의 국가경제는 큰 타격을 입게 된다. 이뿐 아니라 일본, 베트남, 필리핀의 우방국인 미국이 이 해역에서 중국과 군사적으로 충돌할 경우, 미국의 안보동맹국인 한국도 중국의 군사위협으로부터 자유로울 수 없을 것이다.

궁극적으로 중국이 설정한 제1도련선 내에 위치한 해양국가로서 중국의 공세적 해군력 증강은 한국의 국가안보에 갈수록 큰 위협으로 다가올 것이다. 특히 중국이 미국과의 군사·경제력의 격차를 좁혀갈수록 중국의 대주변국 대외정책은 더욱 강경해질 것이며, 앞서 언급된 다양한 이슈 분야에서 중국 해군이 신장된 해상작전능력을 바탕으로 무력을 사용할 가능성은 더욱 높아질 것이다.[93] 전문가들은 중국이 해양분쟁에서 무력을 사용하는 시점을 중국의 항모전투단의 작전능력이 완비될 것으로 보이는 2020년 전후가 될 것으로 예상하고 있다. 그렇다면 우리 해군은 이러한 상황에 대비하여 어떠한 준비를 하고 있으며, 해야 하는가?

---

93) 김태호, 앞의 글, p. 128. 김태호는 난사군도에서 중국을 중심으로 한 다양한 외교적 마찰에도 불구하고 지난 20여 년간 심각한 무력충돌이 일어나지 않은 근본적인 이유는 해외기지 보호와 항행의 자유 보장을 위한 미국의 안정자 역할과 중국의 제한적인 원해작전능력 때문이었다고 주장한다.

4장

결론: 중국 해양전략의 평가와 전망, 함의

본문에서는 근대부터 현대까지 중국의 해양전략과 해군력 건설을 환경적 요인과 인식적 요인을 중심으로 살펴보았다. 중국은 해양국가로 성장할 수 있는 일부 지정학적 조건을 갖추었음에도 불구하고 근대국가를 형성하는 과정에서 북방계열 민족으로부터의 안보위협, 농업 중심의 자립주의적 경제구조 등 환경적 요인과 지배층의 강한 해양기피 인식으로 최근까지 대륙 중심의 국가로 발전해왔다. 따라서 명대의 정허함대나 청대 리훙장의 북양함대 등 일시적으로 추진되었던 해양정책과 해군력 건설은 지속될 수 없었다. 중국이 해양국가의 필요성을 절박하게 인식하게 된 것은 19세기 중 · 후반 아편전쟁과 청일전쟁을 통해 일본을 포함한 서구 해양국가들로부터 굴욕적인 패배와 반식민지화를 경험한 이후부터이다. 하지만 20세기를 맞아 중국대륙은 이념과 혁명의 갈등에 휩싸이게 되고, 일본의 침공과 국공내전으로 나라는 분열된다.

1949년 공산주의자 마오쩌둥은 국민당의 장제스를 대만으로 몰아내고 중국대륙에 공산주의 중국인 중화인민공화국을 건설하게 된다. 하지만 오랜 독립전쟁과 인민해방전쟁을 겪은 중국이 처음부터 해양국가를 지향하기에는 무리가 있었다. 근대역사를 지속해온 중국의 대륙주의적 성향과 마오쩌둥을 비롯한 지도자들의 인민전쟁 중심의 군사전략 속에서 현대적 개념의 해양전략이 자리 잡기는 어려웠던 것이다. 1970년대 후반 개혁가 덩샤오핑의 등장과 개혁 · 개방 이전까지 중국 해군은 근본적으로 지상군에 종속되어 있었다. 따라서 그때까지는 해상인민전쟁론에 근거한 연안방어전략 중심의 소극적인 해군력 건설에 치중하게 된다. 당시 마오쩌둥의 대약진운동과 문화대혁명에 따른 국가경제력 붕괴도 수세적인 해군력 건설에 영향을 미쳤다고 볼 수 있다. 특히 당시 중국 해군은 소련 해군 소장학파의 영향으로 잠수함과 소형고속함정 위주의 함정 건조를 중시했다.

중국에서 현대적 개념의 해양전략과 해군력 건설이 시작된 것은 개혁 · 개방을 통한 경제적 성장, 전면전에서 국지전으로의 전쟁수행 개념의 변화, 유엔해양법 협약 채택과 200해리 배타적경제수역 제정 등 다양한 환경적 조건들이 갖추어지기 시작한 1980년대 이후부터였다. 소련 유학을 통해 선진해군을 경험한 류화칭 제독은 1982~1988년 인민해방군 해군사령원으로 재직하는 동안 덩샤오핑 등 중국 지도자들에게 해양의 중요성을 인식시키고, 도련선 개념을 바탕으로 한 단계별 해양전략 개념을 제시하게 된다. 결과적으로 1980년대 국내외 환경적 변화와 지도계층의 인식적 변화가 결합되어 중국은 마침내 오랜 대륙 중심의 국가정책에서 해양 중심의 국가정책으로의 전환을 추진하게 된다. 여기서 우리에게 주는 중요한 교훈은 현대적 해양전략 개념 정립과 해양국가의 중요성을 국가적으로 인식시킨 류화칭 제독을 중심으로 한 해군의 리더십이다. 해양력은 국가안보, 발전, 위상을 결정지을 수 있는 중요한 수단이며, 그러한 해양력의 핵심에는 반드시 해군력이 있다. 따라서 우리 해군은 단순히 전쟁을 수행하는 해군전략뿐 아니라 국가전략과 해양정책을 구성하고 뒷받침하는 해양전략에도 필히 관심을 가져야 할 것이다.

1980년대 이후 덩샤오핑의 해양 인식은 후계자 장쩌민, 후진타오 그리고 최근 시진핑에 이르기까지 지속적으로 강화되며 이어져오고 있다. 21세기 중국은 경제 성장에 따른 G2 시대를 맞아 미국에 버금가는 해양강국을 목표로 공세적인 해양전략과 해군력 건설에 매진하고 있다. 그렇다면 본문에서 살펴본 중국의 해양팽창은 중국과 서해를 연하고 있으며 중국의 동해함대사령부를 지근거리에 두고 있는 우리나라에 어떠한 영향을 미칠 것인가?

우리나라는 동북아에서 미국을 제외한 중국, 일본, 러시아와 해양에서 다양한 이해관계를 가지고 있다. 특히 중국과는 제주 남방 이어도 주변 해역에 대한 관할권과 경계획정 문제로 대립하고 있는 실정이다. 최근 중국의 공세적인 해양팽창이 노골화되는 가운데 이어도 해역 관할권 확보를 위한 그들의 해상도발 가능성도 더욱 증대하고 있다. 중국은 이어도 탐사, 해상 · 항공순찰 확대, 중국 지도상 표기 증가, 최근 방공식별구역 선포 등 2010년 이후 이어도 주변 해역 관할권 확보 노력을 강화 중이다. 중국이 이어도 관할 해역에 관심을 갖는 이유는 이어도 주변 해역이 천연자원과 수산물의 보고로 알려져 있기 때문이다. 과거 중국은 해양분쟁이 있을 경우 자국보다 군사력이 약한 국가에는 주저 없이 과감하게 무력을 사용해왔다.[94] 중국은 1970~2000년

94) 1949년 이후 중국이 개입한 영토분쟁 사례 총 23건 중 먼저 무력을 사용한 것은 6건이며, 도합 16회 무력을 사용해왔다. 이 중 구소련과 인도 등에게 5회, 베트남, 대만 등 약소국

사이 남중국해 해양분쟁 시 베트남 등 약소국을 상대로 여덟 번이나 무력을 사용한 사례가 있다. 즉 중국은 자국의 국력이 강할 때는 공세적 전략을 추구하고, 반대로 국력이 상대적으로 약한 시기에는 방어적 전략을 추구하는 현실주의적이고 일방주의적인 군사전략을 추구해왔음을 알 수 있다.

이어도 해역뿐 아니라 우리나라의 서해는 지정학적 관점에서 중국의 안보에 직접적으로 위협이 될 수 있는 지역이다. 역사적으로 중국은 서해를 한반도에 대한 군사정치적 패권의 관문으로 인식해왔으나, 냉전기 이후에는 미국의 해상패권이 장악한 지역으로 간주하고 있다. 최근 평택을 중심으로 미국의 한반도 군사기지가 재정비되고 있으며, 특히 주한미군의 전략적 유연성은 동북아에서 미국과 해양팽창 경쟁을 벌이는 중국에게 매우 위협적이다. 2010년 천안함 피격사건 이후 서해상에서 진행될 예정이었던 미 항모 중심의 한 · 미 연합군사훈련에 중국이 강력히 반발한 이유도 이러한 지정학적 연관성에 기인하는 것이다.

우리에게 중국의 해양국가로의 전환과 공세적 해양팽창이 위협이 되는 이유는 이어도와 서해 상의 군사적 대치만이 아니다. 21세기에 접어들면서 해상교통로 안전확보는 국가의 생존과 관련된 문제이다. 만약 지역 내 해양분쟁 발생으로 인해 우리의 서남방 해상교통로가 위협받게 될 경우 우리나라는 국가경제적으로 심대한 타격을 입게 될 것이다. 현재 대한민국의 해외무역 의존도는 80%가 넘으며 앞으로도 더욱 증가할 전망이다. 해외 수출입 물동량의 99.8%를 해상수송에 의

에게 11회를 사용했다. 남중국해 분쟁 10회 중 총 8회 무력 사용한 것을 고려해볼 때, 강대국 중국은 약소국과 분쟁 시 군사력에 의한 분쟁해결을 선호하는 것으로 판단할 수 있다.

존하고 있는 우리나라는 남방해로가 15일 이상 차단될 경우 국가 존립의 위험에 직면하게 된다. 현재 중국은 센카쿠 제도에서 일본과 치열한 해양영토 다툼을 벌이고 있으며, 남중국해 시사군도와 난사군도에서도 아세안 국가들과 양보 없는 영유권 분쟁을 진행 중이다.

동아시아에서 발생할 수 있는 중국과 주변국들 간 해양분쟁이 우리나라 안보에 가장 위협적인 부분은 이러한 분쟁들이 궁극적으로 역내 해양패권을 장악하려는 중국과 미일동맹을 중심으로 기득권을 유지하려는 미국 간의 군사적 대결로 발전할 것이기 때문이다. 즉, 미 · 중을 중심으로 펼쳐지고 있는 동북아 신냉전의 핵심변수는 바로 해양분쟁과 해군력 경쟁에 있다. 미국과의 안보동맹과 중국과의 경제협력은 대한민국의 존망에 핵심적인 문제이다. 참고로 2015년 현재 중국은 한국의 최대 교역국, 최대 수출시장, 최대 수입국, 최대 교역흑자 대상국이다. 동북아에서 미 · 중의 해양갈등이 양국 해군 간의 군사적 대결로 치닫게 될 경우 우리나라는 '연루(entrapment)'와 '포기(abandonment)'를 둘러싼 국가안보적 딜레마에 빠지게 될 것이다. 결론적으로 우리 해군은 개연성 높은 이러한 상황에 미리 대비하지 않을 수 없다. 바로 현재와 미래를 살아가는 우리가 중국의 해양전략과 해군력 건설에 깊은 관심을 가져야 할 가장 중요한 이유가 바로 여기에 있다.

'21세기 중국의 해양전략'이라는 주제를 통해 바라본 중국의 해양력 변천 과정과 대륙국가에서 해양국가로의 전환, 최근 급격한 해군력 증강과 앞으로의 해군력 건설 방향 검토를 통해 중국의 국가 안보전략과 해양정책, 해양전략과 해군력 건설 간의 상관관계를 살펴보았다. 특히 이 글을 읽는 독자들이 한 국가의 국가이익을 구성하는 국가안보, 국가발전, 국가위상 측면에서 해군력이 국가전략적 자산으로 어떻게 핵심적인 역할을 수행하는지 이해하는 데 도움이 되길 바란다. 중국은 최근 대륙국가의 길을 접고 해양강국으로의 거침없는 행보를 시작하고 있다. 우리나라는 대륙세력과 해양세력이 충돌하는 지정학적 위치에서 역사적으로 많은 시련을 겪어왔다. 현재의 대한민국의 안보상황은 우리로 하여금 대북 중심의 편협한 안보관에서 벗어나기 힘들게 한다. 하지만 우리 스스로 우리의 시각을 좁은 한반도와 현존 대북위협에 한정하는 순간, 21세기를 살아가는 대한민국의 안보와 발전, 국가위상에 큰 먹구름이 드리우게 되며, 중국을 비롯한 해양강국을 지향하는 주변 강대국들에 영원히 종속될 수밖에 없음을 자각해야 할 것이다.

부록

〈중국 주요 해군사(海軍史)〉

연 도	사 건
618~907	당나라
960~1279	송나라
1044	송나라 항해용 나침반 세계 최초 사용
1271~1368	원나라
1274	1차 여몽연합군 일본 정벌
1281	2차 여몽연합군 일본 정벌
1368~1644	명나라
1405~33	1~7차 정허 대원정
1636~1911	청나라
1839~42	1차 아편전쟁/난징조약
1851~64	태평천국의 난
1856~60	2차 아편전쟁/톈진조약
1871	리훙장, 북양함대 창설
1884	청불전쟁
1894~95	청일전쟁/황해해전/시모노세키 강화조약
1912	중화민국 건국
1945~49	국공내전/대장정
1949	중국공산당 창설/중화인민공화국 건국
1949	인민해방군해군(PLAN) 창설/중소우호동맹 체결
1950	한국전쟁 참전
1952	남해함대 창설
1954	1차 대만해협 위기
1955	동해함대 창설
1958	2차 대만해협 위기/진먼도, 마주도 포격
1960	북해함대 창설
1960	중소이념분쟁/소련군 철수 및 군사원조 중단
1962	중국-인도 국경분쟁
1962	코마급 유도탄정 건조/위스키급, 골프급 잠수함 건조
1964	오사급 유도탄정 건조/로미오급 잠수함 건조
1964	핵무기 실험 성공
1958~62	대약진운동
1966~76	문화대혁명

1970	루다급 구축함 건조
1972	미 닉슨 대통령 중국 방문
1974	중국-베트남 해상교전
1975	장후급 구축함 건조
1976	중국의 베트남 시사군도(파라셀) 점령
1979	중국-베트남 전쟁/중국-미국 국교 정상화
1979	한급 핵추진공격잠수함 인수
1978	덩샤오핑 개혁개방 시작
1980~85	류화칭, 도련선 개념에 따른 단계적 해군력 건설 방향 제시
1982	국제사회 유엔해양법 협약 채택/잠수함발사탄도미사일(SLBM) 발사 성공
1984	포클랜드전쟁
1985	연안방어전략에서 근해 적극방어전략으로 전환
1987	시아급 전략핵잠수함 인수
1988	중국-베트남 해상교전
1989	동독 베를린 장벽 붕괴
1991	소련 붕괴/걸프전
1992	중화인민공화국 영해 및 접속수역법 공포
1993	소련의 킬로급 잠수함 도입
1994	유엔해양법 협약 발효
1996	상하이협력기구 창설
1997	소련의 소브레메니급 구축함 도입
1998	최초의 국방백서 '중국적 국방' 발간
2001	9 · 11 테러
2001	미 해군 정찰기 EP-3 하이난도 불시착 사건
2001	진급 전략핵잠수함 인수
2002	미-아프가니스탄 전쟁
2003	미-이라크 전쟁
2005	중국-러시아 해상연합훈련 시작
2008	인도양 아덴 만에 해적퇴치 해군기동부대 파견
2012	미 신국방전략 및 아시아 재균형 전략 발표
2012	후진타오 주석 해양강국 건설 천명/최초의 항모 랴오닝함 인수
2013	중국 동중국해 ADIZ(ADIZ) 발표
2014	중국 해군 환태평양훈련(RIMPAC) 참가
2015	국방백서 「중국의 군사전략」 발간
2015	난사군도(스프래틀리) 인공섬 건설

III부

일본의 해양전략

제국해군에서 해상자위대로

1장
서론

1. 들어가며

'가깝고도 먼 나라'란 바로 일본을 가리키는 말이다. 지리적으로 가까워서 날씨가 좋은 날에는 부산에서 일본 땅인 대마도(쓰시마 섬)가 잘 보인다. 그러나 일본에 의한 침략의 아픈 역사로 인해 정서적으로는 먼 나라로 느껴지는 것이다. 도요토미 히데요시의 왜군에 의한 조선시대 임진왜란(정유재란까지)은 비록 충무공 이순신 제독의 화려한 승전이 있었지만, 7년 동안의 전쟁으로 인해 조선 백성과 국토는 멍들었고 깊은 상처를 입었다. 또한 근대 일본의 제국주의 군대에 의한 침략으로 큰 아픔을 겪었고, 위안부 문제 등 일제강점기 36년 역사의 고통은 아직도 해결되지 않아서 한국과 일본 간의 현재와 미래를 어둡게 하고 있다.

이와 같은 역사적 경험 때문에 한국은 직접적인 위협이 될 수 있는 일본의 군사적 동향에 대해 대단히 민감하다.[1] 그리고 일본 군사대

1) 2014년 7월 1일, 일본은 집단적 자위권 행사에 대한 기존의 입장을 변경하여 유사시 군사력을 사용할 수 있는 길을 열었다. 다음날 거의 모든 국내 일간지들은 이에 대한 기사를

국화 논란의 중심에는 항상 일본 해상자위대(이하 해자대)가 있다. 최신예 함정을 건조하고, 잠수함 척수를 늘리고, 필요 시 항공모함 기능을 할 수 있는 대형함정을 지속적으로 건조해나가고 있다. 그러나 지금까지 일본의 해자대에 대한 관심과 이해는 현존하는 북한의 위협과 동맹관계인 미국 해군에 비해 상대적으로 적었던 것이 사실이다.

따라서 본서의 목적은 독자들에게 일본 해자대와 해양전략에 대한 관심과 이해를 증진시키기 위함이다. 현재는 해자대(JMSDF: Japan Maritime Self Defense Force)라는 이름으로 날카로운 발톱과 가공할 위력을 숨기고 있지만, 그들의 선조는 서양의 대제국 러시아, 21세기 세계 패권국 미국 해군과 결전을 벌였던 제국 일본 해군(IJN: Imperial Japanese Navy)이다. 그리고 현재의 해자대 전력 또한 막강한 전력으로 평가받고 있는데, 한국 해군은 이러한 일본 해자대에 대해 잘 알아야 한다.

이 글은 4개의 장으로 구성되었으며, 1장은 서론으로 본 연구의 목적과 배경 그리고 일본의 해양전략을 어떤 관점에서 분석할 것인지를 설명하였다. 2장에서는 일본의 해양력 변천사를 다룬다. 여기서는 일본이 본격적이고 근대적인 해군력을 구비하기 시작한 메이지유신기(1868)부터 냉전기(1991)까지를 설명한다. 2-1절에서는 일본의 해양사상 출현을 설명하고, 2-2절에서는 일본의 해양력 발전에 영향을 미친 요인들을 지리적 · 정치적 · 사상적 · 전략적 · 경제적 요인으로 구분하여 제시해보고자 한다. 2-3절에서는 실제적으로 해군력 발전을 살펴보겠다. 여기서는 시기를 세부적으로 3개로 구분한다. 1868년 이후의

싣고, 일본의 군사 대국화에 대한 우려를 표명했다. "일본 각의, 집단적 자위권 행사 가능… 전쟁 허용되는 나라…", 「동아일보」, 2014년 7월 1일자; "아베 맘대로 전쟁할 수 있는 일본", 「중앙일보」, 2014년 7월 2일자 등 참조.

메이지시대와 1895년 청일전쟁 시기 그리고 1905년 러일전쟁 시기로 구분하여 일본의 근대 해군력 발전 과정을 분석하였다.

메이지유신 이후 어떤 과정을 거쳐 해군이 태동되었는가를 간단히 살펴보고, 청일전쟁과 러일전쟁에서는 전쟁의 경과 및 기간 중 발생한 해전을 중점적으로 분석하여 당시 일본의 해양전략을 제시하고자 한다. 2-4절에서는 제2차 세계대전 기간 중 태평양전쟁 시기를 살펴본다. 전쟁의 개관은 간단하게 살피고, 해군이 주로 활동한 해전(미드웨이 해전 및 전쟁 말기 일본 해군의 몰락)을 중점으로 분석해보겠다. 2-5절에서는 냉전기 일본의 해양전략을 분석한다. 냉전기간 중 일본의 해양안보 위협평가 및 안보전략을 분석한 후 일본의 해양전략과 해군력을 살펴본다.

3장에서는 현재 일본의 해자대를 분석한다. 21세기 안보환경은 미국의 패권이 쇠퇴해가는 반면, 중국은 급격한 국력신장을 바탕으로 지역 패권국가로 성장하고 있는 상황이다. 이렇게 변화되는 안보환경 속에서 일본이 제시한 국가안보 전략을 분석하고, 이후 해양전략과 해군력을 설명한다. 또한 일본 해자대가 변화되는 환경 속에서 안고 있는 문제점들과 주요 현안인 해양영유권 갈등 현황을 살펴보고, 향후 발전 방향을 예측해보려 한다.

4장에서는 제국 일본 해군부터 현재 해자대의 해양전략 평가와 전망을 통해 한국 해군에 주는 함의를 도출하고자 한다.

2. 일본 해양전략 분석의 관점

본절에서는 해양전략의 용어를 간략히 정리해보고, 일본의 해양전략을 어떤 관점으로 분석할 것인지에 대해 제시해보겠다.

먼저 해양전략의 개념과 정의를 간단하게 짚어보고자 한다. 해양전략에 대한 다양한 정의가 있으나,[2] 본절에서는 해군본부에서 제시한 해양전략의 정의를 제시한다.[3] 즉, 해양전략(Maritime Strategy)은 "전·평시 국가의 해양력(Sea Power)을 운용하고, 해양을 사용하는 기술(技術)이며 과학(科學)"이라고 정의된다. 여기서 해양력은 해양을 통제하고 이용할 수 있는 제반 능력으로서 해군력을 포함한 해운, 자원, 기지 및 기관 등을 포함한다. 그러나 본서에서는 해양력의 요소 중 주로 해군력에 중점을 두고 분석하고자 한다.

일본의 해양전략을 기술할 때 다음과 같은 관점으로 기술해보겠다. 일본의 해양전략은 제2차 세계대전(태평양전쟁)을 기점으로 한 명확한 특징으로 구분된다. 일본은 1868년 메이지유신 이후 영국·미국 등 서구 해양 선진국으로부터 해양사상, 훈련 체계, 조직 및 제도 등을 도입하였고, 청일전쟁과 러일전쟁을 통해 이를 구체화하고 해전에 적용하였다. 그리고 태평양전쟁 시 미국 해군과의 대결을 통해 일본의

---

2) 해양전략과 관련 용어에 대한 다양한 시각과 논쟁에 대해서는 임인수, "해양전략의 기본개념 연구", 「해양전략」 88호(1995.9)를 참조할 것.

3) 해양전략 용어에 대한 많은 연구결과가 있으나, 여기서는 다양한 용어 정의를 종합적으로 분석한 『해군기본교리』에서 제시한 정의를 소개한다. 해양력(Sea Power, Maritime Power)은 "국가이익을 증진하고, 국가목표를 달성하며, 국가정책을 수행하기 위하여 해양을 통제하고 사용할 수 있는 국가의 능력을 말한다. 해양력은 해군력 이상의 것으로 해운, 자원, 기지 및 기관을 포함하는 용어이며, 국가의 정치력, 경제력 및 군사력으로 전환되는 국력의 일부분이다." 해군본부, 『해군기본교리』(대전: 해군본부, 2002), 부록 p. 11.

해양전략은 절정을 이루게 된다. 따라서 태평양전쟁까지 일본의 해양전략은 전시 해양전략 위주로 분석될 것이다. 즉, 전쟁을 수행하고 해전에서 승리하기 위해 어떻게 해군력(주로 함대)을 건설하고 운용할 것인가와 관련된 방안들이다. 또한 이러한 해양전략은 역사적 변화와 시간적 흐름에 따라 분석될 것이다. 이러한 해전 중심의 해양전략을 분석하면서 독자들의 흥미 유발을 위해 해전 양상을 분석하기도 할 것이다. 그래서 해양전략이라기보다 일본의 해군발전사 또는 해전사라는 느낌이 들 수도 있을 것이다.

반면 태평양전쟁 이후 일본의 해양전략은 완전히 다른 특징을 가지고 있다. 이때부터 일본은 패전국으로 미국의 영향력 아래에 놓이게 되었다. 미일동맹 체계 내에서 일본의 안보가 정의되었고, 이러한 양상은 21세기를 거쳐 현재까지 계속 유지되고 있다. 따라서 태평양전쟁 후 일본의 해양전략은 주로 평시에 국제정세 변화에 따른 안보정책 변화를 반영하여 수정되고 있다. 또한 전전의 해양전략이 실제 전쟁 시 해군력을 운용하는 데 중점을 둔 반면, 태평양전쟁 후의 해양전략은 평시 전력 건설과 군사력 대비태세를 강조하고 있다는 것이다. 또한 이러한 해양전략은 시대의 흐름보다 냉전의 도래, 탈냉전의 시작 등 국제정세의 변화를 반영하기 위해 수정되고 있다. 또한 태평양전쟁 이전의 해양전략이 과거 중심적인 기술인 반면, 태평양전쟁 이후의 해양전략은 현재까지 동일 맥락의 연장선상에 있으므로 현재와 미래의 시점에서 분석될 것이다. 태평양전쟁을 기준으로 한 일본의 해양전략 분석의 관점은 〈표 3-1〉과 같다.

〈표 3-1〉 일본 해양전략 분석의 관점

전시(전쟁) 중심 해양전략	평시(정책) 중심 해양전략
• 전쟁 · 해전 중심 분석 • 역사순차적 기술 • 과거 중심 기술	• 안보정책 · 전략건설 중심 분석 • 국제정서 · 정책변화 기준 기술 • 현재 · 미래 중심 기술

2장
일본의 해양력 변천사

1. 일본 해양사상의 출현

일본은 사면이 바다로 둘러싸인 섬나라다. 그래서 일본인에게 바다는 삶의 터전이요, 국가를 지켜주는 방패요, 때로는 극복할 수 없는 장애물이기도 하였다. 13세기 몽골제국의 일본 정벌 시도가 외부에 의한 유일한 일본 본토의 위협이었다. 그러나 바다라는 훌륭한 장애물로 인해 몽골의 일본 정벌 시도는 실패로 끝나고 말았다. 따라서 일본은 바다를 통해 들어오는 적의 위협을 크게 걱정하지 않았다.

이러한 사실은 임진왜란을 통해서도 알 수 있다. 당시 왜군들은 육지에 상륙하여 지상전 위주의 전투를 구상했기 때문에 함선은 주로 병사들을 수송하기 위한 이동수단이었을 뿐, 해전을 위한 도구로는 생각지 않았다. 따라서 초기 일본의 함선들은 화포로 무장하고 조직적인 해상전투 훈련을 받은 조선 수군에게 연전연패했다. 이처럼 일본은 16세기까지 해양을 조직적으로 활용하거나 해외로 진출하는 등 주목할 만한 해양활동이 없었고, 특기할 만한 해양사상을 가지고 있었다고 보기 어려웠다.

또한 일본의 무사들이 실질적으로 통치했던 막부 정부는 18~19세기 쇄국을 국가정책의 기조로 삼았고, 쇄국해방(鎖國海防)정책을 표방하였다. 즉, 국가의 문을 닫고 바다를 방위해야 한다는 의미이다. 그러나 막부는 각 번(藩)이 해군력을 보유하는 것을 허가하지 않았다. 그러다가 1854년 3월 미국의 페리 제독이 이끄는 군함들이 도쿄 만 앞에서 개항을 요구하자, 도쿠가와(德川) 막부는 쇄국정책을 포기하고 개항하게 되었다. 일본은 강철로 만들어지고, 거대한 검은 연기를 내뿜으며, 막강한 함포로 무장된 근대식 군함을 보고는 근대식 서양문물에 충격을 받고 압도되었다. 비록 일본이 근대식 군함을 앞세운 서양의 군사력에 굴복하는 치욕을 겪었으나, 당시 지도자들에게는 반드시 근대식 해군력을 갖춰야 한다는 강한 자극을 받는 계기가 되었다.

일본에서 본격적으로 해양사상이 논의된 시기는 1868년 메이지 유신 이후이다. 일본 해군에 가장 현저하게 영향을 준 서양의 해양사상가는 단연 미국의 마한이다. 마한의 저작인 『해양력이 역사에 미친 영향』은 1896년 일본해군장교협회에서 번역되어 널리 읽혔고,[4] 또한 영국 해군의 잉글레스(Ingles) 대령이 1887~1893년 동안 일본해군대학에서 마한의 해양사상을 강의하면서 마한의 사상은 해군장교들에게 지대한 영향을 끼쳤다.[5] 이때 일본 해군에게 자연스럽게 해양통제권

4) 당시 일본해군장교협회의 주요 회원들은 2,000여 명 이상의 해군장교들, 국회의원 등 정치인, 정부기관의 고급 관료, 언론인, 사업가 등으로 구성된 단체였다. 김태준 역, Evans and Peattie 저, 『日本제국 해군의 발전사(KAIGUN) 상권』(서울: 국방대학교, 2003), p. 44.

5) Tosh Yoshihara and James Holmes, "Japanese Maritime Thought: If not Mahan, Who?," *Naval War College Review*, Vol. 59, No. 3(Summer 2006), p. 27.

(Command of the sea) 확보의 중요성, 결전을 위한 함대운용 등 마한의 사상은 자연스럽게 공감대를 형성하게 되었다.

또한 제국 일본 해군은 간접적이지만 독일의 군사사상가 클라우제비츠의 영향도 받았다. 당시 일본 육군은 독일 육군을 모델로 군을 육성하고 있었고, 클라우제비츠의 『전쟁론』이 번역되어 널리 읽히고 있었다. 또한 당시 독일 육군소령 멕켈(Meckel)이 일본육군대학 교관으로 초빙되어 직접 강의를 하고 있었다. "전쟁은 다른 수단에 의한 정치의 연속"이라는 정의에서 출발한 클라우제비츠의 전쟁론은 전쟁에서 최고의 수단은 전투라고 주장했다. 그리고 전투에서의 핵심활동은 적 전투력 격멸이라고 역설했다. 즉, 전투를 통해 이루고자 하는 목표는 적의 군사력을 격멸함으로써 달성된다는 것이다. 따라서 일본 해군도 결정적인 해전을 통해 적 함대를 격멸해야 한다는 군사사상을 받아들였다.

이러한 분위기 속에서 일본 해군의 해양사상 형성 및 발전에서 다음 세 사람의 영향은 지대하였는데, 이들은 야마모토 곤베이(山本權兵衛),[6] 사토 데쓰타로(佐藤鐵太郎)[7] 및 아키야마 사네유키(秋山眞之)[8]이다.

---

6) 야마모토 곤베이(1852~1933)는 '근대 일본 해군의 아버지'로 불린다. 3회의 해군대신과 2회의 내각총리대신(수상), 외무대신을 역임했다. 러일전쟁 당시 해군대신으로 많은 영향을 끼쳤으며, 특히 도고 제독을 연합함대 사령관으로 임명하는 데 직접적인 영향을 끼쳤다.

7) 사토 데쓰타로(1866~1942, 중장 예편)는 아키야마와 더불어 일본의 해양사상 발전에 크게 기여한 인물이다. 1902년 그가 집필한 『제국국방론(帝國國防論)』은 일본 해군력 증강의 이론적 · 논리적 근거가 되었다. 또한 1920년대부터 일본이 육군 주도로 한반도 및 중국 등 대륙으로 팽창해나가자, 대륙 팽창의 부정적 결말을 정확히 예측하면서 "일본은 영국처럼 해양을 통해 국력을 신장하고 영향력을 확장시켜야 한다."는 주장을 펴기도 했다.

8) 아키야마 사네유키(1868~1918, 중장 예편)는 일본 해군 참모의 표상으로, 러일전쟁 시 일본 연합함대 사령관 도고 제독의 작전참모(당시 중령)로 활약했다. 미국 유학 등을 통해 서양의 해군사와 전술을 공부했으며, 이를 바탕으로 일본의 독창적인 해군전술과 사

먼저, '근대 일본 해군의 아버지'라 불리는 야마모토 곤베이는 전력 건설을 합리적으로 설명할 수 있고, 해군의 필요성을 잘 제시할 수 있는 해양전략의 필요성을 절감했다. 이러한 해양전략은 일본 고유의 경험뿐만 아니라, 오랜 해군 전통을 유지해온 서양 해양강국들의 역사에서도 교훈을 얻어야 한다고 믿었다. 그러면서도 서양의 해양전략과 다른 일본만의 해양사상과 전략이 필요함을 주장하였다. 그리고 이러한 이론은 외부가 아닌 해군 자체 내에서 개발되어야 한다고 생각했다. 이러한 취지로 당시 소령이었던 사토 데쓰타로를 발탁하여 영국과 미국에 보내 서양 해양사를 연구하게 했다.

야마모토는 사토를 해군대학 교관으로 임명하여 '해군의 전략'을 만들도록 했다. 이러한 노력의 결실로 1902년 사토는 『제국국방론(帝國國防論)』을 완성했다. 사토 주장의 핵심[9]은 "일본 안보의 핵심은 해군이다. 왜냐하면 적이 아무리 많은 지상군을 함선에 싣고 침략해오더라도 바다에서 이를 막아낸다면 일본을 지킬 수 있다. 그러므로 적의 해군을 막을 수 있느냐가 일본 안보의 관건이다. 따라서 일본을 지키는 군사력은 바로 해군이다."라고 역설하였다. 사토의 이러한 주장은 역사적 통찰을 근거로 하고 있었으므로 밖으로는 일본 해군 건설의 당위성에 대한 공감대를 형성하는 데 기여하였고, 해군 내에서는 침공하는 적을 아군 측 해역에 도달하기 전에 결정적 공격을 통하여 무력화해야 한다는 다분히 공세적 성향을 가지게 했다. 이러한 일본 해군의 공세

상에 영향을 준 인물이다. 또한 그의 친형인 아키야마 요시후루(秋山好古)는 일본 육군 기병의 창설과 발전에 지대하게 공헌했으며, 대장으로 예편했다.

9) 사토의 해양전략사상에 대해서는 김일상 역, 이시카와 야스시(石川泰志) 저, 『일본해군국방사상사(日本海軍國防思想史)』(서울: 한국해양전략연구소, 2000), pp. 56-81 참조.

야마모토 곤베이　　사토 데쓰타로　　아키야마 사네유키

〈그림 3-1〉 일본의 해양사상을 형성한 주요 인물

적 성향은 러일전쟁 시 뤼순항 선제기습을 감행하고, 쓰시마해전 같은 결전을 감행하는 형태로 나타났다. 또한 30여 년 후인 1940년대에는 미국과의 전쟁 시 진주만을 기습하고, 미드웨이해전을 기획하게 된다.

당시 사토와 함께 일본 해양전략의 이론적 토대를 구축한 인물은 러일전쟁 시 도고 제독이 이끄는 연합함대 작전참모였던 아키야마 사네유키였다. 아키야마 사네유키는 시바 료타로가 쓴 소설 『언덕 위의 구름』의 주인공 중 한 사람으로 알려져 있다.[10] 아키야마는 대위시절 직접 미국에 가서 당시 미국 해군대학 교관이었던 마한 제독을 만나고 그의 강의를 수강했다. 이어서 그는 미국과 스페인이 쿠바를 두고 벌

10) 시바 료타로의 『언덕 위의 구름(坂の上の雲)』은 1890년대부터 러일전쟁 시기까지의 시대를 산 주인공 세 명의 삶을 중심으로 그린 소설이다. 이들 세 명은 아키야마 사네유키와 그의 친형 아키야마 요시후루 그리고 아키야마 사네유키의 죽마고우였던 마사오카 시키이다. 이들 세 명은 시코쿠의 이요마쓰야마라는 마을에서 함께 태어나고 자랐다. 아키야마 사네유키는 해군이 되었고, 친형 아키야마 요시후루는 일본 기병을 육성한 장본인이었다. 그리고 마사오카 시키는 문학가로서 단가(短歌)라 불리는 일본 고유의 짧은 시형을 부흥시킨 주인공이다. 특히 소설은 당시 일본의 사회 상황을 잘 이해할 수 있고, 청일전쟁 및 러일전쟁의 해전을 상세하게 묘사하고 있어 우리 해군장교들이 꼭 읽어볼 만한 책이다.

인 1898년 미국-스페인전쟁을 관전하고 다가올 러일전쟁 해전에 대한 많은 교훈을 얻었다.

그는 러일전쟁 후 사토와 같이 해군대학 교관으로 근무하면서 러일전쟁의 경험을 바탕으로 효과적인 함대전술에 관해 연구했다.[11] 그는 전술 진형을 형성하기 위해 화력과 융통성이라는 원칙을 제시했다. 이것은 함포로 대표되는 화력을 효과적으로 운용하기 위한 융통성 있는 진형이 형성되어야 한다는 것이다. 이러한 결과로 제시한 것이 '8척' 개념이다. 즉, 효과적인 전술 진형으로 융통성 있게 양분(1/2) 또는 4개(1/4)로 용이하게 분리 운용할 수 있는 척수가 8척이라고 주장했다. 또 한 사람의 지휘관이 효과적으로 지휘할 수 있는 척수는 2개 분대(1개 부대 8척) 16척이라고 주장했다.[12]

이러한 아키야마의 8척 개념에 따라 일본 해군은 '88함대'라는 뚜렷한 전력 건설 개념을 가지게 되었다. 즉, 8척의 드레드노트급 전함과 8척의 장갑순양함으로 이루어진 함대를 건설한다는 계획이다. '88함대'의 개념은 시대적 변천에 따라 구성은 달라졌지만, 21세기에도 여전히 일본 해자대의 전력 건설 목표로 활용되고 있다.[13]

이 시기 일본의 해양전략 사상은 미국 마한의 해양력(Sea Power) 개념에 영향을 받았지만, 미국과는 다른 독자적인 개념으로 발전하였

---

11) 당시 이들이 해군대학에서 양성한 장교 중 한 명이 1940년 미국과의 태평양전쟁 시 연합함대 사령관을 역임한 야마모토 이소로쿠(山本五十六) 제독이었다.

12) 김태준 역, Evans and Peattie 저, 앞의 책, p. 199.

13) 2014년 현재 일본 해군은 기동부대로서 4개의 호위대군을 보유 중인데, 1개의 호위대군은 호위함 8척(1DDH, 2DDG, 5DD), 탑재헬기 8척(주로 대잠 초계헬기인 SH-60J)으로 운용 중이며, 통상 '88함대'라고 부른다.

다.[14] 사토 및 아키야마 등 당시 일본의 해양전략 발전을 주도했던 인물들과 미국의 마한과는 근본적으로 차이가 있다는 것이다. 즉, 미국의 마한은 해군 출신 학자로서 주로 연구를 통해 해양력 이론을 발전시킨 반면, 일본의 사토와 아키야마는 이론을 공부하고 실제 해전에 참전하면서 해양전략 개념을 창출했다는 것이다.[15] 이러한 이유로 일본은 마한의 해양전략을 수용하면서도 자신들만의 경험까지 혼합하여 일본만의 독특한 해양전략사상을 만들었다고 주장할 수 있다.

이상에서 살펴본 것처럼 일본의 해양사상은 1868년 메이지유신 이전에는 뚜렷하게 드러나지 않지만, 메이지유신 이후 마한 및 클라우제비츠 같은 당시의 유행했던 서양 군사사상을 받아들이면서 싹트기 시작했다. 이후, 청일전쟁과 러일전쟁을 치르면서 그 이론이 더욱 견실하게 구축되는 과정을 거쳤고 1940년대는 함대결전주의 해양전략을 바탕으로 미국과 태평양전쟁을 치르게 되었다.

2. 일본의 해양력 발전에 미친 영향요인

1) 국가 · 정치적 의지(정치 · 군사사상)

일본 해군의 발전에 가장 핵심적인 역할을 한 요소는 역시 해군력의 중요성에 대한 국가 지도자들의 인식이었다. 이는 메이지 정부 이

14) Tosh Yoshihara and James Holmes, "Japanese Maritime Thought: If not Mahan, Who?," *Naval War College Review*, Vol. 59, No. 3(Summer 2006), pp. 28-29.

15) 사토와 아키야마는 서구 유학을 통해 마한 등 서구 군사사상을 받아들이면서도 청일전쟁 및 러일전쟁 참전 경험을 바탕으로 일본 해군만의 독특한 해양사상을 창출했다.

전인 막부 정부 때부터 이어졌다. 일본은 1853년 미국 페리 제독의 강압적인 개항 요구로 개항 후 근대적인 해군력의 중요성을 인식하여 해군력 건설에 관심을 가졌다. 프랑스 및 미국 등에 군함 건조를 주문하고, 1866년에는 국내 조선소에서 최초로 138톤 규모의 증기추진 군함을 진수하였다.

메이지 정부는 해군력 건설에 지대한 관심을 보였으며, 1868년 3월 26일 오사카에서 실시된 제국해군 관함식에 천황이 직접 참가하였다. 천황은 1871년에는 해군 포사격 훈련을 직접 참관했고, 1872년에는 약 2개월간 해군 함정에 승함하여 일본 서해안을 순시하는 등 해군 발전에 지대한 관심을 가졌다.

1887년 천황은 제1기 군비확장에 따른 군항 및 지원시설 건설이 예산부족으로 지연되고 있음을 보고받고 황실 운영비 30만 엔을 군함 건조에 사용하도록 허가하였다. 이후에도 1892년에는 7년간 사업으로 함정 19척 건조계획안을 의회에 제출하였으나 부결되자, 1893년부터 황실운영비에서 매년 30만 엔을 6년간 지급키로 했다. 이에 감격한 국무대신과 의원들이 자신들의 봉급 1/4~1/10을 헌납하여 군함 건조를 지원하였다. 이러한 천황의 해군에 대한 지지로 '제국 해군은 곧 천황의 해군'이라는 말까지 나올 정도가 되었다.

태평양전쟁 후에도 일본 국가 지도자들의 해군에 대한 관심은 지대했다. 일본의 지도자들은 제국 해군의 부활을 위한 불씨를 살리려고 노력하였다. 이 즈음 1950년 한반도에서 한국전쟁이 발발하여 미국이 일본의 재군비를 허락하며 창설된 보안청 창설식 연설에서 당시 요시다 시게루(吉田茂) 수상은 "신국군의 토대가 되어라!"라고 군사력 재건에 대한 강한 의지를 표명하였다.

냉전 시 일본 해군력이 급격히 성장한 계기로는 1981년 스즈키 수상과 미국 레이건 대통령의 회담에서 나온 '해상교통로 1,000해리 방위' 표명이라고 볼 수 있다. 이후 나카소네 수상은 이를 계승하여 '일본 열도 불침항모론'을 주장하였다. 이러한 국가 지도자들의 해군력에 대한 관심과 확장 노력으로 일본 해군은 1,000해리를 방어할 수 있는 해군력으로 성장할 수 있었다. 이처럼 일본 천황을 비롯한 국가 지도층의 해군력 확장에 대한 강한 의지와 노력은 일본 해군 발전을 위한 가장 중요한 요소가 되어왔다.

2) 국제안보환경

국제안보환경 변화는 일본 해군의 발전에 큰 영향을 주었다. 먼저 메이지유신이 해군의 발전에 많은 긍정적인 영향을 주었다. 즉, 일본의 개항과 이후의 메이지유신은 서구 열강의 군함외교 결과로서, 일본은 해군의 중요성을 절실히 느끼게 되었다. 이러한 영향으로 메이지유신 후 일본 정부는 해군력을 우선적으로 확보하려고 노력하게 되었다.

일본은 러일전쟁 이후부터 미국을 가상 적국으로 한 태평양전쟁을 준비하면서 미국 해군에 대응하기 위한 해군력 발전에 많은 노력을 기울였다. 미국은 태평양의 중요성을 인식하고, 1908년 1월 하와이를 태평양의 군사기지로 지정하고, 1919년 6월에는 태평양함대를 창설했다. 일본 해군은 미 해군과 비교되는 양적인 열세를 질적인 열세로 극복하려고 노력했으며, 이러한 일본 해군의 대표적인 노력이 바로 슈

퍼전함 야마토(大和)와 무사시(武蔵)의 건조였다.[16)]

냉전은 일본의 군사력 재건 및 해군력 발전에 지대한 영향을 주었다. 먼저 1950년 한국전쟁은 일본 재군사화에 결정적인 계기가 되었다. 태평양전쟁 이후 미국이 먼저 한 일은 일본을 다시는 전쟁을 하지 못하는 국가로 만드는 것이었다. 맥아더 장군을 일본에 상주시켜 일본 헌법에 전쟁을 할 수 없도록 하는 조항을 포함시키도록 하였다. '평화헌법'이라고 불리는 일본 헌법 9조에 "일본은 군대를 보유하지도 않고 전쟁을 하지도 않는다."는 사항을 명시한 것이다. 두 번째로는 전범에 대한 처벌이었다. 태평양전쟁에 참여했던 전쟁 지도부들을 전후 정치에 참여하지 못하도록 조치하였다.[17)] 세 번째로는 전쟁 물자를 생산하는 산업 능력을 해체시켰다. 즉, 무기를 만드는 능력 자체를 제거하여 재군사화를 막는다는 취지였다. 즉, 전쟁물자 생산으로 전환될 수 있는 철강, 선박, 자동차 등 중공업 분야를 대폭 축소시키고, 군국주의나 침략행위와 관련되었던 재벌들을 해체시키는 것이었다.

한국전쟁은 이러한 금지조치들을 대부분 원상태로 돌려놓았다. 미국은 아시아에서 공산주의 팽창을 막기 위한 우방국으로서 일본이 필요했다. 그래서 태평양전쟁 전범들의 정치 참여가 허락되었다. 이러한 전범 해제조치의 덕을 본 사람이 현 일본 아베 총리의 외조부 기시

16) 이러한 미국 해군을 상대로 한 일본 해군의 노력은 정호섭, 『海洋力과 미 · 일 안보관계: 미국의 對日 統制手段으로서의 本質』(서울: 한국해양전략연구소, 2001), pp. 38-51 참조.

17) 미국을 위시한 연합국은 일본의 전범을 A, B, C급으로 분류하여 재판하였다. 즉, A급 전범은 전쟁 계획과 준비 및 개시와 수행을 담당한 인물, B급과 C급 전범은 전쟁법을 위반한 현지 책임자와 직접 하수인으로 구분하였다. 또한 재판에 회부되지 않았으나, 1947년 1월부터 1948년 8월까지 전쟁 전 정당, 재계, 언론기관 내 요직에 있던 인물 19만 명이 공직에서 추방되었다. 양기호 역, 마고사키 우케루(孫崎享) 저, 『미국은 동아시아를 어떻게 지배했나: 일본의 사례, 1945~2012년』(서울: 메디치, 2012), p. 66.

노부스케(岸信介)다. 기시 노부스케는 태평양전쟁 기간 중 만주국의 상공장관으로 재직했고, 전후 전범으로 분류되어 감옥에 수감되었다. 그러나 해제 조치 이후 다시 정치에 참여하여 수상 지위까지 오를 수 있었다.[18] 그리고 미국은 일본의 산업 능력 재건도 허가하였다. 이러한 결과 일본은 한국전쟁 이후부터 자체적으로 군함 등의 무기체계를 생산할 수 있었다. 그러나 평화헌법만은 개정하지 않았다. 그런데 오늘날 아베 총리는 이 헌법이 개정되어야 한다고 주장하고 있는 것이다.

일본의 군사화 및 해군력 재건은 1970~1980년대의 국제정치 상황을 통해 다시 한 번 영향을 받게 된다. 소련은 1979년 중동과 아시아에서 공산주의 남진을 위해 아프가니스탄을 침공하였다. 이러한 소련의 공산주의 팽창 열기를 두려워한 것은 바로 미국이었다. 1981년 '강한 미국 건설'을 외치며 취임한 레이건 대통령은 소련을 이기기 위한 군사력의 증강도 강조하였다. 이러한 분위기에서 미국은 동북아에서 소련의 팽창을 막기 위해 일본의 군사력 증강을 바라게 되었다. 이러한 국제정치 분위기에서 산출된 방위정책이 바로 시레인(Sea Lane) 1,000해리 방위 계획이다. 즉, 일본을 기준으로 1,000해리까지의 해상교통로를 소련의 위협으로부터 보호한다는 개념이다.

이처럼 일본의 군사력 증강과 해군력 증강은 국제안보환경의 영향을 받았다. 좀 더 구체적으로 말하자면, 동북아의 안보환경에 편승

---

18) 기시 노부스케(岸信介, 1896~1987), 태평양전쟁 기간 중 도조내각의 상공부장관을 역임하여 전후 A급 전범으로 분류되었다가 한국전쟁 이후 해제되어 다시 정계로 복귀했다. 1957년에는 총리가 되어 전후 피점령체제를 탈피하여 일본을 정상국가화하려고 시도했다. 이를 위해 미일안전보장조약의 개정을 적극 추진하고 의회 인준을 강행했으며, 이 과정에서 국민의 강한 반발로 무산되어 결국 총리직도 사퇴하였다. 그러나 이후에도 지속적으로 일본 정치에 영향력을 미쳐왔으며, 현 아베(安倍) 총리의 외조부다.

<표 3-2> 국제안보환경과 일본 해군력의 발전 관계

구분	안보상황	성과
메이지유신기 (1868~)	서구 열강의 포함외교로 강제개항, 해군력의 중요성 인식	해군력 우선 발전
태평양전쟁 시기 (1940년대)	해양국가 미국과 대결 양상으로 변화	미 해군과 대결하기 위한 해군력 건설
냉전 초기 (한국전쟁, 1950년대)	한국전쟁 이후 미국은 아시아에서 공산주의 팽창을 저지하기 위해 일본의 재군비 허가	전후 해군력 재건
냉전 말기 (1980~1990년대)	소련의 아프간 침공 후 미국이 소련의 팽창 저지를 위해 일본의 군사력 확장을 요구	1,000해리 보호능력을 구비하기 위한 해군력 확장

하여 해군력을 확장하였다고 볼 수 있다. 이를 정리하면 <표 3-2>와 같다.

3) 해군의 노력과 국민적 지지

일본 해군의 발전요인 중에서 해군 자체의 노력이 없었다면 결코 강력한 일본 해군 육성은 불가능했을 것이다. 해군 발전을 위한 자체의 노력은 크게 인재 육성, 전력증강 노력 및 조선 정비기술 분야에서 두드러졌다.

먼저 일본 해군은 인재 육성을 위해 많은 노력을 기울였다. 각종 교육기관을 설립하여 인재 육성의 기초를 닦았다. 1868년 9월에 해군 조련소를 설립하고, 동년 11월에는 해군병학교(한국의 해군사관학교에 해당)의 모체인 해군병학료를 설립하였고, 1888년에는 중견 해군장교 교육을 위한 해군대학을 설립하였다. 그 외에도 포술학교, 수뢰학교, 통신학교, 항해학교 등 전문적인 교육을 실시하는 각종 학교를 설립하여 우수한 인재 육성에 매진하였다.

일본 해군은 메이지 정부 초창기에 재정이 어려웠음에도 불구하고 영국 등 서구열강의 우수한 해군을 배우기 위해 인재를 선발하여 유학을 보내고, 외국의 우수 교관을 적극적으로 초청하였다. 1870년 최초로 일본 해군사관 2명을 영국 해군 함정에 파견 실습을 보낸 것을 시작으로, 1907년까지 무려 150명의 장교를 영국, 미국, 프랑스 등 선진국 해군에 파견을 보내거나 유학을 보냈다. 러일전쟁의 영웅 도고 제독 및 작전참모였던 아키야마 사네유키 중령 등 당시 일본 해군의 인재들은 모두 이러한 선진국 해군 파견 또는 유학 경력자들이었다. 이와 더불어 외국의 우수한 교관들을 적극적으로 초청하였는데, 1876년에 무려 469명의 외국인을 고용한 것은 인재 육성을 위한 일본의 피나는 노력의 증거라 할 수 있겠다.

전후에도 일본 해군은 우수한 인재 육성을 위한 노력을 지속해왔다. 미국은 일본의 해군력을 완전 해체하되, 전쟁 중 일본 주변 해역에 부설된 기뢰 제거를 위해 일본 해군의 소해함만은 보존을 허락했다. 그 외의 모든 해군함정과 조직은 강제 해산되었다. 이때 일본 해군은 우수한 인재들을 소해함대에 배치하여 미래 해군력 재건을 위한 불씨로 남겨두었다.

한편, 메이지시대 일본 해군은 해군 창건 2년 후부터 '대해군 건설계획'을 수립하여 정부에 제출하였다. 그러나 메이지 정부 초기에는 국가재정 부족 및 국내정치 불안정 등으로 해군의 계획안이 받아들여지지 않았다. 그러나 1870년부터 1892년까지 무려 8차례의 수정안을 제출하여 일부 전력을 건설할 수 있었다. 이러한 성과로 1894년 청일전쟁 시에 청국 해군에 대응할 수 있는 군함을 확보할 수 있었다. 러일전쟁 승전 후 1905년에는 이른바 '88함대' 건설계획을 제출하여 20년

후인 1920년대 중반에 88함대를 완비하게 되었다.[19)]

제2차 세계대전 패배 후에는 승전국 미국의 지배하에서 전력 건설에 제한을 받다가 1950년대 후반부터 다시 군함을 건조할 수 있었다. 즉, 1958년부터 1976년까지 18년 동안 모두 4차례의 방위력정비계획을 통해 구축함(DDH), 대잠초계기, 잠수함 등을 건조하여 작전 능력을 향상시켰다. 1990년대는 방위력 개선의 질적 혁신에 초점을 맞추어 최신 무기체계를 구비하였고, 2000년대 초반부터는 인도적 차원의 국제적 활동 등에 적극 참여하기 위한 명분으로 함정을 더욱 대형화하였다.

일본 해군의 기술 발전 노력을 언급할 때 태평양전쟁 개전 당시 기술적으로 뛰어났던 항공기 및 잠수함이 반드시 거론된다. 제로센[영식(零式)] 전투기는 당시 일본 해군의 주력 전투기로서, 1937년도에 최초로 생산되어 초듀랄루민 합금을 사용하여 경량이면서도 내구성이 강했다. 몇 번의 사고를 통해 제로센 전투기의 성능을 개량하여 1940년 태평양전쟁 개전 시에는 당시 최우수 성능과 최고의 기량을 갖춘 조종사를 보유할 수 있었다. 일본 해군은 이러한 항공기와 조종사들을 활용하여 1941년 12월 미국의 하와이 진주만 공습을 성공적으로 수행할 수 있었다.

잠수함 개발에 대한 일본 해군의 열정 또한 주목할 만했다. 1905년 일본은 미국으로부터 홀랜드급 잠수함을 도입하여 이를 바탕으로 잠수함 개발을 시작했다. 1910년 최초의 자체 건조한 잠수정을 확보하

19) 러일전쟁 이후 드레드노트급 전함 8척과 순양함 8척으로 이루어진 함대를 '88함대'라고 불렀고, 일본 해군의 전력 건설 목표로 삼았다. 88함대에 대한 상세한 내용은 본서 2-1절 '일본 해양사상의 출현'을 참조할 것.

였다. 그러나 이를 시험하던 중 사고로 침몰하여 승조원 14명 전원이 사망하였다. 이후 잠수정 정장이 침몰 도중에 쓴 유서가 발견되었는데, 정장은 천황에게 사죄하면서 잠수정 고장의 원인과 침몰 과정을 마지막 순간까지 상세하게 기록으로 남겼다. 일본 해군은 사고로 잠수함 개발 중단을 우려했으나, 정장의 유서가 전 국민을 감동시켜 이후 더욱 활발하게 진행하게 되었다. 이러한 노력의 결과 1940년대 당시 기술로는 최우수급에 속하는 이(伊)-400형 같은 우수한 잠수함을 보유하게 되었다.[20]

4) 국가경제 능력 및 과학기술 능력

일본은 미국의 포함외교(砲艦外交)로 강제 개국된 이후 해군력의 중요성을 실감하고, 군함의 확보에 힘쓰게 된다. 메이지유신 이전에도 막부 정부는 1861년 나가사키 조선소, 1865년 요코하마 조선소, 1866년에는 프랑스 툴롱 항을 모델로 수도 도쿄 인근의 요코스카에 군항을 건설했다.

이러한 해군력 확충을 위해 1873년 메이지 정부는 조세제도를 개혁하기에 이른다. 즉, 토지 주인에게 토지가격의 3%를 정부에 세금으로 내게 하여 중앙 정부가 일정 수준의 세입을 확보할 수 있도록 했으며, 술 · 담배 등에 특별세금을 부가하여 군사력 건설에 필요한 재정을 충당하기도 하였다. 이러한 정부의 노력에 힘입어 1871년 12척

20) 이(伊)-400 잠수함은 6,000톤급(수중배수톤수)으로 전장이 122m에 달했으며, 전투용 항공기를 탑재할 수 있는 대형 캐니스터를 장착하였다. 즉, 적 해안 근처까지 접근한 후에 탑재된 항공기를 이륙시켜 적 기지를 공격할 수 있는 잠수함이었다.

의 군함으로 시작하여 1883년에는 자체적으로 군함 건조를 시작하였으며, 청일전쟁 이전인 1893년에는 총 23척의 군함을 보유하게 되어 1894년 청일전쟁을 개전하게 된다.

한편, 태평양전쟁 이후 거의 소멸된 일본 해군력은 한국전쟁 이후인 1953년부터 군함 건조를 위한 130억 엔의 예산을 책정 받아 18척의 군함을 건조하게 되었다. 이후 일본은 경제대국으로 성장하여 '방위비 GNP 1% 이내'라는 기준에도 불구하고 막대한 재원을 확보하고, 세계적인 수준의 막강한 해군력을 보유하게 되었다. 예로 2013년 일본의 방위예산은 4조 7,700억 엔이었다.[21)]

과학기술의 발전은 일본의 국가경제가 해군력 발전에 긍정적인 영향을 미친 부분이다. 일본 해군은 태평양전쟁 당시 최고의 함정과 항공기를 보유하였으나, 당시 최신 무기체계였던 레이더를 확보하지 못했다. 이러한 뼈아픈 과거의 교훈을 되살려 전후 일본은 대부분의 무기체계를 라이선스 생산(면허 생산) 또는 자체 기술로 생산하고 있다. 일본은 1981년부터 미국의 F-15전투기를 도입하여 미쓰비시중공업에서 면허생산하게 되었다. 해군 함정은 100% 국내에서 생산해왔고, 특히 잠수함은 순수한 일본 자체 기술로 생산하여 운용해왔다. 이러한 일본 잠수함의 성능은 알려진 바는 없으나, AIP(공기불요추진: Air Independent Propulsion) 기관을 사용하는 디젤잠수함으로서 최고의 성능을 가졌을 것으로 추측된다.

---

21) 일본은 3년 연속 방위비를 증액하고 있으며, 최근 방위성은 2015년 방위비를 2014년 대비 3.5% 증액한 5조 545억 엔(한화 49조 4,000억 원)으로 결정했다고 한다. 김용출, "내년도 日방위예산 3.5% 증액", 「세계일보」, 2014년 8월 30일.

3. 메이지시대 해양력 건설

1) 개항과 메이지유신

일본의 막부 정권은 17세기부터 시작된 약 200여 년간의 쇄국정책을 철회하고 19세기 중기인 1853년 3월에 개항하게 되었다. 당시 서구열강은 군함을 이용하여 동양의 나라들과 무역을 위한 개항을 요구하던 시기였다. 이러한 와중에 미국은 1853년 3월 페리 제독이 이끄는 군함 4척을 에도(江戶) 만(현재의 도쿄 만)으로 보냈다. 이때 페리 제독은 당시 개항을 요청하는 미국 대통령(제13대 필모어 대통령)의 국서를 전달하고, 다음해 2월 군함 8척을 이끌고 다시 에도 만에 와서 개국을 재요청하였으며, 결국 막부 정권은 개항을 하게 되었다. 비록 미국의 해군력에 의해 강제로 개항이 되는 아픔을 겪었지만, 이는 일본의 지도자들에게 해양력과 군함의 중요성을 깨닫게 해주었다.[22]

개항 후 일본은 1868년 메이지(明治)유신을 통하여 막부 정권을 폐지하고, 천황을 중심으로 한 근대적인 정부 형태를 갖추게 되었다. 이후 메이지 천황을 중심으로 서구의 제도와 지식, 기술을 도입하고 사민평등과 징병제도를 실시했다. 메이지유신으로 서구화하기 시작한 일본은 곧 산업혁명시대를 맞게 되고, 농업국가에서 공업국가로 변모하기 시작했다. 정치도 발전하여 1881년 최초로 정당인 자유당이 설

22) 일본은 이러한 미국 군함에 의한 강제 개항을 모방하여 1875년 강화도에 운요호(雲揚號)를 보내 조선을 강제로 개항시켰다. 조선 정부는 강화도조약(1876년)을 맺어 개항하게 되었다. 1853년 3월 31일 미국의 페리 제독이 이끄는 흑선의 위협에 의해 강제로 개국하고 '미 · 일 화친 조약'을 체결하게 되었다. 김태준 역, Evans and Peattie 저, 『日本제국 해군의 발전사(KAIGUN) 상권』(서울: 국방대학교, 2003), p. 21.

페리 제독　　　　일본을 개항시킨 미국의 흑선들

〈그림 3-2〉 페리 제독과 미국의 흑선 광경

립되었고, 1885년에는 내각제가 도입되었으며, 또한 1889년에는 헌법이 제정되어 아시아 최초로 입헌군주제 국가가 되었다.

앞에서 언급한 것처럼 서구 열강 해군력에 의한 강제 개항의 뼈아픈 경험은 일본 지도자들에게 해군력의 필요성을 깊이 인식시키는 계기가 되었고, 실제 해군력을 증강하려는 계획을 수립하게 되었다.[23)] 이후 메이지 정부는 1872년 병무성을 폐지하고 이를 육군성과 해군성으로 개편함으로써 일본 근대 해군은 육군과 별개의 독립적인 군대로 창설되었다.

2) 청일전쟁에서 승리한 제국 일본 해군

1868년 메이지유신 이후 일본 정부는 내치에 중점을 두었으므로

23) 일본 정부는 이러한 해양 중시 경향의 영향으로 200척의 함정, 10개의 함대, 2만 명 규모의 해군을 20년에 걸쳐 건설한다는 구체적인 계획을 세우게 된다. 김태준 역, 앞의 책, p. 21 참조.

외부 세계로 시선을 돌리지 못했다. 그러나 국내 사정이 일단 안정되자, 조선 등 대륙에 눈을 돌리기 시작했다. 1882년과 1884년 조선의 임오군란과 갑신정변에 일본 정부가 영향력을 미치며 관여하였다. 또한 1894년 조선의 동학란에 군대를 파병하여 본격적으로 개입하게 되었다. 이러한 국내 상황 속에서 조선 조정은 자체적인 힘으로 상황을 통제하기 어렵다고 판단하여 청나라에 군대파병을 요청하게 되었다. 일본은 이러한 조선 정부의 움직임을 파악하고, 자체 출병 준비를 갖추기 시작하였다. 청나라는 6월 6일 톈진에서 군대를 출발시켜 6월 8일 아산만에 상륙시키고, 일본은 6월 5일 본국에서 출발하여 6월 9일 인천에 도착했다.

청나라 군대는 후속부대를 기다리며 아산만에 주둔하였는데, 일본은 6월 9일 인천에 도착한 즉시 군대를 한양으로 진입시켰다. 일본은 조선에서 청나라의 영향력을 몰아내고, 자국의 국익을 극대화하려는 목적으로 청나라와의 전쟁을 구상하였다. 이러한 목적으로 일본은 청나라와 전쟁 개시를 위한 구실을 찾고 있었는데, 일본은 청나라에 조선 정부의 내정개혁을 요구할 것을 제의하였다. 그러나 청나라는 조선에 내정개혁을 요구하는 것은 내정간섭이라며 일본의 제의를 거부하였다. 이에 일본은 청나라가 수용하기 어려운 4개 항의 조건을 7월 24일까지 특정기한을 한정해 제시하며 사실상 최후통첩을 보냈다.[24)]

청일전쟁 시 양국 간의 해군력을 비교해보자. 당시 일본 해군은 메이지유신 이후 근대적인 군함을 확보하기 위해 노력하였는데, 1886

24) 일본이 청국에 제시한 조건은 ① 서울-부산 간 군용 전선 가설권을 일본 측에 위임할 것, ② 조선은 앞서 체결한 제물포조약에 따라 일본 군대를 위한 병영을 건설할 것, ③ 아산에 있는 청국군은 정당한 명분 없이 파견된 것이므로 즉시 철수할 것, ④ 조선의 독립을 저해하는 청국과 조선 간의 모든 조약을 폐기할 것이었다.

일본 함정(마쓰시마함)

청국 함정(정원함)

〈그림 3-3〉 청일전쟁 시 일본과 청국의 해군 함정

년 군함 건조를 위한 재정 확보를 위해 '건함공채'를 발행하였다. 이렇게 자금을 확보하여 영국 및 프랑스 등에 발주하고, 국내에서도 건조를 시작했다. 청일전쟁 시에는 영국에서 건조한 순양함 나니와, 다카지호 및 지요다를 주력함으로 운용했다. 그리고 당시 영국에 발주한 전함 2척(후지함 및 야시마함)은 건조 중이었고, 4,200톤급으로 당시 최고 속력인 23노트를 낼 수 있는 요시노가 완공되어 참전했다.

청나라 해군은 4개의 함대(북양, 남양, 복건 및 광동함대)를 보유하고 있었으며,[25] 주력은 북양함대로서 정여창(丁汝昌) 제독이 지휘하였다. 전력으로는 최신예 장갑함인 정원(定遠), 진원(鎭遠)을 보유하였고, 전함들은 7,350톤급으로 12인치 함포 4문을 탑재하였으며, 포탑과 현측에 12인치 이상의 장갑으로 공격력과 방호력을 갖춘 막강한 군함이었다.[26]

전력 면에서는 청나라 해군이 진원 및 정원 같은 거포와 두꺼운 장갑을 보유한 강력한 군함을 보유한 반면, 일본 해군은 톤수는 작으

25) 2014년 현재 중국 해군은 3개의 함대(북해, 동해, 남해함대)를 보유하고 있다.

26) 청은 북양함대의 정여창 제독 지휘하에 청일전쟁 이전인 1891년 정원함과 진원함을 이끌고 일본을 친선 방문하였는데, 사실상 일본을 상대로 한 무력시위였다.

나 속력이 빠르고, 함포 구경은 작으나 발사속도가 빠른 속사포를 구비한 것이 장점이었다. 양적인 측면에서는 청나라 해군이 더 우세한 것으로 보이나, 정신력과 장교들의 자질, 군함 운용능력 등 질적인 측면에서는 일본 해군이 우수했던 것으로 평가되었다.[27)]

청일전쟁 시에는 크게 두 번의 해전이 발생했다. 첫 번째는 서해의 인천수로에 있는 풍도 근처에서 발발한 풍도해전이고, 두 번째는 압록강 하구에서 벌어졌던 압록강해전('황해해전'이라고도 함)이다. 두 해전에서 모두 일본이 승리하였다. 압록강해전은 일본과 청나라 해군이 조직적인 진형을 이루어 벌인 해전인 반면, 풍도해전은 소수 청나라 해군에 대한 일본 해군의 기습공격에 가까웠다. 따라서 여기서는 함대결전의 성격이 강한 압록강해전을 주로 분석했다.

압록강해전은 1894년 9월 17일 발발하였다. 이토 제독이 지휘하는 일본 함대와 정여창 제독이 지휘하는 청나라 함대가 압록강 하구에서 벌인 해전이다. 청나라 함대는 압록강 부근에 지상군을 상륙시킨 수송선단을 호송하고 뤼순항으로 복귀 중이었고, 일본 함대는 진원함 등 청나라 함대의 주력을 찾아 결전을 치를 목적으로 압록강 연안을 정찰하던 중에 조우하였다.

압록강해전에 참전한 청나라 함대는 총 12척이었다. 전함 정원과

---

27) 당시 일본 해군장교들의 우수한 자질을 나타내는 대표적인 사례가 풍도해전 당시 도고 헤이하치로(東郷平八郎) 대령의 고승호 격침사건이었다. 당시 순양함 나니와의 함장이었던 도고 대령은 영국 국적 수송선 고승호가 청나라 군인과 무기를 적재하고 수송 중임을 인지하고 정선 및 검색을 실시하여 이를 확인했다. 이후 국제법 절차에 따라 투항할 것을 권유했으나 거부하자, 함포사격으로 고승호를 격침시켰다. 당시 영국 정부는 곧바로 강력히 항의해왔으나, 영국 옥스퍼드 대학의 저명한 국제법 학자에 의해 도고 대령의 행동이 국제법적으로 문제가 없음이 밝혀졌다. 이에 따라 일본 해군장교들은 전투능력뿐 아니라, 국제법에도 능통해 있음을 인정받는 계기가 되었다. 훗날 러일전쟁 시 도고 대령은 연합함대 사령관이 되어 전쟁을 승리로 이끄는 주역이 되었다.

진원(7,300톤급, 속력 14.5노트)이 주력을 이루고, 순양함 래원, 경원(2,900톤급, 속력 15.5노트), 청원, 지원(2,300톤급, 속력 18노트)과 방호순양함(1,000톤급) 6척이 있었다. 일본 함대도 총 12척이었다. 장갑함 마쓰시마, 이구스시마, 하시다테 등 3척(4,300톤급, 속력 16노트), 23노트의 속력을 자랑하는 최신예 속사포 순양함 요시노(4,200톤급, 속력 23노트)와 나니와(3,700톤급, 속력 18노트), 다카지호, 이키스시마 등 4척이 있었다. 또한 방호순양함 지요다(2,400톤급, 속력 19노트)와 호소오, 히에이 등 3척이 있었다. 추가로 포함 1척과 수송함 1척이 동행하였다. 장갑과 무장 측면에서는 청나라 함대가 훨씬 우세한 반면, 속력과 속사포 측면에서는 일본 함대가 우세하였다.

청나라의 정여창 제독은 함포 및 충돌 공격을 위해 함정을 횡렬진으로 전개하였다. 주력 전함(정원과 진원) 2척을 중앙에 위치시키고,

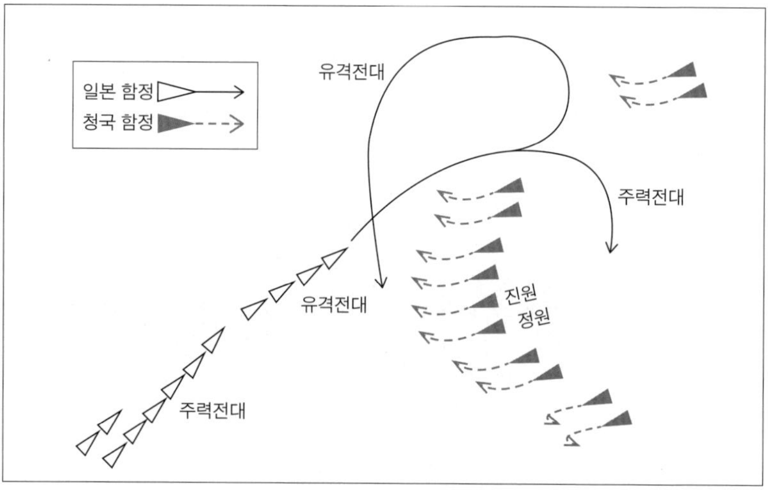

〈그림 3-4〉 압록강해전 기동요도

출처: 『세계해전사(世界海戰史)』(대전: 해군대학, 1998), p. 127.

좌 · 우현에 함정을 4척씩 배치하였다. 청나라 함대는 6~7노트의 속력으로 전진하면서 일본 함대를 정함수에 유지하려 했다. 이는 정원과 진원의 12인치 주포를 동시 사격하기 위한 진형과 기동이었을 것이다.

반면 일본 함대는 2개의 단 종렬 진을 형성하였다. 전위에는 쾌속 순양함 4척으로 구성된 유격전대를 배치하였으며, 후위에는 이토 제독이 직접 지휘하는 순양함 3척과 저속인 장갑함 3척으로 구성된 주력전대를 배치시켰다. 양 함대가 접근하여 12시 50분에 거리 6,000m에서 청나라 함대가 먼저 함포사격을 개시했고, 이어 일본 함대가 사격을 개시하여 치열한 포격전이 전개되었다. 시간이 경과함에 따라 일본 함대는 청나라 함대를 앞과 뒤에서 포위하게 되었다. 15시 30분경 청나라 함대의 진형은 와해되었고, 일부 함정이 탈출을 시도했으며, 포탄은 이미 바닥이 나버렸다.

해전의 결과로 청나라 함대 4척이 침몰했으며, 진원과 정원은 심각한 피해를 입고 뤼순항으로 물러갔다. 반면 일본은 3척만 경미한 정도의 손상을 입었다. 일본 해군은 이듬해인 1895년 1월 항내에 어뢰정을 투입하여 산둥 반도의 웨이하이웨이(威海衛) 항에 정박 중이던 청나라의 진원함과 정원함을 비롯한 군함을 공격하였다. 2월 5일의 공격으로 정원함은 좌초 후 자폭하였다. 청나라 북양함대의 정여창 제독은 1895년 2월 12일 항복한 후 자결하였으며, 일본군이 진원함을 포함한 10척의 청나라 군함을 접수함으로써 북양함대는 완전히 사라졌다.

청일전쟁 기간 해전 승패의 가장 중요한 요인은 제해권의 중요성을 인식하였느냐에 달려 있었다. 일본은 전쟁 수행을 위해 제해권 확보가 얼마나 중요한지를 잘 알고 있었다.[28] 제해권을 확보해야 안정적으로 물자와 병력을 수송하여 전쟁을 수행할 수 있었다. 그것도 조기에 제해권이 확보될수록 일본 측에 유리함을 잘 알고 있었다.

반면 청나라는 제해권의 중요성을 인식하지 못했으며, 우세한 북양함대를 단지 산둥 및 랴오둥 반도 연안 방호에 활용하였다. 즉, 청나라는 북양함대를 활용하여 적극적으로 일본 함대를 찾아 격멸하기보다 함대를 보존하고, 지상작전의 보조나 엄호 위주의 작전에 투입하였다. 화력이 우세한 청나라의 북양함대가 적극적으로 일본 함대와 수송선단을 찾아 전투를 벌이고 공격하였다면 다른 결과를 가져왔을지도 모른다. 이에 반해 일본 함대는 청나라의 주력인 북양함대를 찾아 함대결전을 벌이기 위해 다양한 탐색활동을 하였으며, 이러한 결과 압록강 하구에서 청나라의 북양함대를 만나 전투에서 승리한 것이다.

3) 대제국 러시아 해군을 격파: 러일전쟁(쓰시마해전)

[本日, 天氣晴朗なねども波高し][29)]

청일전쟁에서 승리한 일본은 시모노세키조약을[30)] 체결하여 한반도에서의 이권 등을 차지했다. 그러나 러시아, 독일, 프랑스 3국은 일본이 조선에서 배타적인 이권을 차지하는 것을 달갑지 않게 생각하여 일명 '삼국간섭'을 하게 되었다. 특히 러시아는 만주와 시베리아에서

---

28) 김태준 역, Evans and Peattie 저, 『日本제국 해군의 발전사(KAIGUN) 상권』(서울: 국방대학교, 2003), p. 63.

29) 이 문장은 "오늘 날씨는 맑으나 파도는 높다."라는 의미이다. 1905년 5월 27일 이른 아침 일본의 연합함대가 러시아의 발틱함대와 쓰시마해전을 벌이기 위해 은거했던 진해만을 출항하면서 도쿄 대본영에 보낸 전문의 마지막 문장이다. 즉, "날씨가 맑아서 시정이 좋아 발틱함대를 놓칠 염려가 없고, 파도가 높아서 사격훈련을 많이 한 일본의 연합함대가 전투에 유리하다."는 의미를 내포하고 있는 문장이다. 이 문장은 당시 연합함대 작전참모였던 아키야마 중령이 작성했으며, 전투에서 승리를 암시한 문장으로 보인다.

이권을 노리고 있었기 때문에 일본이 삼국간섭의 내용을 받아들이지 않을 경우 군사적 충돌도 불사하겠다며 강하게 일본을 압박했다. 이에 일본은 아직 러시아 같은 강대국을 상대하기에는 힘들다고 판단하고, 삼국간섭을 받아들여 랴오둥 반도를 청나라에 반환하게 되었다.

삼국간섭으로 청일전쟁에서 얻은 이권을 빼앗긴 일본은 러시아를 상대로 전쟁을 준비하였다. 특히 일본이 대륙으로 진출함에 있어 만주와 시베리아에서 러시아와의 충돌은 불가피하다고 판단하였고, 개전은 러시아의 극동군사력 증강 상황을 고려하여 가능한 한 조기에 시작해야 한다고 생각했다.[31] 일본은 다가올 러시아와의 전쟁을 준비하면서 외교적 · 군사적 준비를 병행하였다. 이러한 노력으로 일본은 1902년 2월 영 · 일 군사동맹을 체결하였다. 영 · 일동맹은 동양 국가인 일본이 서구 열강의 대열에 합류한 외교사의 한 획을 긋는 일대 사건이 된다.[32] 이로써 일본은 다가올 러시아와의 전쟁에서 영국 제국이라는 든든한 후원자를 얻게 되었다.

---

30) 시모노세키조약의 골자는 다음과 같다. ① 조선이 완전한 독립국임을 승인한다. ② 랴오둥 반도 · 대만 · 펑호' 열도를 일본에 할양한다. ③ 전비배상금으로 2억 냥을 7년 분할로 지급한다.

31) 지금까지 러일전쟁 개전요인 분석은 주로 양국 간 외교 및 국내 정치적 관점에서 분석되었으나, 일본 전사학자는 최근의 한 연구에서 극동지역에서 일본과 러시아의 해군력 불균형의 가속화가 일본이 전쟁을 조기에 결정하게 된 주요 요인이었다고 주장했다. 히라노 류지, 「해군전략과 해군력 균형이 개전 결의에 미친 영향: 러일전쟁을 사례로」, 『2014년 한 · 일 전쟁사 학술회의』(서울: 국방부 군사편찬연구소, 2014).

32) 이춘근, "일본 해군력 발전의 역사적 궤적", 이홍균 편, 『日本의 해양전략과 21세기 동북아 안보』(서울: 한국해양전략연구소, 2002), p. 97.

〈표 3-3〉 러일전쟁 시 양국 해군력 비교

구분	일본	러시아	
		극동함대	발틱함대
전함	6척	7척	11척
장갑순양함	6척	4척	12척
순양함	10척	10척	
구축함	19척	25척	
어뢰정	30척	15척	
총 척수(톤수)	71척(26만 톤)	61척(19만 1,000톤)	23척(28만 톤)

미카사함과 도고 제독 동상

미카사함 주포 포탄

〈그림 3-5〉 러일전쟁 시 일본 해군의 기함 미카사

러일전쟁에서 일본의 목표는 만주와 한반도에서 러시아의 팽창을 물리치고 이권을 차지하는 것이었다. 이를 위한 군사전략은 육군과 해군으로 러시아군을 격퇴하는 것이었다. 육군은 만주에서 러시아 육군과 대결하고, 해군은 러시아 극동함대를 격멸하여 러일전쟁에서 승리한다는 전략이었다. 제1기 작전에는 한반도의 압록강 이남을 장악하며, 제2기는 만주지역까지 전역을 확대하는 것이었다. 이러한 기본계획하에 일본 해군에게는 러시아 극동함대를 격멸하여 한반도 주변의

제해권을 장악함으로써 육군의 원활한 상륙을 보장하라는 임무가 주어졌다.[33)]

따라서 이를 위한 일본 해군의 해양전략[34)]은 러시아의 극동함대를 격멸하여 해양통제권을 확보하는 것이었다. 당시 러시아의 극동함대는 세 곳(중국의 뤼순항, 러시아의 블라디보스토크와 조선의 인천항)에 주둔하고 있

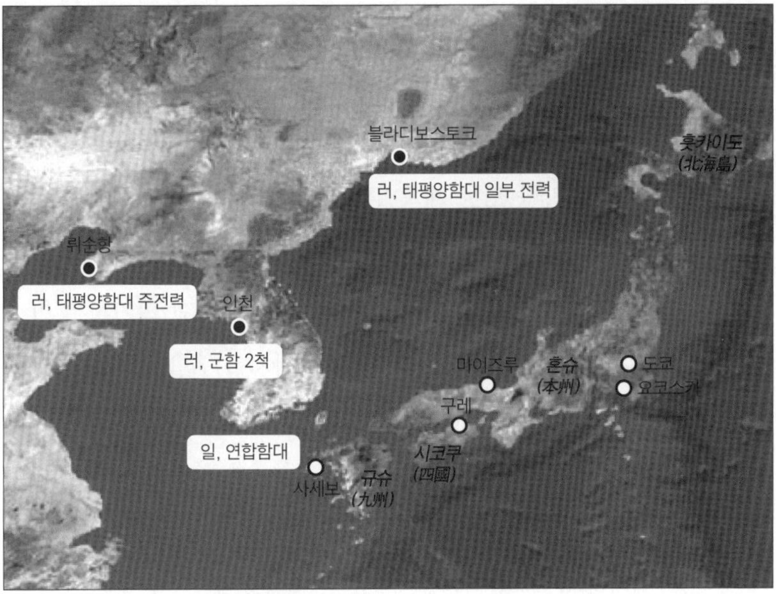

〈그림 3-6〉 러일전쟁 개전 시 양국 해군력 배비 현황

출처: 『세계 해전사(世界海戰史)』(대전: 해군대학, 1998), pp. 144-146 종합.

---

33) 『세계 해전사(世界海戰史)』(대전: 해군대학, 1998), p. 146.

34) 미카사(三笠)함은 러일전쟁 기간 중 도고 사령관의 기함으로 임무를 수행했다. 톤수는 1만 5,140톤으로, 1902년 취역하였으며, 주포로는 12인치 4문을 탑재하였고, 최대속력 18노트였다. 제2차 세계대전 후 소련은 러일전쟁의 패전 역사를 상기시키는 미카사함을 해체해줄 것을 요구하였으나, 미국이 이를 거절하였다. 이후 미카사함은 무도회장으로 전락되기도 했으나, 다시 복원되어 현재는 일본 요코스카 시 공원에 전시되어 있다. 〈그림 3-5〉의 오른쪽 사진(미카사함 주포 포탄)은 필자가 1995년 중위 때 7함대 파견 실습 중 일본 요코스카에서 미카사함을 방문하여 직접 촬영한 것이다.

었다. 러시아 극동함대 사령관을 포함한 주 전력은 뤼순항(전함 7척)에 있었고, 블라디보스토크에 장갑순양함 4척 그리고 인천항에는 바랴함 등 2척(순양함 1척과 포함 1척)이 있었다. 따라서 일본 해군에게 뤼순항의 러시아 주력함대를 제거하는 것이 최우선 과업이 되었다. 이에 러시아는 극동함대를 보강하기 위해 발틱 해에 주둔 중인 발틱함대를 극동으로 보냈다. 일본 해군은 러시아의 극동함대와 발틱함대를 동시에 상대할 수는 없었으므로 먼저 극동함대를 최단시간 내에 격파하고, 전열을 정비하여 발틱함대를 이긴다는 전략을 세우고 있었다.

쓰시마해전의 경과를 살펴보자. 1905년 5월 27일 아침 06시 30분, 진해만을 출발한 도고 제독의 일본 연합함대는 쓰시마 해협 동수로(일본 본토와 쓰시마 섬 사이)에서 블라디보스토크를 향해 북동진하는 발틱함대를 발견하게 된다. 13시 35분, 도고 제독은 기함 미카사의 마스트에 "황국의 흥망이 이 전투에 달려 있다. 각자 최선을 다하라."는 기류를 게양하고 전투를 시작했다.

여기서는 일본 연합함대 승리의 여러 요소 중 전투와 직결된 기동과 화력 두 가지 요소를 논하고자 한다.[35] 먼저 기동에 관련된 요소이다. 쓰시마해전에서 일본은 T자 전법을 적용시켰다.[36] 당시는 거의 충

35) 전사(戰史)는 승자의 역사이므로 쓰시마해전에서 일본 연합함대 승인에 대해 많은 요소를 언급하고 있다. 그러나 저자는 전투와 직결된 기동과 화력(포술)을 중심으로 논하고자 한다.

36) 일본 해군은 '정(丁) 자 전법'이라고 불렀는데, 두 가지 요소를 고려한 결과로 만들어졌다. 첫 번째 요소는 명중률이 가장 높은 최적의 사격거리를 유지하기 위해서이다. 각종 구경의 함포들은 가장 명중률이 높은 특정한 거리를 가지고 있다. 그래서 사격 시 이 거리대를 유지해주는 것이 무엇보다 중요하다. 당시 연합함대 함포들의 최적거리대는 5,500m라고 한다. 두 번째 고려요소는 어떻게 함포의 집중률을 높일 것이냐의 문제이다. 군함의 특성상 적을 함수 정면에 놓았을 때는 함수 쪽에 있는 함포만 쏠 수 있다. 그러나 적을 현측(양 옆쪽)에 놓으면 모든 함포를 돌려서 표적에 집중 사격할 수 있다. 이러한 두

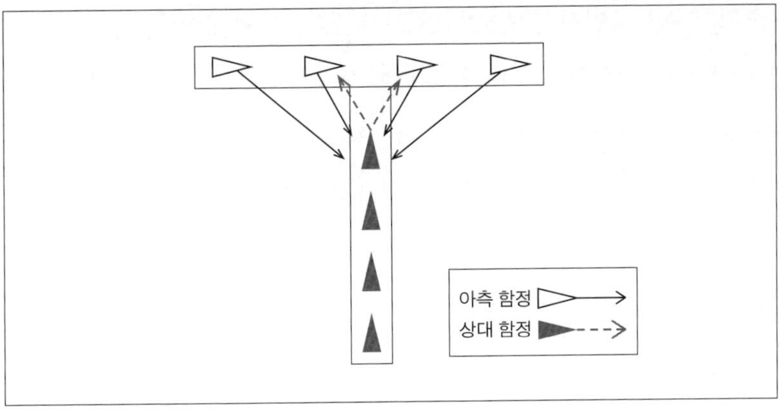

〈그림 3-7〉 T자 전법 요도

각(衝角)에 의한 공격은 해전에서 완전히 사라지고, 함포에 의한 공격으로 승패가 결정되는 시기였다. 그리고 함포를 운용하기에 가장 적절한 진형이 군함 앞 함정의 함미를 보고 일렬로 늘어선 종렬 진이라는 의견이 일반적이었다. 이는 앞에서 언급한 청일전쟁의 압록강해전에서 종렬 진의 일본 해군과 횡렬 진[37](쐐기진)의 청나라 해군의 전투에서 일본 해군이 승리함으로써 종렬 진의 우수성이 입증되었기 때문이다.

다음은 화력 요소인 함포이다. 화력에 관련된 일본 연합함대의 장점은 두 가지이다. 먼저, 일본이 사용한 화약의 우수성이다. 당시 일본이 사용한 화약은 시모세 화약으로서 물에서도 폭발하고, 폭발 시 고열을 발생시키는 특성이 있어서 군함의 철골 구조물을 녹이고 대형 화재를 유발했다. 두 번째는 일본 연합함대의 우수한 사격술이다. 우수

가지를 고려하여 고안해낸 것이 바로 T자 기동이다. 즉, 종렬 진으로 접근하는 상대 함의 머리 쪽으로 접근하여 T자를 만들고, 아군 측은 모든 함정이 사격을 할 수 있는 반면, 상대방은 선두함만 사격이 가능하다.

37) 횡렬 진은 함정들이 함정의 좌 · 우측으로 늘어선 형태의 진형이다.

한 사격술은 당연히 상대보다 많은 사격훈련의 결과이다. 기함 미카사(三笠)는 1년분의 탄약을 단 열흘 만에 소모할 정도로 많은 사격 연습을 했다. 각 함정마다 광학장비가 달린 측거의로 비교적 정확히 상대방과의 거리를 측정해서 사격 자료로 활용하였다. 또한 내당포(內唐砲)사격이라는 방법을 고안해 활용했는데, 소총을 함포의 상단에 설치하여 조준함으로써 조준의 정확성을 높여 사격 연습의 효과를 극대화하는 방법을 활용하였다.

이와 같이 쓰시마해전은 함대결전주의 해양전략을 적용한 대표적인 해전이었다. 일본은 러시아 해군의 주력인 발틱함대와의 결전을 위해 전함 미카사함 등 주력함들을 동원하였다. 그리고 이틀 동안의 격렬한 해전을 통해 러시아 함대를 격멸시켜 러일전쟁 승리에 크게 기여하였다. 일본 해군은 쓰시마해전에서의 승리를 통해 함대결전주의 사상의 타당성을 다시 한 번 확신하게 되었다.

4. 태평양전쟁 시대의 해양전략: 함대결전주의

1) 러일전쟁 이후 제국주의 국가 일본

러일전쟁은 동양의 작은 나라 일본이 서양의 대제국 러시아를 상대로 승리를 거둔 일대 획기적인 사건이었다. 당시는 서세동점(西勢東漸) 시기로 서양인들이 동양에 대한 문화적 우월감을 강하게 갖고 있던 때였다. 한 예로 러시아의 황제 니콜라이 2세가 일본인들을 원숭이라고 서슴없이 비하한 일도 있었다. 이러한 때에 동양의 일본이 서양의 거대 제국 러시아를 침몰시킨 사건은 혁명과도 같은 일이었다.

한편 당시의 국제 상황은 산업혁명과 더불어 제국주의 열풍이 불던 때로 18세기 말 산업혁명을 통해 대량생산이 가능해진 영국, 프랑스 등 서구 열강들은 대량생산을 위한 원료 공급지와 생산된 상품의 판매지를 찾아 나서고 있었다. 특히 미국은 국가체제를 정비하고 해군력을 정비하여 서태평양(동아시아)으로의 진출을 시작하였고, 1920년대 당시 무한한 잠재력을 지닌 중국 진출을 위해 미국은 많은 노력을 기울이고 있었다.

이들 서구 열강들이 찾던 곳 중 하나가 바로 아직 문명이 덜 발달한 동양, 그중에서도 조선과 일본 그리고 거대한 중국이 있는 극동이었다. 그런데 이 동양의 국가 중 일본이 서양의 대국 러시아를 침몰시키고 탈아입구(脫亞入歐)하여 서양의 제국주의 행렬에 끼어들게 된 것이다.

러일전쟁 당시만 해도 영국과 미국의 적극적 지원을 받아 왔던 일본은 이제 더 이상 아시아의 작은 섬나라가 아니었다.[38] 일본은 이제 강대국이 되었고 영국과 미국의 경쟁국가가 되었다. 일본은 승전 후 서구 열강들과 어깨를 나란히 하는 최선진국의 대열에 오르면서 서태평양으로 진출하려는 미국을 상대로 전쟁을 준비해야 하는 상황이 되었다. 이렇게 일본 해군이 미국 해군을 상대로 전쟁을 준비할 때에 미국 해군 또한 일본 해군을 주적으로 태평양 전쟁을 준비해야 했는데 미국은 태평양전쟁에 대비한 '오렌지 계획(Orange Plan)'이란 익명으로

38) 영국과 미국은 일본에게 러일전쟁 비용의 60% 이상을 빌려줄 정도로 적극적으로 일본을 지원하였다. 이홍균, 앞의 책, p. 102.

대 일본전을 준비하였다.[39] 이렇게 미국과 일본은 경쟁관계가 되었고 서로를 적국으로 가정하여 군사력을 건설하게 되었다.

일본의 국가전략은 대동아공영권(大東亜共榮圈)을 확립하여 일본제국을 건설하는 것이었다. 이는 자급자족의 '일본에 의해 주도되고 서방세력에 독립된 아시아 각국의 블록'을 나타내며, 지리적으로 일본, 한반도, 만주, 중국 및 동남아시아를 포함하는 지역이었다. 일본을 중심으로 서쪽과 북쪽의 만주, 한반도, 중국은 일본의 안보와 지리적인 방어를 위한 개념이었고, 남쪽과 남서쪽의 동남아시아는 석유 등 원료를 공급받기 위한 개념으로 착안된 것이었다. 이러한 일본의 대동아공영권 주장은 비록 그럴듯하게 포장이 되어 있었으나, 그 내면은 당시 강대국이 약소국들을 착취하고 지배하려는 제국주의적 발상에 근거한 개념에 불과했다.

이와 같은 내용들은 1936년 일본 천황이 재가한 제국국방방침에서도 찾아볼 수 있는데, "해군은 서태평양에서 미국 해군을 적으로 설정하고, 육군은 만주 및 시베리아에서 소련 육군을 적으로 정하고 대비한다."라고 명시되어 있다.

39) 오렌지 계획은 올리버(Oliver) 중령에 의해 최초로 입안되었다고 알려져 있다. 미국은 해 · 공군력의 우세를 바탕으로 서태평양에서 제해권을 확보하여 전쟁 초기 빼앗긴 필리핀 등 서태평양의 기지들을 확보한다. 이후 일본의 해상교통로를 장악하여 석유 등 전략물자의 유입을 차단하고, 일본으로 하여금 결전을 유도하여 일본 해군을 격멸하면서 공습을 통해 일본의 산업기반을 파괴함으로써 총체적으로 대일(對日) 전쟁에서 승리한다는 전략이다.

2) 러일전쟁 이후 일본의 해양전략

일본 해군은 이때 '제국 일본 해군(IJN: Imperial Japanese Navy)'이라는 명칭을 사용했으며, 대동아공영권 확보라는 국가전략을 수행하기 위한 군사력을 정비해나갔다. 그리고 국가목표를 달성하기 위한 상대국으로 먼저 미국을 목표로 삼아 군사력을 건설해나가기 시작했다.

러일전쟁에서 승리한 후 조선을 식민지화한 일본은 본격적인 대륙침략을 계획했다. 1931년 만주사변을 일으키고 만주국이라는 괴뢰정부를 수립하면서 중국으로의 침공을 준비했고, 1937년 벌어진 노구교사건[40]을 계기로 마침내 중일전쟁을 일으켜 본격적인 중국 대륙 침탈을 시작했다.

이후 1939년 유럽에서는 독일이 폴란드를 침공하면서 제2차 세계대전이 시작됐다. 그 즈음에 일본은 중국 본토를 서서히 장악해가면서 드디어 아시아 전체를 식민지로 차지하려는 야욕을 드러냈다. 특히 풍부한 천연자원을 수탈하기 위해 인도차이나 반도로 침략을 개시했다. 당시 아시아에 식민지를 보유한 국가는 미국, 영국, 프랑스 등이 있었는데, 이들은 일본의 이러한 팽창을 저지했다.

특히, 미국, 영국, 네덜란드, 프랑스 등의 국가들은 이른바 'ABCD(America, Britain, China, Dutch)' 포위작전을 통해 일본에 경제적 제재를 가하게 되었다. 그러한 경제제재 중에서 가장 핵심적인 사안은 미국의 대일 석유수출 금지조치였다. 미국이 일본에 대해 석유 수출을 금지할 것을 결정하자, 양국 간의 협상은 결렬되었으며 결국 전쟁으로

---

40) 1937년 7월 7일 베이징 근교의 노구교(다리)에서 벌어진 사건으로, 베이징 주둔 일본군과 중국군의 무력충돌이 발생하여 중일전쟁의 발단이 된다.

치닫게 되었다. 미 · 일 간의 태평양전쟁은 1941년 12월 7일 일본이 기습적으로 하와이의 진주만을 공격하면서 1945년까지 계속되었다.

일본의 최종 목표는 미국을 이기는 것이 아니라 지금의 인도네시아, 말레이시아(인도차이나 지역), 태국 등 동남아시아 자원지대(남방 자원지대)를 확보하는 것이었다. 이러한 일본의 목표를 방해할 수 있는 국가가 바로 미국이었다. 그러나 당시에도 미국과의 많은 국력 차이, 특히 미국의 전쟁 잠재력을 아는 일본의 지도자들은 미국을 이길 수 없다고 예측했었다. 그래서 유럽과 아시아에서 2개의 전쟁을 수행해야 하는 미국에 선제적인 심대한 타격을 가한 후 협상을 통해 일본의 전쟁목표를 달성한다는 것이 일본의 계획이었다. 이러한 대전략하에 일본은 3단계의 전쟁 기본계획을 작성했다.

1단계는 전략적 공세단계로, 하와이의 진주만에 위치한 미 태평

〈그림 3-8〉 일본의 전쟁수행 계획

양함대를 기습공격하여 무력화시킨다는 것이다. 동시에 남방 자원지대를 점령하고, 극동에서 미국 및 영국 등 연합군을 격파하는 것이다. 그리고 1단계의 마지막으로 남방 자원지대 방어에 필요한 외곽방어선을 구축한다는 계획을 수립했다. 2단계는 점령한 외곽방어선을 따라 주변 방어선을 강화하는 것이다. 특히 이때 수마트라, 자바 섬, 버마 등 남방 자원지대의 주변 방어선을 강화한다는 것이다. 3단계는 주변 방어선 내로 침투하는 연합군을 격멸하고, 지구전 형태로 끌고 가면서 협상 국면으로 연결시킨다는 전략이다.

이러한 군사전략하에서 제국 일본 해군은 전함 및 항공모함 등 주력함을 활용한 함대결전을 통해 미국의 해군력을 섬멸한다는 전략을 세우게 되었다. 일본 해군은 앞에서 설명한 것처럼 메이지유신 이후 근대 해군을 창설하는 과정에서 마한과 클라우제비츠 등 서양의 군사사상 영향과 이를 계승한 일본 해군 내 사상가들의 영향을 받았다. 이들 사상가로는 러일전쟁 시기에 활동했던 아키야마 사네유키와 사토 데쓰타로를 들 수 있는데, 이 두 사람은 모두 미국 마한의 해양사상에 깊은 영향을 받았다. 이러한 함대결전주의는 청일전쟁과 러일전쟁 중의 해전을 통해 신념화된 것으로 보인다. 다시 말해 청일전쟁 중의 압록강해전에서 청나라의 북양함대에 결정적 타격을 주어 결국 청일전쟁을 승리로 이끌었다. 러일전쟁 중에는 쓰시마해전에서 '해상의 섬멸전'이라는 찬사를 받을 정도로 러시아 함대를 전멸시켜서 러일전쟁 승리에 결정적 기여를 했다. 이렇게 이론과 실제 경험을 바탕으로 제국 일본 해군은 함대결전주의 해양전략에 대한 확신을 갖게 되었다.

함대결전주의 해양전략을 채택함에 따라 일본은 상대 국가보다 더 강한 군함을 보유하기를 원했다. 더 긴 사정거리와 파괴력이 더 강한

항해 시운전 중인 야마토(1941.10)

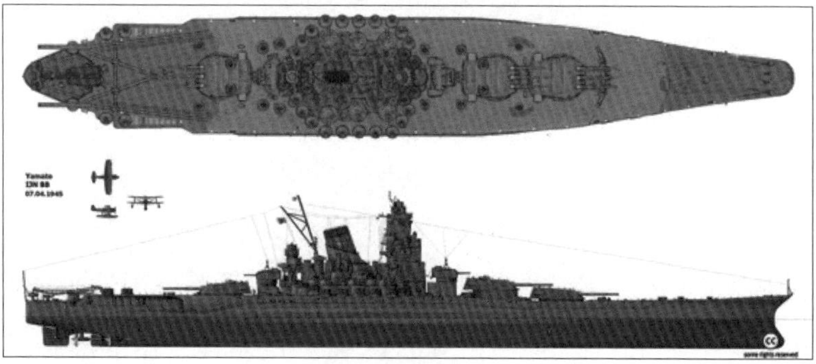

야마토의 무장배치

〈그림 3-9〉 전함 야마토

함포를 장착하기를 원했고, 상대방의 포화에 더 생존성이 강한 선체를 원했으며, 더 빠르게 항진할 수 있는 함속(艦速)을 원했다. 이러한 염원에 따라 1937년 일본 해군은 역사상 가장 강력한 전함 건조를 계획했다. 바로 야마토(大和)함과 무사시(武蔵)함으로 18인치 함포를 장착하고, 적의 함포탄과 어뢰에 피격되어도 손상을 입지 않을 18인치(410mm) 장갑으로 선체를 만들고, 함속은 27노트 이상이 되도록 구상하였다.

(1) 함대결전주의 해양전략의 적용: 미드웨이해전

태평양전쟁 시 많은 해전이 있었지만, 일본의 함대결전주의 해양전략을 가장 잘 반영한 사례는 미드웨이해전이다. 제국 일본 해군은 전함 및 항모 등 전력을 총집결시킨 결전을 통해 상대의 주력을 섬멸하여 전쟁의 주도권을 장악하려 했다. 따라서 여기서는 미드웨이해전의 배경부터 전개 과정 및 결과까지를 살펴보고자 한다.

일본은 아시아 진출에 대한 미국의 압력이 커져가는 상황에서 전쟁을 할 것이냐 말 것이냐에 대한 내부 갈등이 있었으나,[41] 결국 전쟁을 결의하고 자신들이 선호하는 기습공격으로 전쟁을 시작했다. 이러한 결심하에 제국 일본 해군은 미국 해군 태평양함대가 주둔하고 있는 하와이 진주만을 기습공격하였다. 이때 일본의 해군력은 전함 10척, 항공모함 10척, 순양함 38척, 구축함 112척, 잠수함 65척 등이었다. 제국 일본 해군을 연구한 『KAIGUN』의 저자 Evans와 Peattie가 찬사를 보낸 것처럼 태평양전쟁 초기 일본 해군의 전력은 실로 막강했다.[42]

일본은 진주만 기습을 통해 2척의 미국 전함을 격침시키고, 전투기 188대를 완파하고, 159대에 손상을 주었으며, 2,400명의 인명 피해를 입혔다. 그러나 당시 해전의 핵심전력인 항공모함은 한 척도 격침시키지 못했고, 정박 중인 함정 38척 중 단지 2척만 침몰시켰고, 8척을 손상시켰는데, 손상된 8척도 전쟁기간 중에 수리되어 전투에 참가하게 되었다.

연합함대 사령관 야마모토 제독은 결전을 통해 미 태평양 함대의

41) 당시 해군 내부에서도 미국과의 전쟁을 주장한 함대파(艦隊派: fleet faction)와 외교적 협상을 선호한 조약파(條約派: treaty faction)로 나뉘어 한동안 갈등을 겪었다. 이에 대한 상세한 내용은 윤석준, 『해양전략과 국가발전』(서울: 한국해양전략연구소, 2010), pp. 238-243을 참조할 것.

42) David C. Evans and Mark R. Peattie, *Kaigun: Strategy, Tactics and Technology in the Imperial Japanese Navy 1887-1914*(Annapolis, MD: Naval Institute Press, 1997), p. 5.

진주만 기습을 기획한 야마모토 이소로쿠 제독

불타는 미 해군 군함들

〈그림 3-10〉 진주만 기습(1941.12.7) 관련 사진

주 전력인 항모부대를 격멸시켜 전쟁에서 유리한 위치를 차지할 수 있다고 믿었다. 그러나 시간은 일본 편이 아니었다. 전체적인 국력 면에서 미국보다 열세한 일본은 하루빨리 결전을 치를수록 유리했다. 이러한 상황하에서 일본 전쟁지도부의 초조함을 더욱 자극한 사건이 바로 미국의 도쿄 공습이었다. 1942년 4월 18일 미국은 진주만 기습에 대한 보복 성격의 도쿄 공습을 감행했다. 당시 미국이 수도인 도쿄를 공습하리라고는 예상치 못했던 일본 전쟁지도부는 큰 충격을 받게 되었다.

야마모토 제독도 도쿄 공습 이후 하루빨리 미 해군의 주력을 찾아 격멸해야 한다는 조급함이 커졌고, 결국 미드웨이 공략을 결심하게 되었다. 미드웨이 섬은 비록 산호초섬으로서 보잘것없었지만, 하와이 및 더 나아가 미국 본토 서부를 지키는 전초기지의 역할을 하고 있다고 믿었다. 그래서 일본이 미드웨이를 공격하면 미국 해군은 반드시 대응해올 것이라고 판단했다. 즉, 미드웨이를 공격하면 미 태평양함대가 유인될 것이고, 이때 주 전력을 집결시킨 결전을 통해 미 해군의 주

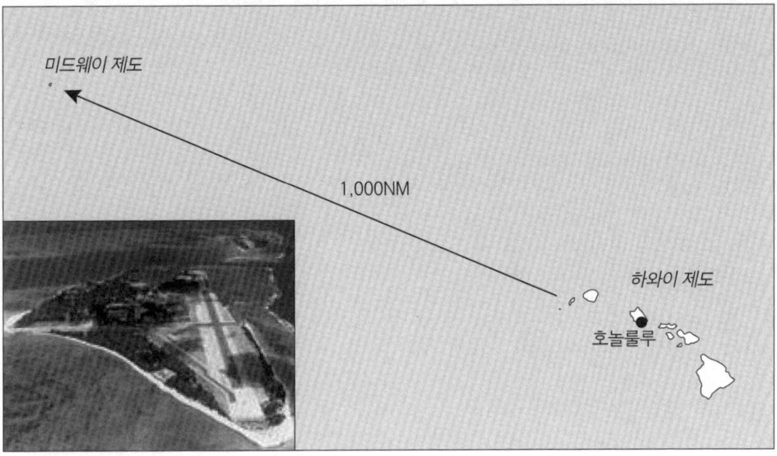

〈그림 3-11〉 미드웨이 제도 위치

〈표 3-4〉 미드웨이해전 시 미 · 일 양측의 전력 비교

구분		일본	미국
지휘관		야마모토 제독	니미츠 제독
참가 전력	항모	5척(탑재항공기 포함)	3척(탑재항공기 포함)
	전함	12척	0척
	순양함	24척	13척
	구축함	56척	28척
	잠수함	24척	25척
손실		항모 4척, 순양함 1척 침몰, 항공기 253대 손실, 인원 3,500명 사망	항모 1척, 구축함 1척 침몰, 항공기 150대 손실, 인원 307명 사망

력인 항모부대를 격멸시킬 기회가 올 것이라고 믿었다.

전투의 경과는 다양한 면이 있겠으나, 가장 핵심적인 경계 실패의 요소에 집중하여 설명해보고자 한다.[43] 결론부터 설명하면 일본 해군

43) 일반적으로 미드웨이해전의 승패를 분석할 때 가장 부각되는 것이 정보의 중요성이다. 즉, 정보분석을 통해 일본의 목표가 미드웨이란 것을 사전에 알아낸 미 해군과 이에 지대

은 경계에 실패했다. 실제 전투 당일(1942년 6월 4~5일) 발생한 상황이다. 먼저, 일본 색적기의 경계작전 실패이다. 당일 04시 30분 미드웨이 공격을 위한 공격기를 발진시키고, 이때 미 해군 탐색을 위한 색적기도 같이 보낸다.[44] 역사의 아이러니일지도 모르나, 당시 미국 항모가 접근하고 있던 방향으로 출격 예정이었던 적기의 출발이 30분간 늦어졌다. 미드웨이 1 파격을 마치고 돌아온 항공기에 미드웨이를 공격할 폭탄을 장착할 것인지, 미 해군 함정을 공격할 어뢰를 장착할 것인지 고민하고 있었던 것이다.

모든 색적기에서 미 해군을 발견했다는 보고가 없자, 인근에 미 해군이 없다고 판단하고, 일본 해군 지휘부는 미드웨이 섬만 폭격하기 위해 폭탄을 장착할 것을 명령했다. 그러나 뒤늦게 출발한 색적기에서 미 항모부대를 발견하고, 함재기들에 폭탄 대신 어뢰를 장착하라고 재지시하였다. 그러자 일본 항모 갑판에서는 일대 혼란이 발생했다. 여기저기 장착을 위한 어뢰와 폭탄이 놓여 있었으며, 함재기들은 이륙하지 못하고 재장착을 기다려야 했다. 이러한 틈을 타 미군의 공격기들이 접근했고, 폭탄 몇 발이 일본의 항모 갑판에 명중하여 어뢰와 폭탄이 연쇄폭발을 일으키면서 삽시간에 일본의 항모들이 불길에 휩싸이게 된다. 색적기 한 대의 30분 지연이 결국 해전에서의 패배를 유발하고, 나아가 전쟁 자체에서 패하게 되는 시발점이 된 것이다. 순양함 도네의 색적기가 30분 지연된 사유는 알 수 없지만, 경계 작전상의 작은 실수가 전투 및 전쟁 전체의 승패에 결정적인 영향을 줄 수 있다는 교

한 공헌을 한 미 태평양사령부의 정보담당 로슈포트 중령이 거론된다.

44) 색적기는 정찰기로서 일정한 지정방위로 비행하며 적을 탐색하는 임무를 수행했고, 당시 일본 해군의 색적기는 항모뿐 아니라 전함이나 순양함에 탑재시킨 항공기까지 활용했다.

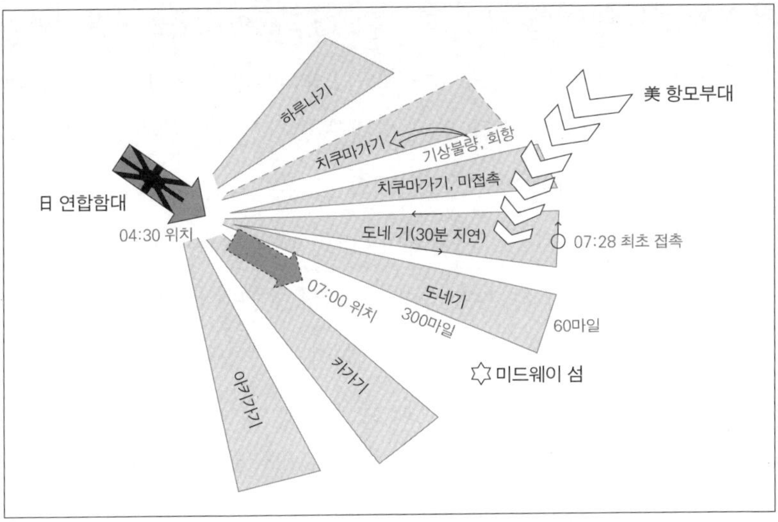

〈그림 3-12〉 해전 초기 일본 해군 색적기의 탐색활동

출처: 이정수, 『대해전(大海戰)』(서울: 공옥출판사, 2011), p. 167.

훈을 주기에 충분했다.

두 번째 경계의 실패요인으로 당시 일본 해군은 레이더가 없었다. 반면, 미국 해군은 전쟁 직전에 개발된 레이더를 장착하고 있었다. 따라서 일본 공격기들의 접근을 미리 알려줘서 엄호를 위한 항공기들을 이륙시키고, 함정에 대공전 태세를 갖추게 되었다. 당시의 레이더 탐지거리가 뛰어나지는 않았으나, 그래도 사전에 인지하고 준비하는 것과 그렇지 못한 것과는 차이가 있었다. 반면 레이더가 없었던 일본은 오로지 인간의 시각에만 의존해서 적을 탐지할 수밖에 없었다.[45]

미드웨이해전을 치른 미국과 일본의 피해 상황을 비교해볼 때 일

---

45) 일본이 레이더를 조기에 확보하지 못한 이유에 대해서는 물론 과학기술의 차이일 것이나, 전투수행에 있어서 물질(무기체계)보다는 인간의 정신력만을 중시한 일본 해군의 당시 풍조 때문에 레이더의 발명이 늦어졌다는 지적도 있다. 김태준 역, 앞의 책, pp. 334-350 참조.

본은 확실히 패배했다. 앞의 〈표 3-4〉에서 보듯이 일본은 주력 항공모함 4척(아카기, 카가, 히류, 소류)과 중순양함 1척(도네)이 격침되었으며, 중순양함 1척과 그 밖에 구축함 등이 심대한 손상을 입었다. 그리고 공격력의 핵심인 항모탑재 항공기 253대와 잘 훈련되고 기량이 뛰어난 조종사를 포함한 3,500명이 사망했다. 반면 미국은 항공모함 요크타운과 구축함 1척이 격침되고, 항공기 150대와 307명이 희생되었다.

해전의 승패 기준은 손실의 대소를 비교하는 방법도 있으나, 가장 확실한 방법은 상호 해전의 목적을 달성했느냐를 비교하는 것이다. 따라서 일본은 확실히 패배했다. 즉, 목표인 미드웨이를 점령하지 못했고, 미국의 항모부대들을 격멸시키지도 못했기 때문이다.

일본 항모부대 후방 400마일에 위치하고 있던 거대한 전함 야마토는 포 한 방 쏘지 못했다. 미드웨이해전은 전함의 시대는 물러가고 항공모함의 시대가 도래했음을 알려주었다. 해전은 처음부터 끝까지 양측 항공모함의 항공력의 대결로 일관했다. 미드웨이해전은 말 그대로 태평양해전의 분수령(mid-way)이 되었다. 다시 말해 미드웨이해전에서 패배한 일본 해군은 이후 서서히 내리막 곡선을 그리며 결정적인 승리를 달성하지 못하고, 결국 패전에 이르게 되었다.

(2) 함대결전주의 해양전략의 종말: 야마토함과 무사시함의 침몰

전함 야마토와 무사시는 당시 제국 일본 해군력의 상징인 동시에 함대결전주의 해양전략 구현의 주 전력이었다. 따라서 두 전함의 침몰은 제국 일본 해양전략의 종말과도 같은 것이었다.

태평양전쟁 기간 동안 제국 일본 해군은 국가 전쟁수행에서 중추적인 역할을 수행했다. 제국 일본 해군과 거함거포주의의 상징인 야마

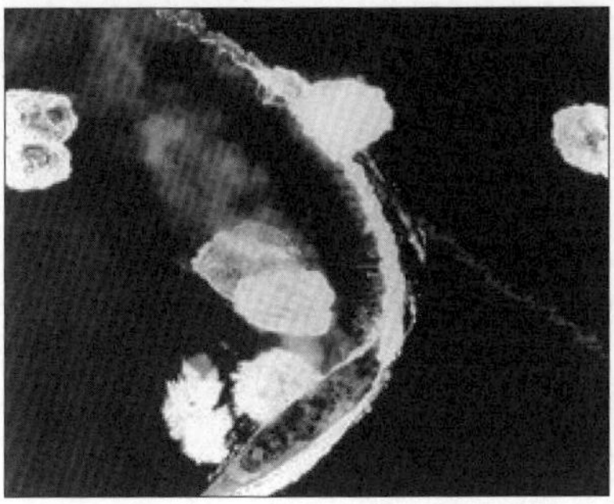
필사적으로 회피기동 중인 야마토

항공공격으로 격침되는 야마토(1945.4.7)

〈그림 3-13〉 전함 야마토의 최후

토와 무사시의 최후는 많은 의미를 가진다. 두 함정은 함포전을 우선시하고, 두꺼운 장갑으로 생존성을 보존한다는 개념하에 초대형함으로 만들어진 군함으로, 당대 최강의 전함이었다. 따라서 태평양전쟁 시에도 일본 해군의 기함으로 사용되었으나, 정작 전투에서는 그 효과를 입증하지 못했다. 그 종말도 상대 함정의 함포에 의해서가 아닌 항공기와 잠수함의 공격에 의해 최후를 맞게 된 것이었다.

1941년 건조되고 1945년 침몰될 때까지 야마토는 연합함대 사령관 야마모토 이소로쿠 제독의 기함 임무(1942~1943년)를, 동일 능력의 무사시함은 1943년부터 1944년 고가 미네이치(古賀峯一) 제독의 기함이 되었다. 야마토는 1945년 4월 7일 오키나와 근해의 미 해군을 격멸하라는 임무를 받고 항해 중에 항공기와 잠수함 어뢰 공격으로 침몰되었다. 결국 야마토와 무사시의 침몰은 제국 일본 해군의 주력함에 의한 결전주의 해양전략의 실패인 동시에 제국 일본 해군 자체의 종말이라고 할 수 있으며, 더 나아가 태평양전쟁의 패전에 지대한 영향을 주었다고 할 수 있다.

3) 메이지시대부터 태평양전쟁까지의 해양전략

제국 일본 해군의 해양전략은 함대결전주의였다. 전함과 항공모함 등 당시의 주력함들을 특정 시간과 장소에 집결시켜 상대방의 해군력을 일거에 섬멸하는 방식이었다. 이러한 함대결전주의 해양전략의 좋은 예가 청일전쟁 때의 압록강해전(1896년), 러일전쟁 시의 쓰시마해전(1906년), 태평양전쟁 시의 미드웨이해전(1942년)이다.

제국 일본 해군의 해양전략 형성의 특징은 서양의 해양사상과 군사사상 이론을 받아들이고, 이를 실제 해전에 적용하기 위해 일본 해군이 주체적으로 수용했다는 점이다. 앞에서 설명한 것처럼 서양 군사이론의 영향이라면 미국의 마한과 독일 클라우제비츠의 영향을 의미한다. 아키야마 사네유키와 사토 데쓰타로 등 당시 일본 해군의 인재들이 영국 및 미국 유학 경험을 통해 자연스럽게 마한의 이론을 접하게 되었다. 즉, 해양전략의 목표는 제해권(Command of the Sea) 확보이며, 이는 함대결전을 통해 달성될 수 있다는 마한의 주장을 받아들인 것이다. 또한 일본 해군은 간접적이지만, 독일의 클라우제비츠의 영향을 받았다. 주로 일본 육군들이 독일 현역 장교를 육대 교관으로 초청하는 등 독일의 영향을 받았지만, 이는 간접적으로 일본 해군에게도 영향을 주었다고 본다. 즉, 클라우제비츠는 전투에서 가장 중요한 핵심 활동은 적 전투력의 격멸이라고 주장했고, 이러한 최상의 목표를 달성하기 위해 일본 장교들에게 결전이 필요함을 인식시켰다.

이러한 사상적 배경을 가지고 형성된 제국 일본 해군의 결전주의는 청일전쟁 시의 압록강해전과 러일전쟁 시의 쓰시마해전을 통해 적용되면서 신념화되었다. 함대결전주의 해양전략은 1940년대 태평양전쟁 시기에 최고조에 이르렀다. 대표적인 해전이 1942년의 미드웨이 해전이었다. 일본 해군은 항모 4척, 최강 전함 2척 등 주력을 동원하여 미 해군의 항모부대를 유인하여 격멸시키기를 원했다. 그러나 이 결전에서 일본은 패하였고, 이후 지속적인 패배에 따른 전력 감소로 1945년 결국 패전하였다.

5. 냉전기 일본의 해양전략: 소련 해군의 위협 대응

본절에서는 일본의 전후시기를 냉전기와 탈냉전기로 분류했다. 냉전기는 1945년 패망 후부터 1991년 소련 해체시기까지로 하였는데, 일본 해군은 전후에 잠시 해체되었다가 몇 년 후에 다시 부활하게 된다. 그리고 탈냉전 시기는 1990년대부터 현재까지로 분류했다.

전후 일본을 좌우한 것은 전후체제와 냉전 구도의 국제질서였는데, 이 시기의 전후체제와 냉전적 구도는 21세기까지 이어져오고 있다. 일본의 전후체제는 점령국 미국의 점령정책에 의한 것으로, 1952년 강화조약 때까지 이어졌다. 이 시기 일본은 패전국으로서 승전국에 의해 지배를 당한 기간이었다고 볼 수 있다. 한국전쟁 이후 냉전체제로 접어들면서 일본은 전후체제의 연합국과 냉전체제의 미국이라는 큰 그늘 아래 놓이게 되었다. 그러므로 일본의 안보정책과 그 하위인 해양전략을 이해하기 위해서는 미일동맹을 규약한 미일 안보조약의 큰 틀 아래에서 먼저 이해해야 할 것이다.

1) 전후 일본 해군의 해체와 부활

제국주의 일본은 제2차 세계대전에서 패망했다.[46] 진주만 공습으로 일본과의 전쟁을 통해 국민적 자존심이 손상되고, 피해를 입은 미국은 승전국으로서 일본에 '징벌적(懲罰的)' 점령정책을 실시했다. 즉, 다시는 일본이 미국에 대항할 수 없도록 경제적 · 군사적인 능력을 완전히 해체한다는 것이다. 이는 군대를 해산시키고, 전범을 처벌하며, 산업능력을 상실시키기 위한 경제활동에 제한을 가하고, 재벌들을 해체하는 것이었다.

이러한 미국의 대일(對日)정책을 대변하는 기관이 연합군 최고사령부(GHQ: General Head-quarters of th Supreme Commander for the Allied Powers, 이하 GHQ, 사령관은 맥아더 장군)였다.[47] 당시 점령군 사령관인 맥아더 장군은 일본에 대해 '비군사화' 및 '민주화'라는 두 가지 목표를 추구했다. 비군사화는 일본이 다시는 미국에 위협이 되지 않게 하는 것이었고, 민주화는 전제제국주의 일본을 국민이 주인인 민주주의 국가로 만드는 것이었다. 이러한 일본에 대한 두 가지 목표가 반영되어 1946년 11월 3일 일명 '평화헌법'이 만들어졌다. 그중 헌법 9조의 내용이 전후 일본 안보정책의 기반이 되고 있다.[48]

---

46) 일본은 태평양전쟁에서 거의 패망이 현실화되어가던 1945년 중반인 8월 6일과 8월 9일 미국으로부터 히로시마와 나가사키에 원자폭탄을 각각 한 발씩 맞고, 8월 15일 무조건 항복을 선언하였다. 이후 9월 2일 도쿄 만의 미 전함 미주리함 선상에서 정식으로 항복에 조인함으로써 패전국이 되었다.

47) 일본의 패전(1945.8)부터 샌프란시스코강화조약(1952.4)까지 일본을 점령 통치한 연합군 최고사령부로, 형식적으로는 13개국으로 이루어진 극동위원회가 정책을 결정하도록 되어 있었지만 실제로는 미국이 주도하였다.

48) 일본 헌법 9조의 주요 내용은 '전쟁의 포기와 전력 불보유, 교전권 불인정' 등이다. 즉, 일

이러한 전후 미국의 대일정책 속에서 미 해군과 자웅을 겨루던 제국 일본 해군은 1945년 11월 해군성이 폐지되면서 완전히 해체되었다. 전쟁 중 전함 야마토(大和) 등 제국 일본 해군의 주요 전력은 모두 침몰되었거나 파괴되었고, 그나마 잔존한 군함들도 미군이 훈련용으로 전환하거나 대만 등에 인도되었다. 그러나 두 종류의 함정은 전후 처리를 위해 남겨지게 되었는데,[49] 첫째로는 패전 후에도 귀국하지 못하고 해외에 주둔 중이었던 일본군을 수송하기 위한 수송선들이었다. 당시 약 660만 명에 이르는 일본군 및 재외 거류민이 해외에 있었다. 둘째로는 일본 근해에 부설된 기뢰를 제거하기 위한 소해전력들이었다.

일본은 자국민 수송 임무를 위해 미국으로부터 상륙함(LST) 200여 척을 대여 받아 1946년 말까지 본국 송환을 거의 마무리하게 된다. 그러나 중국에 주둔 중이었던 일본 군대는 국공내전에 휘말리고, 인도네시아에 주둔 중인 군대는 독립투쟁에 휘말려 많은 희생자를 내기도 하였다. 또한 소련에 의해 무장 해제된 일본 군대는 시베리아수용소로 보내져 강제노동을 당했다. 이들은 약 57만 명 정도로 미 · 소 간의 대립과 갈등이 심화되면서 일본으로의 귀환이 지연되어 1950년이 되어서야 47만 명 정도가 귀국할 수 있었다.

전시에 일본 주변 해역에는 무려 총 10만 발 이상의 기뢰가 부설

본은 전쟁을 하지 않을 것이고, 군사력을 보유하지 않을 것이며, 적과의 전투행위 자체도 하지 않는다는 것이다. 본 9조를 글자그대로 해석한다면, 일본은 군사력 자체를 보유하지 않을 것이며, 적이 침략하면 그대로 침략당하고, 전투행위를 포함하여 일체의 무력사용을 하지 않는다는 것이다. 이런 내용을 특징으로 한 본 헌법을 일명 '평화헌법'이라고 부른다.

49) 정호섭, 『海洋力과 미 · 일 안보관계: 미국의 對日 統制手段으로서의 本質』(서울: 한국해양전략연구소, 2001), p. 168.

되어 있었다.[50] 이러한 잔류 기뢰를 제거할 수 있는 부대는 일본 소해부대로, 소속 군인의 신분은 예비역으로 전환되었다. 그러나 전후에도 소해부대는 1만 명 정도의 병력과 소해함정 348척으로 구성되어 그 능력을 고스란히 유지할 수 있었다. 이러한 소해 및 수송부대는 구 제국 일본 해군의 지휘계통을 그대로 유지하고 있어 제국 일본 해군의 명맥을 유지하게 되었다. 특히 소해부대는 한국전쟁 시 미국에 의해 극비리에 소해임무에 투입되기도 했다.[51]

1952년 4월 26일 한국전쟁 이후 주일미군 전력의 한국전쟁 참여에 따라 해상경비대가 창설되었다. 그 목적은 해상에서의 인명 또는 재산의 보호, 치안유지를 위해 긴급히 필요한 경우 해상에서 필요한 행동을 취하기 위해서였다. 해상경비대는 총감부와 지방감부로 나뉘어 설치되었는데, 인원은 총 1,761명이었다.

한편 1953년 10월에는 워싱턴에서 미 · 일 간 일본방위구상 3개년 계획이 합의되었고, 1954년 1월에는 보안대원 4만 1,000명이 증원되었고, 보안청이 전력증강을 위해 814억 엔을 사용하는 등 전후 최초의 일본 방위력증강계획이 일본 정부에 의해 세워졌다. 또한 1954년 7월 1일 보안청을 대체하는 '방위청 설치법'과 '자위대법' 등 소위 방위 2법이 시행됨으로써 경비대는 해자대로 재발족하게 되었다. 이로써 일본은 패전 9년 만에 '다시는 군대를 갖지 않겠다'던 약속을 파기하고 행정관청으로서의 방위청 아래 해군의 기구와 체제를 갖추었던

50) 전후 일본 근해에는 일본이 미군의 본토 상륙을 저지할 목적으로 부설한 방어기뢰가 5만 5,347발, 미국이 일본을 봉쇄할 목적으로 부설한 공격기뢰가 6,546발, 그리고 소련이 부설한 부유기뢰 등 총 10만여 발이 있었다. 정호섭, 앞의 책, p. 169.

51) 실제로 일본의 소해함들이 전쟁기간 중 원산만 소해작전 수행 시 북한이 설치한 소련제 기뢰에 의해 침몰되기도 하였다.

것이다. 다만 그 명칭만은 '해상자위대(MSDF: Maritime Self Defense Force)로 명명되었다.

2) 제국 해군 출신의 해자대 입대

태평양전쟁을 주도한 제국 해군 출신들이 전후에도 해자대 창설에 주도적인 역할을 하면서 많은 영향을 끼치게 되었다. 해자대는 1954년 설립 후 1989년까지 35년간 해상막료장(우리의 해군참모총장에 해당)을 제국 해군 출신이 맡았다. 1989년 8월, 전후 최초로 1953년 설립된 방위대학교 출신의 사쿠마 대장이 해상막료장이 되었다.

전후 조직된 해상보안청에 어떻게 제국 해군이 들어가게 되었는지를 살펴보자. 1951년 10월 일본은 해군 재건을 위한 'Y위원회'를 정식으로 설치했다. 본 위원회는 표면적으로는 해상경비력을 강화한다는 명분을 내세웠으나, 실제로는 은밀하게 해군 재건안을 작성하였다.[52] 이러한 과정을 거쳐 1954년 7월 1일 자위대가 창설되었으며, 그 중추적 역할은 제국 해군 출신들이 담당하였고, 최초의 해자대 막료장은 1954년 8월 제국 해군 출신의 나가사와라 제독이 되었다. 이러한 현상은 1989년까지 계속되었는데, 이들은 에타지마 해군병학교(히로시마 현 소재, 우리의 해군사관학교) 마지막 기수인 75기생이 전역하기 전까지 해자대를 이끌게 되었다. 1970년 기준 17명의 중장 중 16명, 43명의 소장 중 30명, 305명의 대령 중 217명, 758명의 중령 중 461명이 제국

52) 엄수현 역, 후지와라 아키라(藤原彰) 저, 『일본군사사(日本軍事史)』(서울: 시사영어사, 1987), pp. 321-323.

해군 출신이었다.[53] 참고로 1957년에 최초로 방위대학에서 졸업생(간부후보생)들이 배출되기 시작했다. 연도별 장교들의 출신별 구성을 자세히 살펴보면 다음과 같은데, 1956년 해자대 장교 3,340명 중 제국 해군 출신이 1,733명으로 52%를 차지했고, 1970년은 6,748명으로 해자대 장교 중 945명이 제국 해군 출신으로 14%를 차지했다.[54]

1945년 폐교된 해군병학교는 1957년 해자대 간부후보생학교로 다시 문을 열었다. 즉, 방위대학교(통합사관학교)에서 4년 동안 교육을 받은 후 한국처럼 바로 소위로 임관하는 것이 아니라, 방위대 출신이 일반대학 4년제를 졸업한 입대자와 함께 간부후보생학교에 입교하여 1년간의 군사교육을 마치고 소위로 임관하는 제도[55]로 변경된 것이다. 그래서 제국 해군시절 에타지마의 해군병학교가 다시 1957년부터 방위대학교를 졸업한 해자대 간부후보생을 1년 동안 교육시키는 학교로 부활한 것이다. 따라서 에타지마의 해자대 간부후보생 학교를 통해 제국 해군의 다양한 전통이 해자대로 계승되었다고 볼 수 있다.[56]

3) 냉전기 정세 평가

한국전쟁을 통해 자유주의 진영은 소련의 세계 공산화 야욕을 확

---

53) James Auer, *The Postwar Rearmament of Japanese Maritime Forces*, 1945-1971(New York: Irvington Pub, 1973), p. 179.

54) 위의 책, p. 180.

55) 해자대 장교 출신 구분은 간부후보생 학교에서 방위대 출신과 학사(일반대학) 출신 입대자들이 1년간 동기생으로서 함께 군사교육을 받고 임관함으로써 방위대 졸업생도 방위대 ○○기가 아닌 간부후보생 ○○기로 통일하여 표기한다.

56) 阿川尙之, 『海の友情』(東京: 中央出版社, 2009), p. 32.

인했고, 전 세계는 확실히 공산주의 대 자유주의 구도의 양대 진형으로 나누어졌다. 그리고 총성 없는 전쟁, 즉 냉전에 돌입하게 되었다. 소련을 선두로 하는 공산진영에 대항해서 미국은 아시아에서 자유민주주의 우방국이 절실히 필요로 하게 된다. 이러한 미국에게 일본은 아시아에서 자유민주주의를 수호하는 미국의 우방국이 될 수 있다고 여겨졌다. 한편 중국 대륙에서는 공산당의 마오쩌둥이 국민당의 장제스를 대만으로 몰아내고, 1949년 공산정권인 '중화인민공화국'을 설립했다.

이러한 국제정세 속에서 미국은 일본을 다시 판단하기 시작했다. 즉, 미국의 대일정책이 변화한 것이다. 일본을 다시는 전쟁을 할 수 없는 국가에서 아시아에서 미국을 도와 아시아에서 공산주의 팽창을 저지할 수 있는 국가로 여기게 된 것이다. 이러한 관점에서 미국은 그간의 대일정책의 방향을 바꾸게 되고, 태평양전쟁 후 일본의 비군사화를 추진하던 맥아더를 해임하게 된다.

냉전이 가속화되던 1950년 급기야 한반도에서는 소련의 스탈린과 중국의 마오쩌둥의 후원을 받은 김일성이 한반도 공산화를 목표로 한국전쟁을 일으켰다. 소련에 대항해서 세계 공산화의 도미노 현상을 막고자 하는 미국은 다급해지기 시작한다. 당시 미국의 트루먼 대통령은 한국전쟁 발발 소식과 함께 이례적으로 신속하게 참전을 결정했다.[57] 그래서 미국은 급한 대로 한반도와 가장 근접해 있는 일본에 주

57) 일반적으로 미국의 참전 결정은 대통령이 결심하여 의회에 승인을 받아야 하는 절차를 거치게 된다. 이는 적어도 몇 주에서 몇 달이 걸릴 수도 있으나, 한국전쟁의 경우 트루먼 대통령은 한국전쟁 발발 소식을 접한 즉시 참전을 결정하고, 이에 따라 주일 미군이 한반도로 건너와 전쟁 발발 12일 만인 1950년 7월 4일 미군 스미스 기동부대가 의정부에서 북한군과 첫 전투를 벌이게 된다. 정윤미 · 이은진 역, David Halberstam 저, 『The COLD-

둔한 미군 1개 사단을 한국에 급파하여 김일성의 북한군에 대응했다.

이에 따른 일본 내 치안 공백을 메우기 위해 GHQ는 1950년 7월 요시다 수상 앞으로 '일본의 경찰력 증강에 관한 서한'을 보내 7만 5,000명의 국가 경찰예비대(자위대 전신)와 8,000명의 해상보안청 요원을 증강하도록 지시했다. 해상보안청이 설치됨에 따라 일본 해군은 해체된 지 4년 7개월 만에 부활하게 되었다. 경찰예비대는 본부와 부대로 나누어 조직되었는데, 본부는 장관의 보좌기관으로서 정치 우선과 문민통제의 원칙에 따라 비제복 직원 100명으로 이루어졌고, 부대는 제복대원 7,500명으로 구성되었다. 이러한 조치에 추가하여 전후 일본의 전쟁 잠재력 소멸을 위한 산업활동 중단도 해제하였고, 재벌 해체도 중단되었다. 또한 제2차 세계대전 전범의 공직 추방도 중단되었고, 오히려 일본경제 부흥을 돕기 위해 조지프 도지(Joseph Dodge) 디트로이트 은행 총재를 대표로 한 경제사절단까지 일본에 파견하였다.[58]

이러한 국제정세의 변화 속에서 1951년 9월 8일 미국은 승전국으로서 패전국인 일본의 지배를 종식하고 주권을 돌려주는 대일강화조약을 체결하였다. 동시에 같은 날 일본은 미일안전보장조약을 체결하여 미국으로부터 안보를 담보 받고, 미국은 일본에 군대를 주둔시킬 수 있는 권리를 얻게 되었다. 또한 일본은 공격적 위협이 되는 군비의 보유를 제외한 한정적인 재군비를 국제적으로 인정받게 된 것이다. 이러한 재군비의 첫 번째 작업으로 일본은 1952년 8월 1일 보안청을 설치하여 경찰예비대와 해상경비대를 실질적 군조직인 보안대와 경비대로 개편하게 되었다.

EST WINTER: 한국전쟁의 감추어진 역사』(경기: 살림출판사, 2007), p. 211.

58) 정호섭, 앞의 책, p. 172.

4) 국가 방위정책: 전수방위, 비군사대국화, 비핵 3원칙, 문민통제

전후 일본의 안보정책을 보는 틀이 있다. 앞에서 언급한 것처럼 태평양전쟁 이후 세계는 이념에 의해 자유진영과 공산진영으로 분리되었다. 일본은 전후의 처리 과정에서 자유진영(미국)에 의해 지배되었고, 안보정책도 미·일동맹에 의해 그 체제가 유지되었다. 전쟁 직후 일본을 무장해제시키려 했던 미국이 한국전쟁으로 인해 그 정책을 바꾸면서 그동안 일본에 적용되었던 전후지배를 종식시키는 강화회담이 이루어졌고, 나아가 일본을 아시아에서 새로운 파트너로 인식하는 미·일안보조약이 체결되었다. 이러한 안보의 틀에서 일본은 아시아에서 공산주의 팽창에 대항한 자유진영의 한 축으로서 역할을 하게 되었고, 안보 또한 미국과 상호 보완적인 관계를 이루게 되었다. 따라서 제2차 세계대전 후 일본의 군사정책은 항상 미국과의 상호관계를 통해 이해하는 것이 바람직하다.

일본의 방위정책에는 전수방위(專守防衛), 비군사대국화, 비핵 3원칙, 문민통제의 4가지 기본적인 정책이 있다.[59] 이것은 앞에서(전후 일본 해군의 해체와 부활) 설명한 대로 전후 맥아더 장군이 군정을 실시하는 기간 중 공표된 일명 '평화헌법' 9조에 근거를 두고 있다. 제1항은 전쟁 포기 조항이며, 제2항은 군대 불보유 및 교전권 부인 조항이다.

① 일본 국민은 정의와 질서를 기조로 하는 국제평화를 성실히 희구하

59) 인터넷 영문판 2014년 일본 방위백서 Part II Japan's Security and Defense Policy. Chapter 1 Basic Concepts of Japan's Security and Defense. <http://www.mod.go.jp/e/publ/w_paper/2014.html> (검색일: 2014년 9월 8일)

고, 국권이 발동하는 전쟁과 무력에 의한 위협 또는 무력의 행사는 국제분쟁을 해결하는 수단으로 영구히 이를 포기한다.

② 전항의 목적을 달성하기 위해 육 · 해 · 공군 기타 전투력을 보유 · 유지하지 않는다. 국가의 교전권은 인정되지 않는다.

이러한 헌법하에서 인정되는 것은 국제법상의 자위권이다. 따라서 전수방위 원칙(Exclusively Defense-Oriented Policy)이란 오로지 공격을 받을 때만 자위권 차원에서 최소한의 군사력을 사용하여 방위한다는 의미이다. 이러한 전수방위의 원칙에 따라 일본은 철저히 방어 위주의 군사전략 및 부대 운용 그리고 공격적인 무기체계가 아닌 방어적인 성격의 무기체계를 보유해야 한다. 비군사대국화(Not Becoming a Military Power) 정책은 타국의 안보를 위협할 만한 군사대국이 되지 않는다는 의미이다. 또 보유할 수 있는 군사력도 자위를 위한 최소한도의 군사력 정도만 보유한다는 의미이다. 비핵 3원칙(Three Non-Nuclear Principles)은 1967년에 사토 내각에 의해 선포된 원칙으로, 핵무기의 보유 · 제조 · 반입을 금한다는 것으로 표면상 일본의 핵 무장을 금지하는 규범이다. 이는 1945년 인류 최초로 그리고 현재까지 유일하게 핵폭탄에 피폭된 아픈 교훈을 상기시키기 위한 원칙이다. 문민통제(Civilian Control)의 원칙은 민주주의 국가에서 통상적으로 적용되는 원칙으로, 군사에 대한 정치의 우선 또는 군사력에 대한 민주주의적 정치 통제를 의미한다. 일본의 경우 제2차 세계대전 때까지는 일본 군부가 내각총리의 통제를 받지 않고, 직접 천황의 명을 받아 전쟁을 수행했다. 이러한 과거에 대한 교훈을 반영한 원칙으로 일본은 방위대신(우리의 국방부장관)도 민간인 출신

〈그림 3-14〉 전후 일본 방위정책의 기본 틀

(국회의원)으로 임명하고 있고, 방위대학 교장(우리의 통합사관학교에 해당)[60]도 민간인이 수행하고 있다.

전후 일본은 군사대국에서 경제대국으로 목표를 전환했다고 볼 수 있다. 특히 종전 직후에는 미국의 안전보장에 의지하여 안보를 유지한 채 경제건설에 중점을 두었다. 이러한 경제건설 우선주의를 '요시다 노선'이라고 칭하는데,[61] 요시다 노선은 전후복구와 경제부흥에 전력을 투구하면서 미국의 동북아 전략에 부응하여 미 · 일 안보체제의 틀 안에서 일본의 안보를 확보하려는 시도이다. 이러한 기본 노선에 따라 일본 군사는 대규모 전쟁의 위협에 대해서는 미국에 의존하고, 소규모의 제한적 재군비를 점증적으로 구축하려 했다.

1960년대부터 국제체제에는 동서냉전이 완화되는 '데탕트'가 등

60) 방위대학교 교장은 일반직 교수이고, 부교장은 육상자위대 중장이다.

61) 요시다 수상은 일본의 45대(1946.5~1947.5) 및 48~51대(1948.10~1954.12) 내각총리를 역임했으며, 전후 경제우선정책인 '요시다 노선'을 제창하였다.

장한다. 이에 따라 뚜렷한 적의 위협을 상정하기 어려운 여건에 있던 일본의 군사력 건설 방향에 대해서도 논란이 있었다. 그래서 어느 정도 특정한 위협을 염두에 두지 말고 전체적으로 균형 잡힌 방위력을 구축해야 한다는 '기반적 방위력 구상'이 대두하였다.[62] 기반적 방위력 구상은 1976년 방위백서에 다음과 같이 구체화되었다.[63] 일본은 ① 직간접적 침략, 영공침범에 대한 신속하고도 적절하게 대응할 수 있는 즉응태세, ② 미 · 일 안전보장체제의 유효한 기능 발휘를 위한 미군과의 원활한 제휴, ③ 국제정세 변화에 의해 방위력 증강이 요구될 때 원활하고도 유연하게 증강시킬 수 있는 능력을 구비해야 한다. 이러한 기반적 방위력 구상 전제하의 군사력 건설은 어떤 특정 분야에 집중하여 군사력을 육성하기보다 전체적으로 균형을 갖춘 육 · 해 · 공 자위대 방위력을 구축하는 것을 추구하였다.

냉전기간 중 가장 뚜렷한 적 위협 상정하에 방위력을 정비하게 된 것은 1970년대 말부터 나타나기 시작했다. 1979년 12월, 소련은 남쪽으로 진출하기 위해 아프가니스탄을 침공하였다. 이후 1980년 초 미국에서도 보수성향의 공화당 레이건 대통령이 당선되면서 동서대결은 극명하게 나타나기 시작했다. 소련은 또한 극동에서도 군사력을 대폭 증강하기 시작했는데, 신형 중거리핵탄도미사일(IRBM SS-20)을 극동에 배치하여 전 일본이 소련의 핵공격 위협에 놓이게 되었다. 또한 소련은 1978년부터 델타급 핵추진 전략탄도미사일(SSBN) 잠수함, 1979년에는 폭격 능력이 우수한 백파이어 전폭기 등을 극동에 비치하는 등 일본 주변의 해역과 해상교통로에 대한 위협의 심도를 높여왔다.

62) 배정호, 『일본의 국가전략과 안보전략』(서울: 도서출판 나남, 2006), p. 137.

63) 배정호, 위의 책, p. 138.

델타급 전략탄도미사일 잠수함

백파이어 전폭기

〈그림 3-15〉 소련의 극동 군사력 증강

이러한 소련의 공산주의 팽창 열기 속에서 미국은 소련을 이기기 위한 군사력을 증강하게 되었다. 특히 미국은 동북아에서 소련의 팽창을 막기 위해 일본이 군사력을 더욱 증강해줄 것을 바라는 가운데, 1981년 5월 레이건 · 스즈키 정상회담에서 미국은 일본에게 시레인(Sea Lane) 1,000해리를 방위해줄 것을 요청했다. 이것은 일본을 기준으로 1,000해리까지의 해상교통로를 소련 해군의 위협으로부터 보호할 수 있는 능력을 구비할 것을 요구하는 것이었다.

5) 냉전기 일본의 해양전략

냉전기 일본의 해양전략 목적은 일본 주변 해역의 해상교통로(SLOC)를 보호하는 것이다. 먼저 미 · 일 안보동맹의 차원에서 유사시 일본에 대한 미국 증원전력의 접근을 보장하기 위해 SLOC를 보호해야 했는데, 이는 일본 해역에서 미국 해군이 원활한 작전을 수행할 수 있도록 여건을 보장하기 위해서이기도 했다. 일본 자체의 관점에서 보면, 천연 에너지자원의 해외수입 의존과 식량생산 부족에 따라 외국으로부터 수입을 위한 해상교통로를 보호하는 것이었다. 이러한 두 가지

안보 관점에 따라 일본의 해양전략 목적은 해상교통로를 보호하는 것이라 할 수 있다.

냉전 시 일본의 해양전략 목표는 소련 해군이었으며, 구체적으로는 소련의 잠수함이었다. 극동에 배치된 소련 해군의 잠수함은 일본 해역에서 미국 증원전력을 차단하기 위한 작전을 수행할 것과 일본이 해외에서 들여오는 선단에 대해 해상교통로를 차단 또는 교란할 것으로 예상되었다. 냉전기간 동안 일본에 이러한 해양 위협을 가할 국가는 소련뿐이었다.

냉전기 일본 해자대의 전력운용 개념을 살펴보자. 위협의 최우선순위가 소련 잠수함이었으므로 대잠수함작전(이하 대잠전)이 최우선순위의 해자대 작전이 되었다. 따라서 해자대는 소련 태평양함대의 잠수함에 대항하는 대잠전에 초점을 맞추어 전력을 운용하였다. 두 번째로 대기뢰전이 강조되었다. 일본 본토 및 항구의 접근성을 보장하기 위해서는 기뢰 위협을 제거해야 했다. 그래서 제국 일본 해군이 패망하고 해체된 이후에도 기뢰전 전력들은 그대로 보존되어 일본 해역 주변의 소해작전에 투입된 것이다.

냉전 시 극동에서 소련의 잠수함 전력은 블라디보스토크와 캄차카 반도의 페트로파블로스키 두 곳에 배치되어 있었다. 이러한 소련의 잠수함 전력의 구체적인 위협은 먼저 일본 본토에 대한 직접적인 위협이 되었고, 일본의 SLOC을 직접 위협하고 주요 항만에 기뢰를 부설할 수도 있었다. 또한 미국 측에서 보면, 핵미사일을 탑재한 소련의 잠수함들이 태평양을 건너와 미국 본토에 핵 공격을 할 수 있는 아주 심각한 위협이었다.

이에 따라 일본 해자대 전력운용 개념의 최우선순위는 자연히 '대

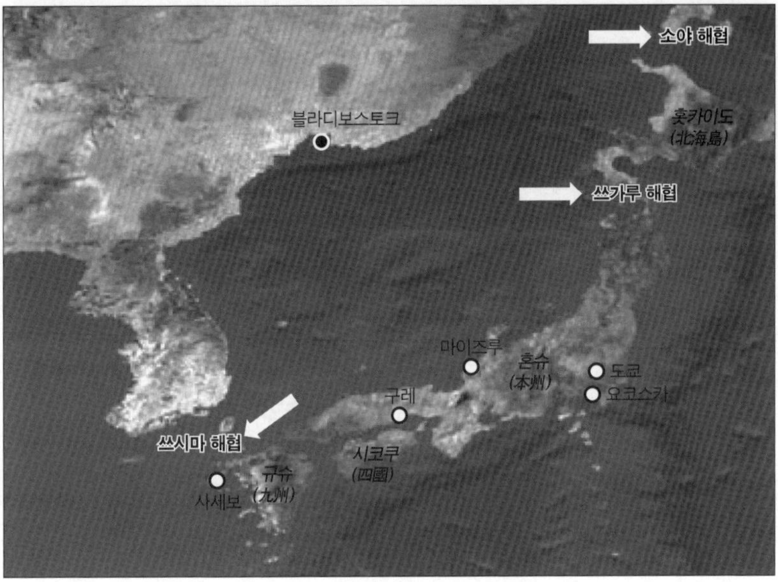

〈그림 3-16〉 일본의 주요 3 해협

잠전'이 되었다. 이 시기에 일본 해자대는 3개 주요 해협(쓰가루, 소야, 쓰시마)에 호위함과 잠수함을 배치하여 소련 잠수함 활동을 감시 및 추적하였다. 다시 말해 주요 3해협을 통제함으로써 소련 잠수함들이 태평양으로 나올 수 없게 하였고, 그렇게 함으로써 위협을 줄일 수 있었던 것이다.

다음으로 냉전기 일본 해자대 전력의 발전 추세를 살펴보자. 일본의 해군력은 제2차 세계대전 종전 후 거의 남아 있지 않았다. 앞에서 설명한 것처럼 해외 주둔 일본군을 본토로 수송하기 위한 수송선과 일본 근해에 부설된 기뢰 제거를 위한 소해함정만 남아 있었다. 이러한 상황에서 초기 해자대 함정들은 미군으로부터 양도받은 호위함(Patrol Frigates)과 상륙함(Landing Support Ships) 등이 전부였다. 항공기는 제

2차 세계대전 후 남은 미군의 항공기들을 양도받은 것으로서 기종은 Avengers, Harpoons, Catalinas 등이었다. 1956년 최초로 당시 신형 대잠항공기에 속하는 Neptunes(미국 록히드마틴사 제작)과 Trackers(미국 그루먼사 제작)를 양도 받았다.

그러나 1953년부터 일본 해자대는 국내에서 함정들을 자체 건조하기 시작했는데, 구축함, 호위구축함, 대잠함 같은 비교적 작은 톤수의 대잠전 함정들이었다. 일본 해자대의 전력이 확실하게 갖추어진 것은 1980년대이다. 일본 해자대는 대잠전 수행을 위해 지속적으로 노력했으며, 이러한 노력에 따라 1980년대에 들어와서는 잠수함 및 구축함 등 원하는 전력을 어느 정도 갖출 수 있었다.

3장

21세기 일본의 해양전략

국제정치에서 탈냉전기의 시작은 구소련이 해체된 1991년 이후를 말한다. 탈냉전 초기의 대표적인 사건이 걸프전(1990~1991)이라 할 수 있고, 걸프전의 연장선이라 할 수 있는 이라크전은 2003년에 발생했다. 이 장에서는 동북아 지역과 일본에 직접적인 영향을 준 중국의 경제성장과 이에 따른 군사력 증강, 북한의 탄도미사일 위협, 그리고 미국의 아시아로의 회귀(재균형 정책) 현상이 일어난 2010년 전후를 집중 분석했다.

1. 탈냉전기 정세 평가

1991년, 냉전기 중 일본 안보를 위협했던 공산국가 소련이 몰락했다. 냉전기 일본의 방위정책과 일본 해자대 해양전략의 대상이 사라진 것이다. 즉, 위협이 소멸하였다. 이후 일정 기간 공통의 적을 찾지 못한 미국과 일본은 당황했다. 제2차 세계대전과 냉전의 산물이었으며, 일본의 안보를 지탱해주던 미·일안보조약의 필요성에 의문이 제기되기도 하였다.

한편, 1990년대에 이르러서는 중국과 북한이 동북아에서 새로운 위협으로 인식되기 시작했다. 먼저 북한은 1993년 3월 NPT 탈퇴를 주장하고, 5월에는 동해상으로 탄도미사일을 발사하여 1차 북핵 위기를 조장하였다. 특히 1998년 8월에는 북한이 대포동 탄도미사일을 발사했는데, 이 미사일이 일본 열도를 넘어 태평양 상에 떨어졌다. 이로써 북한의 탄도미사일이 일본 전역을 타격할 수 있음을 보여준 것이다. 그러나 당시 일본은 탄도미사일 방어를 위한 어떠한 능력도 구비하고 있지 않았다. 더구나 일본은 북한이 탄도미사일에 핵무기를 탑재하여 공격한다면 이를 방어할 능력도, 보복할 능력도 구비하지 못한 상황이었다. 이때부터 일본은 미국과 공동으로 미사일 방어체계(MD)

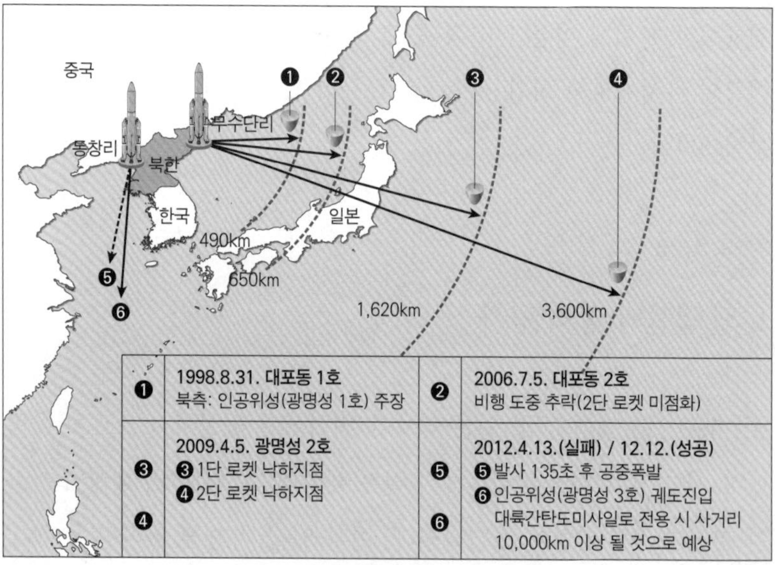

〈그림 3-17〉 북한 탄도미사일 발사 현황

를 위한 연구를 시작하게 되었다.

1990년대부터 중국의 경제성장과 이를 활용한 군사력 증강은 미국과 일본에 대한 확실한 위협이 되었다. 특히 중국은 1982년 류화칭 제독이 해군사령원이 된 이후 해군력 현대화에 더욱 박차를 가하게 된다. 중국은 섬을 연결하는 도련 개념을 도입하였는데, 이를 근간으로 하여 해군력 발전의 단계를 설정하게 된다. 제1도련은 쿠릴 열도, 일본 본토, 오키나와, 대만, 필리핀, 보르네오 및 인도네시아에 이르는 선이다. 제2도련은 제1도련 외곽의 선으로 보닌 제도, 마리아나 섬, 괌과 캐롤라인 제도를 연결한 선이다. 이러한 개념에 따라 중국은 해군력 발전 단계를 3단계로 구분하였는데, 1단계는 1980년대 중반부터 2000년, 2단계는 2000~2020년, 3단계는 2020~2050년이다.

1단계는 중국 해군이 대만봉쇄, 남중국해에 대한 해군력 투사 및 현시, 난사군도 영유권 확대 및 외국의 침략을 억제하기 위해 1도련 안쪽에 대한 해양통제를 강화하는 것을 목표로 한다. 2단계는 2도련 내의 해양통제를 달성하기 위해 항모를 중심으로 하는 3개의 항모기동부대를 창설하는 것을 목표로 하고 있다. 3단계는 2050년까지 항모 전투단 확보를 통해 2도련 외곽 해역에서 세력투사 및 전략적 억제를 수행하는 것을 목표로 한다.[64] 중국의 부상을 미국 해양전략에 대한 도전이라는 관점에서 설명한 요시하라와 홈스는 중국의 도련 개념을 '해상의 만리장성(Great Wall at Sea)'에 비유했다.[65] 또한 중국은 인도양과 대서양 방향으로 진주목걸이 전략(Strings of Pearl Strategy)을 구현하기 위해

64) 김덕기, 『21세기 중국 해군』(서울: 한국해양전략연구소, 2000), p. 50.

65) 윤석준 역, Tosh Yoshihara and James Holmes 저, 『태평양의 붉은 별』(서울: 해양전략연구소, 2012), p. 32.

미얀마, 방글라데시, 스리랑카, 파키스탄에 해외기지 건설을 활기차게 추진하고 있다. 이러한 중국의 해외기지 건설 노력은 아시아에서 중동을 거쳐 아프리카까지 이어지고 있다.[66)]

일본은 이러한 중국의 경제 · 해양력 신장에 따른 해군력 증강을 직접적인 위협으로 인식하고 있다. 특히 중국 해군의 활동 해역 확장에서 일본은 위협을 느끼는데, 구체적으로 중국의 잠수함과 수상함 전단이 일본 열도를 넘어 태평양으로 진출하려는 것을 말한다. 2004년 11월에 발생한 중국 원자력 잠수함이 일본 영해 안쪽을 잠항하여 항해한 사건을 예로 들 수 있다.

또한, 일본은 일본 근해에서의 중국 해군의 활동도 심각한 위협으로 간주하고 있다.[67)] 일 · 중 간의 현안인 센카쿠 열도 관련 갈등이 심화되고 있는 것도 일본에 심각한 위협요인으로 작용하고 있다. 특히 중국이 센카쿠 열도 주변의 영공과 영해 주변에 대한 활동 강화는 실질적인 위협으로 간주된다. 중국은 해군 함정을 이용하여 센카쿠 열도 주변에서 일본에 강경하게 대응하고 있다. 단순히 해양경찰(해감선)을 활용하여 시위를 하는 행위를 넘어 최신예 호위함을 동원해서 일본 해군 함정에 공격 전 단계인 사격통제레이더를 작동하는 사건(2013년 1월 30일)이 벌어져 양국 간 군사적 긴장이 고조되기도 하였다. 그리고 중

---

66) 중국의 도련선-진주목걸이 전략에 대한 보다 상세한 설명은 본서의 '중국의 해양전략' 편을 참조할 것.

67) 일본은 중국의 해군 함정들이 일본 열도를 통과하여 태평양 진출을 상시화하고 있다고 언급하고 있다. 예를 들어 2011년 6월에는 사상 최대 규모인 11척의 함정부대가 오키나와 본도와 미야코지마 사이를 통과하여 태평양으로 진출했으며, 무인항공기의 비행을 포함하여 일본 주변 해역에서 활동을 강화하고, 태평양으로 진출을 도모하고 있다고 주장한다. 인터넷 영문판 2012년 일본의 방위백서, p. 39. <http://www.mod.go.jp/e/publ/w_paper/2012.html> (검색일: 2013년 10월 5일)

국이 전투기를 투입하여 센카쿠 열도 주변을 초계함에 따라 일본 전투기들이 긴급 대응 출격하는 횟수가 증가하고 있다.[68]

탈냉전기 일본의 안보정책과 해양전략에 가장 큰 영향을 주는 요소는 미국의 정책과 전략의 변화이다. 태평양전쟁(제2차 세계대전) 이후 미국의 패권 영향과 미·일동맹하에서 미국의 변화에 대한 영향은 일본의 안보정책에 가장 핵심적인 영향요인이다.

미국은 21세기에 접어들면서 태평양이 있는 아시아로 전략적 축을 이동시켰다. 지금까지의 미국은 최우선 관심을 유럽과 중동에 쏟아왔었다. 유럽은 미국의 문화적·인종적 고향이며, 제1, 2차 세계대전의 주요 무대였으며, 이에 따라 냉전기와 탈냉전기 초기까지 미국의 주요 관심지역이 될 수밖에 없었다. 미국과 유럽 사이의 대서양이 태평양보다 더 중요한 바다가 되어온 것이다. 또한 냉전기 직후 미국이 걸프전(1991~1992년)을 치르면서 중동은 미국의 주요 관심지역이 되었다. 이후 2001년 9·11 테러를 당하면서 미국은 2003년 이라크전쟁과 아프간전쟁을 벌여 중동지역에 대한 전략적 이익을 추구하였다.

이러한 중동의 사태들이 정리되고, 힘에 의한 패권 유지에 중점을 두던 공화당 부시 대통령(George W. Bush, 2001~2009)이 물러나고, 최초의 흑인 대통령이자 민주당 출신 오바마 대통령이 들어서면서 미국의 아시아 중시 외교정책이 구체적으로 나타나기 시작했다.[69] 아시아는

68) 중국 전투기의 센카쿠 해역 출현이 지속적으로 증가하고 있어 일본 전투기의 대응 출격 횟수 또한 증가하고 있다. 중국 전투기의 출격은 2011년 150회였으나, 2012년에는 306회로 2배 이상 증가했다.

69) Hillary Clinton, "America's Pacific Century," *Foreign Policy*, November 2011. 당시 오바마 행정부의 국무장관이었던 힐러리 클린턴은 미국은 대서양 국가이자 태평양 국가라고 천명하고, 아시아 지역에서 미국의 역할 증대가 향후 60년간 미국 외교의 근간이 될 것임을 강조했다.

21세기 미국의 경제와 안보를 위한 핵심지역인 것이다. 아시아 경제가 세계경제의 40%를 차지하고 있으며, 2011년 기준 미국의 아시아 수출량은 전체 수출의 약 60%를 차지하고 있기 때문이다.

안보 측면에서 보면, 미국은 아시아 · 태평양 지역에서 중국의 부상을 더욱 주목하고 있다. 중국은 1980년대 초부터 덩샤오핑의 리더십하에서 개혁 · 개방정책을 실시하여 급격한 경제성장을 이루었고, 드디어 2011년에 일본을 제치고 국내총생산 기준으로 세계 2위의 경제규모를 달성했다. 경제 성장에 부응하여 중국은 군사력을 확장하기 시작했는데, 특히 해 · 공군력 등 첨단 분야에서 급속하게 군사력을 신장하고 있다.

문제는 이러한 미국의 아시아로의 이동이 자국 내 경제적 상황이 좋지 않은 시점에 이루어졌다는 점이다. 미국은 국내 경기침체와 이라크전 및 아프간전 수행으로 재정상황이 악화되었고, 2008년에는 금융위기마저 겪으면서 국방예산 삭감 압력이 거세지고 있는 상황이었다. 따라서 미국은 국내외적인 상황을 고려하여 다시 안보의 우선순위를 조정하고, 이에 따른 군비 재균형(rebalancing)의 필요성을 절감하게 된 것이다. 이러한 필요에 따라 나온 지침이 2012년 1월에 발표한 신국방전략지침이다.[70] 오마바 대통령은 본 지침 서문에서 미국의 안보 중점이 아시아 · 태평양 지역에 집중할 것과 함께 국방예산의 재정적 어려움을 토로하였다.[71]

---

70) U. S. Department of Defense, "Sustaining U. S. Global Leadership: Priorities For 21st Century Defense," January 2012.

71) 실제로 미국은 2011년 8월에 제정된 예산통제법(Budget Control Act)에 따라 향후 10년간 국방비 약 4,800억 달러(한화 480조 원)를 단계적으로 감축하도록 했다.

미국은 재정적 어려움에도 불구하고 아시아 · 태평양 지역으로 관심을 전환하면서 지역 우방국에 책임분담(burden-sharing)을 요구할 것이라 예상된다.[72] 즉, 일본과 한국 같은 아태지역 우방국들이 더 많은 역할을 해줄 것을 요구하고, 방위비 분담 측면에서도 기존보다 더 많은 금전적 책임을 져주기를 희망할 것이다.

다음으로는 일본의 국내정세의 변화 중 정부(지도자)의 영향을 살펴보자. 미국의 마한은 해양력 형성의 영향요인 중 하나로 정부의 성향(지도자의 성향)을 들었다.[73] 즉, 정부(지도자)의 해양에 대한 선호 또는 정책 방향에 따라 해양력 건설에 지대한 영향을 준다는 것이다. 따라서 일본의 방위정책과 해양전략 형성에 정부의 성향 또는 지도자의 성향을 살펴보는 것은 중요하다. 여기서는 2012년 이후 2014년 현재까지 일본의 내각총리대신(총리)을 역임하고 있는 아베 신조(安倍晋三)에 대해 살펴보자.

아베는 2012년 12월 총리에 취임했다. 당시 일본의 상황은 20여 년의 장기 경기침체로 경제는 힘들었고, 이에 더하여 세계 경제 2위 자리를 중국에게 빼앗긴 상태였다. 이러한 상황에서 일본 국민은 강한 성향의 리더십을 원했고, 아베를 다시 총리로 선택했다.[74]

먼저 아베 총리의 개인 성향을 알아보자. 아베 총리의 개인 성향을 거론할 때 가장 먼저 언급되는 것이 기시 노부스케 전 총리의 외손

---

72) 부형욱, "미국의 신국방전략지침과 한반도 안보", 「합참」 51호, 2012.2, p. 18.

73) 마한(Mahan)은 6가지 해양력 영향요인을 제시했다. ① 지리적 위치(geographical position), ② 국토의 해양적 특징(physical conformation), ③ 국토의 크기(extent of territory), ④ 해양 인구수(number of population), ⑤ 국민 성향(character of the people), ⑥ 정부 성향(character of government). A. T. Mahan, *The Influence of Seapower upon History: 1660~1783*(New York: Hill and Wang, 1957), p. 25.

74) 아베 총리는 2006년 9월 제90대 총리에 취임했으나, 정책 부진으로 2007년 9월 사임했다.

자이고, 외조부에게서 역사관 및 정치철학 등의 영향을 강하게 받았다는 것이다. 특히, 아베 총리는 헌법 개헌을 통해 일본을 보통국가화(전쟁을 할 수 있는 나라)하는 것이 외조부의 유훈이며, 자신의 정치적 신념이자 목표라고 여러 번 언급했다.[75] 그러면 기시 노부스케 전 총리의 성향부터 간단히 살펴보자. 기시 전 총리는 1896년생으로 1936년 일본이 만주국이라는 괴뢰정권을 수립했을 때 상공부 장관을 역임했다. 태평양전쟁 때는 일본의 제국주의 정책과 전쟁에 직접적으로 관여하였고, 전후 A급 전범으로 분류되었으나, 이후 복권되어 1957년에 총리가 되었다.

기시 총리에 대해 주목할 점은 미국의 지배하에 있었지만, 오히려 미국을 역이용할 정도로 정치적 수완 또는 책략이 뛰어났다고 한다. 즉, 기시 전 총리는 미국 CIA로부터 정치자금을 받아 자유민주당 창당에 성공했으나, 총리가 된 이후에는 미일안보조약 개정을 요구하는 등 미국으로부터 자주적이고 독립적인 노선을 취했다.[76] 특히, 총리가 된 후 그는 미일안보조약이 승전국인 미국의 영향하에 맺어져 일본에 불리하다고 주장하였다. 미일정상회담을 통해 개정을 주장했으며, 개정안에 대한 국회 의결을 추진했다. 그러나 이러한 기시 총리의 정책은 전쟁의 아픔을 기억하고 있는 일본 국민의 반발을 사서 대규모 군중시위를 유발하였다. 이를 일본 정치사에서는 '1960년 안보투쟁'이라고 하는데, 결국 기시 총리는 사퇴했다. 따라서 기시 전 총리는 자신이 이루지 못한 전후 체제의 탈피, 즉 "전쟁을 하지도 않고, 수단을 보

75) 김현기, "아베, 승리 직후 개헌은 나의 큰 목표이자 신념", 「중앙일보」, 2014년 12월 15일.

76) 양기호 역, 마고사키 우케루 저, 『미국은 동아시아를 어떻게 지배했나: 일본의 사례, 1945~2012년』(서울: 메디치, 2012), pp. 196-226.

유하지도 않는다."는 일본 헌법의 개정을 그의 손자인 아베에게 남기고 1987년 세상을 떠났다.

아베 총리는 취임 후 먼저 일반 국민의 열망인 경제부흥을 위해 '아베노믹스' 정책을 실시했다. 이러한 그의 경제정책이 어느 정도 성과를 거두고 국민의 지지를 얻는 시점에서 그는 헌법 개정의 전 단계인 헌법 해석 변경을 시도했다. 그것이 지난 2014년 7월에 있었던 집단적 자위권 허용에 대한 각의 결정이다.

집단적 자위권 발의 이후 가장 먼저 지시한 것은 SLOC에 대한 보호이다. 이는 동중국해와 남중국해에서 중국 해군의 위협을 고려한 것으로서, 중동 등 해외에서 에너지를 수입해야 하는 일본의 태생적 한계와 후쿠시마 원전사고 이후 화석연료(원유 등)의 소비량이 증가하고 있기 때문이다.[77] 그리고 이러한 에너지원의 대부분이 중국 해군이 득실거리는 남중국해와 동중국해를 통과해야 하기 때문에 일본은 중국의 국력신장과 이에 따른 해군력 증강을 위협으로 인식하고 있다.

일본 아베 정권의 예상되는 방위정책은 크게 두 가지로 추진될 것이다.[78] 첫째로는 중국에 대항하기 위해 미일동맹을 더욱 공고화하여 미일 대 중국의 구도로 만드는 것이다. 둘째로는 미국에 의지하지 않은 독자적인 방위력을 확보하고자 한다. 이는 언젠가는 미국의 국력이 쇠퇴하여 아시아에서의 영향력이 감소할 때를 대비해 중국에 대해 일본 스스로 대항할 수 있는 방위력을 확보한다는 것이다.

---

77) Bernard D. Cole, *Asian Maritime Strategies: Navigating Troubled Waters*(Annapolis, MD: Naval Institute Press, 2013), p. 67.

78) 곤도 다이스케, "급변하는 동북아 정세와 아베 신조의 야망: 김정은과 중국 견제 공조 꿈꾼다", 「월간중앙」, 2014년 8월호, p. 65.

2. 국가 방위정책: 소련 대응에서 중국 대응으로

탈냉전기에도 일본의 방위정책은 전수방위 원칙과 미 · 일동맹의 틀 안에서 이루어진다. 전수방위 원칙은 일본 헌법이 개정되지 않는 한 지속될 것이고, 미 · 일동맹의 틀은 미국이 패권을 유지하는 동안은 지속될 전망이다. 즉, 일본 안보는 패권국인 미국과의 관계 속에서 그 역할이 결정된다는 것이다.[79] 이 두 가지 일본의 국가안보 정책 틀에서 일본의 방위 관련 공식문건인 방위계획대강 및 방위백서 등을 통해 탈냉전기의 변화를 기술하고자 한다.

1995년의 방위계획대강[80]은 탈냉전기의 산물이다. 제2차 세계대전 이후 미 · 소 간의 오랜 냉전은 소련이 해체됨에 따라 자유진영인 미국의 승리로 종결되었다. 따라서 강대국 간의 전면전 발생 위험은 낮아졌으나, 종교 및 민족 문제 등으로 인한 지역분쟁 발생 가능성은 커지게 되었다. 또한 핵 등 대량파괴무기와 미사일 확산이라는 새로운 형태의 위협이 대두되었다. 이러한 상황에서 일본은 전수방위, 문민통제 원칙, 기반적 방위력 구상 등 타국에 위협을 줄 수 있는 군사대국은 되지 않겠다는 원칙을 견지하였다. 그러나 기존 노선과 병행하여 간접침략사태 또는 침략으로 이어질 위험성이 있는 불법행위가 발생할 경

79) 양기호 역, 마고사키 우케루 저, 『미국은 동아시아를 어떻게 지배했나: 일본의 사례, 1945~2012년』(서울: 메디치, 2012), p. 17.

80) 일본의 국방정책을 명시한 것으로 '방위계획대강'이라는 문건이 있다. 방위계획대강은 방위대신이 발행하는 것으로서 그 내용은 안전보장의 기본방침, 방위력의 의의와 역할, 이러한 방위정책 실행을 위한 자위대의 구체적인 조직 및 주요 무기체계 확보계획 등 방위력의 기본적인 지침을 제공하는 문건이다. 현재까지 일본은 1976년, 1995년, 2004년, 2010년, 2013년의 모두 다섯 차례에 걸쳐 방위계획대강을 개정하였다. 일본은 그동안 중요한 국제정세의 변화를 반영하여 방위계획대강을 개정하고 발표해왔다.

우 이를 조기에 배제할 수 있는 능력을 갖추고자 했다. 또한 자위대가 대규모 자연재해, 테러리즘 같은 특수재해, 국제평화협력 업무의 실시 등 각종 새로운 사태에 대응할 수 있는 능력을 갖추어야 함을 주장하고 있다. 또 이러한 능력을 구비하기 위해 방위력의 합리화, 효율화 및 콤팩트화를 기할 것을 강조하고 있다.[81] 전수방위 원칙은 견지하되, 1990년대에 접어들면서 활발하게 실시된 국제평화 협력활동에 자위대가 참가할 수 있는 준비를 갖추어야 한다는 것이다.[82]

일본은 방위의 기본원칙인 전수방위, 비군사대국화, 비핵 3원칙 및 문민통제의 원칙을 견지하면서도 다기능의 탄력적 방위력을 증강

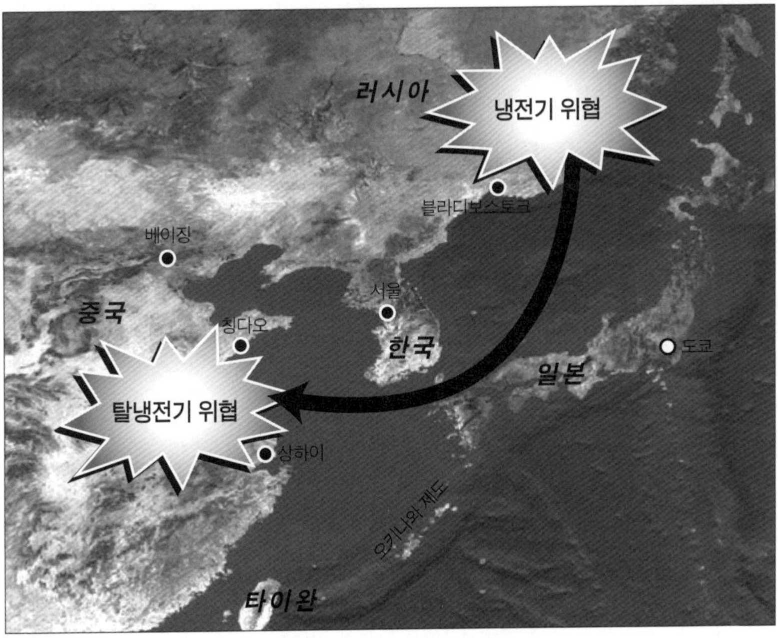

〈그림 3-18〉 일본 안보 위협의 변화

81) 日野景一, "海自隊 第1次 防衛力 整備計劃", 「世界の艦船(第534號)」(東京:海人社, 1998), p. 170.

82) 한용섭 외, 『미 · 일 · 중 · 러의 군사전략』(서울: 국방대안보문제연구소, 2008), p. 126.

해야 한다고 주장하고 있다. 이에 추가하여 안보환경 개선을 위하여 미 · 일동맹을 더욱 강화하고 국제사회에 적극적인 동참을 통해 국제 평화에 기여해야 한다고 역설해왔다.

한편 2010년의 방위계획대강에서 일본은 국제정세를 이렇게 평가하고 있다. 먼저 인도, 중국, 러시아의 군사력 증강으로 인하여 세계적인 세력균형의 변화가 나타나고 있다고 진단했다. 구체적인 위협으로는 북한과 중국의 위협을 주목하고 있다. 북한은 대량살상무기와 탄도미사일 개발 · 배치 · 확산 등을 지속적으로 추구하고 있다. 이러한 북한의 위협을 역내의 "긴급하고도 중대한 불안정 요인"이라고 정의하고 있다.[83] 또한 2010 방위계획대강은 "동적 방위력"[84]이라는 개념을 새롭게 제시했다. 방위백서에는 기존의 기반적 방위력은 "존재 자체를 통해 상대방을 억제하는 것"인 반면, 동적 방위력은 "평소 군사력의 적절한 사용을 통해 국가 안보를 도모하는 것"이라고 기술하고 있다.[85] 이러한 동적 방위력을 실현하기 위해 방위력의 즉응성, 기동성, 유연성, 지속성 및 다목적성을 추구하고 무기체계의 지속적인 발전이 중요하다고 강조하고 있다.

---

83) 인터넷 영문판 2012년 일본의 방위백서, p. 114.

84) '동적 방위력' 개념은 2010년 12월에 제시된 '2011년 이후에 관한 방위계획의 대강(22대강)'에 처음 제시되었다. "향후의 방위력은 '방위력의 존재'를 중시한 기존의 '기반적 방위력 구상'에 의거하지 않고, '방위력 운용'에 초점을 맞추어 방위력의 역할을 효과적으로 수행하기 위한 각종 활동을 능동적으로 실시할 수 있는 '동적인 것'으로 정비해나가는 것이 필요하다. 이를 위해 22대강에서는 즉응성, 기동성, 유연성, 지속성 및 다목적성을 갖추고, 군사기술 수준의 동향을 반영한 고도의 기술력과 정보능력에 뒷받침된 '동적 방위력'을 구축하기로 하고 있다. 이 '동적 방위력'의 개념은 자위대 활동을 통해 방위력의 역할을 수행해나간다는 점을 주안으로 하고 있다. 인터넷 영문판 2012년 일본의 방위백서, p. 115.

85) 인터넷 영문판 2012년 일본의 방위백서, p. 115.

일본의 안보정책은 2012년 12월 아베 총리가 취임하면서 기존 정책노선을 더욱 확실하고 분명히 하였다. 아베 수상은 '적극적 평화주의'를 주장했다. 일본은 전쟁을 하지 않는 평화국가로서의 자세를 견지하면서도 국제사회에서 중요한 역할자로서 영향력을 확대해나가겠다는 의미이다. 또한 아시아 · 태평양 지역에서 일본의 안보를 담보하기 위해서는 기존의 소극적이고 피동적인 자세를 탈피하여 적극적이고 능동적으로 대처해나가겠다는 의미로 해석된다. 아베 정권은 또한 미 · 일동맹 강화를 강조하고 있다. 일본은 미국의 아시아 회귀와 재균형 전략 실행을 위해 적극적인 역할을 수행할 것이라고 자처하고 있다. 이는 현재 세계 유일 패권국인 미국과의 긴밀한 협력을 통해 부상하는 중국에 대응하고, 북한의 탄도미사일 위협에 대처하기 위한 선택으로 볼 수 있다.[86]

2013년 12월에 발표한 신(新)방위계획대강은 '동적 방위력'에서 통합 운용 강화를 중시한 '통합기동 방위력' 구축으로 다시 전환했다.[87] 이는 기동성 및 즉응성을 강조한 동적 방위력에 육 · 해 · 공 자위대의 통합적인 운용능력을 향상시켜 전투력을 높이겠다는 의도이다. 2014년에 들어와서 일본은 집단적 자위권, 무기수출 3원칙 폐지, 해병대 창설[88] 등의 적극적인 조치를 취하기 시작했다. 특히, 집단적

---

86) 김성걸 · 김두승, "세력균형 변동과 일본의 국가안보 전략 구상", 「군사논단」 2014, 여름호, p. 62.

87) 동(同) 방위계획대강은 1975년 이후 다섯 번째 개정되는 것이며, 우리의 '국방 기본정책서'와 동일한 위상의 문서이다.

88) 집단적 자위권은 "자국과 동맹을 맺고 있는 국가가 침략당할 경우 이를 자국에 대한 침략행위로 간주하여 침략국에 대응할 수 있는 권리"로, 기존에는 헌법 9조(일본은 자국을 지키기 위한 최소한의 범위에서만 군사력을 동원할 수 있다)에 따른 일본 헌법해석상 집단적 자위권을 인정하지 않았으나, 아베 정권은 이를 합헌으로 헌법 해석을 변경하였다

자위권에 대한 행사를 합법화하면서 일본은 한반도 등 주변국 사태 발생 시 이를 빌미로 무력 개입할 수 있게 된 것이다.

이에 대해 한국과 중국 등 과거 제국주의 일본의 침략을 당한 경험이 있는 국가들은 강한 우려를 표명하고 있지만, 미국의 반응은 달랐다. 미국의 헤이글 국방장관은 일본의 집단자위권 행사 결정을 환영하면서 일본 자위대가 보다 다양한 작전에 참가가 가능해졌고, 미 · 일 동맹에 도움이 될 것이라고 논평했다.[89] 미국은 재정난 속에서 아시아 중심의 외교안보에 중점을 두면서 동맹국가인 일본에 대해 적극적인 역할을 기대하고 있기 때문에 긍정적인 평가가 나올 것으로 예상되었다. 또한 일본 아베 정권도 본 사안에 대해 역내 주변국들의 반대와 우려가 있었지만, 미국이 지지하고 있었기 때문에 자신감을 가지고 추진한 것으로 볼 수 있다.

2015년 4월 미국과 일본은 개정된 미 · 일방위협력지침을 발표했다. 본 지침은 1997년 개정된 이후 18년 만에 다시 개정한 것으로, 가장 큰 변화는 기존 일본 근해로 한정되어 있던 자위대의 활동범위를 전 세계 수준으로 확대시킨 것이다. 이것은 미국의 '아시아 재균형 정책'과 일본의 '적극적 평화주의' 정책이 서로 맞아떨어진 결과라고 볼 수 있다. 즉, 미국은 국방재원의 압박 속에서 중요해진 아시아 지역에 더 많은 군사력을 운영하기 위해 일본의 한층 강화된 안보 협력이 필요했고, 일본은 군사활동 영역 확대를 위한 미국과의 안보 협력이라는 명분이 필요했던 것이다.

이러한 추세를 종합해보면(그림 3-19 참조), 일본은 전수방위 및

(2014.7.1.).

89) "미 국방, 미 · 일동맹 효율화 공개지지", 「국민일보」, 2014년 7월 2일.

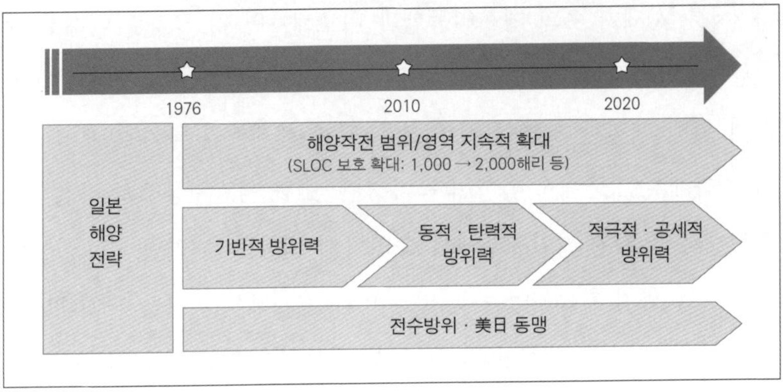

〈그림 3-19〉 일본의 방위정책과 해양전략 발전 추세

미 · 일동맹을 국가방위의 기조로 삼고 있다. 이 두 가지는 냉전기와 탈냉전기를 거쳐 지속적이고 일관되게 유지하고 있다. 그렇다면 이러한 두 가지 기조는 언제 바뀔 수 있는가? 먼저 전수방위의 원칙은 사실상 의미를 상실했다고 볼 수 있다. 일본은 2013년 집단적 자위권을 재해석하고, 2015년 미 · 일방위협력지침을 개정하면서 자위대가 전 세계적으로 활동 가능하게 함으로써 오로지 공격받을 때만 방어한다는 전수방위의 원칙은 사실상 폐기했다고 볼 수 있다. 그러나 일본은 헌법 9조가 존재하는 한 명목상으로 전수방위의 원칙을 유지할 것으로 보인다. 그래서 안보 법제와 관련해 아베 수상의 최종 목적이 이러한 평화헌법을 수정하는 것이라고 예측할 수 있다.

한편, 미 · 일동맹은 미국의 패권이 유지되는 한 지속될 것이다. 미 · 일동맹은 1950년 북한의 한반도 공산화를 위한 한국전쟁이 발발한 후에 기존의 전후 지배체제를 종식시키고, 극동에서 반공산화를 위한 우방의 필요에 의해 체결된 조약이다. 이후 본 동맹은 체결 당시의 주적이었던 공산주의 소련이 몰락했음에도 여전히 지속되고 있다. 이를 20세기 초의 영 · 일동맹과 비교해보면 어느 정도 미래를 예측할 수 있을 것이다. 영 · 일동맹은 1902년 남진하는 러시아에 대항하기 위해 체결한 조약인데, 일본은 당시 세계패권 국가였던 영국과의 조약체결로 국제적 위상이 높아졌다. 또한 영 · 일동맹의 간접적인 지원으로 일본은 러일전쟁에서 승리하게 된다.[90] 이러한 영 · 일동맹은 1923년까지 지속되었는데, 일본이 대륙 지배의 야욕을 드러내면서 당시 중국 대륙 등에서 영국과 이권이 충돌하고 갈등이 깊어지면서 동맹은 파기되었다. 즉, 미 · 일동맹은 미국이 더 이상 패권국가로서의 힘을 상실하는 경우 또는 미국과 갈등 또는 충돌이 발생할 경우에는 파기될 것이다. 국제사회에서는 영원한 우방도 적도 없다고 하지만, 당분간은 미국의 패권을 대처할 만한 단일 패권국가의 등장이 어렵다는 것이 정설이고,[91] 일본은 이러한 패권국가인 미국을 결코 배반하지 않을 것이다. 따라서 미 · 일동맹은 한동안 지속될 것이고, 이는 일본의 국가안보정책의 근간으로 남을 것이다.

구체적인 방위정책의 차원에서 보면 일본은 피동적 · 적극적인 모습에서 적극적 · 공세적인 방위정책으로 전환하고 있다. 그러나 이러한 변화는 급진적이지 않고, 점증적으로 추진되고 있다. 1970년대에 등장한 기반적 방위력 방침은 피동적인 방위정책이었다. 즉, 위협을 가하는

---

90) 러일전쟁 시 러시아 태평양함대를 지원하기 위해 러시아는 발틱함대를 극동으로 보냈다. 발틱함대는 영국의 방해로 수에즈 운하를 통과하지 못하고 아프리카의 희망봉을 돌아오는 긴 항로를 선택해야 했고, 또 당시 연료였던 석탄의 중간 보급도 영국의 방해로 원활하지 못했다.

91) Zbigniew Brzezinski, *Strategic Vision: America and the Crisis of Global Power*(New York: Basic Books, 2012), pp. 75-89에서 미국의 패권은 쇠퇴할 것이지만, 중국이나 러시아가 미국의 힘을 대체할 정도로 성장하는 데는 무리가 있으며, 따라서 국제사회는 일정 기간 새로운 질서가 확립되지 않은 대혼란(chaos) 상태가 불가피하다고 주장했다.

특정 국가를 상정하지 않고, 다만 일본 스스로 힘의 공백이 되지 않도록 일정 수준의 기반이 되는 방위력을 구축한다는 개념이 기반적 방위력 방침이었다. 그러나 이제 적극적으로 중국 및 북한이 위협을 가하는 국가라고 지칭하고 있으며, 적극적으로 행동하는 방위정책을 취하고 있다. 2014년 결정된 집단적 자위권의 재해석은 적극적 방위정책의 좋은 예라고 할 수 있다. 전수방위 원칙은 침략을 받았을 때만 반격하므로 수세적이라고 할 수 있다. 그래서 적지를 공격할 수 있는 미사일 등 타격무기와 해병대 등의 전력도 보유하지 않았다. 그러나 이제 일본은 해병대 기능을 갖는 부대를 창설할 것이라고 알려졌다.

해양전략의 변화 추세로는 해양작전 영역을 지속적으로 확대하고 있다. 해상교통로(SLOC) 보호 범위를 확대하는 것이 좋은 예라고 할 수 있다. 일본은 1980년대는 1,000해리 보호개념이었으나, 2020년경에는 2,000해리까지 해역을 보호할 수 있는 능력을 확보할 것으로 전망된다. 또한, 작전의 지리적 범위도 점점 전 세계적으로 확대시키고 있다. 이미 일본은 한국도 참여하는 청해부대 대해적작전에 참여하고 있으며, 2004년 동남아의 쓰나미 발생 시에도 인도적 구호작전 명목으로 해자대 함정을 파견하였다. 작전영역도 과거 일반적인 해군작전인 대잠전 및 대기뢰전에서 해상탄도탄 방어전(MD) 및 사이버전 등으로 영역도 확대해나가고 있다.

3. 변동기 일본의 해양전략[92)]

최근 일본의 방위백서는 자국 주변의 안보 위협 요소로 크게 두 가지를 제시하고 있다.[93)] 첫 번째로 언급하는 군사적 위협은 북한을 제시하고 있는데, 북한이 2011년 12월 김정일 국방위원장 사망 이후 김정은 체제로 유지되고 있다고 언급하고 있다. 이러한 북한은 핵 개발 및 장거리 미사일 개발에 역점을 두면서 일본의 안보에 '중대한 위협'을 가하고 있다고 주장하고 있다.[94)] 두 번째로 언급하는 위협이 바로 중국인데, 중국에 대해서는 경제 및 안보 분야를 총괄해서 매년 그 위협을 강조하고 있다. 2012년 방위백서에서는 중국이 도시 및 연안을 중심으로 급격한 경제적 발전을 거듭하였으며,[95)] 2010년을 기하여 국내총생산(GDP)에서 일본을 추월하여 미국 다음으로 세계 2위의 경제국가가 되었다고 기술하고 있다. 또 중국은 국방비 측면에서도 놀랄 만한 증가를 보이고 있다고 평가한다. 중국의 국방비는 과거 5년간

92) 국방대 김기주 교수는 아베 정권하의 일본의 해양전략을 '역내 해양균형자' 전략이라고 지칭했다. 즉, 동아시아 지역에서 미국이 전략적 회복기간을 갖는 동안 일본이 이를 대신해서 중국의 해양 패권주의에 적극적으로 대응한다는 의미이다. 김기주, "일본의 해양전략 평가와 전망", 『2013~2014 동아시아 해양안보 정세와 전망』, 한국해양전략연구소 편 (서울: 한국해양전략연구소, 2014), pp. 196-201.

93) 2014년 일본 방위백서는 위협요소로 중국, 북한 및 러시아를 들고 있다. 본고에서는 일본과 직접적인 갈등을 빚고 있는 중국과 북한을 중심으로 기술했다. 인터넷 영문판 2014년 일본의 방위백서. <http://www.mod.go.jp/e/publ/w_paper/2014.html> (검색일: 2014년 9월 8일)

94) 2014년 일본 방위백서 "핵무기 및 탄도미사일 개발을 최우선 과제로 선정하고, 벼랑 끝 전술을 통한 체제유지에 주력하고 있다. 비대칭적 군사능력 유지 및 강화로 한반도, 동북아시아 지역 내 안보상 불안정 요인이 되고 있다."고 기술. 인터넷 영문판 2014년 일본의 방위백서. <http://www.mod.go.jp/e/publ/w_paper/2014.html> (검색일: 2014년 9월 8일)

95) 인터넷 영문판 2012년 일본의 방위백서, p. 26.

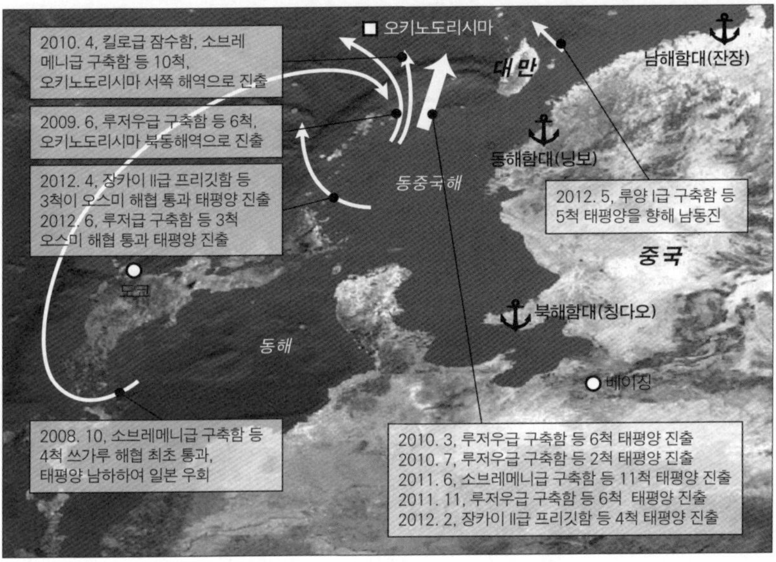

〈그림 3-20〉 중국 해군의 일본 근해에서의 활동

출처: 인터넷 영문판 2012년 일본의 방위백서, p. 38.

2배 이상, 과거 24년간 약 30배의 규모로 증가되었다고 주장하며, 군사비 공개의 불투명성 때문에 실제 중국의 국방비는 훨씬 상회할 것이라고 보고 있다. 명실공히 경제규모와 병행하여 군사비 측면에서도 미국에 이어 세계 2위라고 언급하고 있다. 2014년 방위백서에서는 중국이 동중국해 방공식별구역 설정 등 기존 국제법 질서와 상반되는 '힘에 의한 현상 변경을 시도'하여 안보 위협이 되고 있다고 주장했다. 추가적으로 중국의 동·남중국해에서의 활발한 해상활동과 항공모함의 취역 상황 그리고 차세대 전투기 개발 현황 등 비교적 상세하게 언급했다.

1) 대(對)중국 위협을 고려한 일본 해양전략의 방향

냉전시대 일본의 위협 대상은 북쪽의 소련이었다. 따라서 주요 전력은 홋카이도(북해도)를 중심으로 배치되었다. 탈냉전에 따른 안보 상황 변화에 따라 일본의 주요 위협은 중국과 북한으로 바뀌었다. 북한도 부차적인 위협이라고 상정하지만, 그래도 가장 큰 위협으로는 중국을 인식하고 있다.

일본은 이러한 대중국 위협 인식에 따라 중국의 해양진출로인 남서 방향의 군사력을 증강하고 있는 것에 대한 다음과 같은 4가지의 활동영역 확대 목적을 추정하고 있다.[96] 첫째로는 중국의 영토 및 영해를 방어하기 위해 최대한 멀리 떨어진 해역에서 적의 작전을 저지하기 위한 목적이다. 둘째로는 대만의 독립을 억제 · 저지하기 위한 군사적 능력을 정비하기 위함이다. 중국은 대만 문제를 해결하여 중국 통일을 실현하는 것과 관련해서는 어떠한 외국 세력의 간섭도 수용하지 않을 것이라고 언급하고 있으며, 중국이 사면이 바다로 둘러싸인 대만에 대한 외국의 개입을 실력으로 저지하는 것을 도모할 경우, 해양에서의 군사작전 능력을 충실하게 구축해야 할 필요가 있다. 셋째로는 해양권익을 획득 · 유지 · 보호하는 것이다. 중국은 동중국해 및 남중국해에서 석유 · 천연가스의 채굴 및 채굴을 위한 시설 건설 및 탐사를 활발하게 실시하고 있다. 넷째로는 자국의 해상교통로를 보호하는 것이다. 이러한 배경에는 세계화되고 있는 중국의 경제활동에 있어서 중동으로부터의 원유 수송 경로 등 해상교통로가 생명선이라고도 할 수 있을

96) 인터넷 영문판 2012년 일본의 방위백서, p. 39.

정도로 중요하다. 장차 중국 해군이 어디까지 해상교통로 보호 대상으로 판단할지는 그 시기의 국제정세 등에 좌우될 것이나, 최근 중국 해 · 공군의 현대화를 고려할 경우, 능력이 도달하는 범위는 중국 인근 해역을 초월하여 확대될 것으로 추정된다.

일본은 중국의 군사력 증강과 특히 해군력 증강으로 인한 대양진출 의도를 자국을 향한 위협으로 간주하고 있다. 이러한 중국의 위협에 대응하기 위해 먼저 군사력의 중심을 일본의 북부(홋카이도)에서 남서(南西)[97] 방면에 집중하고 있다. 과거 냉전시대에는 구소련에 의한 홋카이도 침략이 문제가 되어 주로 전력을 북쪽에 배치하였다. 그러나 구소련(러시아)의 위협이 줄어들고 상대적으로 중국의 위협이 증가하자, 중국의 군사력과 충돌 지역인 남서 방면에 전력을 집중하고 있다.

일본의 남서 제도 군사력 강화를 살펴보면, 먼저 도서 방어능력을 강화하고 있다. 일본의 육상자위대는 연 1회 미 해병대와 도서탈환 공동 훈련을 실시하고 있다. 이를 통해 중국이 남서 제도의 일본 도서 강점 시 이를 탈환하기 위한 능력과 절차를 숙달하는 것으로 간주된다. 더 나아가 현재 일본 자위대가 보유하지 않는 해병대 기능을 확충하려고 노력 중이다.[98] 해자대는 경계감시 및 초계 능력을 보강하는 방향

97) 남서(南西) 제도: 일본 남단에서 대만 사이에 호형으로 형성된 도서(약 1,200km)로서, 오키나와 제도 및 센카쿠 제도 등이 있다. 이 지역은 일본에게는 해상교통로 및 해양자원 확보를 위한 중요한 지역이며, 중국에게는 태평양으로 진출하기 위해 반드시 통과해야 하는 해역이다.

98) 일본 자위대에 해병대 기능 확충을 검토한다는 추진 내용: 점령된 도서탈환 등 자위대의 해병대 기능을 확충할 것을 결정했으며, 연말 목표로 재검토 중인 '방위계획대강' 중간 보고서에 명기할 예정이라고 보도했다(요미우리신문, 2013.7.8.). 보다 상세한 내용으로 현재 일본 육상자위대 부대 중에 제한적인 해병대 기능(상륙작전 능력)을 수행하고 있는 서부방면대 보통과(보병) 연대 전력 강화, 수륙양용차 및 수직이착륙기(MV-22)를 보유한 전문부대 신설, 육 · 해 · 공 자위대의 통합 운용능력 향상 등이다.

으로 전력을 증강하고 있다. 먼저 초계활동 강화를 명분으로 잠수함 전력을 16척에서 22척을 보유하는 것으로 수정했으며, 오키나와 나하(那覇) 기지에 P-3C 추가 전개를 추진하고 있다. 또한 함정의 임무수행 보장을 위해 오키나와 유류 저장능력 확대를 추진하고 있는 것으로 알려졌다. P-3C 초계기의 후속으로 속도, 잠수함 탐지능력 및 정보처리 능력이 현저히 향상된 P-1기를 2015년까지 확보하는 것으로 추진하고 있다. 항공자위대는 신속한 대처능력 향상과 정보수집 및 경계감시 체계를 구축하고 있나. 현재 오키나와(나하)에 남서 항공혼성단을 배치하여 운용 중이며, 이곳에 F-15전투기 1개 대대, 고정식 지상레이더(FPS-3, FPS-5) 및 패트리어트(PAC-2) 등을 운용 중이다.

2) 대(對) 북한 위협 대응 전략: 북(北) 탄도미사일 대응

북한의 탄도미사일에 대한 대응은 미사일 방어체계(MD)를 구축하는 것으로 대응하고 있다. 이는 미국의 MD에 편입하게 되고, 특히 해

곤고함 SM-3 발사시험(2007.12)

기리시마함 SM-3 발사시험(2010.11)

〈그림 3-21〉 일본 해자대의 MD 능력

군 이지스 구축함을 통한 MD 능력 확충에 근간을 두고 있다.

일본 해자대의 이지스함은 1994년 곤고급 이지스함을 최초로 하여 2014년 현재 총 6척을 보유하고 있다. 그중에서 SM-3미사일을 탑재하여 BMD(탄도미사일 방어) 능력이 있는 이지스함은 총 4척이다. 일본은 4척의 BMD 능력이 있는 이지스함을 4개의 호위대군에 각각 배치하여 일본 전역에 BMD 화망(火網)을 구축하고 있다. 일본 해자대는 탄도탄 요격이 가능한 SM-3미사일을 미 해군의 하와이 탄도탄 요격 실험장에서 성공적으로 발사하여 요격에 성공하였다. 이후 2009년과 2010년에도 지속적으로 자국의 이지스함에서 SM-3미사일 발사를 실험하여 탄도탄에 대한 요격 능력을 갖추었다고 평가된다.

3) 배비태세

일본 해자대의 전력은 크게 2개 조직으로 구성되어 있는데, 자위함대사령부와 지방대로 나누어진다. 자위함대사령부의 주요 전력은 4개의 호위대군, 7개의 항공군, 2개의 잠수대군 및 소해대군으로 구성된다. 지방대는 일본 전역을 5개의 책임구역으로 구분하여 작전을 수행한다. 자위함대는 주로 기동운용에 의해 일본 주변 해역 방위임무를 수행하고 있으며, 지방대는 자위함대의 지원 및 담당해역 경비를 담당하고 있다. 다시 말해 자위함대는 기동부대의 성격을 지니는 반면, 지방대는 일정한 책임해역을 가지는 해역함대라고 볼 수 있다.

자위함대의 핵심전력인 4개의 호위대군은 태평양 쪽에 위치하면서 수도인 도쿄에 가까운 요코스카(제1호위대군), 한반도와 중국에 가장 가까운 사세보(제2호위대군), 독도와 한국의 동해에 가장 가까운 마이즈루(제3호위대군), 혼슈 섬과 시코쿠 섬 사이의 내해에 위치한 구레(제4호위대군)에 배치되어 있다. 각 호위대군의 주요 배치를 고려해볼 때, 제1호위대군은 수도에 가깝고, 미 7함대 사령부가 있는 요코스카에 위치하

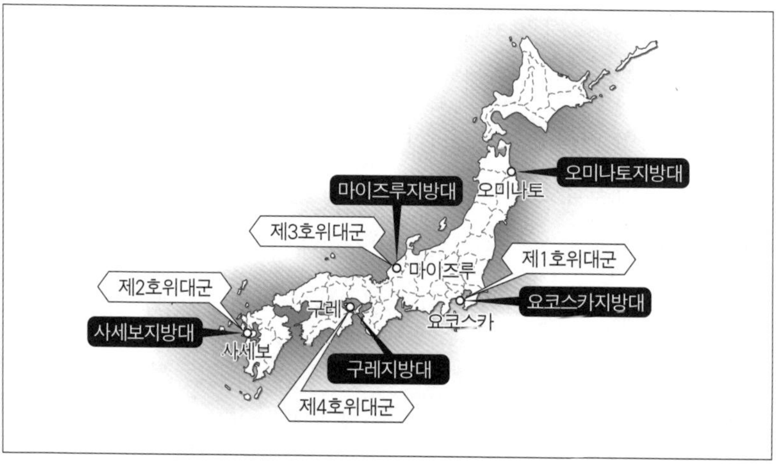

〈그림 3-22〉 해자대 호위대군과 지방대 배치

〈그림 3-23〉 잠수대군-소해대군-항공부대 배치 현황

여 어떤 상징적인 의미를 가지는 호위대군이다. 반면 제2, 3호위대군은 실제로 중국 및 한국 등과 갈등이 발생할 수 있는 해역에 배치되어 있다. 따라서 타 호위대군에 비해 전비태세의 수준이 높을 것으로 예상된다. 제4호위대군은 구레라는 내해에 위치하고 있어 다른 호위대군을 보완하거나 예비대로 활용될 것으로 예상된다.

해자대는 각 호위대군의 작전운용, 정비, 교육훈련 및 작전대기를 주기적으로 순환함으로써 1~2개의 호위대의 상시 즉응태세를 유지하고 있다. 평상시에도 각 호위대군은 소속 함정을 해당 모기지에만 국한하지 않고, 다양한 작전해역 및 기지에 분산 배치하여 평시 태세유지 중에도 일부 지역에만 편중되는 것을 방지한다.

잠수함대 사령부는 2개의 잠수대군으로 구성되어 있다. 제1잠수대군은 구레에, 제2잠수대군은 요코스카에 위치해 있다. 해자대는 훈련용 잠수함 2척을 포함하여 총 18척의 잠수함을 운용하고 있다. 소해대군 예하에 총 4개의 소해대를 두고 있다. 제1소해대(구레), 제101소해대(구레), 제2소해대(사세보), 제51소해대(요코스카)에 배치되어 있다. 해자대는 소해 능력이 뛰어난 MH-53E/MCH-101급 소해헬기[99]도 보유하고 있는데, 주로 이와쿠니 기지에 배치되어 있다. 소해전력 배치를 고려하여 유추해볼 때 일본 해자대가 소해에 중점을 두고 있는 해역은 수도가 있는 도쿄 만과 혼슈 섬 및 규슈 섬 사이의 간몬 수로 그리고 혼슈 섬과 시코쿠 섬에 의해 형성된 내해지역일 것으로 예상된다. 항공부대는 잠수대군 및 소해대군과 달리 전국적으로 널리 배치되어 있다. 이유는 일본 본토 전체의 SLOC 감시 및 정찰을 위해 항공기를 운

99) 소해헬기는 전 세계에서 미국과 일본만 운용하고 있으며, 소해함과 비교할 때 소해 속도가 빠르고 안전성이 뛰어난 소해 수단이다.

용하기 위한 목적으로 분석된다.

4) 호위대군 분석: 일본 해자대 수상함의 핵심전력

일본 호위대군은 해자대 수상함의 핵심전력이다. 앞에서 설명한 대로 호위대군은 일본 전국에 배치되어 있다. 따라서 본서에서는 호위대군을 집중적으로 분석하여 소개하고자 한다. 호위대군은 조직도(그림 3-24)에서 볼 수 있는 것처럼 해상막료장(우리의 해군 참모총장에 해당) 예하에 자위함대 사령관이 있고, 예하에 호위함대 사령관이 있다. 호위함대 사령관 예하 전국적으로 배치된 4개의 지역에 4개의 호위대군이 있다.

호위대군의 기본임무는 먼저 해상으로부터 침략 등 사태에 대응

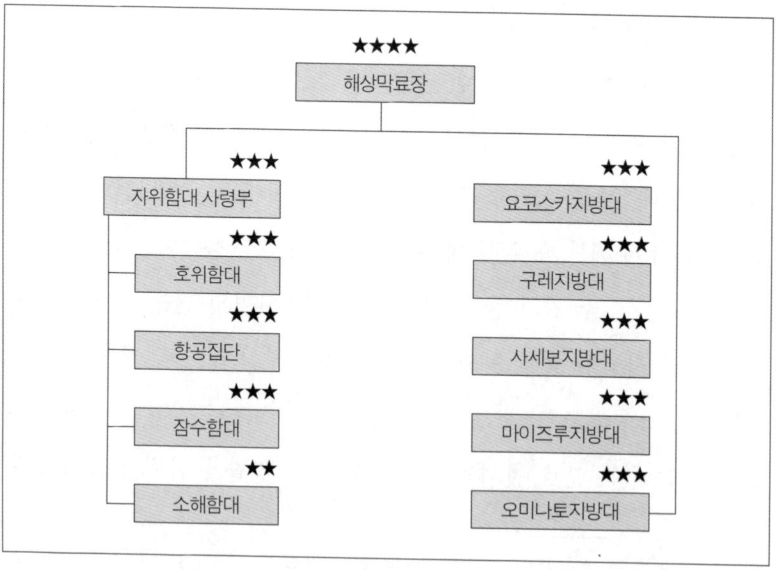

〈그림 3-24〉 일본 해자대 조직

하고, 연안지역의 경계 및 방어를 주 임무로 한다. 부가 임무로는 탄도미사일 공격대응, 게릴라 및 특수부대의 공격 대응, 도서에 대한 침략에 대응하고, 주변 해 · 공역의 경계감시 및 영공침범 대처, 무장 공작선 등에 대한 대응 및 대규모 특수재해 등에 대한 대응이다.

각 호위대군은 각각 2개의 호위대로 구성되어 모든 해상 상황 발생 시 독립적으로 대응작전이 가능하도록 능력을 구비하고 있다. 즉, 1개 호위대군은 함정(DDH, DDG, DD) 8척과 항공기 8대로 구성되는 88함대의 개념을 적용하고 있다. 4개 호위대군은 지정된 지방대 기지를 모항으로 하여 전국에 균형 배치되어 있고, 자위함대로부터 직접 작전 통제를 받는다. 호위대군을 구성하는 호위대는 헬기탑재 호위함 중심의 DDH그룹과 이지스함 중심의 DDG그룹으로 구분된다.

본장에서는 호위대군 중 대표성이 있는 요코스카에 전개된 제1호위대군[100]을 집중분석한다. 수도 도쿄에서 가까워 홍보 효과도 함께 누리기 위해 최신 함정을 먼저 배치하는 호위대군이기도 하다. 그래서 신형 항모형 DDH 1번함 휴가와 신형 아키주키급 DDG 1번함도 제1호위대군에 배치되었다.[101] MD용 SM-3를 탑재한 이지스함 4척은 제1호위대군(요코스카: DDG173-곤고함) 1척, 제2호위대군(사세보: DDG174-기리시마함, DDG176-초카이함) 2척, 제3호위대군(마이즈루: DDG175-묘코함) 등 일본

100) 일본 해자대 홈페이지 참고. www.mod.go.jp/msdf/formal/english (검색일: 2014년 4월 30일)

101) 2014년 현재 일본 해자대는 경항모로 분류할 수 있는 함정으로 휴가급(1만 8,000톤급) 2척(휴가함, 이세함)과 이즈모급(2만 4,000톤급, 2013년 진수, 2015년 취역 예상) 1척을 보유하고 있다. 그러나 일본 해자대는 위 함정들을 구축함으로 분류하여 헬기탑재구축함(DDH)으로 부르고 있다. 아키주키급 구축함은 2012년 취역한 함정으로 국내에서 개발한 고정형 대공레이더(FCS-3A)를 장착하여 대공전 능력을 제고시켜 기존 이지스급 구축함이 탄도탄 방어에 치중할 때 취약해질 수 있는 호위대의 대공방어를 보완하기 위해 운용하는 것으로 예상된다.

〈그림 3-25〉 제1호위대군 구성

본토의 핵심지역에 MD 방어망을 구축하기 위해 4개 호위대군에 골고루 배치되어 있다.

호위대군의 작전능력은 모든 구성 함정들이 대잠전을 위한 음탐기(소나) 및 대잠무기(ASROC)를 장착하고 있어 대잠전 능력이 우수하다.

이러한 능력을 바탕으로 적 잠수함에 의한 해상교통로 위협에 대응할 수 있을 것이다. 또한 육상에 기지를 둔 고정익 해상초계기 및 잠수함과 합동작전 시 대잠능력은 더욱 배가될 것으로 예상된다.

호위대군은 최근 휴가급 DDH, 탄도탄 방어능력을 가진 이지스급 구축함 및 아키주키급 DDG를 확보하여 대잠전뿐 아니라 원거리 방공 및 대탄도미사일 대응작전 등의 능력도 구비해나가고 있다. 또한 휴가급 소형항모 등 대형함정과 최신 장비를 바탕으로 원해작전 및 원거리 투사능력도 점차 강화되는 추세에 있다. 중국과 분쟁 중인 동중국해 및 남중국해에서의 안정적인 작전이 가능하고, 점차 대만과 필리핀 등 동남아 지역으로까지 작전해역을 확대하려는 추세에 있다.

일본은 국력에 걸맞은 해외평화협력 활동 확대를 추구하고 있다. 이러한 국가정책에 따라 2013년 진수한 이즈모급 소형항모(2만 4,000톤)가 전력화되고 향후 추가 확보할 경우 국내외에서 대규모 자연재해 시 구호활동을 위한 해상 모기지로도 활용될 것으로 예상된다. 즉, 해자대는 더 멀리, 더 오랫동안 원양 및 해외 작전이 가능하게 될 것이다.

4. 해양영유권 분쟁 현황

일본의 주요 해양영유권 분쟁 지역은 두 곳이 있다. 중국과의 센카쿠 열도 문제, 그리고 러시아와의 북방 영토 문제가 그것이다. 여기에서는 두 곳의 해양영유권 분쟁에 대해 개괄적으로 소개하면서 일본 해자대의 대응 방향을 제시해보고자 한다.

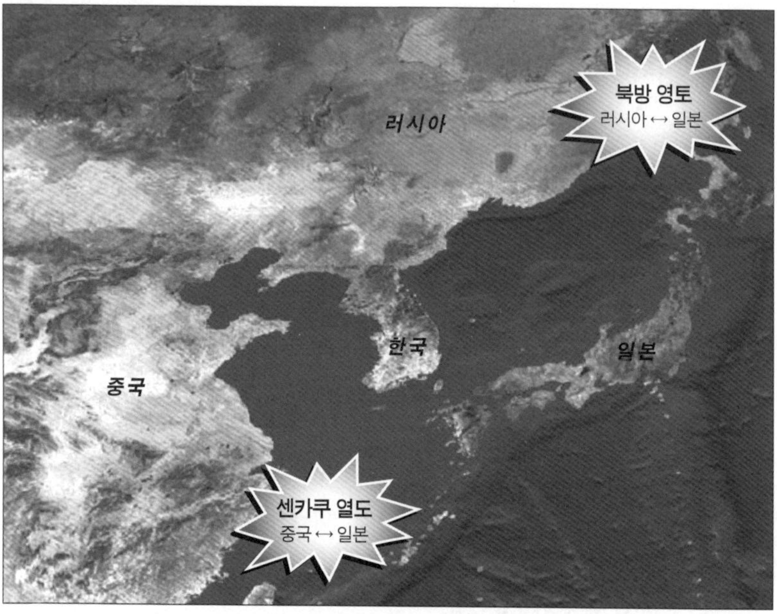

〈그림 3-26〉 일본의 해양영토 분쟁 현황

1) 센카쿠 열도

센카쿠 열도(尖閣列島)[102]는 5개의 작은 섬과 3개의 암초로 구성되어 있다. 일본 오키나와에서는 417km, 중국에서는 356km, 대만에서는 190km 떨어져 있다. 역사적으로 센카쿠 열도는 중국 영토였으나, 1895년 청일전쟁 후 '시모노세키조약'에 따라 일본 영토에 편입되었다. 제2차 세계대전 후에는 1951년 '미일(美日) 안전보장조약'에 따라 미국에 이양되었다가 1972년 미국이 오키나와를 일본에 반환할 때 일본 영토에 편입하게 됨으로써 현재까지 일본이 실효적으로 지배하고

102) 센카쿠 열도의 중국명은 댜오위다오(釣魚島)이다. 여기서는 일본의 관점에서 기술되어 일본명인 센카쿠 열도로 표기한다.

있다.

이에 대해 중국은 역사적 사실을 근거로 센카쿠 열도가 자국의 영토이며, 청일전쟁 후 불평등조약에 의거 일본이 강점하였으므로 반환되어야 한다고 주장하고 있다. 14세기 류큐왕국(오키나와)이 명나라에 복속되면서 센카쿠 열도에 대한 영유권을 중국이 보유하게 되었으나, 일본이 1895년 청일전쟁 후 불법적으로 강탈하였다고 주장하고 있다.

센카쿠 열도에 대한 영유권 문제가 관심의 대상이 된 것은 1969년 센카쿠 열도 주변 해역에서 해저 에너지자원 매장 가능성이 제기되면서부터이다.[103] 일본은 센카쿠 열도에 대한 실효 지배를 강화하는 방안을 추진하였으며, 중국은 자국 해양영토에 대한 '주권침해' 및 '절대 양보 불가'라는 원칙하에 강경한 입장을 견지하고 있다.

최근 센카쿠 열도 관련 중 · 일 간의 갈등이 심화된 계기는 2010년 9월 이후이다. 일본 순시선이 센카쿠 열도 근해에서 조업하던 중국 어선을 나포했고, 이어 중국인 선장을 구속하였다. 이에 중국은 주권 침해라고 주장하면서 주중 일본대사 초치 및 항의와 전국적인 반일(反日) 시위가 벌어졌다. 중국의 항의에도 일본이 중국인 선장을 석방하지 않자, 대일(對日) 희토류 수출금지 조치를 결정하여 더욱 강경하게 대응했다.[104] 일본은 이러한 사태가 장기화될 경우 일본 경제에 미칠 악영

---

103) 히라미쓰 시게오 저, 이용빈 역, 『마오쩌둥과 덩샤오핑의 백년대계: 중국군의 핵 · 해양 · 우주 전략을 독해한다』(서울: 한국해양전략연구소, 2014), p. 20. 동아시아 해역에서의 해저 에너지 자원 매장 가능성에 대한 기술적 조사 결과는 Mark J. Valencia, "Oil and Gas Potential, Overlappinng Claims, and Political Relations," Geroge Kent and Mark J. Valencia(eds.), Marine Policy in Southeast Asia(Berkeley, University of California Press, 1985)를 참조할 것.

104) 희토류는 스칸듐과 이트륨 등의 희귀광물로서 전자제품 생산에 필수적인 재료이며, 중국이 전 세계 희토류의 90% 이상을 공급하고 있다.

〈그림 3-27〉 센카쿠 열도 현황

향을 고려하여 즉각 중국인 선장을 석방하여 사태를 일단락 짓는다.

2012년에도 센카쿠 열도를 둘러싼 중 · 일 간의 갈등이 다시 한 번 표면화되었다. 일본이 센카쿠 열도의 섬에 대해 국유화 조치를 취하자, 중국은 센카쿠 열도를 자국의 영해기선으로 선포하여 대응했다. 중국 국내에서는 연일 반일시위가 이어졌다. 또한 중 · 일 양국은 센카쿠 열도에 해양순시선을 파견하여 각각 자국의 영토임을 주장했다. 여기에 중국의 입장을 지지하는 대만이 가세하게 되었다. 센카쿠 주변 해역에서 중 · 일 양국 사이에 군사적 충돌은 일어나지 않았으나, 일촉즉발의 위기가 고조되었다. 중국 해양감시용 항공기가 센카쿠 열도 상공에 접근하면, 일본은 전투기를 발진시켜 퇴각시켰다.

2013년 들어 양국 간의 갈등은 더욱 심화되고 우발적 군사충돌의 가능성은 더욱 커져갔다. 2013년 1월 30일, 중국 해군의 소형구축함 1척이 일본 해자대 호위함에 사격통제 레이더를 조준하였다. 이에 대해 일본 정부의 외무상이 외교 루트를 통해 중국에 엄중히 항의하기도 하였다. 일본과 중국 양국은 각각 도서방어 훈련 및 도서탈환 훈련을 실시하는 등 센카쿠 열도에 분쟁 상황을 가정한 훈련을 지속적으로 실시하고 있다.

그간 일본은 센카쿠 열도에 대한 실효적 지배자로서 중국의 강경 반응에 비해 온건하게 대응하였다. 그러나 2012년 일본은 아베 정권이 등장한 이후 센카쿠 열도 대응에 강경한 자세를 취하기 시작한다. 즉, 중국 무인기가 센카쿠 열도 영공에 접근할 경우에 격추하라는 지침을 내린다.

센카쿠 열도를 둘러싼 중 · 일 양국 간의 갈등의 시작은 원유 등 해저자원 매장 가능성이 알려지면서부터이고, 중국의 국력이 신장될수록 군사적 충돌의 개연성은 더욱 커진다.

2) 북방영토 분쟁

일본이 러시아와 영토 분쟁을 벌이고 있는 북방 4개 도서는 홋카이도 북단의 섬으로, 구나시리, 하보마이 군도, 시코탄, 에토로후 섬이다. 이 섬들은 제2차 세계대전 종료 시점에서 당시 소련의 영토가 되었다.

제2차 세계대전 종료 시점에 열린 얄타회담에서 소련의 대일전(對日戰) 참전을 유도하기 위해 미국은 치시마 열도를 소련에 양도한다고 약속했다. 미국은 미군 단독으로 일본 본토 점령 시에는 약 50만 명의

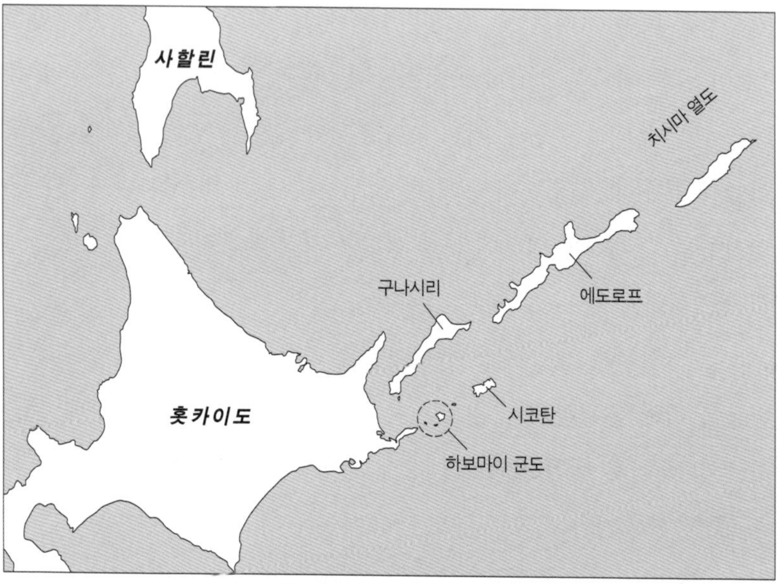

〈그림 3-28〉 일본의 해양영토 분쟁 현황: 북방 4개 도서

희생자가 발생하리라고 예상했다. 그래서 미군 희생을 줄이는 방안으로 소련을 참전시켰던 것이다. 이러한 약속에 따라 치시마 열도의 끝부분인 북방 4개 도서는 자연스럽게 소련의 영토가 되었다.

1991년 고르바초프 대통령과 1993년 옐친 대통령의 일본 방문을 계기로 북방영토 문제가 해결되어가는 분위기가 조성되었다. 그러나 2000년 푸틴 집권 후 강한 러시아를 추구하면서 러시아는 북방영토 문제에 대해 강경한 자세로 돌변하였다. 급기야는 2010년 11월 1일 메드베데프 대통령이 러시아 고위급 인사로는 처음으로 구나시리와 에도로프 섬을 공식 방문했다. 이전에는 일본과의 관계를 배려하여 방문하지 않았다. 이후 2014년 현재까지 북방 4개 도서에 대한 러시아와의 어떠한 문제 해결도 진척되지 않고 있다.

위와 같은 일본의 해양영유권 분쟁 상황에 대해 일본의 방위백서는 센카쿠 열도 위협을 주로 언급하고 있다.[105] 즉, 센카쿠 열도에 관련해서는 중국의 함정과 항공기가 센카쿠 열도 영해 및 근해에서 활동한 상황 등을 소상히 소개하고 있다. 이러한 상황을 평가해볼 때 일본은 두 곳의 영유권 분쟁 지역 중에서 중국과의 센카쿠 열도 분쟁에 상대적으로 위협을 느끼고 있는 것으로 판단되며, 이에 대비하여 일본은 남서 제도의 방위력을 지속적으로 증강하고 있다.

5. 일본 해자대의 당면한 문제들

일본 해자대는 제반 여건의 변화에 따라 몇 가지 당면한 고민이 있다. 첫째로는 현재의 전략과 전력으로 중국에 대응할 수 있는가이다.[106] 앞에서 설명한 것처럼 현재 해자대의 전력은 냉전시기 소련에 대비한 대잠전과 대기뢰전에 중점을 두고 있다. 소련 태평양함대의 잠수함 위협에 대응하기 위해 음탐기 및 어뢰 등을 구비한 구축함 그리고 P-3C 등 대잠항공기 위주로 전력을 건설했다. 이제 위협이 소련에서 중국으로 이동했다. 그러면 중국에 대응하기 위한 전력은 무엇인가를 고민해야 한다.

중국은 수상, 수중 및 항공 전력을 급속히 확장시키고 있다. 수상 전력 확장의 대표적인 사례는 2012년 9월 항공모함 랴오닝함 취역을

105) 인터넷 영문판 2012년 일본의 방위백서, p. 35. 37-38.

106) Tosh Yoshihara and James Holmes, "Japanese Maritime Thought: If not Mahan, Who?," *Naval War College Review*, Vol. 59, No. 3(Summer 2006), p. 45.

들 수 있다. 랴오닝함에 이어 중국은 2018년까지 항모 4척을 자체 건조할 예정이라고 전해지고 있다.[107] 즉, 재래식 항모 2척과 핵추진항모 2척을 자국에서 건조하여 배치한다는 계획이다. 중국의 잠수함은 이미 핵추진잠수함과 잠수함발사핵미사일을 갖추고 있다. 핵무기를 갖지 못한 일본은 이러한 중국의 수중 전력에 큰 위협을 느끼고 있다. 중국 잠수함에 의한 위협의 대표적인 사례가 2004년 11월 10일 중국 한(漢)급 잠수함의 일본 영해침입 사건[108]이었다. 또한 중국은 미국 항공모함을 공격하기 위해 기존 대함순항미사일보다 크고 속도가 빨라 방어하기 힘든 둥펑 대함탄도미사일(東風-21)을 개발하여 배치했다.

두 번째는 미 · 일동맹의 효용성에 관련된 문제이다. 일본이 중국과 갈등 시에 미국의 지원을 받을 수 있을 것인가의 논란이다. 대표적인 사례가 중국과 다투고 있는 센카쿠 열도 갈등 문제이다. 중국이 센카쿠 열도 침범 시 미국이 군사적 지원을 해줄 것인가에 대해 논란이 있다. 일단 센카쿠 열도 문제에 대해서는 미국 오바마 대통령이 미 · 일 안보조약 적용대상이라고 명백히 밝혔다.[109] 그렇다면 한국과의 독도 문제와 러시아와의 북방 4개 도서 문제는 어떠한가? 현재까지 중국과의 센카쿠 열도 문제를 제외한 해양영토 문제에 대해 미국은 일본

107) http://news.naver.com/main/read.nhn?mode=LSD&mid=shm&sid1=104&oI d=001&aid=0006780451(검색일: 2014년 5월 12일).

108) 당시 이 사건은 일본 국내의 안보 불안감을 고조시켰고, 고이즈미 총리의 우경화 경향에 영향을 주었다. 한편, 해자대는 영해에 침입한 미식별 잠수함을 1주일 동안 지속적으로 추적, 결국 중국 잠수함으로 확인하여 그들의 대잠전 능력을 입증했으나, 부족한 함정의 인력에 따른 승조원 피로 누적 등으로 1주일 이상의 해상작전 지속 능력에 대해서는 해자대 내부적으로 우려의 목소리가 높았다.

109) 美 오바마 대통령은 2014년 4월 24일 일본 방문 중 센카쿠 열도 문제에 대한 미국의 입장을 명백히 밝혔다.

을 지지하지도, 반대하지도 않는 중립적인 입장을 견지하고 있다.

세 번째 문제도 미 · 일동맹에 관련된 문제이다. 일본이 미국의 지원을 받지 않고 독자적으로 방어할 수 있는가에 대한 의문이다. 전후 일본의 중점은 대잠전과 대기뢰전 그리고 SLOC의 보호였다. 여기에 초점을 맞추어 전력을 건설한 일본 해자대는 한쪽에 치중한 약간은 불균형적인 전력을 구비하고 있다.

4장

결론: 일본 해양전략의 평가와 전망

1. 제국 일본 해군에서 해자대까지

본서에서는 일본의 해양전략을 시간적 순서와 국제정치의 상황 변화에 따라 크게 세 시기로 분류해보았다. 1868년 메이지유신부터 태평양전쟁(제2차 세계대전) 시기까지, 냉전기(제2차 세계대전 후 1991년 구소련 붕괴까지) 그리고 그 이후를 탈냉전기로 구분하여 분석하였다.

태평양전쟁까지의 일본의 해양전략은 제국 일본 해군으로서 제해권 확보를 위한 함대결전주의를 유지했다. 1868년 메이지유신 이후 서양 해군의 사상과 제도를 받아들이면서 자연스럽게 마한의 함대결전주의 이론을 받아들였다. 그리고 청일전쟁과 러일전쟁을 거쳐 신념화된 후 태평양전쟁 때 이러한 함대결전주의 해양전략은 전성기에 이르렀다.

전후 일본 해군은 자위대로 명칭을 바꿨지만, 제국 해군 출신들에 의해 재건되었다. 전후 처음으로 해안경비대를 만들고, 나중에 해자대로 모습을 갖추는 과정에서 제국 해군 출신들이 핵심적인 역할을 하였다. 실제로 방위대학교 출신이 최초로 해상막료장이 된 1989년 이전까지 제국 해군(에타지마 해군병학교) 출신이 수장을 맡으면서 해자대를 이끌었다. 따라서 해자대는 자연스럽게 제국 해군의 모습과 전통을 계승했으리라 예상된다. 하드웨어 중의 하나가 88함대의 개념이다. 본문에서 밝힌 것처럼 88함대 개념의 출발점은 1905년 러일전쟁 때부터이다. 여전히 그 개념은 21세기 해자대까지 수상부대 전력 건설 및 운용의 중심개념으로서의 역할을 하고 있다. 그러나 소프트웨어 측면에서는 태평양전쟁의 패전 군대로서 반성과 교훈을 통해 '유연한 사고방식'을 최우선적으로 강조하는 해자대 간부학교(우리의 해군대학에 해당)의 교육과 정신을 한국 해군이 간과해서는 안 된다.[110)]

그렇다면 전후 일본은 어떠한 해양전략을 취하였는가? 일단 전후 일본은 패전국으로서 승전국인 미국이 설정한 안보의 틀에서만 활동해야 했다. 다시 말해 일본의 해자대는 동북아 지역에서 미 해군을 돕는 역할을 수행해야 했다. 이러한 맥락에서 냉전기 때는 소련의 태평양함대 전력이 주 위협이었으며, 그중에서도 잠수함 전력이 위협의 핵심이었다. 소련의 태평양함대 잠수함은 일본 자체에도 위협이 되었으나, 태평양을 횡단하여 하와이 등 미국 본토에 직접적인 위협을 주기

110) 전후 일본 해군은 태평양전쟁 패전의 핵심 원인을 자신들의 '경직된 사고'에 있다고 판단했다. 예를 들면, 태평양전쟁 당시 미 해군은 레이더를 개발하여 이를 잘 활용한 데 반해, 일본은 미국보다 먼저 레이더를 발명하였음에도 불구하고 기계보다 인간의 정신력이 우월하다는 맹신에 따라 레이더를 활용하는 대신에 견시(당시 일본은 세계 최고의 주·야간 견시 능력 보유)를 극도로 훈련시키는 방안을 선택했다. 그러나 여러 차례의 해전을 통해 레이더의 우수성이 입증되었다. 이러한 교훈에 따라 해자대 간부들에게 '사고(思考)의 유연성'을 최우선적으로 강조하고 있다. 일본 해자대 간부학교(해군대학)에 유학한 한국 해군 장교들의 증언에 의하면, 간부학교 지휘부와 교수진들은 태평양전쟁의 패전 교훈으로서 학생 장교(소령급)들에게 '융통성 있고 유연하게 사고할 것'을 항상 강조했고, 학생장교들 스스로도 매 과목 종료 세미나 시 기수(최대 3년 차이)에 얽매이지 않고 자유롭게 발표하고 토의하는 분위기임을 엿볼 수 있었다.

때문에 해자대는 소련의 수중 전력에 대응하는 대잠전을 가장 중요시하였다.

한편, 공산국가 소련이 몰락한 이후 탈냉전기의 일본은 아시아 지역에 새롭게 부상하는 중국이라는 새로운 위협에 대응하고 있다. 중국은 급속한 경제성장을 바탕으로 군사력을 증강하여 기존 미국의 패권질서에 도전하고 있다. 이에 미국은 외교안보정책의 중점을 아시아로 회귀하면서 역내 중국을 잠재적국으로 설정하였다. 그리고 우방국인 일본에게도 중국에 대응해줄 것을 주문하고 있다. 일본은 냉전기 북방의 소련에 대응하던 전략을 남방의 중국 해군에 대응하는 개념으로 전환했다. 또한 핵 및 미사일을 개발하며 지속적으로 위협하고 있는 북한에 대응하고 있다. 미국은 경제 악화로 군사비가 삭감되는 상황에서 미국은 아시아 · 태평양 지역에서 패권을 유지하기 위해 동맹국인 일본에게 군사적 역할과 활동을 확대해줄 것을 요구하고 있다. 이러한 상황에 편승하여 일본은 군사력을 지속적으로 증강하고 있으며, 해자대도 도쿄에서 대만해협까지의 기존 1,000해리 해상방위를 넘어 말라카 해협까지의 2,000해리 해상방위를 목표로 그 능력 및 활동영역을 계속 확대해나갈 것으로 예상된다.

2. 한국 해군에 주는 함의

일본 해군의 해양전략을 살펴보면서 한국 해군이 얻어야 할 교훈이 무엇인가를 고민한다.

필자가 생각하는 일본 해군의 핵심무기는 첫째로 풍부하고 깊은 해양사상을 보유하고 있다는 것이다. 일본 해군은 18세기 후반에 근대적 해군을 건설하면서 마한 등 서구의 해양사상을 받아들였다. 그러나 단순히 남의 것을 답습하는 데 그치지 않고, 이러한 이론들을 청일전쟁, 러일전쟁 및 태평양전쟁 등을 거치면서 자기화했다는 것이다. 미국의 마한은 이론가였을지라도 일본의 아키야마 사네유키 제독과 사토 데쓰타로 제독은 실제 작전참모로 전쟁에 참전했던 장교들로서 이론가이자 실천가였다. 그리고 이러한 일본 해군의 사상적 유산은 1989년까지 제국 해군 출신이 해상막료장을 하면서 자연스럽게 일본 해자대에 전수되었을 것이다. 따라서 일본 해군은 비록 '해자대'란 명칭으로 이름이 바뀌었지만, 이론과 실전을 바탕으로 만들어진 해양사상에 뿌리를 내리고 있기 때문에 전력만 갖춘다면 언제라도 막강한 해군이 될 수 있다. 아니, 이미 되어 있다고 할 수 있다.

한국 해군은 최신 무기체계만 있으면 전투에서 승리할 수 있다고 간주하여 해양사상, 전략 및 전술 등은 관념적이고 개념적이라고 경시하는 경향이 있는 듯하다. 그러나 최신 무기체계를 보유한 신식군대가 자신에게 맞는 전술과 전략을 구사하는 구식군대에 패한 전사가 얼마든지 있음을 명심해야 할 것이다. 나아가 한국 해군은 어떠한 해양사상의 바탕 위에 건설되었고, 그 지향점이 어디인지를 심사숙고해봐야 할 것이다.

둘째로, 일본 해군이 치른 전쟁은 모두 한반도와 직접적이고 깊은 연관성이 있다. 일본 해군이 자랑하는 강대국에 대한 두 번의 승리(청일전쟁, 러일전쟁)가 모두 한반도를 목적으로 전개한 전쟁이었다. 그리고 두 전쟁의 지리적인 전투 현장도 모두 한반도 인근 해역이다. 청일전쟁 시 일본 해군은 압록강해전의 승리로 결국 청일전쟁 승리의 견인차가 되었다. 러일전쟁 시의 쓰시마해전은 대한해협에서 치러진 전투이며, 본문에서 말한 것처럼 일본 연합함대는 진해만(진해 흑암, 백암 인근 해역)에서 3개월여 동안 철저하고 혹독한 전투준비 과정을 거쳤다. 즉, 일본 해군의 전쟁 목적 자체가 한반도가 된 것이다. 한국 해군은 이러한 역사적 교훈을 상기하면서 현재와 미래를 살아가야 한다.

셋째로, 해양을 사이에 둔 국가 간의 전쟁 승패의 관건은 해군력이다. 지상군이 아무리 강하다고 할지라도 바다를 통해 전력을 두사해야 할 때, 해군력이 약하여 해양통제권을 확보하지 못한다면 의미가 없는 것이다. 16세기 임진왜란이 좋은 사례이다. 왜군이 지상에서 막강한 전력으로 연전연승했지만, 해전에서 패하여 바닷길이 막히자 전쟁의 목적을 달성하지 못하고 결국 퇴각하고 말았다. 가깝고도 먼 나라 일본을 생각할 때 반드시 먼저 해군력부터 고려해야 할 것이다.

넷째로, 제국 일본 해군은 태평양전쟁에서 미 해군에게 패전한 군대이고, 이를 계승한 현재의 해자대는 다시는 실수를 반복하지 않는다는 각오로 와신상담(臥薪嘗膽)하면서 패전의 교훈으로 '유연한 사고방식'을 강조하고 있다. 일본 해군의 해전 경험과 비교할 때, 한국 해군은 해전에 대한 경험이 턱없이 부족하다. 따라서 우리도 다시 한 번 과거의 해전사를 돌아보고 유비무환(有備無患)의 정신으로 내일의 해전을 준비할 시기라고 생각한다.

마지막 교훈으로 한국 해군은 일본 해자대를 잘 알아야 한다. 손자는 "지피지기(知彼知己)면 백전불태(白戰不殆)"라고 하였다. 일본과 해자대를 잘 알기 위해서는 연구활동과 훈련, 인적교류 및 상호방문 등이 활발하게 추진되어야 할 것이다. 우리가 일본 해자대에 대해 잘 알고 대비할 때 양국 간의 바다는 잔잔하며 평화로울 것이다.

부록

〈러일전쟁 일지〉

구 분	내 용
1895.4.23	러시아 · 프랑스 · 독일의 일본에 대한 삼국간섭 * 1895.4.17. 청일전쟁 결과 시모노세키조약 체결
1904.2.6/2.10	일본과 러시아 국교단절 / 선전포고 * 1904.2.8. 일본 해군, 뤼순항에 투묘 중인 러시아 함정에 야간 기습공격 감행
1904.8.10	황해해전 * 뤼순항을 탈출하려는 러시아 함대와 일본 해군 간의 해전
1904.10.15	러시아 발틱함대 출항 → 극동향(18,000NM) * 로제스트벤스키 중장을 사령관으로, 전함 7척, 장갑순양함 3척, 순양함 4척, 구축함 7척, 보조함 9척
1904.12.9	뤼순항 내 러시아 함대 전멸 * 12.5 일본 육군이 뤼순항 주위 203고지 탈취, 항내 러시아 함정에 포격을 가해 격침시킴
1905.4.14	발틱함대 베트남 캄란 만 도착 * 발틱함대 총 53척으로 구성
1905.5.27~28	쓰시마해전 발생, 일본 해군 대승
1905.9.5	러시아 패전 인정, 포츠머스강화조약 체결 * 러, 만주에서 철수, 사할린 日에 할양, 日, 만주 및 한반도에서 이권 확보

〈일본 주요 해군사(海軍史)〉

연도	사건
1853	미 해군 페리 제독 함대 일본 방문
1854	미 · 일 화친조약(개항)
1868	메이지유신
1894	청일전쟁
1902	영 · 일동맹
1904	러일전쟁
1910	한일병합
1914	제1차 세계대전 참전
1921	워싱턴 군축회의
1927	런던 군축회의
1931	만주사변
1937	중일전쟁
1941	진주만 기습
1942	미드웨이해전
1945	일본 무조건 항복
1946	전후 헌법 공표
1948	해상 보안청법 공표
1950	한국전쟁 발발
1951	미일(美日)동맹 체결
1952	해상경비대 발족
1954	방위청 자위대 발족
1957	제1차 방위력 정비계획 승인, 해상자위대 최초 관함식
1958	제1차 하와이 원양항해
1961	제2차 방위력 정비계획
1966	제3차 방위력 정비계획
1970	방위백서 발표(최초)
1972	제4차 방위력 정비계획, 오키나와 반환
1978	최초 미 · 일 공동훈련
1980	해자대 RIMPAC훈련 참가(최초)
1981	미 · 일 정상(레이건 · 스즈키) 1,000해리 SLOC보호 발표
1991	걸프전 발발, 해자대 소해함 6척 참전
1993	이지스 1번 곤고(金剛)함 취역
1994	한국 해군 순항훈련 함정 일본 방문(최초)
1996	해자대 함정 한국 방문(최초)
2007	일본 이지스함 곤고 탄도탄 요격(SM-3) 실험 성공
2012	센카쿠(중국명: 댜오위다오) 분쟁 발생
2015	미 · 일 방위협력지침 개정

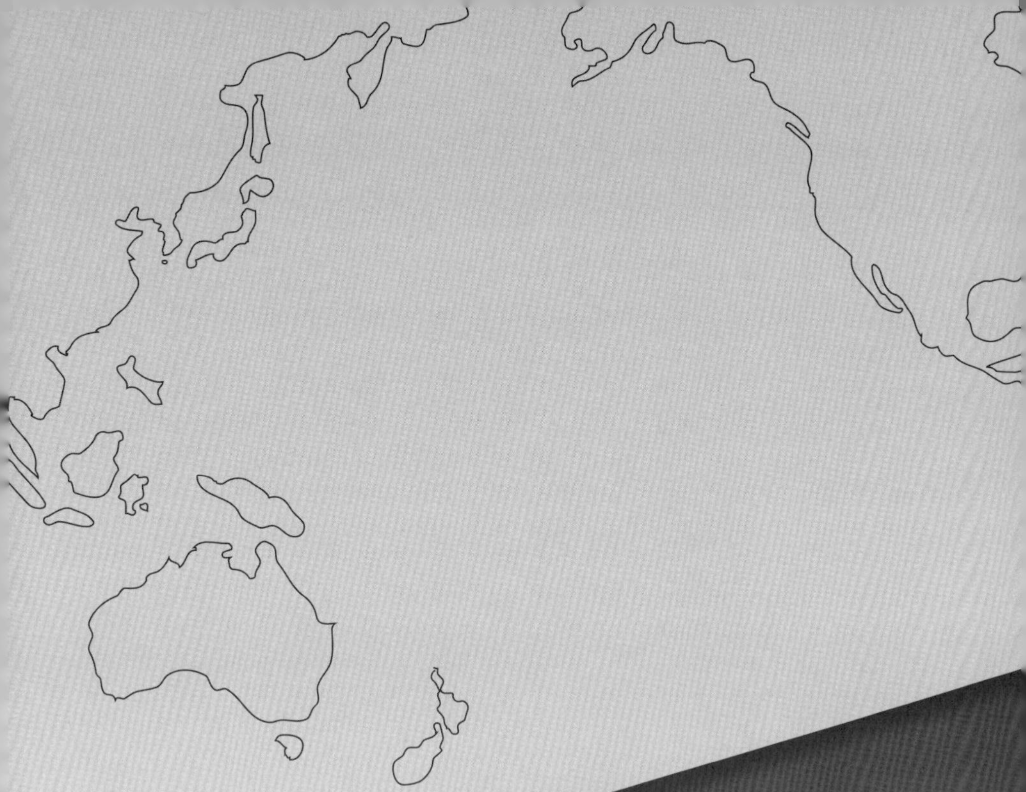

IV부

러시아의 해양전략

대양해군에서 균형함대로

1장
서론

지정학적으로 14개국과 국경선을 마주하고 있으며, 전 세계 육지의 약 1/6을 차지하고 있는 유라시아의 '대륙국가'인 러시아는 가장 넓게 북극해에 접하고 있음과 동시에 태평양, 대서양은 물론 흑해, 발트 해, 베링 해, 오호츠크 해, 바렌츠 해와도 접하고 있는 가장 거대한 '해양국가'이다.

역사를 전환시켰을 뿐 아니라 대륙국가로서의 러시아의 위상을 보여준 조국전쟁과 대조국전쟁[1)]에서 러시아가 지닌 광활한 대륙은 언제나 승리의 원동력이었다. 반면 러시아 전쟁사를 통틀어 강력한 대륙국가인 러시아에게 최악의 피해를 입힌 적의 공격은 항상 바다로부터였다. 따라서 '공격'이 아닌 '방어'를 위해서라도 강력한 해군력의 건설은 시급한 과제였다. 그러나 해군력의 건설은 국민의 '대륙사상'과 지상군 전력 위주의 고정관념을 타파하지 못한 정치지도자들의 지상군 중심사상에 밀려 군의 중심에 위치하지 못한 채 발전이 지체되었다.

---

1) 조국전쟁은 1812년 프랑스 나폴레옹과의 전쟁이며, 대조국전쟁은 제2차 세계대전 시 독일군과의 전쟁을 의미한다.

이러한 러시아 해군은 서구 열강의 해상무역로 확보를 위한 해양 개척과 신대륙 발견으로 야기된 식민지 쟁탈전이 있었던 17세기 말에야 비로소 표트르 1세의 해양을 향한 의지로 인해 발트 해에 강력한 해군을 건설할 수 있었다. 이후 러시아 해군은 조국전쟁, 러일전쟁, 대조국전쟁 등 수많은 시련을 겪었으나, 강력한 해양력 건설을 위한 국가통수권자의 강한 의지와 대양해군을 향한 열정으로 해군력 강화에 노력한 해군제독 쿠즈네초프, 고르시코프 등의 노력을 통해 냉전시대 초강대국의 지위를 유지할 수 있었다. 그러나 1991년에 이어진 소련의 붕괴는 심각한 경제난을 낳았고, 이로 인해 러시아 해군력은 약 80%까지 감축하게 되는 어려움을 겪게 되었다.

이제 러시아 해군은 새로운 부흥기를 맞이하고 있다. 21세기에 접어들면서 러시아는 푸틴 대통령의 1기, 2기에 이은 3기 정부 출범 이후 국제유가의 상승과 에너지 자원에 힘입은 경제력의 급상승을 기반으로 '강한 러시아'를 목표로 다시 해군력 강화를 추진하고 있기 때문이다.

수많은 어려움을 이겨내어 강력한 해군을 건설하였으며, 또다시 경제적 어려움을 딛고 부활을 꿈꾸는 러시아 해군의 역사는 우리에게 시사하는 바가 크다. 이 책에서는 러시아 해양력의 역사를 전환시킬 수 있었던 해양사상과 해양력 발전에 영향을 미친 요인을 분석한 후 러시아의 시대별 해양력 건설 과정을 파악하고, 이를 바탕으로 21세기 러시아의 안보위협과 해양안보환경에 따른 안보전략 그리고 해양전략을 근거로 한 해군력 건설 방향을 살펴봄으로써 러시아의 해양전략을 평가 · 전망하고 우리나라에 미치는 함의를 도출하고자 한다.

2장
러시아의 해양력 변천사

1. 러시아 해양사상의 출현

표트르 1세 시기에 러시아에 유럽식 문명이 형성되고, 부동항 건설을 향한 해양진출의 대개혁이 공표되었다. 이후 이루어진 대북방전쟁과 페르시아 진출은 예카테리나 2세와 알렉산드르 1세 치하 시기 성공적으로 추진된 독점정책의 시작이었다. 18세기 초부터 대양해군의 시작을 알린 1960년대까지 1세기 동안 서부와 남부지역에 대한 통합과 해양진출을 위한 전쟁 등 모든 대외정책의 바탕을 이룬 것은 대륙주의 사상이었다. 어쩔 수 없이 해양을 향한 길

〈그림 4-1〉 표트르 대제

을 선택하게 된 러시아는 해양의 광활함을 당혹스럽게 바라보았고, 유럽대륙의 자유로움에 의기소침했다. 이 시기는 러시아에 있어 경제적인 측면이 아닌 지정학적으로 중요한 시기였다. 러시아는 19세기 후반이 되어서야 마침내 새로운 산업시대에 부응하는 경제혁신을 추진하며 해양에 눈뜨기 시작한다.

『러시아 해군사상, 제국시대 해군의 정신적 유산』의 서문에서 쿠로예도프(В. Куроедов) 제독은 "내 삶은 오랫동안 '러시아에 왜 해군이 필요한가? 어떤 해군이 우리에게 필요한가? 얼마나 많은 함대가 필요한가?'라는 질문과 대답의 연속이었다."라고 기록하였는데, 아직까지도 명확한 해답이 없다고 말하고 있다. 그러면서도 해군이 국가이익을 위해 반드시 필요하며, 유럽문명의 해양력 개념을 러시아에서 발전시켜야 한다고 역설하고 있다. 모나코프(М. Монаков)는 『제국의 해양전략』에서 "우리는 해양전략을 국가전략을 구성하는 필수요소인 것처럼 임기응변식으로 말한다. 불행히도 러시아에는 300년 해군 역사상 해군력 사용을 위한 명확한 전략이 수립된 적이 없었다. 단지 과거의 것이 되어버린 고르시코프(С. Горшков)에 의해 완성된 핵전쟁시대의 소련 해군전략이 있었다. 즉, 러시아 특유의 대륙적 해군전략을 가지고 있었다."라고 기록하고 있다. 서양 국가들의 해양 개념은 전장의 우세를 해양지배라고 여기는 것이었으나, 대륙의 열강들이 수용 가능한 개념은 아니었다. 18세기 프랑스뿐만 아니라 20세기 독일도 영국의 해군력만큼 강력한 해군력을 갖고 있지 못했다. 소련의 해군력 또한 미국의 해군력과 비교해볼 때 미비한 수준이었다. 해군에게 국방비의 50% 이상을 배분할 수 없는 강력한 육군을 보유한 대륙국가로서의 특징을 가지고 있었다. 이러한 상황은 '균형함대' 건설이론이 나타나는 배경이 되었다.

〈그림 4-2〉 콜착

러시아에게 있어 러일전쟁과 이로 인한 국가 운명에 영향을 주는 치명적인 결과는 해양사상과 이론에 대한 심각성을 인식하게 되는 계기가 되었다. 돌리보도브로볼스키(Б. Доливо-Добровольский)의 『국가에 있어 해군사상의 합리성에 대하여』와 크바시닌 사마린(Квашнин Самарин)의 『러시아에서의 해양사상』에서 '국가의 해양사상' 같은 개념이 나타나기 시작했다. 콜착(А. Колчак)은 『러시아에 어떤 해군이 필요한가?』에서 군사-지리적 영향이 해군의 발전에 영향을 준다고 생각했다. 지리적 요소가 러시아의 운명에 중대한 영향을 미쳤다는 것은 러시아 해군이론가들의 지배적인 의견이었다. 대양이라는 개념은 1917년이 되어서야 해양대학교 교수 쇼칼스키(Шокальский)의 저서 『해양학』을 통해 처음 소개되었다. 제정 러시아 시대 지정학적 무지는 제1차 세계대전 이전까지 해군력을 잘못된 방향으로 재편성하도록 이끌었다. 그 결과, 강력한 화력을 보유했던 발트함대는 그 위력을 발휘할 기회도 가져보지 못했고, 흑해함대는 경제적 봉쇄를 뚫기 위한 보스포루스 해협 장악이라는 전략적 임무도 수행하지 못했다. 이러한 실수는 러시아의 정치적 고립을 불러오게 되는데, 당시 러시아의 정치 이념은 바다가 가진 힘을 거부하고 오직 육지의 힘에만 의존하는 극단적 대륙주의 정치를 고수하였기 때문이다. 이러한 사상은 결국 해군을 해군이론의 발전을 제한하는 '소함대 이론'[2)]에 머무르게 하는 원인이 되었다. 또한 사회주의 시스템하에서 국가이익을 목적으로 하는 해양력 건설을 객관적으로 분석하는 것도 허락되지 않았다.

이후 이러한 사상은 두긴(A. Дугин)을 시작으로 변화기를 맞는다. 그가 집필한 『유라시아주의』에서 대륙주의나 지상주의와는 달리 러시아가 유럽에 비해 뒤처졌지만 다른 아시아 국가들에 비해서는 선진화된 국가이며 지리적인 측면에서 독자적인 카테고리를 가졌다고 설명한다. 이러한 '유라시아주의'의 출현은 사회주의 체제에서 해군 건설에 걸림돌이 된 해양사상의 상실이 지정학적 요소에 기인하였음을 깨닫게 하고, 해양에 대한 새로운 인식의 전환을 맞이하는 계기가 되었다.

1960년대에 들어 소련 해군 총사령관 고르시코프는 『국가의 해양력』에서 처음으로 '현대의 해양력'이라는 용어를 사용하였다. 그의 저서에서 "대양을 지배하는 수단과 이성적으로 국가의 이익을 보호하는 수단의 총체는 한 국가의 해양력으로 정의된다. 해군력은 어느 정도의 지배력을 가지고 해양에서 국가를 방위하는 요소이다."라고 기록하고 있다. 이후 러시아의 해양사상을 담고 있는 「2010년까지 해양활동 분야에 대한 러시아연방의 기본정책」에서 "해양정책을 실현하기 위한 국가의 힘과 재정 그리고 이것을 사용하기 위한 의지가 모여 해양력을 형성한다.

2) 소함대전략이론은 당시 소련 해군의 이론으로서 반혁명분자 및 적대세력의 상륙에 대비하여 수리가 용이하고 운용하기 쉬운 단순한 무기체계와 장비가 탑재된 함정들로 연안방어를 수행한다는 이론이다. 소함대전략의 등장은 해군의 군사력 건설과정에 큰 영향을 미쳤다.

해군은 해양력에 있어 가장 중요하고 기본적인 구성요소이다."라고 기록하고 있다. 그러나 현실적으로 해군력이 해양력의 중심 역할을 하지는 못하고 있다. 고르시코프는 『국가의 해양력』에서 "해군을 이유 없이 바다로 보내거나 서구 해군의 기능을 맹목적으로 받아들여서는 안 되며, 해양 독트린의 기초 위에서 해군은 해양에서 국가의 경제활동을 보장하는 데 있어 다양한 과제들을 완전히 해결해야 한다. 이것이 해군의 본질이다."라고 강조했다. 러시아의 해양사상은 지정학적으로 대륙주의사상에서 벗어나지 못했다. 그러나 유라시아주의의 출현은 해양에 대한 새로운 인식의 전환을 가져오게 되고, 러일전쟁의 패배에 따른 국가 운명의 치명적인 영향력을 경험한 후에야 해양사상은 정치적 화두에 오르게 된다. 이후 해양이론가들은 해양사상을 기반으로 한 국가의 경제활동을 보장하는 데 있어 반드시 필요한 해군의 역할에 대한 중요성을 강조해오고 있다.

〈그림 4-3〉 고르시코프

2. 러시아 해양력 발전에 미친 영향요인

1) 지정학적인 측면

지정학적 이익은 국가가 세계시장과 무역로, 에너지 및 천연자원 확보를 위해 대외적으로 진출하는 데 있어 좋은 여건을 제공하는 것이며, 이웃 국가 간 수많은 과제들을 해결함에 있어 좋은 관계를 형성하는 것이다. 즉, 지정학적 환경은 각국의 상황과 운명을 결정하는 막중한 결과를 가져온다.[3] 따라서 지정학적 요인이 국력, 특히 해양력 건설에 미치는 영향은 매우 크다고 할 수 있다.

유라시아대륙의 중앙지대에 위치한 러시아는 세계 육지의 1/6 정도(852만 4,750평방마일)에 해당하는 세계 최대 규모의 방대한 면적과 13개의 시간대가 통과하는 북방의 혹한지역에 위치한 지정학적으로 매우 다양한 특성을 지닌 국가이다. 또한 러시아는 발틱 3국을 포함했을 당시 15개 공화국과 6만 km의 국경선을 접하고 있었으나 국경의 대부분이 지리적인 천연방벽이 없고 내적인 병참선이 결여되어 있었다. 외적으로 북극해(백해), 발트 해, 흑해 및 태평양의 상호 분리된 해역에 접해 있고 혹한으로 해상교통로가 극히 제한되는 지정학적 특징을 지니고 있다.

따라서 러시아의 통치자들은 강력한 해양력의 뒷받침 없이는 절

3) 대서양 사상은 인류문명을 해양활동에 기초를 둔 사상으로 아테네, 제노바, 네덜란드, 영국, 미국이 이에 해당된다. 대륙사상은 '생산 활동의 근간은 영토'라는 대륙문명을 주장하는 사상으로 스파르타, 중국, 비잔틴, 러시아가 이러한 대륙문명국가에 속한다. 1944년에 린만(Линман)은 "대서양은 유럽과 아메리카 사이에 존재하는 국경이 아니라 지리적 · 역사적 · 생존적인 측면에서 국가공동체가 존재하는 바다이다."라고 설명했다.

대로 강대국의 반열에 오를 수 없음을 인식하고 러시아 해군이 자유로이 이용할 수 있는 부동항을 확보하기 위해 끊임없는 남진정책과 동진정책을 추구해왔다. 구소련의 장기전략 또한 자국이 거대한 대륙국이라는 지정학적인 요소를 고려하여 수립되었고, 냉전 종식 후 현재의 러시아가 수립되기 전까지 세계 도처에서 보여준 정치적 야심도 지정학적 요인을 중요시하던 러시아의 전통적인 외교정책을 그대로 반영하고 있다. 최근까지 지속된 러시아의 해양력 증강 배경도 지정학적 요인에 의한 해양으로의 진출 기반을 구축하려는 팽창주의 정책의 일환이다.

러시아는 전통적으로 '차르'가 군의 총사령관이 됨에 따라 군사문제에 대한 중요한 결정은 '차르'와 공산당 서기장의 전용물이었다. 따라서 정치 고위층의 판단에 의해 군사 분야 결정에 대한 우선순위가 정해졌고, 표트르 대제나 냉전시대 소련 해군에 대한 집중적인 투자를 통해 단기간에 상당한 발전과 개혁을 이룰 수 있었다. 그러나 러시아는 지도자들의 노력으로 달성할 수 있었던 해양진출에도 불구하고 다수 지도자들의 해양전략에 대한 인식부족과 지상군 중심의 편협한 군사교리 고수 때문에 러일전쟁에서 패배하였으며, 결국 제국주의 경쟁에서 뒤처지게 되었다. 또한, 제2차 세계대전 당시 대규모 함대를 보유하고 있었음에도 불구하고 지상군 지원을 주요 임무로 하는 등 해군을 전략적으로 운용하지 않음에 따라 제2차 세계대전에서 러시아 해군의 역할은 미미할 수밖에 없었다. 이후 구소련의 붕괴로 냉전은 막을 내렸으며, 이후 러시아는 초강대국에서 하나의 지역강국으로 전락하였다. 그리고 줄곧 정치적 영향력으로 인해 해군의 중요성을 격하시키는 결과를 초래하였다.

2) 경제 · 안보적인 측면

러시아 해군만큼 국가의 경제 상황에 철저하게 부응해온 군대도 찾아보기 어려울 것이다. 러시아 해군은 표트르 대제의 의욕적인 해군 창설 및 해군력 건설시기, 냉전시대 고르시코프 제독의 강력한 해군력 건설을 주장했던 시기 그리고 최근 러시아의 경제호기를 제외하면 과거부터 현재까지 미약한 경제력과 재정지원의 부족으로 해군력 건설에 많은 어려움을 겪어왔다. 특히, 스탈린의 뒤를 이어 집권한 흐루시초프는 지상군의 대륙간탄도미사일에 의한 핵전력으로 군비경쟁이 가능하다고 판단하고 지상군 중심의 핵전력 확보를 위해 해군예산을 삭감함으로써 해군력의 후퇴를 가져왔다.

미국의 전략원자력잠수함과 항공모함의 위협이 고조된 브레즈네프 시대에는 경제력 상승을 계기로 해군력 건설을 위한 투자를 높임으로써 1980년대 러시아 해군력을 미 해군과 동등한 수준인 대양해군으로 증강하게 되었다. 그러나 이러한 과다한 군비경쟁은 결국 심각한 경제난을 유발하여 소련연방의 붕괴를 가져왔으며, 러시아의 5개 군종 가운데서도 경제와 가장 밀접한 관계가 있는 해군이 가장 큰 타격을 입게 되었다. 결국 해군력 건설은 국가의 경제상황과 밀접한 관계가 있으므로 현재의 실추된 해군력을 냉전시대 같은 강력한 대양함대로 회복시키기 위해서는 국가 경제력이 반드시 재건되어야 한다.

러시아는 어느 국가보다도 안보추구에 절대적인 가치를 부여해왔으며, 역사적으로 지속적인 침략과 전쟁의 위협 속에서 보냈다. 러시아의 역사적 경험은 다른 국가와는 다른 독특한 안보개념을 형성하게 하는 요인이 되어왔음을 알 수 있다. 생존은 어느 국가에 있어서나 가

〈표 4-1〉 미국 지출에 대한 여러 국가의 군사지출 비율

(단위: %)

시기	미국	영국	러시아	일본	독일	중국
1950	100	16	107	-	-	-
1985	100	10	109	5	8	10
1996	100	13	26	17	14	13

출처: Андрей Панов, "Морская сила России 300лет," Москва: Эксмо, 2005, p. 4-98.

장 근본적인 안보개념을 형성하는 요소이다. 그러나 러시아의 경우 생존문제는 가장 기본적이면서도 지속적인 과제로 등장하여 안보개념에서 절대적인 가치를 점유하고 있다. 특히, 수많은 외적의 반복적인 침입[4]은 러시아로 하여금 동맹, 상호의존, 국제적 평화제도 등과 같은 안보개념보다는 독자적인 생존수단으로서 군사력 증강에 의한 절대적 안보개념을 추구하도록 만들었으며, 동시에 독자적인 안보추구 노력은 국내 상황과 안보의 연계성을 고려하여 추진되어왔다. 즉, 러시아는 역사적으로 군사력뿐만 아니라 정치적 · 경제적 기반을 강조하는 포괄적인 안보개념을 사용하여왔다. 따라서 러시아는 군사적 위기를 경험할 때마다 경제적 · 기술적 후진성을 극복하기 위한 개혁을 실시하였는데, 이는 정치적으로 국가의 통제력을 강화하는 결과를 낳았으며, 이러한 안보개념에 따라 구소련과 러시아의 안보정책은 변화와 연속성이라는 양면성을 띠게 되었다.

4) 역사학자들의 분석에 의하면 러시아는 서구 르네상스 시기(1288~1462년) 동안에만 160여 회의 외국 침입을 받았으며, 계몽주의시대인 17~18세기 동안에는 스웨덴 및 폴란드와 10여 차례 전쟁을 경험하였고, 19세기에는 나폴레옹전쟁, 크리미아전쟁, 러시아 · 터키전쟁 그리고 20세기에 들어와서는 러일전쟁, 제1, 2차 세계대전을 통하여 치명적인 손상을 입었다.

3) 군사전략적 측면

20세기 드브체프스키의 '소함대이론'에서 고르시코프의 '대함대 전략'으로, 그리고 다시 체르나르빈의 '현대 해군전략'으로 발전해온 러시아의 해군전략은 같은 맥락을 이루며 발전해온 것이 아니라 이전의 전략을 부정하며 새롭게 변형되며 진화되었다. 다시 말하면 최초의 러시아 해군전략인 소함대이론은 냉전시대 해군 총사령관으로서 강력한 해군을 건설했던 고르시코프 제독의 대함대전략에 의해 부정되었고, 대함대전략 역시 고르시코프에 이어 해군 총사령관에 취임한 체르나르빈의 현대 해군전략에 의해 부정되었던 것이다.

이러한 러시아 해군전략의 발전 과정을 전략의 대표자, 시대 구분, 해군의 통수방식, 해군 건설의 노선 그리고 해군 운용술의 원칙 측면에서 살펴보면 〈표 4-2〉와 같다. 특히, 고르시코프는 1958년부터

〈표 4-2〉 러시아 해군전략의 발전사

구 분	소함대이론	대함대전략	현대 해군전략
전략가	드브체프스키	고르시코프	체르나르빈
시대	1927~1934	1956~1985	1985~1992
해군 통수방식	통일 군사 독트린에 따른 육 · 해군의 일원적 통수(해군은 지상군에 종속)	해군전략의 독립성 중시, 군사전략과 해군전략에 따른 육 · 해군의 이원적 통수	군사 독트린 단일성 및 군사전략에 의한 전략적 통수의 일원성 회복
해군 건설 노선	연안방어용 경수상함, 잠수함, 연안항공기, 포병, 기뢰전 등 중시	독립군종으로서 해군의 2대 임무(함대지, 함대함) 수행의 완전한 균형화	타 군종 희생하에 해군의 과대평가를 부정, 해군 자체의 균형화에 따른 군 전체의 균형화
해군 운용술 원칙	연안방어 · 지상군 연안 측 엄호	전략미사일 원양함대에 의한 해군의 전략적 사용 중시	단일 군사 독트린과 단일 군사전략하에 해군의 군사적 운용

출처: 전투발전단 편, 『중국 · 러시아 해군사 연구』(해군본부, 2001), pp. 358-361 참조.

「해군지(Морскийсворник)」를 중심으로 많은 논문을 발표하였다. 그가 발표한 주요 논문은 1972~1973년에 저술한 「전시 및 평시에 있어서 해군의 역할」, 1974년의 「해군전술 개발에 관한 문제」, 그리고 1976년의 역작 「국가의 해양력」을 들 수 있다.

고르시코프는 소련을 포함한 전 세계 모든 강대국은 고도로 무장된 해상력이 뒷받침될 때 효과적인 외교 및 군사정책을 수행할 수 있었고, 해상력을 무시할 때는 실패와 전략적 후퇴를 자초했다는 사실을 밝히기 위해 노력하였다. 고르시코프가 선택한 역사적 사례와 해석은 정치·군사적 문제와 해군전략에 관한 그의 개념에 대한 근거를 제공해주는 것이라고 할 수 있다.

특히, 고르시코프는 항상 균형 있는 해군 육성을 주장하였다. 그러면서도 그는 해전 경험을 바탕으로 가장 효과적인 해군 무기는 잠수함과 항공기라고 주장하였다. 여기서 고르시코프가 주장한 '균형함대'라는 용어는 1967년 「해군지」의 설명에 따르면, "핵전쟁뿐만 아니라 핵무기를 사용하지 않는 전쟁에 이르기까지 주어진 임무를 수행할 수 있는 능력을 가진 함대로 구성된 해군이며, 평시에 바다에서 제반 국가의 이익을 지원할 수 있어야 한다."라고 정의되어 있다. 즉, 어떠한 상황하에서도 성공적인 작전을 수행할 수 있는 함대로 주요 구성요소는 잠수함, 항공기, 수상함과 기타 지원함정이 균형 있게 발전해야 한다는 것이다.

고르시코프는 제2차 세계대전 중 세계 각국은 균형함대를 유지하지 못했다고 지적하고, 특히 독일은 최저 수준의 균형함대를 보유하였기 때문에 작전임무를 성공적으로 수행할 수 없었고, 일본은 대잠방어 능력이 결여되었으며, 소련은 소해함과 상륙 세력이 부족하였다고 주장하였다. 위와 같이 부여된 임무를 성공적으로 완수하기 위해서는 균형 잡힌 해군력 건설이 필요하다고 강조하였다.[5)]

고르시코프는 해군의 중요성을 강조하면서 마한과 마찬가지로 해군의 본질은 지형, 경제력, 지도자의 성격에 의하여 좌우된다고 말하고, 부가적으로 전쟁 경험, 적의 본질 그리고 해군능력 개발에 있어서 결정적인 도움을 주는 작전연구기법을 강조하였다. 또한 고르시코프는 1958년 이후 제2차 세계대전까지의 전쟁 경험을 통하여 해군은 임무를 훌륭히 수행해왔다고 말하고, 1975년 『철학의 문제들(Проблемы философии)』에서 "역사적인 경험에 의지하지 않고는 현대 해군이론의 발전은 불가능하다."라고 지적하고 있다.

3. 제정 러시아 시대[6)] 해양력 건설

1) 제정 러시아 해군 창설과 해전

러시아가 하나의 제국을 형성하고 서유럽으로 진출하여 강대국의 지위를 굳히기 시작한 것은 표트르 1세 시대부터이다.

---

5) 고르시코프는 잠수함을 해군의 최우선 무기체계라고 주장하였고, 특히 탄도미사일잠수함을 중요시하였다. 그의 이러한 인식에 따라 1970년대에는 전략원자력잠수함이 해군의 주 세력이 되었으며, 대양에서 적 세력에 심각한 위협을 가할 수 있는 힘으로 발전하게 되었다. 소련은 계속해서 전략원자력잠수함과 순항미사일잠수함을 개발하였는데, 잠수함은 대함전 및 대지전 능력뿐만 아니라 적의 전략원자력잠수함의 탐지 및 파괴능력을 보유하게 되었다. 항공기전력, 수상함전력, 특수상륙함과 화력지원함 등의 필요성에 대해서도 적극적으로 주장하였다. 자세한 내용은 해군전투발전단 편, 『중국 · 러시아 해군사 연구』(해군본부, 2002), pp. 358-361 참조.

6) 제정 러시아 시대는 1613년부터 1917년까지 러시아가 하나의 제국을 형성하고, 강대국의

〈그림 4-4〉 표트르 대제의 '페테르부르크' 건설 시찰

출처: Пётр I, В. А. Серова, 1907.

표트르가 1696년에 섭정으로 궁내의 실권을 장악하고 있던 누이 소피아를 수도원에 유폐시키고, 독재군주로서 실권을 장악한 후부터 1725년 사망하기까지 그의 치세는 한마디로 해군력 증강과 해양으로의 진출 바로 그 자체였다. 제정(帝政) 러시아 시대에 이르러 러시아의 영토는 넓어지고 '차리즘'[7]으로 집약되는 전제정치체제가 완성되었는

지위를 굳힌 로마노프 왕조 시대를 말한다. 약 300년 동안 이어졌으며, 이 시대에 영토는 넓어지고 차리즘으로 집약되는 전제정치체제가 완성된다. 1917년 2월에 제1차 세계대전의 영향을 받은 국내 혁명으로 제정 러시아는 무너지고 소비에트의 역사가 시작된다.

7) '차르'는 러시아어로 최고 통치자라는 뜻으로, 1480년 타타르의 지배를 종식시킨 이반 3세가 스스로를 '차르'라고 칭하면서 널리 유포되기 시작하였다. 이후 차르는 제정 러시아의 전제주의 군주를 가리키는 말로 통용되었으며, 이러한 전제주의를 '차리즘'이라고 부른다.

데, 이렇게 되기까지 표트르 대제와 그에 의해 창설된 해군이 지대한 역할을 하였다.

전통적으로 대륙우위사상을 가지고 있던 러시아는 서방 해양강국들의 함대가 경쟁적으로 전 세계의 바다를 누비고 다니면서 식민지 개척에 열중하던 17세기 말에야 비로소 바다에 관심을 가지고 해군을 창설하게 되었다. 따라서 영국을 중심으로 한 해양강국들이 신대륙을 개척하기 위하여 활발히 움직이던 이 당시에 강력한 함대가 없었던 러시아는 결코 그들과 어깨를 나란히 할 수 없었다. 이를 인식한 표트르 대제는 해양의 중요성을 절감하고 해군을 양성하기 시작하여 1700년에 20척의 전함을 보유하게 되었으며, 이러한 해군력을 바탕으로 오랜 숙원을 하나씩 해결하기 시작하였다.

표트르 대제는 1700~1721년에 걸친 북방정책을 통해 스웨덴을 물리치고 처음으로 발트 해로 진출하였으며, 1791년에는 예카테리나 여제가 터키를 굴복시킨 후 크리미아 반도와 흑해를 장악하고 지중해로 진출함으로써 해양으로 진출하고자 했던 제정 러시아의 오랜 숙원을 100년 만에 해결하였다. 이로써 러시아는 명실공히 유럽 해양강국의 일원으로 부상하게 되었고, 해군은 제정 러시아의 국가발전에 크게 기여하게 되었다.

1703년 표트르 1세[8]는 상트페테르부르크에 러시아 최대의 조선

8) 표트르 1세는 해군력 증대를 위하여 군함을 상트페테르부르크에서 직접 건조하였고, 영국이나 네덜란드로부터 함정을 구입하였다. 그는 해사 전반을 총괄하는 관청으로 1703년에 해군성을 창설하였고, 발트 해와 아조프 해에 함대를, 백해와 카스피 해에 소규모 전대를 배치하였다.
조선공업 발전에도 큰 관심을 가졌던 표트르 1세는 1705년에 상트페테르부르크에 대규모 해군공장을 건설하였으며, 영토가 확장됨에 따라 백해에 있는 아르한겔스크, 발트 해에 있는 비보르크와 아보, 볼가 강 연안의 카잔(카스피 해 전대용) 등에도 조선소를 건설

소를 건설하고, 이를 기반으로 1705년에 52문함을 포함한 전열함 9척과 소형 함정 36척으로 편성된 발트함대를 창설하였다.

〈그림 4-5〉 아프라크신

북방전쟁[9]이 시작되고 러시아 해군이 처음으로 스웨덴 해군과 교전한 것은 1705년 7월로, 크론슈타트에 침공한 스웨덴 함대를 육상포를 이용하여 격퇴하였다. 그러나 러시아 함대는 1705년과 1706년에 비보르크전투에서 스웨덴 함대에게 연패하여 마침내 핀란드 만 깊숙이 쫓겨 갇혀버리고 말았다.

스웨덴 국왕 카를 12세는 1708년 러시아와의 전쟁을 끝내기 위해 모스크바를 향하여 러시아 내륙 깊숙이 침공해 들어갔다. 스웨덴군은 각지에서 러시아군을 격파하였으나 이듬해에 혹한과 식량 및 탄약 부족 등으로 몰도바전투에서 대패하고 겨우 목숨을 건져 터키령으로 대피하였다. 이 전투를 계기로 스웨덴과 화친하였던 국가들도 다시 선전

하였다.

9) 러시아의 영토전략은 네바 강 하구와 크론슈타트에 그치는 것이 아니라 발트 해 연안으로 멀리 진출하는 것이었다. 이에 따라 러시아는 먼저 리투아니아, 에스토니아, 라트비아 등 발트 해 동해안에 위치한 스웨덴 영토 공략을 최우선 과제로 설정하였다. 그리고 스웨덴 영토 공략을 위한 사전조치로 1699년에 덴마크 및 폴란드와 동맹을 결성한 다음 1700년에 스웨덴 카를 12세가 미성년인 것을 기회로 3국이 공동으로 스웨덴령을 침공하여 전쟁을 일으켰는데, 이것이 바로 북방전쟁이다.

포고를 하고 전쟁에 참여함으로써 전쟁은 끊임없는 진흙탕 속으로 빠져들었다. 러시아 함대도 다시 핀란드 만으로부터 나와 공세를 취하여 비보르크, 레비알, 헬싱키, 아보 등을 공략하고 뒤이어 리가까지 점령하였다. 이 당시 러시아의 발트함대를 지휘한 사람은 아프라크신(Fedor Matveevich Apraksin, 1671~1728) 백작으로, 그는 표트르의 의도를 받들어 육군에서 전군하여 러시아 해군의 창설과 발전에 크게 공헌하였다. 그는 1714년 갈리함대를 이끌고 강구트해전에서 스웨덴의 갈리함대와 싸워 승리를

〈그림 4-6〉 예카테리나 2세

〈그림 4-7〉 흑해함대 해상 사열

출처: смотр Черноморского флоте в 1849 году, И. К. Айвазовсий, 1886.

거둔 것을 시작으로 차츰 발트 해를 스웨덴의 바다에서 러시아의 바다로 만들어갔다.

표트르 1세 사후, 그 후계자들이 해군에 큰 관심을 갖지 않음에 따라 함정이나 병력 등 해군 세력은 해를 거듭할수록 크게 줄어들었다. 그러나 예카테리나 2세(재위: 1762~1796년) 시대에 돌입하면서 해군은 재차 중요한 역할을 담당할 수 있게 되었다.

그녀는 표트르 시대에 이루지 못한 흑해 방면에 대한 영토 확장에 온 힘을 기울여 상당한 성공을 거두었는데, 1768년 터키와의 전쟁이 발발하자 발트함대를 지중해에 파견하였고, 새로이 흑해함대를 창설하여 남북 양방향에서 터키를 공격하였다.

발트함대의 지중해 이동은 러시아 함대가 수행한 최초의 원정항해였다. 1771년 알렉세이 세니아빈(Aleksei Seniavin) 제독은 소형함 7척을 이끌고 아조프 해를 벗어나 처음으로 흑해에 진출하였다. 그리고 1772년

〈그림 4-8〉 2척의 터키 함대와의 전투

출처: Бриг 'Меркурий', атакованный двуья турецкими кораблями, И. К. Айвазовсий, 1892.

에는 32문함 프리깃함 2척, 다음 해에는 58문 전열함 2척을 건조하여 흑해함대에 배속시켜 전력을 강화한 후 크림 반도에서 터키 함대와 접전을 벌였다.

1774년 터키와의 전쟁이 끝나자 러시아 정부는 세바스토폴에 흑해 최대의 해군기지를 건설하는 등 흑해함대를 증강시켰으며, 1787년에 발발하여 1792년에 끝난 제2차 터키와의 전쟁에서 러시아 함대는 터키 함대를 완전 제압하고 흑해의 제해권을 확보하였다.

2) 19세기 러시아 해군

나폴레옹전쟁 시 러시아 함대는 대프랑스 동맹군의 일원으로 참전, 영국 함대와 협력하여 발트 해, 지중해 그리고 흑해에서는 지중해, 터키, 스웨덴 함대와 교전하였다.

〈그림 4-9〉 우샤코프

특히, 나폴레옹의 러시아 원정 시 발트함대는 영국 함대와 협력하여 발트 해안을 따라 진격해오는 프랑스군의 해상교통로를 차단하여 프랑스군의 해상보급을 저지시켰다. 발트함대의 활약에 힘입은 러시아 수비대도 라트비아의 최대 해안도시인 리가에서 벌어진 전투에서 프랑스군에

밀리지 않고 끝까지 대항함으로써 1812년 프랑스군으로 하여금 리가 점령을 포기하도록 만들었다.

유럽을 휩쓴 나폴레옹전쟁이 끝났을 때 러시아 해군은 수적인 면에서 영국 해군에 이어 세계 2위의 전력을 보유하게 되었다.

〈그림 4-10〉 니콜라이 1세

알렉산드르 1세에 이어 황제에 오른 니콜라이 1세(재위: 1825~1855년)는 1830년대까지 신형 군함을 건조하기 위해 노력하였는데, 이 시기에 러시아 해군은 연평균 7~10척의 전열함을 건조하였다. 증강된 러시아 해군은 흑해함대와 지중해함대를 이용하여 지속적으로 터키를 압박하게 되고, 이후 유럽의 질서를 자기 손으로 지키려던 니콜라이 1세의 과도한 욕심이 유럽 열강들과 맞부딪힌 사건, 즉 크림전쟁이 발발하게 된다. 이 전쟁은 러시아 해군의 발전을 좌절시키는 계기가 되었다.

러시아는 흑해의 제해권을 확보하기 위하여 터키가 예루살렘의 그리스 정교도를 탄압한다는 구실로 1853년에 터키를 침공하였다.

러시아의 침공이 시작되자 강력한 육군을 보유한 터키가 오히려 1853년 10월 4일 러시아에 대한 선전포고와 함께 다뉴브 강을 건너와 공격함으로써 러시아 육군은 잇따라 패배하였다. 그러나 나히모프(Paul S. Nakhimov) 제독이 지휘하는 강력한 러시아 함대가 시노프 항에 정박

〈그림 4-11〉 나히모프

중인 터키 함대를 전멸시켜 전쟁 상황을 역전시켰다.

그러나 러시아 함대가 흑해 및 동지중해의 제해권을 장악하는 것을 우려한 영국과 프랑스는 즉시 흑해의 기존 세력에 추가하여 증원세력을 파견하고 유럽의 여러 국가에게 국제적으로 동조할 것을 호소하였으며, 러시아에게는 몰다비아와 왈라키아에서 철수할 것을 요구하였다.

러시아 전반에 걸쳐 계속된 영국과 프랑스의 공격으로 지원을 받기가 어렵게 된 흑해함대의 전력이 약화되자 영국과 프랑스 함대는 마침내 1854년 3월 28일 러시아에 대하여 선전포고를 하고 9월부터 흑해함대 최대기지인 세바스토폴에 대하여 본격적인 공격을 개시하였다.

약 1년여 간에 걸친 세바스토폴 공방전으로 러시아 측은 사령관 코르닐로프 제독과 그 뒤를 이은 나히모프 제독을 잃었으며, 함대 대부분이 아조프 해에서 침몰하거나 세바스토폴 항내에 자침되어 사실상 전멸상태에 이르게 되었다. 이 전쟁으로 러시아는 군사적으로 큰 타격을 입었을 뿐만 아니라 정치적으로도 "니콜라이 1세가 국제사회에서 러시아를 지킬 수 없을 것"이라는 국민의 불신이 증대됨으로써 국민에게 무조건 복종할 것을 요구하지 못할 상황이 되었다.

그 후 1856년 3월에 체결된 파리조약으로 흑해에서의 평화는 회복되었으나 패전국이 된 러시아는 흑해함대의 세력 증강에 제약을 받았고, 터키는 잃었던 영토를 되찾게 되었다. 러시아는 크림전쟁을 통하여 유럽 열강에 비해 함정체계 및 해군 운용술에서 얼마나 뒤떨어져 있었는지를 실감하게 되었으며, 이를 극복하기 위한 노력의 일환으로 해군의 근대화를 급속도로 추진하기 시작하였다.

1855년 자유주의적인 군주 알렉산드르 2세(재위: 1855~1881년)는 동생 콘스탄틴(Konstantin) 대공을 해군총감에 임명하고 함선의 증기선화를 위한 해군 근대화를 강력하게 추진하였다. 콘스탄틴 대공을 중심으로 추진된 해군의 근대화는 서유럽이나 미국의 해군제도를 도입하는 조직개혁[10)]과 스크루 추진 증기군함을 증강시키는 것이었다.

알렉산드르 2세 시대에 러시아 해군의 목표는 연안방어였다. 러시아 함대는 이 목표를 달성하기 위하여 소형 전함인 초계정을 주력으로 연안을 방어하고, 대양항해가 가능한 순양함은 외해에서의 통상파괴전에 이용한다는 구상을 갖고 있었다. 이 구상은 미국 해군을 모델로 하고 있었으며, 특히 1860년대 후반에 있었던 남북전쟁의 교훈과 기뢰의 개발이 러시아 해군의 큰 관심을 이끌었다.

1881년 제정 러시아의 콘스탄틴 대공은 해군건설 21개년 계획

10) 알렉산드르 2세 재위 시 해군의 조직개혁은 서유럽식 해군사관학교에 의한 사관양성제도의 도입, 조함, 양병, 수로측량 등 전문부국의 창설, 군법회의에서 검찰관과 재판관의 분리, 장병 근무환경 개선, 수병교육 강화를 통한 문맹퇴치, 급여의 개선, 자녀들의 교육비 지원이나 미망인과 고아들에 대한 수용시설 설치 등 다방면에 걸쳐 진행되었다.

을 수립하여 1급전함 19척, 2급전함 4척, 각종 순양함 25척을 주력으로 하는 함정 건조계획을 황제로부터 승인받았으며, 이 계획은 이제까지 해군의 주요 목표였던 연안방어 및 통상파괴전으로부터 점차 탈피하여 대양의 제해권을 겨냥한 대양해군 건설을 의도하였다고 볼 수 있다. 이 계획에 따라 흑해함대의 재건도 실행에 옮겨져 발트함대와 같이 강력한 함대로 성장하였다.

이에 따라 러시아 해군의 함정 보유량은 급격히 증가하여 1880년대에는 세계 제3위를 차지하게 되었으며, 우수한 성능을 가진 전함을 주력으로 하는 함대결전을 통하여 대양의 제해권을 장악하려는 전략을 추진해나갔다. 이러한 전략의 일환으로 19세기 말에는 함대 배치의 중심을 흑해나 발트 해가 아닌 태평양으로 정하였다.[11]

3) 러일전쟁 시 해전과 제정 러시아의 몰락, 그리고 러시아 해군의 재건

러일전쟁 개전을 맞아 태평양함대사령관에게 주어진 명령은 일본 함대와 해상결전을 벌이지 말고 요새의 보호하에 전력을 보전하여 대륙과 일본 간의 해상교통로를 차단시켜 중국에 진주한 일본 야전군을 고립시키라는 것이었다.

러일전쟁에 임하는 러시아 참모부의 이러한 소극적인 작전명령과

---

11) 러시아는 콘스탄틴 대공이 주도하여 뤼순항을 군항으로, 다롄항을 상선항으로 개발한 다음 1898년 3월에 태평양함대를 뤼순항에 입항시켰고, 그 이후부터 극동에 위치한 태평양함대 주력부대를 5월부터 9월까지는 조선수리시설이 뛰어난 블라디보스토크에 머물게 하고 동계에는 뤼순항을 기지로 하는 것을 관례화하였다. 또한 러시아는 대부분의 신조함을 태평양에 배치함으로써 태평양함대를 최강의 함대로 성장시켰다.

일본 함대와 대등한 함대 세력을 보유하고 있으면서도 적극적인 함대 결전은 회피한 채 처음부터 오직 함대 보존의 목표에만 부대를 운용한 스타르크 태평양함대사령관의 잘못된 운용술이 결국은 전쟁을 난국으로 이끌게 된다.

러일전쟁의 시작을 알렸던 제물포해전에 대비하여 일본은 충분한 해군력을 확보하여 해상에서 결전한다는 아키야마 사네유키의 해상결전 전략을 연구한 다음 1904년 2월 4일 어전회의에서 이와 같은 적극적인 대러시아 작전을 실시하는 것을 확정하고, 다음날인 2월 5일 연합함대에 출동을 명령하였으며, 연합함대는 불과 하루 만에 사세보를 출항하였다.

일본의 연합함대가 명령을 받고 곧바로 출항할 수 있었던 것은 이미 한 달 전인 1월 6일 "러시아와의 국교단절과 함께 사세보를 출항하여 인천과 뤼순 방면의 적 함대를 급습하고 이를 격파한다."라는 명령을 접한 후 제반 전비태세를 완비하고 사세보에 집결하고 있었기 때문이다.

이런 가운데 출동명령을 받은 연합함대사령관 도고 헤이하치로는 우리오 제독에게 제4전대와 제9, 14전대를 이끌고 제물포로 항진하여 육군의 상륙 지원을 위해 인천항에 정박해 있던 러시아 함정을 격파하도록 지시한 다음 나머지 전력을 지휘하여 뤼순항 방면으로 향했다.

우리오 제독의 지휘하에 연합함대에서 분리된 제4전대를 주력으로 한 일본 함대는 마침내 2월 8일 아침 인천 앞바다에 은밀하게 도착하였다. 이 상황을 모르고 뤼순항으로 이동하기 위하여 인천항을 출항한 러시아 포함(砲艦) 카레예츠는 항해 중 진형을 형성하고 제물포항으로 접근하는 일본 함대를 발견하게 된다. 이때 당황한 카레예츠함은

〈그림 4-12〉 카레예츠함

〈그림 4-13〉 바략함

일본 함대에 먼저 함포를 발사하고 황급히 제물포항으로 회항하였다.

2월 9일 12시 10분, 러시아의 순양함 바략함과 포함 카레예츠는 굳은 전투 의지를 품고 제물포항을 출항하였다. 12시 20분, 결전태세로 외항에서 대기하고 있던 일본 함대는 러시아 군함이 7,000m까지 접근하자 공격을 개시하였다. 교전을 시작한 지 얼마 지나지 않아 일본 함대의 집중적인 포격을 받은 순양함 바략함이 포탄에 명중되어 화재가 발생하자 순양함 바략함과 포함 카레예츠는 다시 침로를 돌려 제물포항 묘지로 후퇴하였다.

대세가 불리하다고 판단한 러시아 함대는 함정들이 일본 함대에 넘어가는 것을 막기 위하여 순양함 바략함, 포함 카레예츠 그리고 상선 1척을 차례로 자침시켜버렸다.

제물포해전은 전력비로 보아 일본 함대의 승리가 당연하다고 할 수 있다. 그러나 2월 5일 러일 간 국교가 단절되었는데도 아무런 대비 없이 함정들을 제물포항에 머물게 했던 러시아 함대사령부의 상황 판단 착오가 더 큰 원인이라고 할 수 있다.

〈그림 4-14〉 로제스트벤스키

1904년 4월 마카로프 제독의 전사와 8월 뤼순전쟁의 패배에 격노한 러시아 황제 니콜라이 2세는 유럽에 있는 전 함대를 일본 근해로 출동시켜 일본 함대를 격침시키라는 명령을 군사령부에 시달하였다. 이에 따라 발트함대가 정비를 마치고 블라디보스토크를 향하여 출항한 것은 1904년 10월 15일이었다.

로제스트벤스키 제독을 사령관으로 한 원정함대는 다음 해인 1905년 5월 동지나해로 진입하였다. 그러나 전 항정에 걸쳐 기항지 없이 1만 8,000마일이나 되는 먼 거리를 반년 이상에 걸쳐 원정한다는 것은 결코 쉬운 일이 아니었다. 장기 항해로 식량과 연료 공급량의 감소 등으로 원정함대는 많은 제약을 받았다. 그리고 항해의 어려움으로 승조원들의 불만이 고조되고 사기가 저하되었다. 그러나 로제스트벤스키 제독은 이러한 어려움을 극복하고 대함대를 멀리 극동까지 이끌고 항해했다.

1905년 5월 9일, 베트남 캄란 만에서 네브가토프 사령관이 지휘하는 제3태평양함대와 조우한 로제스트벤스키 사령관은 대함대를 이끌고 쓰시마 해협을 통과하여 블라디보스토크로 향할 것을 결정한 다음 5월 14일 정오에 출항하였다. 5월 26일 새벽 일본 측이 발신한 것으로 예상되는 무선을 수신한 러시아 함대는 어뢰정의 야습이 있을 것을 우려하여 다음날인 27일 정오에 쓰시마 해협 중앙을 돌파하기로 결정하였다.

그러나 이와 같은 로제스트벤스키 사령관의 판단과 조치들은 작전 측면에서 볼 때 다음과 같은 과실을 범하였다. 첫째, 일본 어뢰정부대의 야습을 두려워하여 쓰시마 해협을 주간에 통과하기로 함으로써 강력한 일본 연합함대의 위협을 등한시한 점이다. 둘째, 로제스트벤스키 사령관이 일본 함대에 대하여 적극적인 정보활동을 실시하지 않았다는 점이다. 일본 함대가 전투 개시 약 10시간 전에 이미 러시아 함대의 진형 및 침로에 대한 동정을 파악하고 있다는 사실을 전혀 인식하지 못

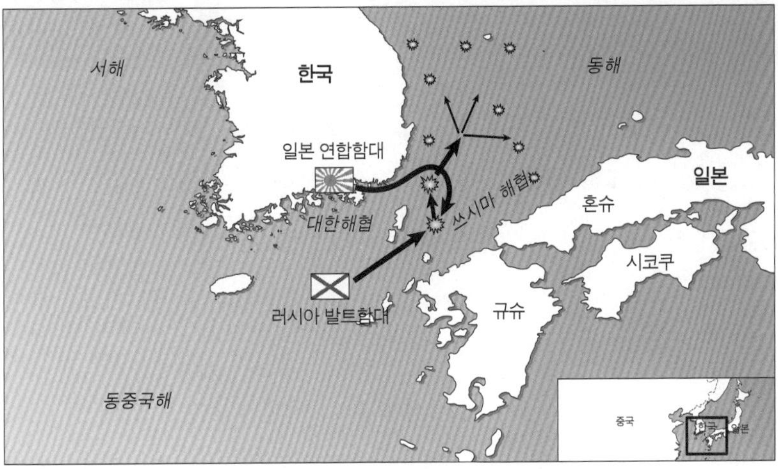

〈그림 4-15〉 쓰시마해전

했던 것이다. 셋째, 5월 23일 석탄 적재 시 석탄을 과적시킨 점이다. 이러한 과적이 함의 속력을 감소시켰으며, 화재위험을 증가시켰다.

5월 27일 정오가 지나서 시작된 쓰시마해전은 28일 저녁을 끝으로 해전사상 전례 없는 러시아군의 일방적인 대패배로 끝났다. 쓰시마해전에 참가한 러시아 함정 총 39척 가운데 목적지인 블라디보스토크에 입항한 것은 순양함 1척과 구축함 2척 그리고 특무함 1척으로 불과 4척에 지나지 않았다.

러일전쟁에 패배한 러시아는 최종적으로 극동에서의 제해권 확보를 단념하지 않을 수 없었다. 일본을 작은 섬나라라고 얕본 제정 러시아는 스스로의 위신을 실추시키는 결과를 낳았고, 이로써 황실에 대한 국민의 실망은 반체제 혁명운동으로 이어졌다. 결국 이 같은 혁명 위협이 커지자 제정 러시아 정부는 더 이상 전쟁을 진행시키기는 어렵다고 판단하고, 서둘러 일본과 포츠머스조약[12]을 체결하고 전쟁을 종결지었다.

러일전쟁의 결과 러시아는 해군 역사상 가장 심각한 타격을 받았다. 태평양함대와 발트함대는 거의 전멸하였고, 내해에 갇혀 전쟁에 아무런 기여도 하지 못하는 흑해함대만 남게 되었다.

쓰시마해전에서의 참패는 러시아 해군 전체의 사기를 저하시켰으며, 이로 인해 승조원들의 불만이 점점 고조되어 1905년 6월 마침내 흑해함대의 전함 포템킨에서 함상 반란이 발생하였다. 불만에 찬 포템킨함 승조원들은 해군 내부에 혼란과 마찰을 야기하였으며, 민간조선소에서도 잦은 태업을 발생시켜 함정 건조공정에 지장을 초래하는 등 적색혁명의 도화선이 되었다. 이런 가운데서도 니콜라이 2세와 정부는 대건함계획을 발표[13]하여 해군의 재건을 추진한다는 정책을 실행하였다.

제1차 세계대전 개전 시 러시아 해군은 드레드노트급 전함 4척, 준드레드노크급 전함 2척을 주력으로 하는 소규모 함대만 보유하고 있었다. 이에 따라 제1차 세계대전을 일으킨 강력한 독일 함대는 그 주력을 대영국전에 배치하고 발트 해에는 구식 장갑순양함을 주력으

12) 1905년 미국 포츠머스에서 개최되었으며, 러시아는 일정 기간 내 만주로부터의 철병과 랴오둥 조차지의 일본 양도, 장춘 및 뤼순 구간 철도부설권의 일본 이양, 사할린 남부 일본 이양 등에 합의하였다.

13) 니콜라이 2세의 대건함계획 발표에 따라 1909년 건함 10개년 계획이 결정되었고, 1912년에는 1913년부터 시작하여 1927년에 완료한다는 건함 15년 계획으로 확대 수정되었다. 이 계획은 2년 단위로 각각 전함 4척 또는 순양전함 4척을 건조하여 완료시점인 1927년에는 전함 27척, 순양전함 12척, 경순양함 24척, 구축함 108척, 잠수함 36척을 확보한다는 거대한 계획이었다. 그러나 이러한 거대한 건함계획은 제1차 세계대전의 발발로 제1차년도에 4척의 순양전함을 기공하는 것으로 끝났고, 1917년에 발생한 러시아혁명으로 완전히 물거품이 되고 말았다.

로 하는 비교적 약소한 세력을 배치하였다.

따라서 소규모 함대라고 할지라도 러시아 주력함대인 발트함대는 비교적 자유롭게 행동할 수 있는 상황이었다. 그러나 해군의 적극적인 행동을 위험시하는 황제가 육군의 견제를 받아들여 발트함대의 함정 운용을 제한함으로써 출동 횟수가 매우 적었다. 또한 세계대전에 임해서도 러시아 함대는 육군을 지원하는 부대로 간주되어 활동의 폭이 제한되었다. 이처럼 어려운 조건하에서 러시아 발트함대는 순양함, 구축함, 잠수함에 의한 기뢰부설과 통상파괴에 주력하였다.

제1차 세계대전 시 발트 해에서 러시아 잠수함은 주로 기뢰전을 실시하였지만, 1915년 영국의 E급 잠수함 몇 척이 발트 해에서 작전을 펼치게 되자 러시아 잠수함도 이들과 함께 연합작전을 실시하여 몇 척의 독일 수송선과 구축함, 어뢰정 및 상선 등을 격침시켰다. 하지만 1916년 이후에는 러시아혁명의 영향으로 러시아 잠수함은 작전을 할 수 없게 되었다.

전쟁이 중반에 접어들자 기뢰전문가였던 흑해함대사령관 콜착 중장은 몇 척의 구축함과 잠수함을 동원하여 기뢰를 부설하는 협동작전을 실시하여 상당한 전과를 올렸는데, 그중 기뢰부설 잠수함 Krab의 활약은 특히 눈부셨다. Krab은 1회 출항으로 60기의 기뢰를 부설하였으며, 독일의 U-45를 격침시키는 등 터키 연안의 해상교통로를 마비시키는 데 혁혁한 공을 세웠다. 그러나 흑해에서의 이러한 잠수함의 활약도 1917년 러시아를 휩쓴 강력한 러시아혁명 소요의 영향으로 사라지고 말았다.

4. 소련 시대 해양력 건설

1) 러시아혁명과 스탈린의 소련 해군 재건[14]

제1차 세계대전에서 러시아 해군이 발트 해와 흑해에서 용감하게 싸우는 와중에도 혁명사상은 각 함의 승조원들 사이에 확산되어갔다. 전선에 출동하여 전투 중인 함정에서는 함정 지휘계통이 어느 정도 유지되고 있었으나, 장기 정박 중인 함정에서는 혁명파의 교란으로 지휘계통이 무력화되었다.

1917년 2월, 크론슈타트와 헬싱키에 정박 중이던 함정에서 일어난 반란이 바로 혁명의 도화선이 되어 사관을 살해하거나 추방하는 일이 여러 곳에서 발생하였으며, 급기야는 최전선에서조차 상급자에게 불복하는 사태가 연이어 발생하였다. 이러한 사태로 1917년 3월 니콜라이 2세가 결국 퇴위하고 케렌스키가 정권을 잡아 9월에 공화국을 선포하였다. 그러나 두 달 만인 11월에 레닌이 지휘하는 볼셰비키에 의해 케렌스키 정부는 무너지고 말았다. 볼셰비키는 정권 장악 후 약 1년이 경과된 1918년 11월에 황폐화된 흑해함대의 일부 함정들을 정비하였는데, 이것이 최초의 소련 해군이다.

제1차 세계대전과 전 러시아로 확대된 혁명의 영향으로 강대하였던 러시아 해군은 조직, 인원, 함정 등 대부분의 분야에서 황폐화되어 유명무실한 존재로 전락하고 말았다. 볼셰비키혁명 후 러시아는 나라

14) 러시아혁명부터 스탈린시대 해군의 역사를 시기별로 구분하면 네 시기로 구분된다. 러시아 혁명과 해군의 몰락(1917~1920), 소련함대의 복원(1920~1928), 해군력 증강(1929~1942), 해군력 강화와 발전(1945~1951).

이름을 소련(소비에트 사회주의 공화국)으로 변경하였다. 제1차 세계대전과 내전은 발트함대와 흑해함대의 활동영역을 축소시켰고, 남아 있는 전력은 몇 척의 수상함과 5척의 잠수함이 전부였다. 그리고 소련의 해안선은 핀란드와 발트 해 연안 국가들이 독립을 성취함에 따라 핀란드 만의 깊숙한 곳까지 줄어들었다.

〈그림 4-16〉 스탈린

또한 1921년에 크론슈타트에서 발생한 수병들의 반란은 소련 정치지도자들에게 해군에 대한 불신을 증대시켜 소련 해군의 발전에 큰 장애가 되었다.

스탈린 시대 초기 소련 해군은 해양에서의 지상군 작전지원, 해군기지와 연안지역의 정치, 경제적 중심지, 해안 등에 대한 지상군과의 합동방위 그리고 적의 해상교통로에 대한 공격 등이 주요 임무였다. 이러한 임무에 부합되게 경수상함정과 수중세력 건조, 연안경비의 강화와 기뢰방어 그리고 연안에 기지를 둔 해군 항공력의 창설 등에 역점을 두고 건설되었다.

스탈린의 집권기간 중 제3차에 걸쳐 5개년 계획을 수립하고 해군력 증강을 시도했는데, 제1차 5개년 계획(1928~1932년) 기간에는 조선소 개량 및 중공업의 기반을 조성하고, 제2차 5개년 계획(1933~1937년) 기간에는 전함 및 항공모함을 건조할 조선시설 확충과 대구경포, 포탑, 장갑철판, 사격통제장치 등의 제작 능력을 갖추는 것이었으며 마지막 제3차 5개년 계획(1938~1942년) 기간에는 대형함을 건조하는 것으로 설정하였다.[15]

스탈린은 소련이 세계 강대국의 역할을 수행하자면 국가의 요구를 만족시킬 수 있는 균형 잡힌 해군을 가져야 한다는 결론을 내리고 1938년부터 시작된 제3차 5개년 해군력 증강계획을 '능동적 연안방어 전력 건설'에서 '균형함대의 건설계획'으로 변경하여 추진하였다. 스탈린은 해군력 증강계획에 맞추어 함대전력 배비에도 힘을 기울였다. 먼저 1932년 4월 극동에 있던 모든 해상세력을 블라디보스토크에 집결시켜 이를 토대로 1935년 태평양함대를 재창설하였다.

2) 제2차 세계대전과 소련 해군

해군력 증강에 관심이 높았던 스탈린은 해군력 증강을 위하여 미국, 프랑스 등에 기술제공을 요구하였으나 거부당하는 등 전함 건조 노력이 실패로 돌아갈 무렵 히틀러와 체결한 불가침조약을 이용, 독일로부터 건조기술을 도입하여 1939년부터 연간 20만 톤에 이르는 함정 건조계획을 추진하였다.

이러한 소련의 해군력 증강 지원요청에 대하여 소련을 침공할 속셈을 품고 있던 독일은 기대한 만큼의 기술을 제공하지 않았으며, 스

15) 스탈린의 해군력 증강계획은 히틀러가 1918년에 계획했던 유명한 독일 해군력 증강계획을 능가하였을 뿐만 아니라 루스벨트 대통령이 계획한 1940년의 방대한 조선계획과 비교될 만한 것이다. 그 내용을 살펴보면 5만 톤급 전함 10척, 3만 4,000톤급 순양함 6척, 3,000톤급 구축함 12척, 2,200톤급 구축함 96척, 900톤급 초계함 24척, 700톤급 고속소해정 24척, 196척의 잠수함 건조 등이 포함되어 있었다.

탈린도 히틀러의 러시아 침공 위협이 높아지자 다시금 지상군 육성에 중점을 두게 됨으로써 모든 대형 함정의 건조가 중단되었다.

그러나 이러한 전력건설보다 소련 해군에 있어 중요한 문제점은 독자적인 해군 전략의 부재와 지상전 지원 위주의 운용술에 있었다. 결국 소련 해군은 1941년 6월 22일 독일군이 침공하자마자 흑해함대의 주요 기지들을 잃고, 발트함대마저 봉쇄되어 초기에 제해권을 완전히 상실하였으며, 스탈린의 정치적 입장을 고려한 세력보존 전략에 따라 수상함들은 전쟁 종료 시까지 전투에 참가할 수 없었다. 따라서 제2차 세계대전 시 소련 해군은 주로 잠수함전 위주로 해상에서 전쟁을 수행하였다.

제2차 세계대전이 시작될 당시 소련 해군은 비록 여러 전역에 분산되어 있었지만, 전반적으로 강력한 해군을 보유하고 있었다.[16] 그러나 소련은 전통적인 지상전 위주의 군사전략에 따라 이러한 해군력을 효과적으로 운용할 수 있는 독자적인 해군전략을 가질 수 없었다. 이는 결국 해군을 가장 중요한 임무인 적 해상세력 격멸, 해상교통로 보호 및 차단 등에 적절히 투입하지 못하고 주로 지상군 지원 같은 부가적인 임무에만 우선적으로 투입하는 결과를 낳았다. 이것은 당시의 소련 지도자들이 독립적인 해군작전 수행보다는 지상군 보완 차원에서 해군을 투입하여야 한다고 생각하였기 때문이다.

하지만 소련 해군 지휘관들은 이러한 소련 지도자들의 잘못된 생

16) 제2차 세계대전이 시작될 당시 소련 해군은 북양함대, 발트함대, 흑해함대 그리고 태평양함대로 구성된 4개 함대와 다뉴브전단, 카스피해전단, 민스크전단, 아무르전단으로 구성된 4개의 독립 전단으로 편성되어 있었다. 이들 함대 세력에는 전함 3척, 경순양함 7척, 기뢰부설함 및 향도함 59척, 호위함 22척, 소해함 80척, 어뢰정 269척, 잠수함 218척, 2,581대의 다양한 항공기 그리고 260문의 해안포 등이 있었다.

각을 따를 수밖에 없었다. 결국 우수한 전력을 가진 소련의 발트함대는 주요 항구에 방어기뢰만 부설 후 독일 함대가 발트 해를 따라 리가 만과 핀란드 만으로 진입하는 것을 바라만 보고 있었다. 이 당시 독일은 영국을 견제하기 위하여 주력함대를 대서양에서 운용하고 발트 해에서는 비주력함 위주로 운용하였기 때문에 발트함대는 해상에서의 함대결전 시 충분히 승산이 있었다. 그러나 발트함대는 끝까지 함대결전을 회피하고 기뢰전에만 의존하였다.

한편 1943년 10월 6일 크리미아 반도 해안에 대한 함포사격 중 독일 해군의 기습으로 소련의 현대식 구축함 7척 중 3척이 침몰하자 스탈린은 발트함대를 포함하여 구축함 이상의 모든 대형 함정의 해상 전투를 금지시켰다. 그 결과 수상함정들은 더 이상 전쟁의 결과에 결정적인 영향을 끼치지 못하고 종전 시까지 보존되었다.[17)]

스탈린의 견해에 따르면 이러한 대형함정 보존정책은 종전 후 흑해, 발트 해 등의 연안 국가들보다 우세한 함대를 갖기 위하여 정치적으로 필요하였을 뿐만 아니라, 나머지 함정들도 그가 전후에 건설할 새로운 함대를 위한 승조원의 교육용으로 필요하다는 논리였다.

정치적 논리에 의해 결정된 이러한 해군 운용술은 결과적으로 결정적인 승리는 언제나 소련의 지상군에 의해 이루어진 것이라는 주장을 뒷받침하는 계기가 됨으로써 소련 해군의 영향력을 약화시키는 결과를 낳았다.

17) 스탈린의 제1, 2차 5개년 개혁의 성공으로 대량의 잠수함 건조에도 불구하고 소련 해군은 이 잠수함들의 작전 운용개념을 정하지 못하였다. 그리하여 수적으로만 250여 척의 세계 최대 잠수함부대를 가졌다는 것 외에 기본적으로 잠수함 전략과 전술이 없는 상태에서 제2차 세계대전에 돌입하게 되었다. 하지만 잠수함들은 제해권을 상실한 가운데에서도 수상함과는 다르게 소련 해군 중에서 가장 큰 활약을 하였다.

3) 제2차 세계대전 후 스탈린의 해군력 강화(1945~1953)

제2차 세계대전 후부터 1950년대 초까지의 기간은 소련 해군력 발전에 있어서 매우 획기적인 시기로, 군사력 시스템에서 해군이 차지하는 역할 및 의미를 한 단계 격상시킨 시기였다.

이 시기 소련의 군사정책은 소련 해군이 전쟁에서 중요한 임무를 수행할 수 있는 세력으로 정비되도록 유도하였고, 발전 과정에서의 제 문제들을 해결하는 데 도움을 주었다. 그 결과 개발된 전략핵무기의 함정 탑재는 함대가 중요한 전략적 임무를 수행할 수 있음을 보여주었다.

제2차 세계대전 시까지 러시아는 전통적인 대륙국가로서 지상전략이 우위를 유지하고 있었으며, 해양전략은 연안방어 정도에 그치는 미미한 역할을 수행하도록 함으로써 해군력 건설에 대해서는 부정적인 견해가 지배적이었다. 그러나 대조국전쟁 기간 중 소련 해군은 지상군에 대한 측면지원, 해상교통로 보호 등에서 많은 공헌을 하였고, 전쟁 종료 후 군사정치적인 분석에서 국가발전 및 군사강대국으로 성장하기 위해서는 강력한 해군력 건설이 필수 불가결한 요소로 제기되었다.

그리고 제2차 세계대전 후 소련은 군사강국으로 성장하였으나 대양으로 나갈 수 있는 모든 출구가 자본주의 국가들에 의해 봉쇄 · 포위되어 있다는 압박감을 떨쳐버릴 수 없었으며, 강력한 해군력의 부재로 육상에서 적의 위협을 직접 방어해야 하는 축소된 방어개념의 전략을 탈피할 수 없었다.

스탈린은 제2차 세계대전 시 독일군의 소련 침략전쟁 수행기간 중 함대 인민위원회 및 각 함대사령관에게 제반 문제를 해결함에 있어 많은 자주성을 제공함으로써 해군력 운용이 효율적이었음을 상기하고 전쟁 종료 무렵 해군 지휘부에 새로운 함정건설 10개년 계획을 수립할 것을 지시하였다.

그러나 스탈린의 해군력 증강정책은 전통적인 지상군 우위의 대륙국가 전략에 반함으로써 지상군의 강한 반발을 가져왔는데, 제2차 세계대전이 끝난 후에도 이들은 여전히 소련 해양력의 필요성을 이해하려 들지 않았다.

4) 흐루시초프 시대[18]의 냉전 속 해군력(1953~1964)

소련 해군 발전의 두 번째 시기는 1950년대 중반부터 1960년대 초반으로, 1947년 소련 정부가 공식적으로 원자폭탄 개발 계획을 발표하고 1949년 9월에 실시한 소련 최초의 원자폭탄 실험 성공 후 군사강대국으로의 우위를 차지하기 위하여 전략원자력잠수함 개발을 추진한 시기이다.

〈그림 4-17〉 흐루시초프

1953년 스탈린의 뒤를 이어 집권한 흐루시초프는 지상군의 대륙간탄도미사일의

18) 니키타 흐루시초프(집권기: 1953~1964)는 스탈린의 개인 숭배사상을 혹독하게 비판하고, 서방세계와 평화공존을 구호로 내세웠다.

개발이 군비경쟁에 있어서 새로운 해결책을 제시해줄 수 있을 것으로 기대하였다. 흐루시초프의 이러한 생각에 대하여 주코프 육군사령관을 중심으로 한 육군지휘부는 대륙간탄도미사일의 개발은 한정된 예산 때문에 다른 분야의 군사력에 대한 예산, 즉 해군 예산을 삭감시킴으로써만 달성될 수 있다고 주장하였다.

결국 해군에 대하여 문외한이었던 흐루시초프가 이들의 의견을 받아들임으로써 1954년에는 새로운 함정 건조가 중단되었고, 1956년에는 스탈린이 계획했던 해군력 증강계획 전체가 중단되어 진행 중이던 많은 함정과 잠수함들 건조마저 중단되게 되었다. 그리고 이러한 흐루시초프의 해군력 감축에 강력히 반대하였던 쿠즈네초프 사령관은 중장으로 강등됨과 아울러 해군 총사령관직도 박탈당하고 말았다.

한편 해임된 쿠즈네초프 사령관 후임으로 해군 총사령관직에 오른 고르시코프는 능력이 절반으로 감축된 해군을 재건해야 했으며, 해양전력 중 가장 큰 위협으로 등장한 핵폭격기를 탑재한 적 항공모함 세력에 대하여 대형함정을 전혀 갖지 못한 상태에서 본토를 방어해야 하는 어려움에 봉착하였다.

〈그림 4-18〉 쿠즈네초프

소련은 이 문제에 대한 기술적인 해결방안으로 항공모함의 사정거리 밖에서 대함미사일을 발사할 수 있는 함정을 개발하는 것이라고 판단하고,

이런 함정을 조속히 갖추기 위해 절반쯤 완성된 구축함과 잠수함에 지대함미사일을 탑재하였다. 대항공모함 계획에 추가하여 고르시코프는 해상에 기지를 둔 장거리 핵무기 미사일체계를 개발하라는 임무를 부여받았다.

탄도미사일 체계를 개발하기에 앞서 재래식잠수함의 사용을 우선 고려한 다음 장거리 순항미사일을 탑재한 원자력추진잠수함을 개발하려고 했던 미국과는 달리 소련은 처음부터 핵탄두미사일을 탑재한 잠수함 개발에 착수하였다. 소련의 이러한 계획은 미국보다 훨씬 일찍 시작되었으며, 결국 1955년 초 수중발사 탄도미사일이 개발되기 전에 부상한 잠수함으로부터 지상용 탄도미사일을 발사할 수 있게 되었다. 1960년대 이후 소련 해군은 지속적으로 발전하였다.

한편, 미국의 해양활동이 러시아 근해에서 활발하게 전개되자 흐루시초프는 지금까지와는 달리 해군력 증강의 필요성을 느끼게 되었다. 따라서 1966년까지 항모 4척, 순양함 4척, 구축함 208척, 잠수함 1,200척 그리고 호위함, 구잠함, 소해함과 고속정 등을 확보한다는 계획을 세웠다.

흐루시초프 시대 소련의 해양정책은 주로 미국의 해상 및 수중에서의 핵 공격 위협에 대비한 전략방어 및 공격능력 배양에 중점을 두고 있었다. 당시 미소 간의 갈등은 쿠바 미사일 위기로 극에 달한다. 미국의 쿠바에 대한 해상봉쇄와 소련의 미사일 기지 철수로 상황은 종료되었지만, 이를 계기로 흐루시초프의 실각과 소련의 해양정책 변화라는 새로운 국면을 맞이하게 된다.[19]

---

19) 소련의 쿠바 미사일 기지 건설에서 비롯된 미·소 간 대결로 1962년 10월 국제적 핵전쟁 위기가 발생하였다. 케네디 대통령의 강력한 의지에 밀린 흐루시초프의 쿠바 미사일 기

5) 브레즈네프 시대[20]의 긴장완화와 해양전략 환경 변화

흐루시초프를 실각시킨 후 권력을 장악한 브레즈네프는 소련 전략부대 증강과 대양함대 및 재래식 전력강화를 중요시하였는데, 그것은 기동함대로서 전 세계 어느 전장에서든지 교전이 가능한 세계적인 군사력을 건설한다는 생각 때문이었다.

브레즈네프는 전쟁의 승패는 핵무기에 의해 결정된다는 흐루시초프의 전략을 배격하고 여러 가지 다양한 잠재적 전쟁에 대비할 수 있는 전력강화를 추진하였다. 이는 브레즈네프가 흐루시초프와 달리 재래식 전력이 보유하고 있는 가치를 충분히 인식하고 있었기 때문이다.

〈그림 4-19〉 브레즈네프

브레즈네프는 서방의 군

지 철거로 상황은 종료된다. 이 사건을 계기로 미국과 소련은 핵전쟁 회피라는 공통된 과제 아래 1963년 제한적 핵실험 금지조약을 체결하고 미 · 소 간 핫라인을 개설하였다. 흐루시초프는 미 · 소 간 핫라인 설치와 더불어 프랑스의 드골과도 관계를 개선하는 등 서방국가들과 원만한 관계를 유지하려고 노력하였으나, 공산진영 국가들과의 우호증진에는 등한시함으로써 같은 진영 내에서 오히려 많은 불협화음이 발생하였다. 그중 중국과의 분쟁은 심각한 상태로 발전하여 상호 비방하는 단계에까지 이르렀다. 쿠바 위기를 포함한 이와 같은 정책의 실패 등으로 흐루시초프의 입지는 크게 줄어들게 되었고, 1964년 10월 휴가 도중 브레즈네프를 중심으로 한 정적들의 '궁중혁명'으로 결국 실각하게 되었다.

20) 레오니드 브레즈네프(집권기: 1964~1982)는 1970년대 데탕트 설계의 주역으로 동서 긴장완화에 주력하고, 집권기간 중 미 · 소 군사력의 균형을 가져왔다.

사위협 가능성을 고려하여 핵무기를 적재한 항공기를 탑재하고 해안으로부터 수백 마일 떨어져 있으면서 자국의 해안 목표물을 공격할 수 있는 미국 항공모함에 특별한 관심을 기울였다. 이러한 위협에 대처하기 위해 소련은 수백 대의 중거리 폭격기를 생산하였으며, 이를 해군항공세력에 포함시켰다. 당시 순양함, 구축함, 잠수함, 유도탄정의 건설은 해상으로부터 국가의 영토를 방어하기 위함이었다.

이러한 브레즈네프의 전략 변경은 소련의 정치 · 군사 지도부로 하여금 해군에게 새로운 역할을 부여하였는데, 이는 쿠바 위기 시 소련의 군사적 · 정치적 목적 달성을 현실화시킬 수 없었던 주요 요인이 미국 해군력에 대항할 수 있는 해군력의 부재에 의한 것으로 평가됨에 따른 것이었다.

해양전략은 여전히 지상군 전략에 종속되었으나 잠수함의 전략탄도미사일 장착은 소련 해군이 급성장하는 계기를 제공함은 물론, 종전의 지상군에 의존한 방어개념으로부터 서서히 탈피하면서 해군력을 통하여 해상에서 적을 격퇴하고 공격하는 전략개념으로 변화하는 계기가 되었다.

이로써 연안에 머물던 소련 해군은 대양으로 진출하게 되었고, 유도탄 핵무기로 무장한 대양 핵 함대의 발전으로 소련을 해양 강대국으로 부상시켰으며, 해군력을 통하여 국가이익 보호, 해상으로부터의 공격 격퇴 그리고 국가방어력을 전진 배치하게 되었다.

1960년대 말 대형 수상함들의 등장은 소련 해군으로 하여금 활발한 군사외교 활동을 가능하게 해주었다. 즉, 1960년대 초반부터 소련은 소말리아에 기지를 두고 아라비아 해에 해군력을 현시하였으며, 1967년에는 이집트와의 협정체결로 소련 함정과 항공기들이 이집트의 지원시설들을 사용할 수 있게 됨으로써 소련 함정들은 지중해 및 아라비아 해에서 미국의 항공모함에 대항할 수 있는 괄목할 만한 능력을 보유하게 되었다.

브레즈네프는 1970년대에 들어와서 군사 외교정책의 기본적인 목표를 혁명기로서 소련의 국익보호에 두는 한편, 데탕트(긴장완화) 노선을 추진한다는 기본방향을 설정하였다. 이러한 데탕트정책은 1979년 6월에 제2차 전략무기제한협정(START II)[21]이 체결됨으로써 절정에 이르렀다.

그러나 집권기간 동안 브레즈네프는 내적으로 미국과의 군사력 균형에 크게 관심을 두어 상대적으로 미국에 크게 열세였던 대륙간탄도탄(ICBM) 그리고 해군력과 공군력을 대폭 증강시킴으로써 미 · 소 군사력의 균형을 가져왔다.

브레즈네프의 데탕트시대 군사정책은 그동안 지상군에 계속 밀렸던 해군이 발전할 수 있는 절호의 기회가 되었으며, 이와 때를 같이하여 뛰어난 전략가인 고르시코프가 해군 총사령관에 임명됨으로써 소련 해군은 비약적으로 발전하게 되었다.

1972년 고르시코프는 「전 · 평시 해군(Navy in war and peace)」이라는 논문에서 소련의 역사에 대해 언급하면서 해군력을 소홀히 했을 때 소련은 항상 시련을 겪어왔다면서 해군력의 중요성을 주장하고 해군력

21) 1993년 1월 부시 대통령과 러시아의 옐친 대통령이 서명한 전략핵무기감축협약으로, START- I 은 양측에 의해 전개된 핵탄두의 숫자를 감축함으로써 전략핵무기 통제에서 새로운 장을 여는 귀중한 의미를 갖고 있는 반면, START-II는 하나의 핵미사일 탄두가 각기 독립적으로 목표를 공격할 수 있는 다수의 재돌입탄두(MIRV: Multiple Independently Targetable Reentry Vehicle)를 장착한 모든 지상발사용 미사일의 제거를 가져오는 미 · 러 간의 전략무기 통제에서 또 하나의 질적인 변화를 의미한다. Jane Davis 편저, 『냉전 후 세계의 안보문제』 (서울: 국방대학원 안보문제연구소, 1997), p. 71.

의 증강에 노력하였다.

고르시코프는 먼저 데탕트의 분위기를 타고 대두되는 대양에서의 해군세력 철수, 특히 지중해로부터의 철수를 강력히 반대하였으며, 해군의 전진 배치로 군사력의 상관관계가 근본적으로 변화되었다고 단언하면서 해군은 일종의 외교사절로서의 활동뿐만 아니라 원해지역에서의 서방측 군사개입을 예방하는 역할도 수행하고 있음을 주장하였다.

해군전력 증강 방향에서도 전략원자력잠수함 세력의 안전은 잠수함 단독으로 보장할 수 없으며, 수상함과 항공기가 필요함을 강조하였다. 이는 잠수함과 육상기지 항공력에 지나치게 편향되지 않은 보다 규모가 크고 훌륭한 균형함대를 요구하는 근거가 되었다.

브레즈네프 집권 후기인 1976년은 소련의 새로운 5개년 계획(1976~1981)이 시작되는 해였다. 새로운 5개년 계획은 소련군의 모든 부문에 영향을 미쳤는데, 주안점은 오호츠크 해에 대한 방대한 계획이었다. 1976년 3월 당대회에서 극동지역에 대한 정책 변화를 선언한 소련공산당 서기장 브레즈네프는 전략원자력잠수함의 태평양 전개 시 오호츠크 해를 사용하기로 결정하고, 1978년부터 쿠릴 열도 남방에 있는 4개 도서에 군대를 배치하는 등 지원시설을 갖추기 시작하였다.

소련은 이때부터 전략원자력잠수함기지로 캄차카 반도의 페트로파블로프스키를 선정하였는데, 이는 항구에서 잠항구역까지 거리가 짧아 위성에 노출될 확률도 적고, 미국 서부지역에 대한 직접적인 전력투사가 가능한 장소로서 가치가 인정되었기 때문이다. 한편, 소련은 북극해에 진입하는 NATO 잠수함 세력을 거부하기 위하여 그동안 추진하였던 북극해 봉쇄 구상은 실효성이 없다는 결론하에 이를 포기하고, 이와 관련된 해군계획들도 취소하거나 중단하였다.

1976년 소련의 군 수뇌부가 해군의 각종 계획과 기획을 변경했을 때 미국은 해군을 12개의 항모전투단과 약 475척의 함정체제를 유지하는 것으로 결정하였다. 미국은 이와 같은 전력 재건 이외에도 소련에게 전략적 위협을 심각하게 증대시켜줄 새로 개발한 핵 순항미사일을 모든 공격원자력잠수함과 주요 해상전투함에 장착하기 시작하였다.

이와 같은 미 해군의 복합적인 상황 변화로 말미암아 1983년에 소련은 대형 수상함인 키로프급, 슬라바급, 오스카급 등의 함정 건조를 확대하거나 재개하기로 결정하였으며, 쿠릴 열도에 대한 위협이 증가함에 따라 이반, 로고프급 상륙함 건조계획도 재개하였다. 이러한 해양전략 환경의 변화는 제2차 세계대전이 끝난 후부터 30년 동안 해군의 독자적인 전략 없이 육군 위주의 군사 · 정치적 수뇌부가 지시하는 보잘것없는 임무만 수행해야 했던 소련 해군의 구조와 해상전력의 전개 양상에 지대한 영향을 미쳤다. 이에 따라 1970년대 후반부터 해군사령관 고르시코프를 중심으로 한 해군지도부는 흐루시초프 지배하에 건설되었던 해군의 전쟁수행 개념에 부적합한 수상함, 항공기 및 전투장비, 무기들을 폐기하기 시작하였다.

그리고 이 당시 미래전쟁에 대한 소련 군사 정치지도자들의 전쟁개념은 전면적인 핵전쟁의 위협을 배제하지 않는 모든 단계에서 적에게 핵무기로 치명타를 가하는 것이었다. 이러한 전쟁개념에 따라 전략미사일을 장착한 잠수함 전력이 전체 전략 핵 세력의 가장 중요한 구성요소로 인식되기 시작하였다.

1964~1976년은 소련 잠수함 전력 건설에서 가장 획기적인 시기로, 디젤잠수함 건설조차 끝나지 않았던 이 시기에 가장 많은 원자력잠수함이 건조되었다. 대륙간탄도미사일과 대함순항미사일을 장착한 원

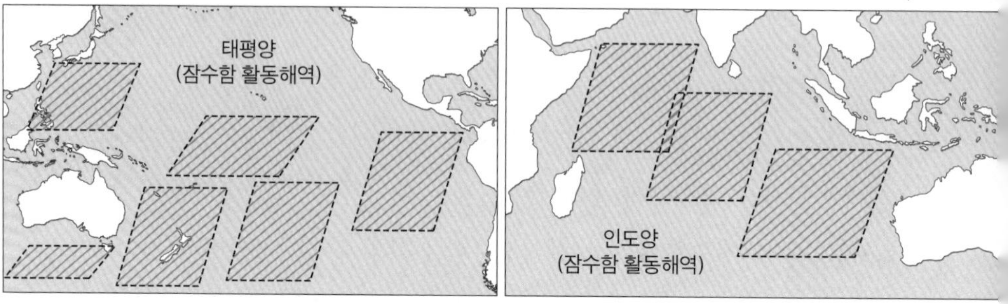

〈그림 4-20〉 냉전시대 소련 태평양함대 소속 잠수함의 태평양/인도양 작전구역

출처: Л. И. Александров, 『Тихоокеанский флот России 1731-2006(К 275-летию)』(Владивосток: Дальнаука, 2006), p. 204 참조.

자력잠수함 건설이 바로 이 시기의 해군력 발전의 주된 방향이 되었고, 이와 같은 방향은 짧은 기간 내에 소련 해군의 공격능력 증대와 대양에서의 활동영역을 확장시켰으며, 국가의 해양력을 신장시키는 결과를 가져왔다. 또한 소련의 해양정책에 따른 전략목표가 구체화되었다.[22]

22) 소련이 추진한 해양정책의 전략목표는 8가지로 요약될 수 있다. ① 정치 이데올로기적 영향력 행사, ② 부동항 획득, ③ 민족해방운동과 공산주의혁명 지원, ④ 국력 과시 및 현시력 유지, ⑤ 전략 및 전술적 방어와 공격, ⑥ 해상교통로 확보와 적의 사용 거부, ⑦ 서구와 중국의 측면 포위, ⑧ 원조(군사, 어업, 기술, 경제). 이러한 전략목표를 달성하기 위한 노력으로 소련 해군은 1970년대 말 전 세계 해양에서 소련의 해군력을 현시할 수 있는 대양함대로 발전하게 되었다.

5. 소련의 몰락과 약화된 해군력

1) 고르바초프 시대[23] 소련의 몰락과 약화된 해군력(1985~1990)

〈그림 4-21〉 고르바초프

1985년 3월 고르바초프의 집권 이래 소련은 점점 심각해지기 시작한 경제난을 타개하기 위하여 각종 군축제의를 포함한 평화공세를 추진하였는데, 이는 동구권 국가들의 민주화와 스탈린에 의해 강제 병합된 발틱 3국 독립운동 등 세계적인 격변의 원인이 되었다.

한편, 군비경쟁이 한창이던 1970년 초 소련이 미국과 군사적 균형을 달성하게 됨에 따라 서방의 군사과학기술 전문가들은 약 15년 이후에는 소련의 군사과학기술이 서방세계를 앞지르게 될 것이고 그렇게 되면 소련은 국제무대에서 서방을 압도할 것이라고 경고하였으나, 해가 거듭될수록 서방과의 과학기술 격차는 오히려 커지게 되었다. 1980년대에 들어와서 레이건 미국 대통령이 전략방위계획(SDI)을 발표하자 소련은 미국과의 군사과학기

23) 미하일 고르바초프(집권기: 1985~1991)는 재임 중 소련의 개방정책인 '페레스트로이카'를 추진하였고, 이는 소련을 비롯한 중앙유럽 공산주의 국가들의 개혁과 개방 그리고 사상 해방에 큰 영향을 주었다.

술의 격차를 통감하게 되었다.[24)]

고르바초프는 이러한 사태가 제2차 세계대전 이후 지속되어온 40여 년간의 냉전에 따른 사회체제의 전반적인 쇠퇴와 군비경쟁으로 인한 경제의 낙후에서 기인된 것으로 판단하였다. 이에 따라 고르바초프는 소련의 군사비를 축소 또는 제한시키고 소비와 투자를 증대시켜 소련 경제를 활성화한다는 '신사고'에 근거하여 새로운 군사정책을 구사하게 된다.

고르바초프는 2년간의 준비기간을 거쳐 1988년 12월에 소련군 50만 명과 동유럽의 바르샤바 조약군 약 11만 명을 1991년까지 일방적으로 감축할 것이라고 선언하였다. 그리고 1987년 6월의 바르샤바 조약기구 성명에서 동서 양측 모두 공세적 작전능력을 포기하자는 제안을 함으로써 소련의 군사교리가 이제 더 이상 전쟁의 본질과 전쟁수행법에 관한 것이 아니라 전쟁회피에 있다는 것을 분명히 하였다.

이러한 상황에서 고르바초프는 군사적 대등성을 유지하는 것보다는 경제적 대등성을 유지하는 것이 중요하다는 것을 인식하여 일방적 안보개념에서 탈피한 상호 안보개념 정책을 추구하였다. 상호 안보개념은 대량파괴무기를 제고하고 '합리적 충분성' 원칙하에 군사적 능력을 제한하는 것을 전제로 하는 것이었다. 즉, 군사적으로 침략을 격퇴하기에는 충분하나, 대규모 공격행위를 하기에는 부족한 병력, 부대구조, 부대배치를 유지하는 것이었다.

이러한 안보정책의 선회로 1986년에 2000년도 소련의 핵무기 감축계획과 동유럽 배치병력 50만 철수선언 등이 구체화되어 발표되었

24) 국제문제연구소, 『방위연감 1990~1991년』(서울: 국제문제연구소, 1990), p. 121.

고, 1989년에는 아프가니스탄에 주둔한 소련군을 조건 없이 철수시켰으며, 1990년에는 미국과 유럽에서의 재래식 전략감축협정(CEF)을 체결하였다. 이로써 상승하기만 하던 소련의 군사력 증강추세는 하향 국면에 들어섰고, 해군력도 1980년대 후반을 기점으로 급속히 약화되어 갔다.

2) 옐친 시대의 지속 축소된 해군력(1991~1999)

구소련이 몰락하면서 러시아의 초대 대통령 옐친은 민주주의와 자본주의를 도입하게 된다. 1991년 이후 시작된 경제 및 구소련의 붕괴는 엄청난 사회적 · 정치적 혼란을 가져왔으며, 러시아 해군의 급속한 붕괴를 가져왔다.

각 공화국들의 독립과 군사력 감축으로 이미 한 번의 큰 충격을 받았는데, 또다시 흑해 및 발트함대까지 분할되어 해군의 붕괴 강도는 다른 군에 비해 훨씬 컸다.

해군의 감축은 계속적으로 진행되었으나 감축 과정에 대한 분명한 프로그램조차 존재하지 않아 1992년에는 '표트르 대제' 이후 러시아 역사에서 처음으로 단 한 척의 전투함도 완벽한 상태로 존재하지 못하는 결과를 초래하였으며, 해상 출항 실적조차 급격히 감소하였다. 그리고 예산의 급격한 감축에 따른

〈그림 4-22〉 옐친

수리지원 불가로 많은 함정들의 퇴역이 불가피하여 최소 25년의 수명을 가진 러시아 기함 가운데 하나였던 항공모함 민스크조차 15년 만에 퇴역할 수밖에 없는 지경에 이르렀다. 이러한 민스크의 운명은 키예프, 고르시코프 및 노보르시스크 항공모함에도 영향을 미쳐 1993년 10월에는 민스크와 노보르시스크까지 퇴역하였으며, 고르시코프가 장기 수리에 들어감에 따라 쿠즈네초프 항공모함 1척만 남게 되었다. 또한 잠수함도 상황은 비슷하여 1985~1995년 기간 중 전체 잠수함 수가 50%나 감소하였다.

그리고 1990년 초 정치적인 혼란을 계기로 각 공화국들이 소련으로부터 독립 시 자국에 배치된 해군 전력의 분할 및 소유권을 요구함으로써 흑해함대는 분할되고 발트함대는 축소되었다. 특히, 흑해함대는 군사기지를 상실하게 되는 상황에 이르러 최근 크림 반도의 러시아 합병 이전까지 독립된 우크라이나로부터 해군기지를 유상으로 사용하였으며, 주력함정의 대부분이 퇴역 또는 치장상태가 됨으로써 감축 정도가 아닌 해군력의 몰락이라고 할 정도로 막대한 전력손실이 발생하였다.

1991년 소연방 해체는 군사력의 약화를 더욱 가중시켰다. 구소련의 후계자로 등장한 러시아의 당면 문제는 독립국가연합(CIS) 통합군이라는 단일 지휘체제하의 군대로 재편성을 시도하는 것이었다.

그러나 우크라이나가 통합군 체제에 반대하면서 독자적인 군을 창설하고 몰도바와 아제르바이잔도 이에 동조하게 되자, 러시아는 CIS 내의 주도권 장악과 소련군의 손실을 방지하기 위한 독자군 창설을 서두르지 않을 수 없게 되어 280만에 달하던 구소련군의 인원과 장

비를 신속하게 흡수하여 1992년 5월 독자적인 군대를 창설하였다.[25)]

1980년 초에는 태평양함대가 러시아의 최대 함대가 되면서 미국, 일본 등에 대하여 중대한 위협을 가할 정도로 성장하였다. 그러나 구소련의 붕괴와 경제위기는 러시아 태평양함대의 몰락을 가져와 최고의 전력이었던 1985년에 비하여 주요 수상함은 118척에서 48척으로, 잠수함은 127척에서 26척으로 크게 감소하였고 임무도 변화되었다.

러시아 태평양함대의 임무[26)]는 구소련 시대의 임무에 비하여 상당히 평화적으로 변하였으나, 여전히 해군 본연의 주요 임무는 변함이 없음을 보여주고 있다.

옐친 시대 러시아 해군은 매우 취약하였으며, 이는 몇 가지 이유에 기인하였다. 첫째는 국방예산의 부족이다. 둘째는 전투준비태세가 극도로 약화되었다는 점이다. 군인들의 기본적인 의식주가 곤란하게 됨으로써 야기된 사기저하와 군기강 문란은 전비태세를 약화시키는 원인이 되었다. 셋째는 국력의 급격한 감축과 함정 성능의 저하이다. 몇 척의 함정을 조기에 퇴역시킴에 따라 해군 전력은 현저하게 감축되었다.

25) 1992년 5월 러시아군 재창설 시 해군은 우크라이나와 소유권 분쟁에 휩싸여 있는 흑해함대를 제외한 구소련 해군 전력을 거의 모두 승계하였으나, 소련의 붕괴에 따른 후유증과 누적된 문제로 급격한 전력감축을 가져와 5개 군종(전략군, 방공군, 지상군, 해군, 공군) 중에서 가장 극심한 타격을 입었다.

26) 1988년 해군 총사령관 체르나르빈 원수가 밝힌 러시아 태평양함대의 주요 임무는 ① 전략핵무기제한조약 내에서 핵 억지력 유지, ② 해양으로부터 러시아 영토의 방위, ③ 경제수역 및 생산활동 해역의 보호, ④ 해상교통로 보호, ⑤ 경제적으로 중요한 전 세계 해양에 대한 군사력 현시(방문, 기항, 연합연습, PKO 파병 등)라고 명시하였다.

3장
21세기 러시아의 해양전략

1. 21세기 러시아 안보위협과 해양안보환경

1) 러시아의 전통적 · 비전통적 안보위협

냉전시대 미국과 소련의 냉각구도는 전통적 위협[27]의 일례로서 민주주의와 공산주의 대립, 즉 민주주의를 대표하는 미국 진영과 나토(NATO)의 동진정책에 따른 충돌에 대비한 전략핵무기의 개발경쟁으로 대변할 수 있다. 이러한 전통적 위협은 구소련 붕괴로 이어진 러시아

27) 제4세대 전쟁의 이론은 전쟁의 위협을 4가지로 분류하고 있다. ① 전통적 위협(Tradition Threat)은 통상적인 재래 및 핵전력을 이용한 정규전에 의한 도전, ② 비전통적 위협(Non Tradition Threat)은 비통상적인 무기를 이용한 기습도발, 테러전, 게릴라전, 반란, 전복전, 사상전, 소요사태 등에 의한 도전, ③ 재앙적 위협(Catastrophic Threat)은 대량살상무기 및 첨단정밀무기를 이용하여 국가의 중추신경을 마비시키고 교란시킬 목적으로 주요 목표를 기습적으로 타격하는 미사일전, 소규모 핵배낭, 자살공격전, 특수지역 점령 등에 의한 도전, ④ 파괴적 위협(Destructive Threat)은 최첨단 센서, 첨단정보기술, 사이버기술, 극소형무기, 우주무기, 지향성무기 등을 이용한 첨단기술전 등에 의한 도전. http://www.m.cafe. naver. com/anytimeyouwant/24(검색일: 2013년 12월 8일). 본문에서는 전통적 안보위협과 비전통적 안보위협에 국한해서 러시아의 안보 현실을 분석하였다.

로부터 CIS국가로의 분열, 그리고 국가의 재건(페레스트로이카)[28] 이후 안보협력이 강화되고 있는 지금까지도 지속적으로 상존하고 있다. 다시 말해 국가 간 확정되지 않은 영토문제, 특히 그 경계가 모호하여 매우 복잡한 역사성으로 인한 특성을 갖고 있는 쿠릴 열도의 4개 도서를 둘러싼 러 · 일 간의 영토분쟁[29]은 현재 진행 중인 전통적 안보위협의 예라 할 수 있다.

그러나 이제 전통적 안보위협보다 비전통적 안보위협이 러시아에 위협을 주고 있다. 소말리아 근해에서 발생하는 러시아 무역항로를 방해하는 해적행위는 주마간산(走馬看山)마냥 바라만 보는 것이 아니라 당장 해결해야 하는 비전통적 위협으로 자리 잡았다. 2010년 5월 아덴 만 해상에서 러시아 국적 유조선 '우니베르시테트'호가 해적에 의해 피랍되었다가 우리나라 청해부대와 연합 공동작전으로 구조된 사례가 있었으며, 2013년에는 블라디보스토크에 위치한 러시아 태평양함대사령부에서 출발한 소말리아 대해적작전에 참가한 군함이 작전임무 종료 후 귀환 중에 부산 작전사령부를 2회나 방문하였다.[30] 러시아

---

28) 페레스트로이카(Перестройка: '다시'와 '건설'의 합성어)는 새로운 소련 건설을 위해 고르바초프 서기장의 개혁 강령이다. 공산주의 국가의 경제개혁에 대한 민주화의 상징어로 대변된다. 이러한 개혁은 전통적 안보위협에서 비전통적 안보위협이 증가되는 시기의 경계선이 되었다. 또한 전통적 위협으로 대변되는 제1 핵시대(전략핵무기)에서 비전통적 위협으로 대변되는 제2 핵시대(전술핵무기를 사용한 테러)로의 전환시기가 된다(2007년 11월, 모스크바국립대학교 세계정치학부 학장 안드레이 코코신의 국제안보 특강 중 언급).

29) 러시아는 과거 '국경 불변'이라는 하나의 대원칙 아래 쿠릴 섬에 해당하는 그 어떠한 도서도 일본에 반환하지 않겠다고 천명했지만 현재는 쿠릴 섬에 대한 분쟁이 존재함을 인정하며, 나아가 분쟁의 해결을 위해 일본과 협력할 수 있음을 밝혔다. 반면 일본은 '북방영토'에 대한 러시아의 점유가 불법이므로 이를 일본에 반환해야 한다고 주장하였다. 권석민, "독도 영유권 분쟁 고찰: 동아시아 영토분쟁을 중심으로", 『Strategy 21』 제28호(2011년 겨울호), p. 239.

30) 러시아 해군 호위함 '아드미랄 비노그라도프(Admiral Vinogradov)', 구조선 '칼마르(Kalmar)', 군수지원선 '이르쿠트(Irkut)' 3척이 2013년 10월 22일부터 27일까지 6일간 부

의 비전통적 안보위협은 자국의 해군전력을 수천 킬로미터 떨어진 소말리아에까지 함정을 보내야 하는 현실이 되었다.

독립국가연합(CIS)의 경제성장을 위한 안보협력은 지속될 것이다. 그러나 그루지야, 우크라이나, 아제르바이잔 등 GUAM 세력들은 러시아를 중심으로 형성하려는 정치 · 군사적 통합에서 벗어나고 있다. 카스피 해 유전개발은 카스피 해를 둘러싼 주변 국가들의 안보위협을 부추기고 있다. 실제로 2010년 아제르바이잔과 투르크메니스탄의 해양경계구역에서 발견된 유전확보 경쟁으로 해상충돌이 발생하였으며, 이를 계기로 양국은 해군력 건설에 박차를 가하고 있다.[31] 카스피 해의 유전개발은 러시아의 국익에도 큰 영향을 미치고 있어 카스피 해 주변국(러시아, 카자흐스탄, 투르크메니스탄, 아제르바이잔, 이란) 간의 충돌로 발생하는 안보위협은 러시아를 중심으로 형성된 집단안보조약기구에도 큰 타격을 주고 있다.

최근 기후 변화와 기술의 발전으로 인해 북극해[32]의 자원과 해상

산 작전기지에 입항하여 한국 해군과 교류행사를 실시하였다(「부산일보」, 2013.10.22). 2013년 4월에도 러시아 함정 3척이 부산 작전기지를 방문하였으며, 정기적으로 소말리아 대해적작전 참가 러시아 함정이 부산 작전기지를 방문하여 군수지원을 받는 것으로 합의하였다.

31) 투르크메니스탄은 1억 3,000만 달러 규모의 수리조선단지를 2011년에 한국기업 '현대엠코'가 최초로 프로젝트를 수주하여 2013년에 완공하였으며, 투르크메니스탄 해군사관학교 공사도 수주하여 2015년 목표로 공사가 진행 중이다. 아제르바이잔도 연안경계를 위해 한국과 해양방산협력에 큰 관심을 보이고 있고, 주한 아제르바이잔 해군무관이 상주하며 한국 해군과의 교류협력을 위해 노력 중이다. 2015년에는 주 투르크메니스탄과 아제르바이잔 대사관에 최초로 국방무관이 상주하며, 한-투르크메니스탄 · 아제르바이잔 간 국방교류협력을 이어갈 예정이다.

32) 「조선일보」 2010년 12월 10일자, "얼음 녹은 북극 자원 '신대륙'을 잡아라"라는 기사가 실렸다. 북극해 연안국들은 전투기까지 동원해 영유권 분쟁을 진행 중이라는 내용으로 4,261m 북극 심해에 러시아 잠수정이 국기를 꽂고, 총성 없는 전쟁터를 방불케 하며 북극해 영유권 확보를 위해 전쟁도 불사하겠다고 선언했다. 「조선일보」(2010.12.10.),

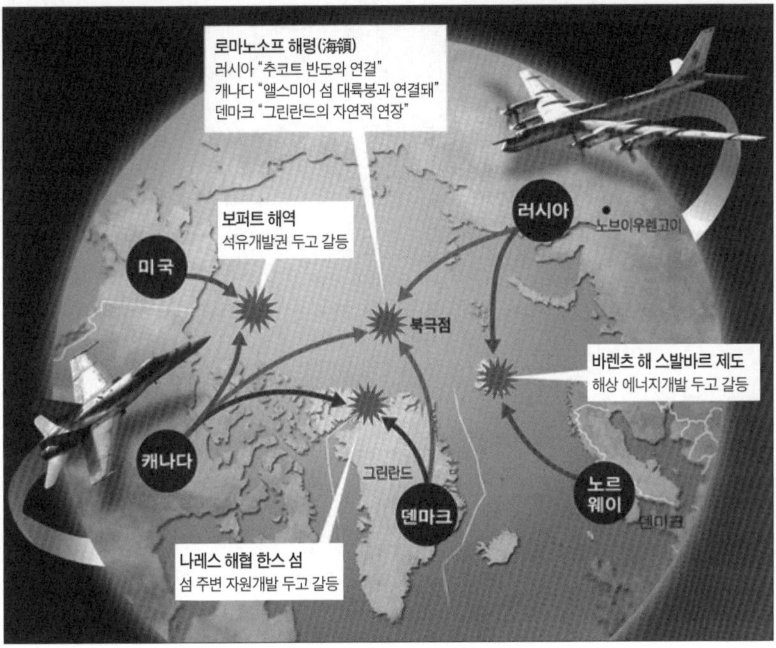

〈그림 4-23〉 북극해의 영토전쟁

출처: 「조선일보」(2010.12.10) 참조.

교통로를 포함한 북극해의 전략적 가치에 전 세계의 관심이 집중되고 있다. 미 · 러 양국과 캐나다, 노르웨이, 덴마크 등 북극해 연안 국가들로 구성된 '북극이사회'에 일본, 중국과 더불어 한국을 포함한 6개국이 2013년 5월 19일 옵서버 자격을 승인받아 참가하고 있다. 러시아는 이미 대륙붕 한계 획정, 해양도서 경계 획정 그리고 자원개발 및 확보경쟁 발생을 예상하고 문제를 인지하여 북극해의 국가 간 경쟁양상을 전통적 안보위협으로 정해두었다. 지구 온난화 현상과 함께 북극

http://inside.chosun.com/site/data/html_dir/2010/12/10/2010121000623.html(검색일: 2013.12.17)

의 얼음 층이 얇아지고, 이러한 기후 변화로 북극해를 통해 태평양과 대서양을 최단거리로 횡단할 수 있는 새로운 해상교통로가 개척되면서 발생 가능한 해상테러 위협을 비전통적 안보위협으로 인식, 러시아 해군은 '북극기동전대'를 창설[33]하게 된다. 러시아에게 북극해는 이미 전통적 위협과 비전통적 위협이 상존하는 전략적으로 중요한 지역이 되었다.

전통적이든 비전통적이든 러시아에게 국제정세의 변화와 함께 발생하고 있는 모든 위협은 국가안보 차원의 중요한 이슈로 떠오르고 있다. 푸틴 대통령이 내세우고 있는 '강한 러시아'의 부활은 이러한 안보위협의 맥락에서 박차를 가할 수 있으며, 국방예산 증액과 군사력 강화에 대한 러시아 '국가두마'의 수락이 어렵지 않게 받아들여질 수 있는 것이다.[34]

2) 급변하는 국제정세와 러시아 해양안보환경

러시아의 급진적인 군사력 증강은 국제정세 변화와 맥을 같이한다. 민주주의를 상징하는 미국과 공산주의를 상징하는 소련 간의 전략

33) 러시아 기동전대 창설 배경은 2009년 3월 '2020년까지 북극에서의 러시아 국가정책 개념서'가 공표되면서 2020년까지 북극군을 창설하는 계획과 연방보안국(FSB)이 북극지역에 대한 경계활동을 강화할 것이라는 내용을 포함시킨 것에 대한 러시아 국방부의 최초 준비단계로 판단된다. 북극해 해저에는 전 세계 매장량의 약 25%에 해당하는 원유와 천연가스가 존재하는 것으로 알려져 있다.

34) 러시아 국가두마 의원이자 CIS국가안보위원이었던 안드레이 코코신은 1998년 국가안보위원회에서 당시 국방위원장으로서 핵전력 유지의 당위성을 강하게 제기하였으며, 경제적 위기의 시대를 지나면서도 재래식 무기 개발과 병행하여 핵전력 건설 계획을 설계해야 함을 주장하였다. 자세한 내용은 니콜라이 에피모프, 정재호 · 김영욱 공역, 「러시아 국가안보」(서울: 한국해양전략연구소, 2011), p. 30-50 참조.

핵무기 충돌 가능성이 상존했던 제1 핵시대를 거쳐 지역적 전술핵무기의 테러 이용 가능성으로 상징되는 제2 핵시대는 냉전의 종식과 소련 붕괴로 소강 상태였던 러시아의 핵전력 증강을 다시 부추기며, 러시아 안보를 위협하는 대상으로 급부상하게 되었다.

최근 북한의 핵 및 미사일 개발의 지역적 · 세계적인 위협에 대한 분석은 많았지만, 해양에 대한 영향은 간과되어왔다. 러시아에게 아시아 · 태평양은 북한의 핵 및 미사일 개발과 관련하여 중요하게 여겨진다. 북한의 안보위협은 해양 분야에 미치는 영향을 증대시키며, 러시아의 급격한 전략적 변화를 불러일으키고 있다. 또한, 아시아 · 태평양 해양지역은 미 · 중 간 지리전략론적 대결구도의 중심에 있으며, 아 · 태 지역의 '중견국가' 간 해군협력을 포함하는 양자관계에서 두드러진 특징을 가지고 있다. 역내 협력적 메커니즘은 구조적으로 흐트러지고, 경쟁구도는 점차 힘을 얻어가고 있다. 북한의 돌발적인 행동은 이러한 안보 상황을 더욱 악화시키고 있다.

2013년 9월 6일 '제11회 국제해양력 심포지엄'에 참가한 러시아 세계경제 및 국제관계연구소(IMEMO) 아태연구센터 선임연구원 예브게니 카나예프(Evgeny Kanaev) 박사[35]는 예상되는 시나리오를 발표하였다. 첫째, 해양에서 북한의 위협은 증가할 것이고, 북한과 남한/미국의 군사력이 대치하는 상황도 증가할 것이다. 둘째, 동북아 주요 국가들 간 관계설정이 가속화될 것이다. 중국은 미국과 일본, 미국과 한국 간 해군력 협력을 부정적으로 평가할 것이다. 특히 이지스 체계의 잠재적인 해상 대탄도탄 능력에 대한 중국의 비판은 계속될 것이다. 셋째, '대결

35) 예브게니 카나예프 박사는 러시아 세계경제 및 국제관계연구소(IMEMO) 아태연구센터 선임연구원으로서 동 연구소에서 동아시아 경제 및 안보 관련 연구를 지속해오고 있다.

의 반향'이 역내 해양영역에 커다란 영향을 미칠 것이다. 한편에는 중국이, 다른 한편에는 미국과 동북아 동맹국들에 의한 대결구도가 심화될 것이며, 이는 남중국해 문제를 더욱더 복잡하게 만들 것이다. 이러한 시나리오를 예상해볼 때 북한의 핵 및 미사일 개발 위협이 야기한 역내 해양안보 영역에서의 반향은 심각하다.[36]

시베리아 및 극동지역의 근대화 정책을 추진하는 러시아도 북한을 둘러싸고 벌어지는 동북아 안보 상황에 대해 긴장과 관심을 곤두세우고 있다. 러시아는 아 · 태 해양안보에 영향력을 행사하기 위한 단계적인 노력을 하고 있으며, 특히 군사력 투사를 포함하는 군사력을 증강하기 위해 노력하고 있고, 태평양함대는 이러한 시대적 상황과 맥락을 같이하며 증강될 것이다.

2. 21세기 러시아 안보전략

국가이익을 위한 러시아 고유의 지정학적 개념을 뒷받침하는 국가안보전략은 푸틴이 등극하기 전에는 두드러지게 나타나지 않았다.[37] 그러나 푸틴 정부 1기와 2기를 거쳐 3기에 들어서자 강력한 국

36) 예브게니 카나예프, "아시아 · 태평양 해양안보와 북한의 핵미사일 개발", 『제11회 국제해양력 심포지엄: 도전과 기회의 바다! 해양안보 환경변화와 해군의 역할』 발표문 (2013.9.6.) 참조.

37) 2002년 10월 8일 「비즈니스 투데이」라는 잡지에 게재된 러시아국립대학교 지질학부 부학장 류 이바쇼프(Лю Ивашов)의 인터뷰 내용에서 "최근 일련의 사태들로 인해 우리는 계속해서 쓰러지고 좌절하고 있으며, 낯선 자유의 세계를 대면하고 있습니다. 우리는 미국을 뒤쫓았고 유럽을 뒤따랐습니다. 전략보다 훨씬 큰 개념, 즉 국가이익을 분별할 수 있는 러시아 고유의 지정학적 개념이 러시아에는 없습니다."라고 언급했다. Делавой вторник, 8 Октября 2002 года. Андрей Панов, "Морская сила России 300лет,"

가건설을 위한 국가안보전략은 강력했던 소련 시대를 그리워하는 러시아인의 지지를 받으며 탄력 있게 구상되었다.

〈그림 4-24〉 푸틴

2009년 5월 메드베데프 대통령이 승인한 '러시아연방 국가안보전략 2020'은 1997년과 2000년에 발표된 '국가안보전략 개념'을 대체했다. 동 전략서는 러시아 국가안전을 보장하기 위한 능력이 국가의 경제적 잠재력에 달려 있다고 강조했다. 러시아는 천연자원을 경제발전의 초석임과 동시에 지리 · 정치적인 영향력을 결정하는 원천으로 여기고 있다.[38] 따라서 에너지 자원의 보고로 부상하는 북극해의 군사력 증강과 카스피 해의 해양안보 수호는 국가안보전략 개념에 준해서 반드시 필요하다고 설명할 수 있다. 푸틴 대통령은 집권 2기 동안 해군력 건설계획, 러시아연방 신(新)해양독트린, 러시아의 해상수송계획, 해양군사 활동 정책, 국경선 · 내수 · 영해 · 대륙붕 · EEZ · 방위전략 등 여러 가지 전략문서를 완성했다. 당시 러시아의 신해양독트린은 해군함대, 상선 능력, 어로산업, 해양연구와 관련 탐사선 등을 포함하고 있다.[39]

Москва:Эксмо, 2005, p. 7 재인용.

38) "Strategy and the National Security of the Russian Federation Until 2020," May 12, 2009. http://www.scrf.gov.ru/documents/99.html. 러시아의 국가안보전략에 대한 자세한 개념은 니콜라이 에피모프, 정재호 · 김영욱 공역, 전게서, pp. 69-71 참조.

39) 김덕기 제독은 북극해의 전략적 가치에 대해 푸틴 집권기에 작성된 전략문서 '러시아연

최근 러시아의 안보전략은 2010년 채택한 새로운 신군사독트린에 잘 드러나 있다. 이 독트린은 NATO 확장과 테러리즘을 주요 안보위협 요인으로 간주한 것이 특징인데, 기존의 핵 공격뿐만 아니라 국가존립을 위협하는 재래식 무기 공격 시에도 핵무기 사용권한 보유를 명시하는 등 핵무기의 사용범위를 넓히고 외부위협에 대해서는 해외

〈표 4-3〉 러시아 군사독트린(2000/2010) 비교분석

구분	군사독트린(2000)	신군사독트린(2010)
성격	방어적	공세적
위협평가	러시아 및 동맹국 인접지역에 외국군 주둔, 러시아 및 동맹국에 영토 요구, 국제테러리즘	NATO 확대, MD, 우주공간 군사화, WMD 및 미사일 확산 요소 추가
핵무기	• 핵무기 사용범위 확대 • 외부침략 시 대응수단으로 사용	• 핵무기 사용 엄격 적용 및 핵무기 비중 축소 • 상대적으로 정밀유도무기 강조
군사력 운용	국제법에 따라 해외주둔 가능	해외주둔 조건완화 및 범위 확대(국제/국내법 적용), 집단안보조약기구(CSTO) 내 신속기동군 창설
현대전 특성	• 핵/재래식, 첨단무기 사용 • 항공 및 특수전 전력운용	• 정보전, 지휘통제의 중요성 • 현대화된 정밀무기체계 강조
방위산업	개략적 기술	방산업의 중요성 및 역할 강조
방어정책 주체	러시아, 벨라루스	러시아, CSTO
군사력 건설	핵전력 유지 및 재래식 무기 증강	핵전력 유지 및 첨단 재래식 무기 증강, 상비군 유지, 최적의 병력유지
군사정책	미 기술	구체적 기술
군사 · 정치 협력국	벨라루스, CIS국가	벨라루스, CSTO, CIS 및 상하이협력기구(SCO) 국가

출처: 유병은 · 정재호, "러시아 군사력 건설과 한 · 러 전략적 협력구축방안 연구(러시아 신군사독트린을 중심으로)", 『해양전략』 제151호(대전: 해군대학, 2011), p. 217.

방 국가안보전략'을 근거로 설명하고 있다. 자세한 내용은 김덕기, "북극해의 전략적 가치와 러시아의 전략적 접근", 『Strategy 21』 제29호 여름호(서울: 한국해양전략연구소, 2012), pp. 257-258 참조.

파병을 통한 대응 원칙을 명기하고 있다.[40] 이러한 전략은 러시아가 군사적으로 개입하는 분야를 확대함으로써 러시아의 국가이익이 침해당할 경우 적극적인 군사력 사용 가능성을 표현한 것이라 볼 수 있다.

러시아가 당면하고 있는 현안 중 석유와 가스로 대변되는 에너지 안보 문제와 CIS지역에 대한 미국과 서방세계의 영향력 확대는 큰 문제로 떠오르고 있다. 중앙아시아 지역의 에너지자원 쟁탈전과 지정학적 중요성이 대두됨에 따라 이 지역에 대한 미국과 서방세계의 집요한 관심은 러시아를 매우 불편하게 하고 있다. 러시아는 중앙아시아 지역의 국가들이 독립국가연합으로 분리된 국가들임에도 불구하고 집단안보조약기구를 통해 러시아의 영향력하에 두려 한다. 그러나 지역 내 영향력을 가지려는 미국과 서방국가들의 참여와 간섭으로 인해 러시아의 그늘로부터 벗어나 독자노선을 추구하고자 하는 중앙아시아 국가들과의 마찰이 지속되고 있다. 앞으로 이 지역 내의 대결구도는 지속적으로 진행될 확률이 높으며, 브레진스키가 언급한 것처럼 러시아가 다시 제국으로서의 지위 회복 여부를 결정할 지정학적 축(아제르바이잔, 우즈베키스탄, 우크라이나)[41]의 중심에 있는 핵심지역이 될 것이다.

러시아는 지속적으로 진행되고 있는 MD체계 구축과 최근 시리아 사태를 둘러싸고 미국 및 NATO 국가들과의 대립과 긴장국면을 지속하고 있다. 또한 러 · 중 협력관계를 유지하면서 중 · 일 간의 센카쿠열도 분쟁, 이어도 근해 방공식별구역 확대와 관련하여 야기되는 한 · 중 · 일 간의 긴장상황을 예의주시하며 관망하는 듯 보인다. 그러나 쿠

---

40) 서동주, "2010년 러시아 신군사독트린의 내용과 시사점", 국가안보전략연구소, 2010.2.18.

41) 브레진스키 저, 김명섭 역, 『거대한 체스판』(서울: 삼인, 2000).

릴 열도 4개 도서의 영토 문제에 대해서는 일체의 양보 없이 국가이익을 위해 대통령도 앞장서고 있다. 실제 러시아 대통령 메드베데프는 2010년 11월에 쿠릴 열도의 4개 도서 중 하나인 쿠나시르를 전격방문하고, 이후 2012년 7월 총리가 되고 나서도 다시 쿠나시르를 방문한다. 러시아는 중국과 정례적으로 '러시아에 중국의 해'를 정하는 등 상호협력의 국가관계를 유지하는 듯하다. 그러나 국가안보와 관련해서는 협조와 견제의 복합적인 모습을 보이고 있다. 더구나 러 · 중 간 방산협력은 철저히 실리 위주의 정책을 취하고 있다. 인도를 포함한 BRICs 국가, SCO, 남미와 아프리카 국가들과도 다각적 협력을 강화하고 있다.[42)]

동북아를 겨냥한 푸틴의 군사력 재정비 노력은 역내 국가들의 관심을 자극하기에 충분하다. 특히, 2010년 10월 29일 콘스탄틴 시덴코[43)] 태평양함대사령관의 동부군관구사령관[44)]으로의 전격적인 승진과 러시아 동부지역에 대한 책임권한 부여는 한반도 남북관계의 긴장고조

---

42) SCO는 2001년에 출범한 '상하이협력기구'를 말하며, 중국과 러시아가 주축으로 카자흐스탄, 키르기지스탄, 타지키스탄, 우즈베키스탄 중앙아시아 4개국이 회원국으로 참석하여 지역 및 정부 간 기구로서 매년 정상회담을 개최한다.

43) 콘스탄틴 세묘노비치 시덴코(Константин Семёнович Сиденко)는 러시아 태평양함대사령관이던 2009년 가을에 한 · 러 작전부대 간 교류협력 차원으로 부산 작전기지를 방문하여 한 · 러 군사협력을 논의하였다. 당시 회의성과는 고위급인사 상호방문 정례화, 함정 상호방문 정례화, H/L(긴급연락체계) 활성화 및 운영방법 개선, 양국 함정 해상사고 발생 시 인도적 차원의 구조협력 등을 합의하였다.

44) 군사행정구역 6개의 군관구는 2010년 12월 1일부로 4개의 군관구로 통폐합되었다. 이것은 러시아 국방개혁의 일환으로, 합동성 강화와 군관구 사령관 중심의 독자적인 작전지휘권 보장 차원에서 시행되었다. 4개 군관구로는 중부군관구(육군장군), 동부군관구(해군제독), 서부군관구(육군장군), 남부군관구(육군장군)〔출처: 러시아 국방부 http://www.mil.ru〕. 3개 군관구의 사령관이 육군장군인데, 유일하게 동부군관구사령관은 해군제독으로 임명한 이유는 본문에서 언급한 대로 해양에 대한 중요성 증대에 기인한 것으로 판단된다.

와 동아시아 해양에서 일어나는 일련의 군사적 긴장상황과 전혀 무관하지 않다.

동북아에서의 역내 경제적 실리를 극대화함에 따라 2012년 블라디보스토크 APEC의 성공적인 개최로 인한 아시아 · 태평양 지역 경제권의 관심증대와 더불어 극동지역의 경제발전계획이 차근차근 진행되고 있다.[45] 따라서 역내 안보위협은 북극항로 개발을 포함한 러시아 정부가 추진하려는 여러 경제 구상에도 큰 차질을 줄 수 있다. 즉, 동북아 역내 안보위협은 러시아의 경제성장에 직접적인 저해요인으로 국가 차원의 안보위협의 직격탄으로 판단하고, 군사적 차원을 넘어 국가적 차원으로 전략적인 안보 구상을 하고 있다.

현재 러시아군은 군 구조의 개편을 위해 3개 군 3개 병종체제를 선진국형 3군 체제로 개편을 추진 중에 있다. 구소련군은 지상군, 해군, 공군, 방공군, 전략군의 5개 군종체제를 유지해왔으며, 러시아연방이 독립한 이후 1998년에는 방공군을 공군에 편입시킴으로써 4개 군종체제로 전환하였고, 현재는 지상군, 해군, 공군의 3개 군종과 전략미사일군, 항공우주방위군, 공중강습군의 3개 병종체제가 유지되고 있다. 앞으로 러시아군은 2016년까지 지상군, 해군, 공군의 3개 군 체제로 전환될 예정이다. 또한 그루지야전쟁을 통해 기존의 다단계 지휘구조로는 현대전에서 효과적인 지휘통제가 어렵다는 것을 체험한 러시아 국방부는 러시아군의 지휘체계를 단순화함으로써 지휘통제의 효율성을 도모하고 있으며,[46] 이를 위한 일환으로 과거의 군관구-군-사단-연대의 지휘체계를 '지역사령부-통합작전사령부-여단'의 3단계

45) 『동북아 전략균형 2012』, 서울: 한국전략문제연구소, pp. 172-173 참조.

46) РИА Новости(2010.9.9). http://www.rian.ru(검색일: 2013.12.26).

로 단순화하는 군 구조 개편을 추진 중에 있다. 이를 위해 러시아군은 현재의 6개 군관구를 4개의 통합지역전략사령부로 조직을 개편하고, 2010년 12월 1일부로 새 지휘조직으로 전환하였다.[47]

이러한 조직 개편에 따르면, 지역사령부는 통합적인 지휘강화를 위해 해당 관할에 대한 지휘책임을 부여받게 되며, 예하에 통합작전사령부가 창설될 예정이다. 전 국방장관 세르듀코프는 이러한 지휘체계 변화와 관련하여 "현존하는 지상군, 공군 및 해군사령부는 신군사 조직에도 유지될 것이나, 기존의 각 군사령부의 기능은 통합작전사령부와 배분될 것"이라고 밝혔다.[48] 예를 들어, 해군의 각 함대사령부는 해당 통합 작전사령부의 지휘를 받게 되며, 상트페테르부르크에 위치한 해군사령부[49]의 사령관은 통합작전사령부의 부사령관 임무를 수행하게 된다. 새로 설치될 통합작전사령부는 단독으로 작전적 수준의 국지

47) 군 조직개편 계획에 따르면 지정학적 특성에 따라 현재의 6개 군관구(극동, 시베리아, 볼가-우랄, 모스크바, 북카프카스 군관구)를 러시아 지역전략사령부(서부, 남부, 중부, 동부)로 재편하고, 해당 지역에 위치한 해군, 공군, 지상군, 방공부대, 로켓부대를 지휘통제하게 한다. 다만, 예외적으로 전략로켓부대, 잠수함부대 등은 모스크바의 지휘를 받게 된다. 4개 지역전략사령부 중 서부는 2010년 9월 1일부로 창설되었으며, 나머지 3개 사령부는 2010년 12월 1일에 창설되었다. 러시아연방 군관구 변경에 관한 법률은 1998년 6월에 채택되었으나, 지난 12년간 3회에 걸쳐 수정되었다. Росийская газета(2010.12.1). http://www.rg.ru 참조; 1998년 당시 국방위원장이었던 안드레이 코코신(Андрей Кокошин)은 1998년 7월 안보위원회 특별회의를 개최하여 군관구 변경을 포함한 핵무기 분야에서 러시아의 국방정책에 대한 실제적 검토를 실시하였다. 이 회의 결과에 따라 효과적인 핵 억제 보장에 관한 여러 조치가 확립되고, 중·장기적 전망의 러시아 핵정책 기본규정이 채택되어 1999년 3월에 대통령에 의해 「핵 억제 영역에서의 러시아연방 정책의 기본규정」이 승인되었다. Н. Н. Эфимов, 2006, 『러시아 국가안보』, 정재호·김영욱 공역(서울: 한국해양전략연구소, 2011), pp. 106-107 참조.

48) Росийская газета(2010.9.8). http://www.rg.ru

49) 모스크바에 위치했던 해군사령부는 현재 국방개혁의 일환으로 상트페테르부르크로 이전하였으며, 작전통신 관련 장비들은 이전을 진행 중에 있다. 해군사령부는 이전하였으나, 해군사령관은 모스크바에 위치하여 합동참모부에서 직무를 수행 중이다.

〈그림 4-25〉 러시아의 4개 지역전략사령부

출처: 러시아 국방부 홈페이지 참조[50]

전을 수행할 것으로 알려졌다.

푸틴은 군현대화를 국방정책의 핵심에 두고 전 모스크바 주지사이자 비상대책위원장을 역임했던 세르게이 쇼이구를 임명했다. 국방개혁의 핵심인 국방예산의 투명성을 가장 탁월하게 집행할 수 있는 인물이라는 판단하에 그를 뽑았다. 국가의 경제건설에 박차를 가함과 동시에 국방력을 강화하기 위해서는 저비용 · 고효율화된 군으로 전환하는 것이 시급했다. 먼저 전력증강에 국방예산을 과감히 투입하여 가시적인 전투력 향상에 주력하였다. 2012년 7월 말 푸틴은 2020년까지 4조 700억 루블(1,600억 달러)을 들여 대륙간탄도미사일 탑재가 가능한 보레이급 8척, 핵잠수함 24척 및 현대식 전투함 5척을 보강할 계획을 발표했다. 그중 불라바 미사일이 탑재될 보레이(Borei)급 핵잠수함 4척

50) http://structure.mil.ru/structure/forces/type.htm. (검색일: 2013.12.27)

은 태평양함대에 배치될 것이라는 소식에 주목할 필요가 있다.[51] 이러한 푸틴의 발표는 국방개혁 2단계(2010~2015년), 3단계(2015~2020년)의 연장선상에 있다. 국방개혁이 끝나는 2020년에는 러시아의 전력 70% 이상이 신무기체계로 현대화할 것으로 판단된다.[52]

3. 변화되는 해양시대의 러시아 해양전략

에너지자원 보호를 위한 해양의 중요성이 현재 러시아의 안보를 위협하면서 점차 증대되고 있다. 국가생존을 위한 필요성이 국가지도자의 의지 저변에 생겨나기 시작했으며, 해양에 대한 체계적이고 전략적인 마인드가 필요하게 되었다. 과거 러시아 해전사에서 알 수 있듯이 과거의 해군전략[53]이 바다로부터의 적의 공격을 연안에서 방어하기 위한 것이었다면 21세기 러시아의 해군전략은 해양의 에너지자원을 보호하고 해양력의 위치를 자리매김하기 위한 전략으로 변화되었으며, 그 필요성 또한 절감하고 있다.

---

51) 불라바 체계는 최대 사정거리가 8,000km로 핵탄두를 10기까지 장착할 수 있으나, 그 성능 제원이 자세히 알려진 바 없어 현존하는 MD 체계로는 요격하기가 매우 어렵다. 『동북아 전략균형 2012』(서울: 한국전략문제연구소), p. 190 참조.

52) 두진호, "푸틴 집권 시기 러시아의 안보정책 평가와 전망", 『군사논단』(2012년 여름호, 통권 제79호), p. 32 참조. 러시아군은 현재 50 : 50 수준의 경상운영비와 전력투자비의 비중을 2015년까지 30 : 70 수준으로 개선할 계획이므로 전력증강 사업이 더욱 활성화될 전망이다.

53) 미래 해군의 비극을 예방하고 국가의 방대한 물자와 자원을 절약하기 위해서는 객관성과 과학적 타당성을 입증해야 함과 더불어 과거의 암울했던 역사를 잊지 말아야 한다. 그리고 한 가지 기억해야 할 사실은 러시아 역사상 가장 빛났던 승전은 육지 전구에서였으나, 최악의 공격은 해상으로부터 받았다는 사실이다. Андрей Панов, "Морская сила России 300лет," Москва: Эксмо, 2005, p. 9.

러시아의 해양전략을 논할 때, 소련 붕괴 이후 경제적 어려움으로 인해 러시아의 해군력이 급속히 쇠퇴했던 시기에 준해 말하기에는 현재 러시아의 경제력이 너무 크게 성장하였다. 1990년대 러시아 해군력은 우크라이나의 크림 반도에 위치한 세바스토폴의 해군기지를 임차하여 사용하였으나, 우크라이나와의 정치적 충돌로 인해 반환해야 하는 운명에 놓이기도 했다. 그러나 2014년 3월 21일 크림공화국이 러시아의 행정구역으로 편입되면서 세바스토폴은 러시아 흑해함대의 모항이 되었다.[54] 1990년대 당시 러시아는 발트 해와 흑해에 있던 해군기지 및 조선소 시설 등 상당수를 잃고 국방예산 부족으로 무기획득과 해양방산에 상당한 타격을 입었다. 이 시기 러시아 해군은 전략잠수함을 제외한 전 해군 전력이 퇴역하거나, 오랫동안 사용하지 않아 녹슬어 운용에 제한받게 된다. 결국 '현존함대(Fleet-in-being)'[55] 전략을 유지할 수밖에 없었다.

그러나 '강력한 러시아 건설'을 기치로 내건 푸틴 시대를 기회로 급부상한 러시아 경제력을 기반으로 국방력 강화를 위한 노력에 박차를 가하게 된다. 2001년 이후 러시아 국방예산은 매년 20% 이상 증

54) 2014년 3월 16일 우크라이나 크림자치공화국에서는 러시아로의 병합 여부를 묻는 주민투표가 실시되었으며, 결국 97%의 찬성으로 마무리되었다. 크림자치공화국 주민투표 결과 미국을 비롯한 서방과 러시아의 긴장관계 속에서 2014년 3월 18일 러시아 대통령과 크림공화국 최고회의 의장, 세바스토폴 시장이 러시아-크림공화국 합병조약에 서명한 데 이어 3월 21일에는 러시아 상원에서 크림 반도 합병조약 비준과 관련법 개정안이 통과하였고, 이어 푸틴 러시아 대통령이 비준안에 최종 서명함으로써 크림공화국이 러시아의 행정구역으로 편입되는 법적인 절차는 마무리되었다.

55) 현존함대란 "상대적으로 열세한 함대가 결전을 회피하고 세력을 보존함으로써 존재가치가 적 함대를 견제하고 행동의 자유를 제한하는 해군력 운용개념(해군 군사용어사전)". 현존함대가 어느 정도 원해 전투능력을 가진 함대이지만 원해에서 대규모 함대와 정면승부를 할 수 있는 함대가 아님을 감안할 때, 1990년 당시 러시아는 연안방어 수준의 함대를 유지하며 과거 대양해군의 전성기를 다시 누릴 계획을 품고 있었다.

가하였고, 그 결과 2009년 러시아 국방비는 450억 달러로 2008년의 390억 달러에 비해 20% 증액되었으며, 이는 2001년 당시 101억 달러와 비교해볼 때 거의 4배 이상 증가된 수치를 기록한다. 러시아는 군사력 강화를 위해 2020년까지 6,400억 달러(약 693조 원)를 들여 각 군의 무기 현대화 작업을 진행할 예정이며, 우선 2015년까지 1,900억 달러(약 205조 원)를 지원키로 했다. 특히, 해군 분야에 전체 군사력 강화 예산의 약 4분의 1인 4조 루블(140조 원)의 예산을 투입해 수상함과 잠수함을 새로 건조할 예정이다.

2014년 1월 3일 러시아 해군 고위 당국자의 신년 인터뷰에서 러시아 해군은 보레이(Borei)급 핵잠수함과 키로프급 미사일 순양함 등 각급 함정 총 40척을 올해 안에 새로 도입해 실전 배치한다는 계획이 발표되었다.[56] 푸틴 대통령의 군사력 강화에 대한 의지는 국방예산의 증액과 해군력 증강이 보여주듯 꿈이 아닌 현실이 되고 있고, 대규모 전력 증강 계획을 통한 군사 활동의 증가는 이제 기정사실이 되고 있다.

해양 에너지안보를 위한 에너지 외교의 중요성이 증대됨에 따라 러시아는 국가이익과 직접적으로 연결되는 에너지를 수호하려는 안보인식과 지키려는 외교 전략을 적절히 활용하고 있다. 특히, 해군력을 이러한 안보위기를 수호할 수 있는 좋은 수단으로 활용하는 해양전략이 추진되고 있다.[57] 이러한 전략의 일환으로 에너지 자원의 지속적인

56) 「연합뉴스」(2013.1.4)

57) 국방연구원 책임연구위원 심경욱 박사는 '러시아의 해양전략과 해군력 발전추이'에 대한 연구를 통해 러시아가 에너지 안보외교를 통해 국익을 극대화하고 있으며, 국가전략을 군사안보와 연계시켜 에너지 중심의 해양전략을 추진하고 있다고 주장한다. 자세한 내용은 심경욱, "러시아의 해양전략과 해군력 발전추이", 『Strategy 21』, 제21호 봄 · 여름호 (서울: 해양전략문제연구소, 2009), pp. 231-232 참조.

확보와 개발을 위해 북극해 일대에서의 해군력 건설과 연합훈련을 지속적으로 실시하고 있으며, 카스피 해와 흑해에서의 해군력 강화와 해군활동도 확대하고 있다.

2011년 발표된 '북극해에 대한 러시아의 기본정책'은 2008년 국가안보전략서보다 군사적인 면이 더욱 강조되어 있다. 동 정책서는 북극해에서 모든 유형의 활동이 국방과 안보에 초점을 두고 있으며, 해군력의 중요성이 강조되었다. 러시아 해군의 해상배치 전략 핵전력이 러시아와 동맹국들에 대한 억제전력으로 최우선시되었고, 북극해 지역에서 러시아의 국가이익을 위해서는 러시아의 국경과 북극해의 해양경계가 반드시 보호되어야 함을 강조하였다.[58]

러시아 해군은 냉전 말기 이후 언급되지 않았던 북극해에 대한 현시를 확대하고 있으며 2009년 3월 러시아는 지상군, 해군, 공수부대로 구성된 '2020년 북극군 창설계획'을 발표하였다. 특히 2011년 '러시아연방 군사전략독트린'과 2011년 1월 7일 '러시아연방 해양독트린'이 발표된 이후 북극해에 보다 적극적으로 군사력을 현시하고 있다. 국방부 소속 블라디미르 샤마노프 중장이 발표한 러시아 북해함대 잠수함 전력의 작전반경 확대와 러시아 군사전략 측면에서 북극해의 대륙붕을 포함한 북극해에서 자국의 이익에 반하는 위협에 대응할 것이라는 내용은 이러한 실제적 안보위협에 대한 대응방침으로 해석된다.

카스피 해의 해양에너지 안보를 위한 러시아의 노력도 간과할 수 없다. 에너지가 중요한 자원으로 자리매김하면서 CIS국가 중 카스피 해 주변국가와의 관계를 한층 더 강화하였다. 에너지 생산지로서 중앙

---

58) http://eng.globalaffairs.ru/number/n_11281(검색일: 2013.12.9.)

아시아와 러시아를 잇는 생산축(종축)과 세계에너지 최대 소비시장으로서 서유럽과 아태지역을 잇는 소비축(횡축)을 연결하는 '십자로'를 구축하여 세계 에너지시장에서 막강한 영향력 행사를 추구하고 있다.[59] 에너지 수송로를 둘러싸고 서방과 러시아 간의 대결구도가 벌어지고 있는데, 러시아는 카스피 해를 통해 중앙아시아 지역으로 연결되는 바쿠에서 터키의 세이한 노선인 BTC라인을 저지해왔다. 이러한 상황은 아제르바이잔과 러시아의 협력관계를 멀어지게 하였다. 러시아는 2007년 5월 카자흐스탄, 투르크메니스탄과 카스피 해에서 러시아를 거쳐 흑해로 연결되는 노선을 새로 건설하기로 합의하는 등 대규모 에너지 프로젝트를 추진했다. 또한 카자흐스탄, 투르크메니스탄, 우즈베

〈그림 4-26〉 CIS국가-러시아-유럽의 석유-가스 수송축

출처: 러시아 정기간행물 「Газ России(러시아의 가스)」 2010년 18호 참조.

59) 이재영, "러시아 · 중앙아시아 국가들의 자원외교 전략", 『정세와 정책』, 144호(2008년 4월호)

키스탄 등과 함께 '유라시아 석유-가스동맹' 창설을 계획하고 있다.[60)]

2000년 이후 경제발전으로 국력이 신장됨에 따라 러시아는 해군력을 적극 활용한 대외활동과 군사외교활동도 적극적으로 실시하고 있다. 안정적인 에너지 수송과 확보를 위해 인도양에서 인도와의 해군협력과 해적 문제 해결을 위해 소말리아 근해에서 다국적군과의 해군협력을 전략적 협력동반자 수준으로 관계를 유지하는 동시에 북유럽 가스파이프 라인과 블루스트림 가스파이프 라인의 보호를 위해서도 해군력을 활용하고 있다. 국제사회에서의 영향력 확대와 위상 제고, 그리고 해군의 작전능력 확대를 위하여 해군함정을 세계무대로 넓혀 관심을 확대시키는 해군활동을 전개 중이다. 특히 러시아 해군은 각

〈표 4-4〉 러시아 해군 함대별 연합훈련 참가 현황

구분	훈련명	참가국	훈련주기
태평양함대	러 · 중 연합 해상훈련	러시아, 중국	매년
	NDRA	러시아, 인도	합의 시
	Pacific Eagle	러시아, 미국	합의 시
북양함대	POMOR	러시아, 노르웨이	매년
	바렌츠 해상 수색구조 훈련	러시아, 노르웨이	매년
	세베르니 오룔	러시아, 노르웨이, 미국	매년
발틱함대	FRUKU. S.	러시아, 프랑스, 영국, 미국	매년
흑해함대	BLACKSEAFOR	흑해 연안국	매년
	IONIEX	러시아, 이탈리아	매년
카스피 해 소함대	러 · 카자흐스탄 연합해군훈련	러시아, 카자흐스탄	합의 시

출처: 러시아 국방부 공식사이트 및 러시아 대중매체 참조.[61)]

60) Андрей Конопляник · Николай Никитин, “Туркменскийгаз в Европе Нефте?,” 『газовая Вертикаль』 No.18(2010), pp. 66-68.

61) http://mil.ru/(검색일: 2014.8.25)

함대별로 외국 해군과 정기·비정기적인 연합훈련을 활발히 진행하고 있다.

국제사회에서 러시아의 해양력에 대한 역할 증대를 위한 노력의 일례로 2012년 러시아 태평양함대가 중국과 처음으로 해군연합훈련을 실시하였으며, 이를 매년 실시할 계획이다. 그러나 러시아는 여전히 중국이 북극항로 지역으로 활동을 확대하는 것에 대한 우려를 나타내고 있다.[62] 2014년 기간 중 러시아 함정의 외국 항구 방문 및 연합기회훈련도 활발히 진행하였다. 태평양함대 소속 대형 구축함 '마샬샤포시니코프'함이 4월 1일부터 2일까지 인도네시아가 주관한 연합구조훈련 'KOMODO-2014'에 참가하였고, 4월 19일부터 23일까지 파키스탄의 카라치 항을 방문한 후 출항하면서 파키스탄 해군과 연합 해상 대테러훈련을 실시하였으며, 6월 20일에는 베트남 캄란 항을 친선방문하였다. 한편 7월 14일부터 18일 기간에는 인도 해군 함정이 러시아 블라디보스토크를 방문하여 대함 및 대공미사일 발사훈련을 포함한 'INDRA-2014' 훈련을 진행하였다.

해외기지 복원을 위한 활동도 지속되고 있다. 2014년 2월 26일 「리아노보스치」 보도에 따르면 세르게이 쇼이구 러시아 국방장관은 "해외 군사기지를 늘리기 위해 베트남, 쿠바, 베네수엘라, 니카라과, 세이셸, 싱가포르와 회담을 갖고 회담을 진행하고 있다."고 하면서 "해외기지 건설뿐만 아니라 러시아 함정의 출입항 절차를 간소화하는 문제도 논의 중"임을 밝혔다. 현재 러시아의 유일한 해군기지는 시리아의 타르투스 항이다. 2014년 7월 28일 인테르팍스 통신은 "러시

62) 『동북아 전략균형 2012』(서울: 한국전략문제연구소), p. 26 참조.

아가 2015년부터 시리아의 '타르투스' 기지에 대한 대공 및 대침투 방어력 강화 및 시설 현대화 작업을 진행할 것"이며, "작업이 종료되면 1번 부두는 1급함(순양함, 구축함)이, 2번 부두는 2급함(프리깃함, 대형상륙함)의 계류가 가능할 것"이라고 밝힌 바 있다. 2014년 1월 1일 베트남 관영 통신은 러시아로부터 구매키로 한 6척의 킬로급 잠수함의 1번함인 '하노이'를 실은 화물선이 베트남 남부 캄란 만에 도착했다고 보도하였다.

러시아는 해양을 통한 군사외교 강화에 관심을 가지고 있다. 또한 이러한 정책은 경제안보와 무관하지 않다. 현재 에너지 자원을 보호하기 위한 해양안보는 그 어느 시대보다 중요한 의미를 가지면서 해군 중심의 전략이 아니라 국가안보 중심의 해양전략에 더 힘을 싣고 있다. 러시아는 더 이상 과거의 소극적이고 방어적인 해양전략에 머물지 않고 이를 벗어나 더욱 적극적이고 공세적인 해양전략을 추구하고 있다.

상기 내용을 종합적으로 분석해보면 러시아의 해양전략은 전 해역에서 전반적으로 수세적인 해양정책에서 공세적으로 전환하고 있다. 태평양, 발트 해, 북해에서는 서방세력을 견제하기 위한 억지전력을 전개하는 등 구체적인 해양력 투사전략을 추진하고, 카스피 해와 북극해에서는 해양 에너지 주도권 확보를 위한 해양정책을 강화함과 동시에 주변국 간의 협력 또한 적극 추진하고 있다. 또한 가시화되고 있는 북극해 시대를 맞아 북극해 항로 개발과 극동의 부동항 확보를 추진하고, 신속 대응군을 적극 활용하는 전략을 모색하고 있다. 최근 러시아는 북극해에 표트르 대제 핵추진 순양함 등 10여 척으로 이루어진 해군 전력을 상주시킨 바 있다.[63] 2020년까지 시베리아-극동 지역 에너지 수송 간선망 확충 등 동북아 지역 석유의 1/3, 천연가스 1/6 공급을 목표로 아·태지역의 군사력을 증강하고 러시아 태평양함대사령부의 임무와 역할을 확대함은 물론 시베리아 동부를 관할하는 극동군관구사령관에 해군제독 콘스탄틴 시덴코를 임명하여 해양의 역할을 증대시키고 있다. 이러한 전략적 인사정책은 동북아에서 미국을 포함한 중·일의 해군력 증강을 견제하고, 쿠릴 열도 등 영유권 분쟁과 북극해 항로의 안보와 자원개발 갈등에 대비한 전략적 차원의 결정으로 해석된다.

4. 러시아 해군력 건설 방향

러시아는 미국의 MD에 대항하기 위해 요격미사일을 배치하려고 한다. 아이러니하게도 양국은 전략핵무기감축협상 진행에 역행하는 시대적 발상을 하고 있다. 이러한 배치는 양국의 핵무기 비축과 관련하여 존재하는 전략적 균형을 깨뜨리는 것으로 이해된다. 그러나 이러한 의도는 러시아를 자극하여 러시아가 미사일방어 자체를 위협으로 간주, 미국에 대한 억지 능력을 증강하는 상황을 방치하는 것이다. 미국이 미사일 방어체계를 장착한 이지스함을 지중해와 북해 인근에 배치하여 해당 지역에서 표적들을 요격할 수 있다면, 러시아는 S-400 및 S-500 체계를 탑재한 함정을 흑해, 발트 해, 바렌츠 해 그리고 백해

63) "러시아, 10척 군함단 북쪽으로 보낸 까닭은", 「중앙일보」(2013.09.16).

등에 배치할 것이다.[64)]

푸틴이 총리로 재임하던 2010년 9월 20일, 아나톨리 세르듀코프 러시아 국방장관은 "러시아는 10년간 6,984억 달러를 투입하여 군 장비 현대화에 적극 나설 계획이며, 이를 위해서는 미국 등 서방 무기체계와 관련한 기술 도입도 할 수 있다."고 밝혔다. 향후 10년간 기존 국방예산의 46%가 증가한 6,984억 달러(19조 루블) 규모의 '2011~2020 무기획득 프로그램'을 발표하였다. 발표된 내용에는 매년 군사 장비를 11%씩 개선할 것을 요구하고 있다. 그리고 2020년이 되면 현대 무기·장비 비율을 70%까지 향상시킬 계획이며, NATO 회원국과 미국으로부터 첨단 기술 도입을 희망하고 있다고 언급하였다.[65)] ICBM 400기, 전략 핵잠수함 8대, 잠수함 20대, 전투기 600대 이상을 확보하기 위한 대규모 투자에 대한 의지가 반영된 계획이었다.[66)] 프랑스로부터 미스트랄급 대형상륙함을 도입하게 된 것도 이러한 무기획득 프로그램의 일환으로 진행되었다.

러시아의 해군 병력은 2013년 기준 15만 4,000명 수준이다. 2011년 9월 러시아 총참모장 니콜라이 마카로프(Nikolay Makarov)는 러시아 언론과의 인터뷰에서 "2008년도에 시작된 군현대화의 목표 수준에 거의 근접하였으며, 몇 년 후에는 이러한 목표를 달성할 것"이라고 언

64) Dmitri Trenin, "러시아군의 현대화: 21세기 전략을 찾아서", 『한반도 군비통제』(2012.12) 제1회 서울안보대화 특집 논문, pp. 107-108 참조.

65) 한국국방연구원 연구보고서, 『2010 동북아 군사력과 전략동향』(서울: 한국국방연구원, 2010), p. 68 참조.

66) 한국국방연구원 연구보고서, 『2012 동북아 군사력과 전략동향』(서울: 한국국방연구원, 2012), p. 229 참조.

〈표 4-5〉 푸틴 1기 집권 이후 해군 주요 전력 척수 변동(2000~2013)[67]

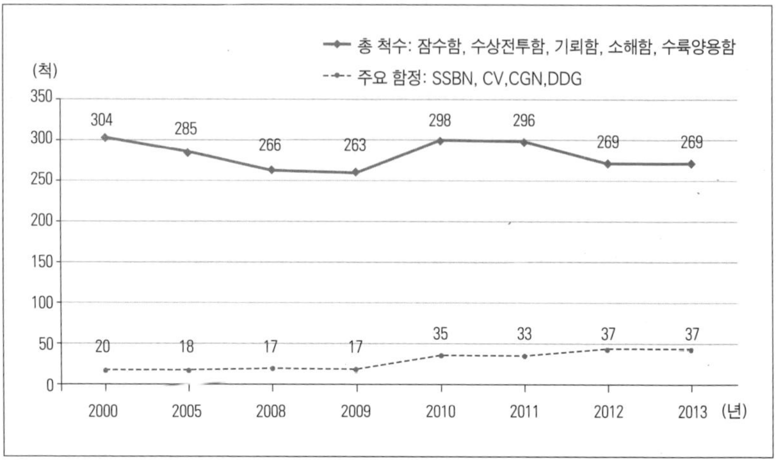

출처: IISS, The Military Balance, 2000~2013 / WIKIPEDIA[68] 재구성

급하였다. 이제 이러한 계획은 현실이 되고 있다.[69] 러시아 해군은 원거리 전력투사능력을 제고하고, 원양작전 능력을 구비하기 위한 전력건설을 추진하고 있다. 항모단 및 상륙단의 전력을 보강하고, 전투함은 대잠, 대공, 대함작전 능력을 강화하고 있다.

최근 러시아 해군은 전력 개선에 노력하고 있으며, 1990년 이래 구축함급 이상 대형 수상함정과 전략 핵잠수함의 건조가 중단되는 듯하였으나 2010년 다시 전력증강을 시작으로 2012년 푸틴 3기 출범 이

67) 총 척수는 잠수함, 주요 수상전투함, 경비 및 연해전투함, 기뢰함(정), 소해함(정), 수륙양용함(정)을 포함하였으며, 군수지원함은 제외하였다. 주요 전력 척수는 전략잠수함(SSBN), 항공모함(CV), 미사일 순양함(CGN), 구축함(DDG)만을 포함하였다.

68) http://www.wikipedia.ru (검색일: 2014.1.5.)

69) 2013년 러시아 군 병력 목표는 현재 육군 27만 명, 해군 15만 4,000명, 공군 16만 7,000명, 공정부대 3만 5,000명, 전략억제부대 8만 명, 지휘 및 지원 25만 명, 낙하산부대 47만 4,000명으로 총 95만 6,000명이다. 권태영 · 노훈 저, 『21세기 군사혁신과 미래전』(서울: 법문사, 2008) 참조.

〈표 4-6〉 태평양함대의 주요 전력 변동 추이

(단위: 척)

연도	총계	잠수함						전투함			
		계	전략	전술				계	CGN/CG	DDG	FFG/FF
			SSBN	계	SSGN	SSN	SSK				
2005	23	15	4	11	5	6		8	1	5	2
2006	23	15	4	11	5	6		8	1	5	2
2007	23	15	4	11	5	6		8	1	5	2
2008	46	37	4	33	7	17	9	9	1	7	1
2009	55	37	4	33	7	17	9	18	1	8	9
2010	55	37	4	33	7	17	9	18	1	8	9
2011	43	25	5	20	7	4	9	18	1	7	10
2012	41	23	5	18	5	4	9	18	1	8	9
2013	41	23	5	18	5	4	9	18	1	8	9

출처: IISS, The Military Balance, 2005~2013, WIKIPEDIA)[70] 재구성

후 이러한 추세는 더욱 증가하고 있다. 2014년 1월 3일 해군 고위 당국자의 해군 핵잠수함과 순양함 40척의 실전배치 발표에서 보여주듯이 앞으로 러시아 해군력 증가는 더욱 가속화될 것이다.

러시아 해군은 5만 8,000톤급 쿠즈네초프급 항모 1척을 운용하고 있으나, 2020년까지 향후 3척을 추가 건조할 계획에 따라 새로운 항공모함 건조에 대규모 투자를 감행할 예정이다. 신형 항공모함은 배수량 6만 톤급 핵추진 항공모함으로 차세대 고정익 및 회전익 항공기를 지원하는 해상 플랫폼이 될 것이며, 특히 현재 운용 중인 Su-33 다목적 전투기를 대체할 5세대 전투기와 무인기를 탑재 운용하게 될 것이

70) http://www.wikipedia.ru(검색일: 2014.1.5.)

다. 이렇게 건조되는 항모는 각각 태평양함대와 북양함대에 배치할 계획이다.[71] 또한, 5,000톤급 구축함 몇 척과 20척의 신형 유도탄 호위함을 건조할 계획이다.

순양함(2CGHMN, 4CGHM) 6척, 구축함(17DDGHM, 1DDGM) 18척 및 호위함(5FFGHM, 10FFGM) 15척을 보유하고 있어 대양작전능력을 갖추고 있다. 러시아 해군 전력은 4개의 함대와 1개의 소함대로 분할되어 있고, 동부군관구 전략사령부 예하의 러시아 태평양함대사령부는 전략핵잠수함 5척을 비롯한 18척의 전술잠수함(5SSGN, 4SSN, 9SSK)과 1척의 순양함, 8척의 구축함이 배치되어 있다.

1만 3,000톤급 3세대 핵잠수함은 수심 1,000미터까지 잠항하여 시속 70km로 항해 가능하며, 3,000km 반경 내의 지상표적을 정밀타격할 수 있는 순항미사일 24기를 탑재하고 있다. 보레이(Borei)급 핵추진 잠수함에는 불라바(Bulava) 탄도미사일을 탑재하고 있고, 1만 7,000톤급 핵추진잠수함 2척을 전력화하는 등 12척의 핵추진잠수함에 각각 16~20기의 대륙간탄도탄(SLBM)을 탑재하고 있다. 또한 45척의 전술잠수함(8SSGN, 17SSN, 20SSK)을 운용 중이다.[72] 지구 온난화로 인한 북

71) 러시아 해군은 1985년에 건조되어 해군에서 전력화된 배수량 5만 8,000톤급의 항공모함 Admiral Kuznetsov함 한 척만 보유하고 있고, 이 항모에는 50대 이상의 항공기를 탑재할 수 있으며, 승조원은 1,500명이다. РИА Новости(2009.12.26). http://www.rian.ru.(검색일: 2013.12.20.)

72) 러시아는 현재 원거리 투사전력이 가능한 해군 전력을 건설하고 있다. 『국가의 해양력(The Seapower of the State)』에서 대양해군이 러시아 해군의 미래임을 강조했던 구소련 시대의 위대한 해군제독이며 해양전략가였던 세르게이 고르시코프의 예언이 다시 부활할 것으로 보인다. 현존하는 또 다른 러시아 해양전략가 안드레이 파노프는 자신의 저서 『러시아 해양력 300년사』에서 세계는 항공모함의 시대로 다시 부활하고 있음을 언급하고 러시아의 해군력이 가야 할 방향을 제시하였다. 구체적 내용은 Андрей Панов, “Морская сила России 300лет,” Москва: Эксмо, 2005, pp. 415-430 참조.

극해의 해빙이 급속도로 빨라짐에 따라 북극해 항로가 열리면서 북극해의 안보를 책임지게 됨에 따라 자유로운 항해와 전략적으로 핵 억지력을 유지하기 위한 전략 핵잠수함 전력건설에 더욱 매진하고 있다.[73] 이는 전략 핵잠수함에 거는 러시아의 기대가 다른 수상함 전력보다 우선시되는 이유이기도 하다.

러시아 태평양함대의 중요성 증대로 러시아는 2030년까지 신형 항공모함(6만 톤급) 5~6척과 SLBM 불라바를 탑재한 보레이(Borie)급 신형 핵잠수함 약 5척을 보유할 전망이다. 또한 1970~80년대에 건조한 주력 상륙함(로프차급)의 선령 노후화로 후속함의 건조가 시급해짐에 따라 프랑스에서 현지 건조하여 구매하는 강습상륙함 2척을 태평양함대의 최일선에 배치할 예정이며, 나머지 2척은 러시아에서 현지 건조 예정에 있다.[74]

러시아 해군전력 발전계획과 현재 해군력 건설 진행 과정을 볼 때, 주변국 해양전략가들이 예상하는 러시아의 전력 건설 방향에서 벗어나고 있다. 해역함대의 주력 함정들을 현대화하려는 의도에 더하여 기동함대를 구성하여 대양에서 작전하려는 의도가 포함되어 있기 때

73) James R. Lee, Climate change and armed conflict: hot and cold wars(New York: Routledge, 2009).

74) 메드베데프 대통령은 군 현대화가 적기에 이루어지지 못한 점을 지적하면서 방위산업에 경쟁제도를 도입하여 프랑스로부터 Mistral 상륙공격함을 구입하는 등 국방조달방법을 변경하였다. 최초 수주입찰경쟁에 한국 기업도 참가하였으나, 결국 프랑스가 수주하게 되었다. 러시아 측은 2척은 프랑스에서 구매, 2척은 기술이전을 받아 자체 건조를 희망하고 있는데, 프랑스 측은 2척 판매에 동의하였고, 2척의 러시아 내 건조는 가능하나 핵심 기술 이전 불가를 고수하고 있다. 현재 러시아는 Mistral 상륙공격함에 편승할 승조원을 모집 중이다. 그러나 우크라이나 사태로 인해 미국과 서방의 대러제재에 동참하는 프랑스 정부는 미스트랄급 상륙함을 러시아에 양도하는 것을 지연함에 따라 러·불 간 국제법적 논쟁이 불거지고 있다.

〈표 4-7〉 2014년 발표 및 실시된 러시아 해군력 건설

구분	내용
수상함	• 러 해군, 약 40척 함정 인수 - 신형함정: 보레이급 전략핵잠수함 '블라디미르 모노마흐', Project 636.3 디젤 잠수함, 구조함 '이고르 벨로소프' 등 - 성능 개선: 미사일 순양함 '아드미랄 나히모프', 핵추진잠수함 3척 등
잠수함	• 러 해군사령관, 5세대 디젤 잠수함 개발 언급 - "상트페테르부르크에 위치한 '루빈'설계소에서 5세대급 디젤 잠수함인 '칼리나'를 개발 중이며, 시제품은 2018년에 나올 예정" - "동 잠수함은 AIP 추진, 다목적 공격형 잠수함 기능 수행 및 미래형 로봇화된 운용체계를 탑재할 예정"
항공기	• 러 해군, 14년에 '쿠즈네초프' 항모에 신형 MIG-29K 함재기 배치
	• 러 해군, 2020년까지 총 28대의 개량형 IL-38N 해상초계기를 인수, 북양 및 태평양 함대에 배치 및 2020년 이후 신기종 개발 예정

출처: 러시아 국방부 공식사이트 및 러시아 대중매체 참조.[75]

문이다. 러시아의 항공모함 보유 의도나 수상전투함 신 건조사업들을 볼 때 강대국으로서의 위상을 다시 얻으려는 의지와 함께 대양에서 활동하며 자국의 이익을 수호하고, 국제사회에서의 입지를 고수하려는 의도가 엿보인다. 특히, 최신예 보레이급 SSBN 건조사업은 냉전시대 러시아 태평양함대사령부 잠수함 전력이 전 세계를 누비던 시대[76]를 다시 재현하려는 의지의 상징으로 여겨진다.

---

75) 러시아 국방부 사이트 http://mil.ru/(검색일: 2014.8.25.), 리아노보스치(검색일: 2014.3.21.)

76) 미 · 소 냉전시대에 러시아 태평양함대사령부 소속의 핵잠수함(SSBN)을 보유한 잠수함부대의 작전활동 영역은 상당히 광범위하였다. 블라디보스토크에 위치한 태평양함대사령부의 지휘를 받으며 주요 핵잠수함(SSBN) 전력은 캄차카 반도에 위치하여 태평양 전역, 오호츠크 해, 베링 해는 물론, 인도양, 대서양, 바렌츠 해, 북극해에 이르기까지 세계의 대양을 작전활동 영역으로 두고 활동하였다. 구체적인 내용, 활동사진, 작전요도는 Л. И. Александров, 『Тихоокеанский флот России 1731-2006гг(К 275-летию)』(Владивосток: Дальнаука, 2006) 참조.

4장

결론: 러시아 해양전략의 평가와 전망, 함의

대륙 중심의 사고가 전반적으로 지배하던 러시아 역사의 벽을 무너뜨리고, 서구 열강의 세력에 맞서 유럽식 문명의 문을 열고 해양진출의 대개혁을 이끈 표트르 1세의 노력을 시작으로 국가의 흥망성쇠를 좌지우지한 해양사상이 출현하게 되었다. 그러나 대륙주의 사상과 해양주의 사상은 끊임없는 충돌과 논쟁 속에서 국가의 파란만장한 역사와 함께 발전하였다.

과거 해양사상을 이끈 해양학자, 해양전략가, 해군제독들마저 러시아에 해군이 필요한 이유와 함대의 전략적 가치에 대해 명확한 답을 내놓지 못하였다. 계속된 다양한 해양이론과 저술활동이 해양에 대한 관심을 고조시켜왔으나, 결국 러시아는 실전에서의 쓰라린 패전의 경험을 통해 해양의 중요성을 인정하게 된다. 이후 정치적 역량과 수많은 보고서, 저술활동을 통해 실질적인 해군력 건설의 청사진을 제시하고, 세계 해군력의 최강자로 등극하게 만든 소련 해군총사령관 고르시코프 때에 와서야 이러한 해양사상은 현실이 될 수 있었다.

러시아 해양력 300년의 역사가 보여주듯 해양력은 러시아의 국익에 많은 영향을 끼쳤다. 제정 러시아에서 소련 시대 그리고 현재의 러시아에 이르기까지 300년의 해양사는 국가의 흥망성쇠와 함께하였다. 또한 러시아 해양력은 지정학적 · 경제안보적 · 군사전략적 요인으로 발전할 수 있었다.

러시아는 유라시아 대륙의 중앙지대에 위치하여 세계 육지의 1/6 정도의 면적을 차지하고 있고, 북극해(백해), 발트 해, 흑해 및 태평양의 상호 분리된 해역에 접하여 있다. 해상교통로가 극히 제한되는 지정학적 특징은 근래 이상기온 현상으로 급속히 진행되고 있는 북극해의 해빙 현상에 의해 변화의 시기를 맞고 있다. 새로운 북극항로의 생성은 해양의 중요성을 증대시키고 해양력의 뒷받침 없이는 강대국의 반열에 오를 수 없음을 더 강하게 인식하게 만드는 요인이 되고 있다.

경제적 측면에서 볼 때 20세기에 들어 소련의 붕괴로 이어진 해군력의 몰락에는 국가 경제력의 미약함과 재정지원의 부족이 가장 큰 원인이었다. 또한, 안보적 측면에서는 계속된 침략과 전쟁의 위협 속에서 이루어진 국가라고 해도 과언이 아닌 러시아아가 역사상 대부분의 전쟁의 승리가 육지에서 이루어진 반면 최악의 패배는 해전에서 이루어졌다는 것이 주목할 점이다.

군사전략 측면에서는 소함대이론, 대함대전략, 현대 해군전략으로 이어지는 러시아 해군전략의 발전사가 지속적으로 해양력의 변화를 이끌어왔다는 것이다. 특히, 고르시코프는 그의 저서 『국가의 해양력』을 통해 해양력의 중요성을 강조하며 소련 해군을 최강의 해군력으로 만드는 일등공신이 되었다. '대양해군'으로 만들겠다는 그의 강한 의지는 시대가 변화된 현대에 들어와 러시아 해군은 '균형함대'로의 변화를 추구하고 있다.

21세기 들어 러시아연방 대통령으로 집권 1, 2기를 거쳐 3기 재집권 시기를 맞이한 푸틴 대통령은 급변하는 국제정세에 동조하여 '강한 러시아 건설'을 목표로 국가안보를 재정립하고, 해양력 강화를 국방의 최우선에 두고 있다. 2009년 5월 '러시아연방 국가안보전략 2020'에서 국가안보의 중요성을 재정립하며, 러시아 국가안전을 보장하기 위한 능력은 국가의 경제적인 잠재력에 달려 있다고 강조했다. 이러한 내용에는 해양 에너지 자원의 중요성이 내포되었다. 에너지 자원의 보고로 부상하는 북극해와 카스피 해의 해양안보수호는 국가안보전략 개념에 준해서 그 중요성이 더욱 부각되었다. 2010년에 채택한 신군사독트린에는 러시아의 안보전략이 더욱 구체화되었는데, 독트린에는 NATO 확장과 테러리즘을 주요 안보위협 요인으로 간주하여 기존의 핵 공격뿐만 아니라, 국가존립을 위협하는 재래식 무기 공격 시에도 핵무기 사용권한 보유를 명시하는 등 핵무기의 사용범위를 확대할 것을 명시하였다. 다시 말해 러시아의 국가이익이 침해당하거나 국가안보에 저해되는 어떠한 행위도 용서할 수 없도록 적극적인 군사력 사용 가능성을 천명한 것이다. NATO의 동진과 미국의 MD 구상을 서방의 군사적 위협으로 보고 전략핵무기 충돌 가능성이 상존했던 제1 핵시대에 견주는 제2 핵시대에 대비한 해양 핵전력을 강화하고 있다.

소말리아에서 러시아 상선에 위협을 가하는 해적행위와 테러행위도 러시아에게 심각한 비전통적 위협이 되었으며, 기후 변화로 북극해에 해상교통로가 개척되면서 발생 가능한 해상테러 위협은 수천 마일 떨어진 먼 지역이 아니라, 러시아 연안 해역에서 발생할 수 있는 새로운 위협으로 떠오르고 있다. 또한, 북극해는 러시아에 전통적 위협과 비전통적 위협이 상존하는 전략적으로 중요한 지역이 되었다.

경제력을 기반으로 한 강력한 러시아 건설에 중요한 에너지안보와 국제적 위상 고취를 위해 러시아는 전 해역에 걸쳐 수세적인 해양정책에서 공세적인 정책으로 전환하고 있다. 태평양, 발트 해, 북해에서는 서방세력을 견제하기 위한 억지전력을 전개하는 등 구체적인 해양력 투사전력을 추진하고, 카스피 해와 북극해에서는 해양에너지 주도권 확보를 위한 해양정책을 강화함과 동시에 주변국 간 협력을 적극 추진하고 있다. 또한 가시화되고 있는 북극해 시대를 맞아 북극해 항로 개발과 극동의 부동항 확보를 추진하고, 신속대응군을 적극 활용하는 전략을 모색하고 있다.

러시아 해군은 원거리 전력투사 능력을 제고하고, 원양작전 능력을 구비하기 위한 전력 건설을 추진하고 있다. 또한, 항모단 및 상륙단의 전력을 보강하고, 전투함은 대잠 · 대공 · 대함작전 능력을 강화하고 있다. 강대국으로서의 위상을 되찾으려는 의지를 가지고서 항공모함 보유와 수상전투함 신건조사업들을 통해 대양에서 활동을 장려하며, 자국의 이익을 도모하고 있다. 특히, 최신예 보레이(Borei)급 SSBN 건조사업은 냉전시대 러시아 태평양함대사령부 잠수함 전력이 전 세계를 누비던 시대를 재현하려는 의지의 상징으로서 '강력한 러시아'의 부활을 한층 더 빨리 실현시킬 것이다.

러시아에게 아시아 · 태평양은 북한의 핵 및 미사일 개발과 관련하여 중요한 이슈가 되었다. 북한 내의 안보위협으로 인한 동북아 안보위협은 해양 분야에 미치는 영향을 증대시키며, 러시아에게 급격한 전략적 변화를 불러일으키고 있다. 또한, 아시아 · 태평양 해양지역은 미 · 중 간 지리전략론적 대결구도의 중심에 있으며, 아 · 태 지역의 '중견국가' 간 해군협력을 포함하는 양자관계에서 두드러진 특징을 가지게 되었다. 냉전시대 미국과 소련의 냉각구도에서 러시아를 위협하던 전통적 위협과 더불어 지역적 안보위협이라는 간접적 위협이 러시아를 위협하게 되었다.

최근 러시아의 해양전략은 아시아 · 태평양 해양지역의 안보위기와 맞물려 전략적 구상을 새롭게 재정립하여 '균형함대'를 위해 급부상하고 있다. 따라서 북한의 급변사태 시 러시아 태평양함대의 해군력 현시를 간과해서는 안 된다. 동아시아에서 이슈화되고 있는 중국의 부상과 미 · 중 간 해양패권 쟁탈전, 중 · 일 간 영토분쟁에 따른 긴장고조로 러시아의 해양력 강화가 한국의 안보에 직접적 위협으로 심각하게 고려되고 있지는 않는 것으로 평가되고 있다. 그러나 북한의 우발사태로 인해 한반도 위기 시 러시아의 간섭을 배제할 수 없음을 생각할 때 국가의 안보를 염려하는 모든 이들은 러시아의 해양전략 변화와 해군력 증강에 대해 끊임없이 관심을 가지고 예의주시해야 할 것이다.

부록

〈러시아 주요 해군사(海軍史)〉

연도	사건
1693	표트르 1세, 백해에 조선소 건립 및 군함 건조 시작
1696	아조프 해 점령
1697	표트르 1세, 유럽여행으로 선진 해군제도 도입
1698	아조프 해 연안 타칸로그에 해군기지 건설
1698	아조프함대 창설
1700~21	스웨덴과 북방전쟁
1703	표트르 1세, 해군성 창설
1710	아조프함대 괴멸, 흑해 진출 기도 좌절
1714	러시아 해군 강구트해전에서 승리
1719	고트란트해전에서 스웨덴 함대 격파
1721	북방전쟁 승리, 수도를 상트페테르부르크로 이전
1771	러시아 해군, 아조프 해를 벗어나 흑해 진출
1774	터키와의 전쟁에서 승리, 크림 반도 확보
1789~90	스브엔더스쿤해전, 비보르크해전에서 스웨덴 해군을 연파하여 발트 해 제해권 확보
1796	예카테리나 2세 시대 발틱함대 지중해 원정
1800~15	나폴레옹전쟁
1812	러시아 해군의 활약으로 리가전투에서 프랑스 격퇴
1815	나폴레옹 패배, 러시아 해군 세계 2위 해군으로 도약
1853~56	크림전쟁
1853	나히모프 제독, 터키 흑해함대 격파
1854	영국 및 프랑스 함대, 발트 및 핀란드 만 공격, 영국 및 프랑스 함대, 흑해함대 공격
1856	세바스토폴 함락으로 크림전쟁서 패배
1881	콘스탄틴 대공 해군건설 21개년 계획수립, 세계 3위 해군력 보유
1891	블라디보스토크에 태평양함대 기지 건설
1895	청국으로부터 뤼순, 다롄항 조차 부동항 건설
1904	인천해전 패배, 발틱함대 태평양 원정 시작
1905	쓰시마해전에서 일본 해군에 패배
1905	전함 포템킨에서 반란 발생
1909	건함 10개년 계획 수립
1914~18	제1차 세계대전 발발

1917~20	러시아혁명 발발
1917	크론슈타트 수병반란 발생
1921	혁명전쟁 영향으로 해군력 궤멸
1928	스탈린, 해군력 증강 3차 5개년 계획 수립
1939~45	제2차 세계대전 발발
1939	독소불가침조약 체결
1943	스탈린, 대형함정 보존정책 지시로 잠수함전 위주로 진행
1947	원자폭탄 연구 시작
1949	원자폭탄 시험 성공
1950	원자력잠수함 건조 시작
1954	고르시코프 대장 해군총사령관 임명
1991	소련 붕괴, 러시아연방 탄생, CIS 탄생
1992	러시아군 창설
2000	신해군독트린 발표
2009	러시아연방, '국가안보전략 2020' 발표
2010	러시아 신군사독트린 채택
2010	러시아 대통령 메드베데프 쿠릴 열도 쿠나시르 방문
2010	4개의 통합지역전략사령부로 조직 개편
2011	러시아연방, 해양독트린 발표
2013	러 · 중 연합해상훈련 실시
2014.1.2.	러시아 해군, 종합훈련센터 창설
2014.3	'세베르니 오룔(북방의 독수리)' 훈련 실시
2014.4	흑해 연안국 간 해군 연합훈련(BLACKSEAFOR) 실시
2014.7	RIMPAC 훈련 참가
2014.8	발트 해 연합훈련 실시

V부

한국의 해양전략

연안해군에서 기동해군으로

*

이 장은 김기주 · 손경호, "다차원적 해양안보 위협과 한국의 전략적 선택: 한국 해군의 전략과 전력 발전방향을 중심으로", 『국제문제연구』 제13권, 제1호(2013), pp. 141-172의 내용 중 김기주가 작성한 부분을 발췌하여 수정 · 보완한 것임.

1장
서론

동북아시아의 평화와 안정이 깨지고 있다. 기존의 핵심적 불안요소였던 북한의 핵 및 미사일 개발과 군사도발 위협은 더욱 가시화되고 있고, 미 · 중 간의 전략적 경쟁과 대립은 점점 심화되고 있다. 더불어 해양영토와 해양이익을 둘러싼 역내 국가 간 해양분쟁은 증대되고 있고 해적, 해상테러, 마약밀수, 자연재해 같은 초국가적 · 비전통적 해양위협이 증가하고 있다. 동북아시아 지역에 협력과 상호의존의 자유주의적 질서보다 대립과 갈등의 현실주의적 질서가 우위에 자리하고 있는 것이다. 이러한 현상은 동북아시아 지역에 '신냉전'이 도래할 것이라는 어두운 평가까지 나오게 하고 있다.

주목해야 할 점은 주요 갈등과 대립이 모두 해양에서 발생하고 있다는 사실이다. 북한은 서해에서 제1 · 2차 연평해전과 천안함 피격 그리고 연평도 포격 도발을 저질렀으며, 미국과 중국은 서태평양과 동 · 남중국해를 둘러싼 해양패권 경쟁을 벌이고 있다. 무엇보다도 역내 각국은 최근 중 · 일 간 센카쿠(중국명: 댜오위다오) 영유권 분쟁 사례와 한 · 일 간 독도 영유권 분쟁 사례에서 극명하게 드러났듯이 해양영토에 대한 양보 없는 대립을 지속하고 있다.

해양에서 갈등이 발생하고 있다면 해결 또한 해양에서 이루어져야 한다. 역내 각국은 이러한 점을 잘 인식하고 있다. 문제는 해양에서의 협력과 대화를 통한 해결이 아닌 경쟁과 대결을 통한 선택을 하고 있다는 점이다. 즉, 상대적 힘의 강화가 최선의 선택이라는 현실주의적 인식을 바탕으로 자국의 해군력 증강을 통한 해양통제와 공세적 해군력 운용에 지대한 관심을 두고 있으며, 이를 위해 국가의 모든 역량을 투자하고 있다.[1)]

반면, 한국은 북한의 군사적 위협이라는 현존 위협 대응에 초점을 맞추느라 동북아 해양에서의 국가 전략적 이익 보호에 소홀히 하고 있다. 이러한 지적은 '천안함 피격 및 연평도 포격 도발 이후 한국 해군에게 대양해군 건설이 과연 필요한가?'에 대한 비판이 제기됨으로써 1990년대 중반 이후 한국 해군의 슬로건으로 활용된 '대양해군' 구호를 잠정적으로 사용 중단한 사례에서 잘 나타나고 있다.[2)] 이는 북한의 위협과 주변국의 위협 그리고 비전통적 위협이 분절적 위협이 아닌 상호 직간접적으로 긴밀하게 연계되어 있는 통합적 위협이며, 따라서 우선순위에 의한 순차적 대응이 아닌 동시 병렬적 대응이 필요하다는 점을 인식하고 있지 못하기 때문이다.

이러한 문제 인식하에 이 장에서는 한국의 바람직한 전략적 선택

---

1) Toshi Yoshihara and James R. Holmes 공저, 윤석준 역, 『태평양의 붉은 별: 중국의 부상과 미국 해양전략에 대한 도전』(서울: 한국해양전략연구소, 2012), pp. 5-7; 반길주, 『국제 현실정치의 바다전략: 해양접근전략과 균형적 해양투사』(서울: 한국해양전략연구소, 2012).

2) Sangyup Lee, Ships, Security, and Symbols: A Constructivist Explanation of South Korea's Naval Build-Up. Ph. D. Dissertation(New Jersey: Rutgers, The State University of New Jersey, 2013), pp. 335-347; 「연합뉴스」, 2010.9.15.

이 무엇인가에 대해 논의하고자 하며, 특히 한반도를 둘러싼 해양위협의 다원화에 대응하기 위한 한국 해군의 전략과 전력 발전 방향을 제시하고자 한다. 이 장의 기본적인 주장은 한국 해군이 전통적 · 비전통적 임무의 동시 수행과 다차원적 위협에 효과적으로 대응하기 위해 해양통제, 해양균형 그리고 해양협력의 3축 균형전략을 추구해야 하며 이들 전략을 효과적으로 달성하기 위해 첨단 입체전력이 균형 있게 구성된 기동함대를 건설해야 한다는 것이다. 이러한 주장의 적실성을 평가하기 위해서는 먼저 한국이 직면한 다차원적 해양위협을 평가한 후 이들 위협에 대응하기 위한 한국 해군의 전략 및 전력 건설 방향에 대하여 논의하고자 한다.

2장

한반도 해양전략 환경: 다차원적 해양위협의 딜레마

1. 북한의 위협

한국의 안보에 가장 직접적이고 현실적인 위협은 북한이다. 북한은 한국전쟁 정전 이후 끊임없는 해양 도발을 자행해왔으며, 최근 그 강도를 더하고 있다. 정전 이후 북한이 자행한 국지도발 중 약 47%가 해양 도발이었고, 1990년대부터 2014년까지의 국지도발에서는 약 78%가 해양에서 벌어졌다.[3] 특히, 북한은 지난 2010년 3월에 연안 경비 임무를 수행 중이던 한국 해군의 초계함인 천안함을 잠수정에서 어뢰를 발사하여 격침시켰으며, 같은 해 11월에는 서북도서인 연평도에 대한 무차별 포격을 감행하여 무고한 시민과 해병대 장병들을 희생시켰다. 더불어 국제사회의 우려와 제재 속에서도 제3차 핵실험을 강행하였고, 지속적으로 미사일 발사 실험을 실시함으로써 한반도와 동북

3) 국방부, 『2014 국방백서』(서울: 국방부, 2014), p. 255. 해상에서의 도발 유형은 북한 경비정/어선의 NLL 침범과 포격 및 소규모 해전, 해상에서의 습격 및 납치를 포함한다.

아의 평화와 안정을 심각하게 위협하고 있다.

북한의 위협은 전면전 위협과 국지도발 위협으로 나뉠 수 있다. 북한에 의한 전면전 위협은 남북관계의 근본적인 변화가 없는 한 미래에도 상존할 것이며, 국지도발 위협 역시 북한 정권의 속성이 변하지 않는 한 지속적으로 존재할 것이다. 특히 북한은 앞으로도 적극적으로 국지도발을 감행할 것으로 보인다. 김정은이 2012년 8월 소형 목선을 타고 연평도를 포격한 포대가 위치한 무도 주위를 순시하고 해당 포대에 영웅 칭호를 부여한 것은 필요하다면 앞으로도 무력도발을 계속하겠다는 의지를 표현한 것으로 해석할 수 있다.[4)]

북한 해군은 상시적으로 전면전과 국지도발을 감행할 수 있도록 총 전력의 약 60%를 평양-원산선 이남에 전진 배치하고 있다.[5)] 북한의 주요 해군력은 잠수함(정) 전력과 고속유도탄정, 고속공기부양정 등의 비대칭전력으로 구성되어 있다. 북한 해군은 한국 해군에 비해 상대적으로 대형함정이 부족하고, 원해작전 능력이 제한되며, 무기체계의 질적 수준이 떨어진다. 하지만 한국 해군에 비해 3배가 넘는 전투함정과 약 7배에 달하는 70여 척의 잠수함(정) 그리고 260여 척에 달하는 상륙함정을 보유하고 있으며, 오랜 시간 운용해온 전술적 노하우를 지니고 있다(표 5-1 참조). 특히, 북한은 천안함 피격 사례에서 증명되었듯이 천해인 서해에서도 잠수함을 운용할 수 있는 능력을 보유하고 있다. 최근에는 주요 강대국만이 보유하고 있는 잠수함발사탄도미사일(SLBM: Submarine Launched Ballistic Missile) 능력 개발을 시도함으로써 잠수함에 의한 위협수준이 한층 강화되고 있다. 또한 북한은 동서 해안에 다

4) 「한국일보」, 2012.8.20.

5) 국방부, 앞의 책, p. 26.

수의 지대함미사일 및 해안포를 배치하고 있고, 향후 대함탄도미사일(ASBM: Anti-Ship Ballistic Missile)도 개발하여 '북한식 반접근 및 지역거부' 전략의 핵심 전력으로 활용할 가능성이 높다. 아울러 북한은 한국전쟁 때부터 기뢰를 운용하여 기뢰전에 대한 충분한 능력과 자산을 지니고 있다.

북한은 비대칭 전력을 활용하여 전면전 시에는 미군의 증원을 방해하고 한국의 해상교통로를 봉쇄하여 전쟁지속능력을 고갈시키고자 잠수함전과 공격기뢰전을 전개할 것이며, 공기부양정 및 항공기 등을 이용하여 수도권 서측 지역에 대규모 특작부대를 침투시킬 것이다. 한편, 북한은 정치적 목적에 따라 잠수함(정)에 의한 공격, 해안포 또는 지대함미사일에 의한 전방전개 아군 함정 공격, 공기부양정 및 헬기 그리고 특작부대를 활용한 서북도서 기습강점 등 다양한 형태의 국지도발을 감행할 것이다. 따라서 남북관계에 근본적인 변화가 있지 않는 한 한반도 주변 해역은 앞으로도 북한에 의한 긴장이 상시 존재하는 해역으로 남아 있을 것이다.

〈표 5-1〉 남 · 북한 해군력 비교

구분	병력	전투함정	상륙함정	기뢰전함정	지원함정	잠수함정
한국	7만여 명 (해병대 2만 9천여 명)	100여 척	10여 척	10여 척	20여 척	10여 척
북한	6만여 명	430여 척	260여 척	20여 척	40여 척	70여 척

출처: 국방부, 『2014 국방백서』(서울: 국방부, 2014), p. 239.

2. 주변국 위협

한국은 북한의 위협뿐만 아니라 주변국에 의한 위협에도 대처해야 한다. 북한에 의한 위협이 직접적이고 현실적이며 북한의 의도에 따라 상시 발생할 수 있는 실재적 위협이라면, 주변국에 의한 위협은 잠재적이며 구조적인 성격을 지니고 있다. 잠재적 위협이라 함은 당장 주변국과 무력충돌이 발생하지는 않으나 장래에 발생할 가능성이 충분히 존재함을 의미하며, 구조적인 성격을 지니고 있다는 것은 다층적인 원인들이 상호작용하여 위협이 고조될 수 있음을 의미한다. 주변국에 의한 해양 위협이 점증하는 원인으로는 주변국의 공세적인 해양전략과 해군력 팽창 그리고 역내 긴장 완화 기재의 부재, 해양이익의 첨예한 대립 같은 촉발 요소들의 존재를 들 수 있다.

주변국은 해양에서 분쟁이 발생할 것으로 예상하고 이를 효과적으로 관리하기 위한 해군력 증강에 총력을 기울이고 있다. 중국의 경우 '21세기 해양강국'이라는 기치 아래 해군력 강화에 박차를 가하고 있다.[6] 중국은 류화칭(劉華淸) 제독이 1982년 해군 총사령관에 부임한 이후 해군의 3단계 해양전략 개념을 발전시켜왔다. 즉, 중국은 2000년까지 해역함대를 통하여 제1 도련선 내측 해역에 대한 통제를 달성함으로써 적극적 근해방어를 완성하고, 2020년까지 항모전단을 편성하여 제1 도련선과 제2 도련선 사이의 해역에 대한 통제를 달성하여 중거리 전진방어를 실시하며, 2050년까지는 제2 도련선 외측 원

---

6) Office of the Secretary of Defense, *Annual Report to Congress: Military and Security Developments Involving the People's Republic of China 2011*(Washington D.C.: Office of the Secretary of Defense, 2011), p. 57.

해에서 장거리 전진방어를 달성하는 것이다. 이 경우 이른바 알래스카-하와이-남극을 연결하는 제3 도련선이 형성될 수 있다.[7)]

중국은 현재 제2 도련선까지의 해역에 대한 통제력 확보를 목적으로 '반접근 및 지역거부(Anti-Access and Area Denial, A2/AD)' 전략을 구상하고 있으며, 이를 구현하기 위한 전력 건설에 주력하고 있다. 예를 들어 중국은 대위성 공격능력을 전력화하고 있고,[8)] 동풍 21D(DF-21D) 대함탄도미사일(ASBM: The Anti-Ship Ballistic Missile)을 적극적으로 개발하여 2011년부터 실전배치하였으며, 현재 사거리 연장을 위한 개량작업 중에 있다. 대략 2015년까지는 3,000km까지, 2020년까지는 8,000km까지의 사거리 도달을 목표로 하고 있다.[9)] 중국의 또 다른 중요한 반접근 및 지역거부 전력은 잠수함이다. 중국은 4척의 잠수함탄도미사일 탑재 전략핵잠수함과 5척의 공격 핵잠수함 그리고 61척의 재래식 공격 잠수함을 북해함대, 남해함대, 동해함대에 분산 배치하고 있다.[10)] 중국은 지속적으로 자체 건조 핵잠수함과 재래식 잠수함의 성능을 향상시키고 있으며, 탑재 무기의 성능 개선을 위해서도 노력하고 있다.[11)]

---

7) 김기주 · 이승렬, "중국 해군력 부상의 위협성 평가: 능력, 의도, 의지를 중심으로", 『신아세아』, 제19권, 제1호(2012), p. 196. 제1 도련선은 일본 오키나와-대만-필리핀-말레이시아-베트남을 잇는 선이고, 제2 도련선은 일본 도쿄-괌-인도네시아를 잇는 선이다.

8) The Anti-Satellite(ASAT), 대위성 공격능력은 잠재 적국의 감시와 정찰, 통신 능력을 사전에 무력화할 수 있는 능력이다. 중국은 SC-19 미사일을 개발하여 2007년 1월 최초로 실험에 성공하였다. Amy Chang and John Dotson, *Indigenous Weapons Development in China's Military Modernization*(Washington D.C.: U. S.-China Economic and Security Review Commission, 2012), p. 14.

9) Chang and Dotson(2012), 위의 책, pp. 21-23.

10) International Institute for Strategic Studies, *Military Balance 2015*(London.: IISS, 2015), p. 239.

11) 2004년 중국 해군은 진(晋)급 SSBN을 건조하였다. 다만 탑재한 SLBM 쥐랑 2(JL-2)는 아직 운용 성능에 도달하지 못한 것으로 판단된다. 재래식 잠수함의 경우 2004년부터 위안

중국 해군은 또한 해양 전력 투사를 위한 전력 건설에 노력을 집중하고 있다. 이를 위해 확충 중인 전력은 항공모함과 소브레메니급을 포함한 구축함 전력이다. 중국은 2011년 8월에 우크라이나에서 인수한 항모 바랴그를 개조하여 진수하였고, 2012년 9월에는 다롄항에서 후진타오 주석이 참석한 가운데 '랴오닝함'이라는 함명으로 취역식을 가졌다. 이후 두 달 만에 J-15 항모형 전투기의 이착함을 성공시킴으로써 예상보다 훨씬 빠른 전력화 속도를 보이고 있다. 아울러 중국은 랴오닝함과는 별도로 48,000~64,000급 재래식 항공모함 2척 및 9만 3,000톤급 핵추진 항모를 자체 건조할 것으로 알려지고 있다.[12] 중국의 구축함 전력은 기존의 루다(Luda)급 전력에 점차 서방의 기준에 맞추어 동시 다표적 추적 및 요격 능력을 갖춘 함대 방공 기능을 수행할 수 있는 란저우(Lanzhou)급 구축함과 류저우(Luzhou)급 구축함을 차례로 추가하였다. 아울러 러시아의 기술을 도입하여 초음속 대함미사일인 선번(Sunburn, SS-N-22) 미사일을 탑재한 소브레메니급 구축함도 배치하였다.[13]

중국의 해양전략과 군사력 증강 추세를 살펴볼 때 중국은 반접근 및 지역거부 역량의 강화와 전력투사 능력을 강화해나갈 것이다. 결과적으로 중국은 제2 도련선 내측 해역에 대한 통제를 달성한 이후 원거리 전진방어를 위해 항모전투단을 중심으로 막강한 전력투사를 수행하여 적극적인 해양이익을 추구하려 할 것으로 보인다.

일본 역시 공세적 해양전략의 추구와 이를 뒷받침할 수 있는 해

(元)급 잠수함이 도입되기 시작하였으며, 2007년에 AIP(Air Independent Propulsion) 능력이 추가되었다.

12) 「연합뉴스」, 2011.7.4.; 「연합뉴스」, 2012.10.30.

13) 황재연 · 김정환, 『현대 해군의 수상전투함』(서울: 군사연구, 2007), pp. 274-281.

상자위대 전력을 증강시키고 있다. 일본은 「2013 방위계획대강」에서 '통합기동방위력(Dynamic Joint Defense Force)'이라는 개념을 새로이 도입하였는데, 이는 기존 '동적방위력' 개념에 정보 및 네트워크 작전 능력을 추가하여 육해공 자위대의 통합작전 능력의 향상에 초점을 둔 것이다. 이를 통해 원거리 도서 및 탄도미사일 공격에 대한 방어를 강화하여 향후 센카쿠 열도에 대한 일본의 영유권 방어 능력과 북한의 핵미사일 위협 대응 능력을 보다 향상시켜줄 것으로 보인다.

일본의 해상자위대는 호위함 8척 및 항공기 8대로 구성된 호위대군 4개를 유지하여 긴급사태 대비나 원해 작전 임무 등을 수행하도록 하고, 이와는 별도로 3척의 함정으로 구성된 지방대 5개를 편성하여 연안 경계 등의 임무에 할당해왔다. 그런데 새로운 방위 개념이 등장함에 따라 2013년 새로운 「방위계획대강」에서 해상자위대는 4개 호위대군, 6개 호위대, 6개 잠수함대, 1개 소해대군, 9개 항공전대를 제시하였고, 중 · 장기 전력보유를 목표로 구축함 54척(이지스함 8척 포함), 잠수함 22척, 항공기 170대를 제시하였다.

일본은 잠수함 전력도 증강하고 있다. 동북아시아 지역에서 가장 발전된 재래식 잠수함을 보유한 일본은 새로운 방위 개념에 따라 기존의 4개 잠수함대 16척의 잠수함 전력을 6개 잠수함대 22척의 전력으로 확충하기로 하였다. 이는 동중국해에 대한 감시를 보다 원활하게 수행하기 위해서이다. 특기할 만한 것은 일본이 잠수함 전력을 증강하면서 기존에 동중국해를 하나의 권역으로 묶어 감시하던 것을 2개로 나누어 감시하도록 구역을 세분화했다는 점이다. 결과적으로 일본 해상자위대는 6개의 잠수함대를 운용하여 3개의 감시 구역을 감시하게 되었다. 이 밖에도 일본은 원거리 도서에 새로이 육상 전력을 배치하고 오키나와 기지에 F-15를 전환배치하는 등 기본적으로 동중국해 일대에 대한 감시와 전력투사 자원을 증강하였다.[14)]

한편 해상자위대의 전력 개선 역시 꾸준하게 이루어지고 있다. 해상자위대는 아타고(Atago)급과 곤고(Kongo)급 이지스 구축함을 6척 보유하고 있으며, 향후 8척까지 증강 확보할 예정이다. 아울러 2009년에 취역한 1만 3,500톤급의 헬기탑재 호위함 휴가(Huga)와 2011년에 취역한 동형의 이세(Ise) 그리고 2015년에 취역한 2만 4,000톤급의 이즈모함을 포함한 총 3척의 항모형 헬기탑재 호위함(DDH)을 보유하고 있으며, 이외에 한 척의 2만 톤급 헬기탑재 호위함을 추가 확보할 예정이다. 이는 향후 해상자위대가 4개의 경항모 기동전단을 구성할 수 있다는 점을 보여주는 것이다.[15)] 또한, 해상자위대는 자체 방공능력을 갖춘 5,000톤급 신형 호위함을 2012년에 취역시켜 제1호위대군에 배치하였다. 이처럼 일본 해상자위대는 원거리 해양에서 독자적인 작전이 가능하고 첨단 입체전력으로 구성된 강력한 해상투사 전력을 건설하고 있다.

현 아베정권은 향후 보다 적극적인 방위 개념을 도입하고 해상자위대의 전력을 증강할 것으로 보인다. 일본은 그간 유지해온 주변국에 대한 첨단 해양 전력의 우위를 지속적으로 유지하여 자국의 이익을 확보하는 수단으로 활용할 것이다. 한편 일본은 지방대를 호위대로 개편하고 전력을 늘렸던 것처럼 필요에 따라 수상함을 비롯한 해군력을 증

14) 오키나와 서쪽 미야코 섬에 육상자위대 중대 규모 병력을 배치하고, 최서단의 요나구니 섬에 100여 명의 연안 감시부대를 배치하였다.

15) Japan Ministry of Defense, *National Defense Program Guidelines for FY2014 and beyond(Summary)*, p. 9.

강할 수 있을 것으로 판단된다.

중국과 일본의 해군력 증강은 한국에게 영토분쟁 같은 특정 위기 발생 시 직접적인 위협으로 돌변할 수 있는데, 이는 한 · 중 · 일 삼국이 경제적 · 문화적 교류를 활발히 하고 있지만 국가 안보와 관련해서는 서로 양보할 수 없는 국가이익이 관련되어 있기 때문이다. 더욱이 해양에서의 긴장과 갈등을 완화시킬 수 있는 협력적 제도들이 제대로 작동하고 있지 못하는 문제점도 있다. 전 지구적 차원의 유엔해양법협약 레짐은 각국의 주권을 제한할 만큼의 강제권이 없는 한계가 있고, 북한 문제와 관련한 6자회담과 아세안지역포럼(ARF) 그리고 정부-민간 차원의 동북아협력대화(NEACD), 아태안보협력이사회(CSCAP) 등의 다자협력 기구들이 존재하지만 해양분쟁 해결을 위한 역내 기구로는 발전하고 있지 못한 상태이다.[16] 반면, 동북아의 역사적 특수성에 기인한 민족주의의 발현 등은 경우에 따라 국가의 이성적 균형화 기능을 못하게 할 수도 있다. 최근 발생한 한 · 중 · 일 간의 해양영토 주권에 관한 대립이 이를 단적으로 보여주고 있다.

2012년 8월 10일 이명박 대통령은 독도를 전격적으로 방문하고 "독도는 진정한 우리의 영토이고 목숨 바쳐 지켜야 할 가치가 있는 곳"이라고 언급하였다.[17] 이에 대해 일본 정부는 즉각 반박하며 독도 문제를 국제사법재판소에 제소할 것을 요구하는 등 강력하게 대응하였다. 일본은 중국과도 영토 문제에 관한 분쟁에 휘말렸다. 2012년 8월 15일 홍콩의 시민단체 출신 활동가들이 센카쿠(尖閣) 열도[중국명 댜

16) 김태완, "유엔해양법협약 레짐과 동아시아 갈등: 원인과 해결방안", 『국제정치연구』, 제10권, 제1호(2007), pp. 107-122.

17) 「조선일보」, 2012.8.11.

오위다오(釣漁島)]에 상륙하자 일본은 이들을 즉각 체포하여 본국으로 송환하였다.[18] 센카쿠 문제가 중·일 간에 불거진 것은 2010년 9월 중국인 선장이 센카쿠 열도 근해에서 일본 순시선과 충돌한 지 2년 만의 일이다. 이후 다시 일본의 우익 활동가들이 위령제를 명목으로 섬에 상륙하여 중국, 대만 등지에서 이에 대한 반대 운동이 일어나고 있으며 양국 간 영유권 갈등이 점점 더 심화되고 있다.[19] 한편 최근에는 표면화되고 있지 않지만 한국과 중국 간에는 이어도 관할권을 둘러싼 분쟁이 진행 중이다. 한·중 양국은 유엔해양법협약에 가입한 이후 배타적 경제수역 획정을 위해 16차례나 회담을 해왔으나, 국제적 관행인 중간선 원칙을 무시한 중국의 배후 인구와 국토면적 반영 주장으로 중간선을 정하지 못하고 있으며, 이 가운데 이어도에 관한 관할권을 두고 대립하고 있다.[20]

영토 분쟁은 무력이 동반될 가능성이 높고, 전쟁 발발의 주요 원인이 된다.[21] 한국은 장래에 일본 혹은 중국과 실력대결을 통한 영유권 문제 및 관할권 문제를 해결해야 할 입장에 처할 수 있다. 왜냐하면 동북아 각국이 영토에 관한 타협할 수 없는 입장을 고수한다면 마지막 해결 방법은 무력 사용밖에 없기 때문이다. 이러한 가정이 현실화된다면 분쟁의 장소는 해상이 될 것이며, 분쟁에서의 주요 행위자는 해군이 될 것이다. 그렇다면 한국 해군은 일본의 해상자위대가 보유한 48척 체제의 전투함과 22척의 잠수함 전력, 중국의 80여 척에 이르는

18) 「조선일보」, 2012.8.17.

19) 「조선일보」, 2012.8.20.; 「연합뉴스」, 2013.1.18.

20) 「조선일보」, 2012.8.18.; 「조선일보」, 2012.3.25.

21) Paul D. Senese and John A. Vasquez, "Assessing the Steps to War," *British Journal of Political Science*, Vol. 35, No. 4(2005), pp. 607-633.

중 · 대형 전투함과 핵잠수함을 포함한 70여 척의 잠수함 전력 그리고 항공모함 전투단을 상대해야 한다. 주변국의 위협을 잠재적인 것으로 평가하지만 잠재적 위협은 아주 짧은 시간 내에 실재적 위협이 될 수 있기에 이에 대한 물리적 힘의 준비가 필요하다.[22]

3. 비전통적 위협

한국은 비전통적 해양안보 위협에도 당면하고 있다. 비전통적 해양안보 위협은 비국가적 또는 국가적 행위자에 의한 위협으로, 국가의 범위를 벗어나 국제적 파급력을 가지고 있는 초국가적 특성을 지니고 있다. 지난해 3월 발생한 일본의 지진해일 피해와 원전사고 같은 자연재해와 이로 인한 2차 피해, 마약밀매 및 밀수 같은 조직범죄 그리고 소말리아 및 동남아시아 해역에서 발생하고 있는 해적행위 및 해상테러리즘 같은 것이 이러한 범주의 위협에 해당한다. 이러한 위협들은 어느 특정 국가에서만 발생하지 않으며, 그 피해 역시 많은 국가들에게 동시적으로 발생한다.

해양에서 발생하는 비전통적 해양안보 위협은 한국의 해상교통로 안전을 위협하고 있다. 수출입 물동량의 99.7%를 해상수송에 의존하고 있는 한국으로서는 해상교통로상의 안전을 확보하는 것이 국가의 생존과 직결되는 일이다. 한국의 주요 항로는 한중항로, 서남항로, 동남항로, 한일항로 그리고 북방항로가 있으며 그 가운데 제주도 동서해

22) J. R. Hill, *Maritime Strategy for Medium Powers*(London & Sydney: Croom Helm Ltd, 1986), p. 64.

안을 따라 동·남중국해, 말라카-싱가포르 해협을 따라 중동, 유럽에 이르는 서남항로는 원유와 대부분의 수입 자원이 이동하는 가장 중요한 항로이다. 한국으로서는 서남항로의 안전을 확보하는 것이 매우 중요한 국가적 과제이다.

그러나 서남항로는 남중국해 및 말라카-싱가포르 해협 일대에 준동하는 해적으로 인해 통항에 많은 위험이 발생할 수 있는 지역이다. 특히, 연간 3,000여 척의 국적 선박이 통항하고 중동지역에서 국내로 수입되는 원유의 87%가 통과하는 말라카-싱가포르 해협에서의 해적 사건은 2010년 이후 지속적으로 증강하고 있는 추세이며, 특히 2014년에는 44건이 발생하여 최근 5년 중 가장 높은 발생 빈도수를 보이고 있다(표 5-2 참조).[23]

동남아시아 지역과 더불어 한국의 해상교통로 안전을 심각하게 위협하는 지역은 아덴 만 및 소말리아 해역이다. 소말리아는 내전으로 인해 정치·경제·사회적으로 혼란한 상황이며, 사실상 정부 기능이 부재한 전형적인 실패국가의 모습을 보이고 있다. 이에 아덴 만과 소말리아에서의 해적활동은 아프리카 해역에서 가장 높은 빈도수를 차지하고 있다.[24] 소말리아 해적은 한국으로 하여금 초국가적 해양안보 위협의 실체를 확실히 경험하게 하였다. 왜냐하면 한국 국적 또는 한국인이 탑승한 편의치적선들이 해적들의 공격 대상이 되었기 때문이다. 대표적인 사례가 2010년 4월 피랍된 삼호드림호와 2011년 1월 피

23) ReCAAP Information Sharing Centre, *Piracy and Armed Robbery against Ships in Asia Annual Report 2014*(Singapore, ReCAAP Information Sharing Centre, 2015), p. 12.

24) ICC International Maritime Bureau, *Piracy and Armed Robbery Against Ships – 2014 Annual Report*(London, ICC IMB, 2015), p. 5.

〈표 5-2〉 동남아시아 지역 해적피해 발생 현황(2010~2014)[25]

구분	2010	2011	2012	2013	2014
남중국해	17	12	7	10	40
말라카-싱가포르 해협	5	24	12	12	44
동남아시아 전체	99	113	104	124	140

출처: ReCAAP Information Sharing Centre, *Piracy and Armed Robbery against Ships in Asia Annual Report 2014*(Singapore, ReCAAP Information Sharing Centre, 2015), p. 12.

랍된 삼호주얼리호이다. 특히, 삼호주얼리호 사례의 경우는 한국 해군의 청해부대가 '아덴 만 여명 작전'을 통해 우리 선원들을 성공적으로 구출하기도 하였다.

비전통적 해양안보 위협은 앞으로도 쉽게 사라지지 않을 것이다. 자연재해의 경우 세계적인 기후변화로 인하여 발생 빈도와 강도가 증가할 것이며, 그 피해 규모도 늘어날 것으로 전망된다. 소말리아를 포함한 동남아시아의 해적행위는 지속될 것이고, 해양을 이용한 국제적 조직범죄는 점차 늘어날 것이며, 불량국가나 테러조직에 의한 해상테러 및 WMD 확산 같은 불법적 행위는 계속될 것이다. 이러한 요소들은 해양을 활용하여 지속적인 경제적 번영을 도모해야 하는 한국에게는 심각한 해양안보 위협들이다.

25) 해적 피해 발생 현황은 실제 피해 건수만을 집계하였으며, 해적에 의한 공격 시도 건수를 포함하면 전체 피해 발생건수는 증가한다.

3장

21세기 한국의 해양전략

1. 한국의 해양전략 발전 방향: 3축 균형전략

냉전기 국제정치 질서는 국가 중심적 질서가 지배적이었다. 하지만 탈냉전기 국제정치 질서는 국가 중심적 질서와 다중심적 질서가 혼재하고 있다. 로즈노우는 탈냉전기 국제정치 질서는 국가 중심적 세계(State-Centric World)와 다중심적 세계(Multi-Centric World)로 양분화되어 있고, 이 두 세계는 서로 독립적이지만 상호 영향을 주고받는 관계로 형성되어 있다고 평가하였다. 국가 중심적 세계에서는 국가가 핵심 행위자로, 전통적 안보가 중요시되며 국가의 목표 실현을 위해 군사적 수단이 활용되고 행위자 간 상호작용 패턴은 대칭적이라고 주장하였다. 반면, 다중심적 세계에서는 비국가적 행위자가 주요 행위자로 비전통적 안보가 중요시되고, 목표실현을 위한 수단은 협력적 기제가 활용되며, 행위자 간 상호작용 패턴은 비대칭적이라고 진단하였다.[26] 따라서

26) James N. Roseneau, *The Study of World Politics: Theoretical and Methodological Challenges*(New York: Routledge, 2006); James N. Roseneau, *Turbulence in World Politics: A Theory of Change and Conti-*

탈냉전기 국제정치 현상에 대한 분석은 보다 균형 있고 복잡한 고려가 필요하다.

이러한 양분화이론은 동북아시아 해양안보 질서를 평가하는 데 있어서도 매우 유용한 분석틀을 제공한다. 기본적으로 동북아시아 해양안보 질서는 양분화적 양상을 보이고 있다. 동북아시아 해양안보의 국가 중심적 성격으로는 양안 문제, 도서 영유권 분쟁, 해양경계선획정 분쟁 등이 있고, 다중심적 성격으로는 해상교통로에 대한 테러 위협, 해적행위, 해양환경 오염과 선박사고, 자연재해 그리고 기타 불법 해양문제들이 있다. 동북아시아의 양분화적 해양안보환경 특성하에서 한국 해군은 다양한 임무와 역할을 수행하도록 요구받고 있다. 냉전적 질서하에서 해군의 핵심 역할은 군사적 · 외교적 역할에 국한되었고, 따라서 전통적 위협에 대응하기 위한 해양통제와 전력투사 그리고 전력의 현시 같은 전통적 임무의 수행이 필요하였다. 하지만 테러, 해적, 대량살상무기 확산, 자연재해 등 비전통적 위협이 증대된 탈냉전적 질서에서의 해군은 보다 다양한 역할을 수행해야 하며, 이에 전통적 역할과 더불어 해양 감시와 해양질서 유지 같은 비전통적 역할도 동시에 수행할 필요성이 있다. 따라서 동북아시아 해양안보환경의 양분화적 성격을 고려할 때 한국 해군은 국가 중심적 해양안보환경에서는 전통적 임무를, 다중심적 해양안보환경에서는 비전통적 임무를 동시에 병행할 필요가 있다.[27]

---

nuity(New York: Princeton University Press, 1990).

27) 양분화이론을 적용한 선행 연구는 매우 제한적이다. 박봉규 · 이승렬, "동아시아 해양안보와 국제협력: 양분화 이론을 중심으로", 『정치 · 정보연구』, 제12권, 제2호(2009), pp. 99-118; 이승렬 · 배진석, "동아시아의 해양안보환경과 해군력의 역할: 양분화이론과 진자모델을 중심으로", 『21세기정치학회보』, 제21권, 제1호(2011), pp. 199-221.

그동안 한국 해군은 북한의 위협에 대한 대응과 지상작전에 종속된 인식 등으로 인하여 해군 자체의 독립적이고 장기적인 전략 수립에 관한 논의에 소홀했다.[28] 한국이 직면한 해양안보 위협을 고려할 때 한국 해군은 '3축 균형전략'을 추구해야 할 것이다. 〈그림 5-1〉에서 보듯이 한국 해군은 한반도의 통일을 위해 북한이 해양에서 군사적 도발을 하지 못하도록 억제하고, 전시에는 해양에서의 전승을 달성하기 위해 해양통제를 해야 한다. 또한, 동북아의 안정을 위해 해양에서의 균형을 이루어야 하고, 국제 평화에 기여하기 위해서는 해양에서 협력해야 한다. 3축 균형전략이란 해양통제, 해양균형 그리고 해양협력의 3

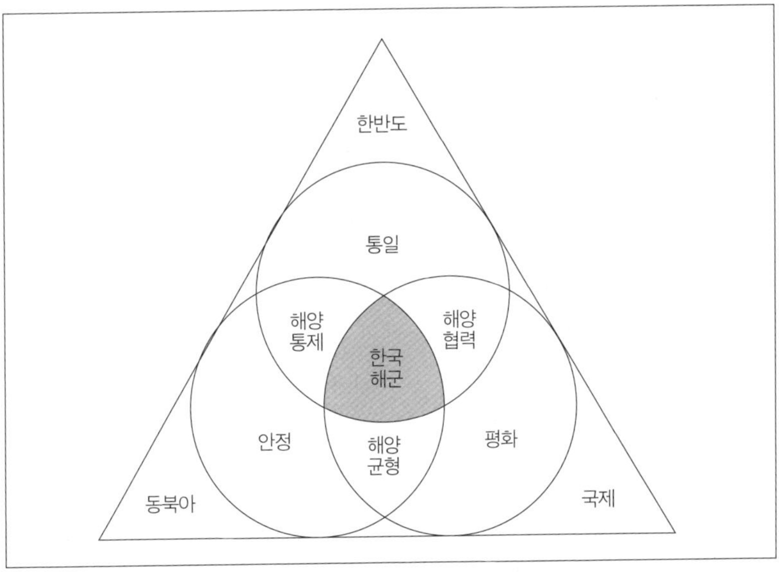

〈그림 5-1〉 한국 해군의 3축 균형전략

---

28) 박창희, "강대국 및 약소국 해양전략사상과 한국의 해군전략: '제한적 근해우세'", 『국가전략』, 제18권, 제4호(2012), p. 93.

가지 전략을 분절적 · 개별적으로 수행하는 것이 아니라 동시적이고 통합적으로 균형 있게 수행하는 것을 의미한다.

한반도에서의 해양통제 전략은 한국이 직면한 북한의 군사적 위협에 대응하기 위한 것이다. 휴전 이후 북한이 일으킨 대부분의 주요 군사적 도발은 해양에서 발생하였다. 이러한 북한의 해양에서의 도발적 행위는 남북관계의 단절과 대립이라는 악순환을 야기함으로써 지속 가능한 협력의 가능성을 저하시키고 한반도의 평화와 안정을 위협하고 있다. 따라서 평시에는 북한의 대칭적 · 비대칭적 도발을 적극적으로 통제하고, 만일 전면전이 발생할 시에는 해양통제[29]를 통한 전쟁 승리에 기여함으로써 한반도의 통일에 기여하는 것이다.

동북아에서의 해양균형 전략의 일차적 목표는 힘의 상대적 균형화를 통해 동북아 주변국과의 해양이익을 둘러싼 분쟁을 사전에 억제하는 데 있다. 만약 불가피하게 분쟁이 발생한 경우에는 한국의 해양주권을 적극적으로 수호하기 위해 분쟁에서의 주도권을 확보함으로써 상황을 한국에게 유리하게 조성하고 분쟁을 조기 종결시키는 데 이차적 목표가 있다. 이를 통해 해양에서의 원상복귀를 달성함으로써 역내 안정을 유지해나가는 전략이다. 사실, 한국보다 월등히 우월한 전력을 보유한 주변국과 균형을 이루는 것은 매우 어렵다. 여기서 주변국을 대상으로 균형을 달성한다는 것은 절대적 균형화가 아닌 필요한 시간과 장소에서 필요한 기간만큼 제한적으로 상대적 균형화를 달성하는 것을 의미한다. 상대적 균형화를 유지하는 동안 한국 해군은 주변

29) 북한 위협 대비 한국 해군의 전략은 연안에서의 해양통제 달성이다. 연안에서의 해양통제란 연안에서 한국 해군이 북한으로부터 방해를 받지 않고 배타적으로 작전을 수행할 수 있는 상태를 의미하며, 연안 내에서 한국 해군이 다른 어느 세력에 대해서도 절대적 우세를 확보한 상태를 의미한다.

국 해군에 비하여 우월한 또는 최소한 동등한 작전능력을 발휘하여야 하고 평시에는 주변국 해군 전력에 대하여 전체적으로 방어태세를 유지하는 가운데 필요시에는 과감히 공세적 태세를 취하여 특정 기간 우세를 달성하는 것이다.

상대적 해양균형은 보다 구체적으로 중국 혹은 일본 해상전력과의 대결 초반에 상대방이 전력의 일부를 투사할 때 한국 해군은 가용전력을 집중하여 최소한 동등하거나 우위의 전력을 투사할 수 있는 능력을 보유하는 것을 의미한다. 즉 상대국이 가용한 해군 전력을 모두 투사할 경우는 아 해군이 열세에 처하게 되지만, 제한적으로 투사할 경우에는 상대적 우세를 달성할 수 있는 정도의 전력을 확보하여 투사하는 것이다. 이를 통해 해당 분쟁을 조기에 종결지을 수 있으며, 외교적으로 해결할 수 있는 여지를 확보할 수도 있고 동맹국이 개입할 수 있는 시간과 여건을 조성할 수도 있다. 이는 상대방과 아 해군이 공히 전면전의 위험을 회피하고 국지전 수준에서 분쟁을 종결할 것이라는 점을 전제로 한다. 한편 한국 해군은 '최적균형전력' 개념에 의거 상대국 해군력에 대한 대칭 및 비대칭 전력을 적절히 균형화한 입체 전력을 건설함으로써 상대국을 효과적으로 억제할 수 있는 수단을 구비하여야 한다. 이를 통해 한국 해군은 상대국 해군이 일방적인 작전행동의 자유를 누리지 못하도록 강제할 수 있을 것이다.

국제사회에서의 해양협력 전략은 해양에서의 초국가적 위협에 효과적으로 대응하기 위해 국제적 해양협력 공조체제에 적극적으로 동참하는 것을 의미한다. 이러한 활동에는 해상교통로를 보호하고 해상테러와 해적에 대응하며 대량살상무기 확산을 저지하는 군사적 활동과 국제적 해양환경 오염방지, 쓰나미, 태풍 등의 자연재해에 대한 인

<표 5-3> 3축 균형전략의 개념화

지역	목표	전략	범위	수단
한반도	통일	해양통제	연안	해군력 (기동함대)
동북아	안정	해양균형	근해	
국제	평화	해양협력	원해	

도주의적 지원, 유사시 재외 국민 탈출 지원 같은 비군사적 활동이 포함된다. 이러한 다양한 해양협력 활동들에 능동적으로 참여하고 주도적인 역할을 하는 것은 한국의 국가 위상을 높일 뿐만 아니라 국제사회의 평화를 유지하는 데도 크게 기여할 것이다. 이상의 논의를 개념화하면 <표 5-3>과 같다.

2. 한국의 해군력 발전 방향: 균형적 첨단 기동함대

한국이 직면한 해양안보 위협을 극복할 방법은 강력한 해군력을 건설하는 것이다. 해양을 통해 가해지는 위협은 해양에서 극복하는 방법밖에 없기 때문이다. 해군력 건설은 장기간이 소요되고 한 번 건설하고 나면 최소한 30년을 활용해야 하기 때문에 현재 위협에만 초점을 둔 전력 건설은 안보상황 변화에 융통성 있게 대응하지 못하는 '치명적 공백'을 초래할 수 있다.[30] 따라서 해군력 건설은 위협과 임무에 대한 종합적 판단에 기초하여 타당한 전력 건설 목표와 개념을 정확히 설정하는 것이 중요하다. 전력 건설 목표는 해군력을 통해 국익을 달

30) 신인균, "국가의 해양주권 수호를 위한 한국해군의 전력건설 방향", 『Strategy 21』, 제15권, 제2호(2012), p. 124.

성할 수 있는 수단적 요소로 정의될 수 있고, 전력 건설 개념은 이러한 수단을 통하여 목표를 달성할 수 있는 방법적 요소로 정의될 수 있다.

향후 한국 해군은 삼중 위협, 즉 북한, 주변국 그리고 비전통적 해양안보 위협에 동시에 대처할 수 있는 전력을 건설하여야 한다. 이를 위해 한국 해군의 소요 전력은 요구 능력을 기반으로 판단되어야 하며, 비대칭적 위협 등에 대해서는 극복해야 할 위협을 중심으로 염출되어 양자가 종합적으로 반영되어야 한다. 3축 균형전략에 따라 한국 해군은 해양통제[31)]를 통해 평시 핵미사일 및 잠수함발사탄도미사일 위협 같은 해양에서의 북한 도발을 억제하고 전면전이 발생하면 한반도 연안을 절대적으로 통제해야 한다. 특히 이를 통해 북한 해군을 조기에 궤멸시키며 전쟁 지속능력을 보장하는 한편, 지상작전을 지원하고 북한에 대한 상륙작전을 실시할 수 있어야 한다. 아울러 한국 해군은 근해에서 주변국과 해양 영유권 또는 관할권 분쟁으로 인한 국지전이 발생할 경우 주권적 이익을 보호하기 위한 최소한의 수단으로 해양균형을 달성할 수 있어야 한다. 이러한 해양균형을 달성하는 것은 주변국과 한국의 해군력을 비교해볼 때 무리한 목표일 수도 있다.[32)] 그러나 필요한 시기와 장소에서 전력의 집중을 통한 상대적 균형은 달성할 수 있을 것이다. 그리고 한국 해군은 원해에서 비전통적 해양안보 위협에 대처할 수 있는 독립적 작전능력의 확보를 통해 해양협력을 이루어야 한다.[33)]

31) Geoffrey Till이 정의한 Working Control 이상의 상태, 즉 아군은 고도의 행동 자유를 지니고 있으면서 적은 고도의 위험을 감수해야 하는 상황을 의미함. Geoffrey Till, 배형수 옮김, 『21세기 해양력』(서울: 한국해양전략연구소, 2011), p. 292.

32) 한국 해군력은 총 톤수 기준으로 볼 때 중국의 16%, 일본의 33%에 불과하다.

33) 박창희 교수는 한국 해군의 전략 개념으로 대북한은 '연안통제', 대주변국은 '제한적 근

현재 한국 해군은 각 해역에 해역함대를 배치하여 북한의 전면전과 국지도발에 대비하고 있으며, 1개 기동전단을 편성하여 해역함대 지원과 근해에서의 주권 수호 및 원해 작전을 매우 제한된 범위 내에서 실시하고 있다. 이러한 상황에서 요구되는 전력은 북한과의 전면전시 해역 함대와 함께 해양통제를 달성할 수 있어야 하며, 주변국과 영토 관련 분쟁이 발생할 경우 해역 경비 전력의 차출로 인한 전력 공백 없이 독자적으로 주변국과의 대결에서 상대적 균형을 달성할 수 있는 전력이어야 한다. 또한, 국제적 해양안보협력 체제에 적극적으로 동참하여 독립적인 원해 작전을 실시할 수 있는 전력이어야 한다.

위의 소요를 충족할 수 있는 전력의 형태는 '기동함대'[34]이다. 기동함대는 전력투사를 목적으로 조직된 상징성과 기동성, 융통성, 접근성 그리고 독자적 작전 운용성이 높은 전력으로 연안에서의 해양통제와 근해에서의 상대적 해양균형 그리고 원해에서의 해양협력을 가능하게 해줄 수 있는 가장 효율적인 전력 형태이다. 따라서 한국 해군은 기동함대를 전력 건설 목표로 설정하여야 하며, 기동함대 전력 수준을 적절히 선정함으로써 전략목표를 성취할 수 있을 것이다.

한국 해군의 전력 건설 개념은 다차원적 위협과 임무 그리고 미래전 양상 같은 전략적 · 전술적 환경에 대한 고려를 통해 규정되어야 한다. 따라서 한국은 대칭적 · 비대칭적 위협과 다양한 임무 그리고 주변

해우세', 국제해양안보위협에 대비해서는 '협력적 방위' 개념을 제시하였고, 향후 한국 해군이 추구해야 할 핵심 전략개념으로 '제한적 근해우세'를 제시하였다. 박창희, 앞의 글, pp. 91-121.

34) 한국 해군은 1989년부터 기획문서상에 '전략기동함대' 용어를 사용하다가 1990년대 중반 이후 주변국이 오해할 수도 있다는 이유로 '전략'을 삭제하고 '기동함대'라는 용어를 사용하고 있다.

국에 비해 상대적으로 열세한 해군력, 무기체계 발전 같은 복잡한 요소들을 고려해야 한다. 이러한 측면을 고려할 때 한국 해군의 전력 건설 개념은 '균형적 첨단 입체전력'으로 설정하는 것이 타당할 것이다. 이는 수상 · 수중 · 공중의 첨단 입체전력과 대칭 · 비대칭 전력이 함께 구성된 능력의 균형과 공세적 전력투사능력과 수세적 방어 및 지원능력이 결합되며, 군사적 임무와 비군사적 임무를 동시에 수행할 수 있는 목적의 균형이 조합된 '최적균형전력'을 의미한다.

4장
결론: 한국 해양전략의 평가와 전망, 함의

20세기가 대륙의 세기였다면 21세기는 해양의 세기이다. 정책결정자들은 이러한 시대적 패러다임 전환을 명확히 인식해야 한다. 특히, 동북아시아 안보질서의 불안정화 및 불확실성이 그 어느 때보다 증대되고 있는 상황에서 한국은 새로운 도전에 대한 냉철한 분석과 미래 안보환경에 대한 치밀한 성찰 위에 다양한 안보 위협에 대처할 수 있는 전략을 수립하고 이를 수행할 수 있는 전력을 확보해야 한다.

21세기의 한국 해군은 국가 중심적 세계에 속하는 전통적 임무에 부가하여 다중심 세계의 비전통적 임무를 함께 수행해야 하는 상황에 놓여 있다. 한국 해군은 전통적 임무의 영역에서 중요한 임무의 변환기를 맞이하게 되었다. 한국 해군이 북한의 전면전 및 국지도발 위협에 대비하는 것은 물론 주변국과 영유권 및 관할권 분쟁을 벌여야 하는 상황이 도래한 것이다. 역사적으로 잠재되어 있던 해양에서의 주권적 이익에 대한 갈등이 최근 중국의 팽창적 해양전략과 해군력 증강, 그리고 일본의 새로운 방위 개념과 해군력 증강으로 인해 본격적으로 한반도 주변 해역에서 쟁점화되기 시작하였다. 최근 한 · 중 · 일

3국이 얽힌 영토 문제가 발생하고 있는 것은 이러한 갈등이 역내의 고질적 문제로 자리 잡을 것임을 알려주는 전조로 받아들여야 한다. 아울러 한국 해군은 국가의 생존과 경제적 번영을 위해 해상교통로 보호 등 원해에서의 비전통적 해양안보 위협에도 대처해야 하는 입장이다.

한국에게는 국가의 사활적 이익을 보호하고 외교정책을 지원해줄 수 있는 군사전략적 수단이 부재하다. 이는 북한의 위협에 경도되어 Tit for Tat식 근시안적 대응으로 인해 보다 종합적이고 장기적인 안목을 토대로 한 국가안보전략의 수립에 미흡했기 때문이다. 해양안보 위협은 국가안보 위협이기에 국가가 중심이 되어 전방위적으로 대응해야 한다. 따라서 한국은 그동안 북한에 대비한 연안 방위에만 쏠려 있던 관심을 보다 넓은 전략적 시각에서 바라보는 인식적 전환이 필요하다.

한국이 직면한 다차원적 해양안보 위협에 효과적으로 대응하기 위해 한국 해군은 해양통제, 해양균형 그리고 해양협력의 3축 균형전략을 추구해야 하며 이를 효과적으로 수행하기 위해서는 기동함대가 필요하다. 해군력은 군사적 활용은 물론 정치적 활용도가 매우 높고 효과성이 입증된 전력이다.[35] 따라서 기동함대는 한국의 국가안보전략을 효과적으로 달성시켜주는 핵심수단으로서 한반도의 통일과 동북아의 안정 그리고 국제평화의 유지에 기여할 것이다.

---

35) 양정승, "설득이론을 통한 해군력의 정치적 사용에 관한 고찰." 『Strategy 21』, 제15권, 제2호(2012), p. 236-262.

에필로그

한반도 주변 강대국들의 안보정책에 관한 움직임은 우리에게 아주 일상적인 뉴스가 된 지 오래다. 국가의 번영을 추구하기 위한 치열한 경쟁 속에서 각 국가의 안보정책은 다양한 국내외 변수를 다루고 있는 종합적인 산물이다. 특히 21세기 한반도 주변국들은 해양에서의 국가이익을 쟁취하기 위한 분주한 움직임을 보이고 있다. 미국은 점점 더 아시아 · 태평양 깊숙이 들어오고 있으며, 중국은 이러한 미국의 접근을 차단하기 위해 해양에서의 만리장성을 쌓고 있다. 한편, 일본과 러시아는 강대국 대열에서 뒤처지지 않기 위해 강력한 해양력을 지속적으로 발전시키고 있다.

이렇듯 미 · 중 · 일 · 러 한반도 주변 강대국들의 발 빠른 움직임을 되새겨 지금 우리에게 필요하고, 앞으로 실천 가능한 우리만의 해양전략을 마련하는 일이 시급한 과제가 되었다. 이는 지금까지 서술한 각국의 해양력 발전과 해양전략을 요약하고, 각국의 움직임을 강조함으로써 우리에게 던지는 메시지를 재차 확인해야 할 충분한 의미를 부여한다.

먼저 미국의 해양전략은 한마디로 '대서양에서 아시아 · 태평양으로'라고 설명할 수 있다. 특히 미국은 탈냉전 이후 국제정치의 지정학적 무게중심이 대서양에서 아시아 · 태평양으로 이동하고 있다는 사실을 인식하고, 이에 대비한 국가전략과 군사 및 해양전략을 실천하고 있다. 19세기 말부터 20세기 초 사이에 해양력의 중요성을 깨닫고 국가 차원에서 대규모 자원을 투입해 건설한 해양력 발전은 결과적으로 지금의 미국을 존재하게 한 큰 힘이 되었다. 당시 미국의 주요 관심 대상은 유럽의 강대국들이었다. 그러나 미국은 21세기 들어 미국에 도전하는 국가를 견제하고, 미국의 국가이익을 극대화시킬 수 있는 장소로 아시아 · 태평양을 선택했다. 이에 따라 해양전략의 무게중심을 대서양에서 아시아 · 태평양으로 서서히 옮기고 있으며, 앞으로 미국의 해양전략은 이를 완전하게 실천하는 방향으로 전개될 것이다.

다음으로 중국의 해양전략은 '대륙국가에서 해양강국'으로 가는 근원을 제공하고 있다고 평가할 수 있다. 중국은 국가안보 위협으로 과거에는 서구 강대국들의 이권 침탈을 경계했으며, 냉전시기에는 소련과 인도 등 육상에서의 국경분쟁에 초점을 둔 안보정책에 매진했다. 그러나 탈냉전기 중국은 대만해협과 남중국해 영토 분쟁 등에서 국가주권을 지키기 위한 적극적인 행보를 보이기 시작한다. 특히 경제 개혁 · 개방을 시작하면서 해양을 통한 국가이익의 중요성을 인식했고, 이러한 결과로 강력한 해양력 건설을 도모할 수 있었다. 최근에는 미국이 중국 주변 해양으로 접근하는 것을 막기 위해 근해 개념을 지속적으로 확장하는 적극적인 해양전략을 구사하고 있으며, 이른바 해양강국이라는 꿈을 실현하기 위한 준비에 박차를 가하고 있다.

한편 일본은 지난 1세기 동안 전쟁을 통해 국가의 흥망을 경험한 역사를 바탕으로 일본의 국가이익 수호를 위한 해양력 확보에 사활을

걸고 있다. 일본의 해양전략은 '일본 제국 해군부터 해상자위대까지'라는 주제에 따라 살펴보았다. 20세기 중반 태평양전쟁이 있기까지 일본은 제국 해군의 이름에 걸맞은 해양력을 보유할 수 있었다. 특히 마한의 함대결전주의 이론을 받아들여 전쟁에서 결정적인 역할을 할 수 있는 해양전략을 준비하고 있었다. 과거의 영광을 뒤로하고 태평양전쟁 이후 일본은 국제사회의 견제 아래 최소한의 자국 방어에 국한된 해양전략을 마련해야 했다. 그러나 21세기 후반 일본의 경제력이 급부상하고, 미국과의 동맹관계에서 일본의 역할이 중요시되면서 일본의 해양전략은 새로운 국면을 마주할 수 있게 되었다. 일본 해상자위대가 점점 더 넓은 해양으로 진출할 수 있는 원동력을 마련해준 것이다.

러시아의 해양전략은 '대양해군에서 균형함대로' 이동하는 과정이라고 설명할 수 있다. 전통적으로 대륙국가인 러시아는 최근 북극해뿐만 아니라 아시아 · 태평양에 집중되는 국제사회의 관심을 자국 해양전략의 발전을 위한 지렛대로 활용하고 있다. 특히 러시아는 과거 수많은 전쟁을 통해 많은 고난을 겪었지만, 그때마다 강력한 해양력의 중요성을 강조한 국가지도자의 의지에 따라 냉전시기까지만 해도 대양해군의 면모를 갖춘 국가로 평가되었다. 그러나 냉전이 끝나고 국가의 해군력이 80% 정도까지 감축되면서 해양전략 또한 구체적인 모습을 갖출 수 없었다. 그러나 최근 강력한 국가로 발돋움하고자 하는 국가지도자의 의지에 따라 새롭게 해양력의 중요성을 인식한 러시아는 균형함대 확보를 통해 강력한 국가의 해양력을 마련해나가고 있다.

이와 같이 안보를 보장하기 위한 국가의 행동은 주변 안보환경이 어떻게 변화하느냐에 따라 달라질 수 있다는 사실을 확인할 수 있었다. 변화하고 있는 안보환경에 발 빠르게 대처할 필요성이 절실한 이유이다. 이 저서를 통해 한반도 주변 4강대국인 미 · 중 · 일 · 러의 해양전략을 살펴봄으로써 우리에게 필요한 준비를 체계적으로 정립하고, 이를 잘 실천할 수 있는 우리만의 특화된 해양전략을 마련해야 할 것이라는 점을 집필자들이 강조하고 있는 이유이기도 하다.

한국의 해양전략은 '연안해군에서 기동해군으로' 발전하는 과정이다. 70년 전 보잘것없는 전력으로 창설된 한국 해군은 그동안 숱한 역경과 도전을 이겨내고 한국의 국가안보와 해양주권을 수호하였으며 국가번영을 선도하는 첨병으로서 맡은 바 임무를 충실히 수행해왔다. 과거 한국 해군은 연안에서의 북한 도발과 위협에 초점을 맞추었다. 하지만 21세기 한국 해군은 연안에서의 북한 위협을 포함한 근해에서의 주변국 위협, 그리고 원해에서의 초국가적 위협에 동시 대응해야 하는 상황이 도래하였다. 특히, 한반도 주변 해양을 둘러싼 강대국들의 경쟁과 대립이 갈수록 심화되고 있는 상황이다. 이러한 해양전략 환경 속에서 한국은 한반도의 통일과 동북아의 안정, 그리고 국제 평화 유지를 위해 해양통제와 해양균형, 해양협력이 어우러진 균형전략을 추구해야 하며 이러한 전략을 수행하기 위한 기동함대를 조속히 건설해야 한다. 한국 해군은 더 이상 연안해군에 머무르지 않고 보다 먼 해양에서의 사활적 국가이익을 보장하기 위해 기동해군으로 발전해나가야 하는 것이다.

끝으로, 이 저서에 실린 글은 바다를 사랑하는 해군장교들이 해군 창설 70주년을 맞이하여 해양력과 해양전략의 중요성을 고취시키기 위한 목적에서 준비되었다. 집필자들은 국가의 안보정책을 평가할 때 어떤 관점에서 보느냐에 따라 해석의 차이가 달라질 수 있다는 사실을 잘 알고 있다. 따라서 이 저서를 통해 정리된 내용은 집필자의 해석 방법에 따라 기존 연구물과는 다른 시각에서 정리되었고, 이러한 의도는 책을 집필하는 과정에서 충분하게 논의되었으며, 각 국가별 집필자 개인의 시각을 고스란히 반영한 독창적인 결과물이라고 할 수 있다. 따라서 부족한 부분은 온전히 집필자들의 책임이다. 아무쪼록 이 저서가 소용돌이치는 동북아 해양의 중심에서 앞으로 한국이 나아갈 방향을 올바르게 찾을 수 있는 항해 길잡이가 되었으면 하는 바람이다.

저자 일동

참고문헌

I부. 미국의 해양전략

김재엽. “미국의 공해전투(Air-Sea Battle): 주요 내용과 시사점”. 『전략연구』, 통권 제54호, 2012.

김태훈. “국방예산 출소 美, 日과 연안전투함 공동 개발 추진”. 「SBS 뉴스」, 2014년 3월 12일자.

로버트 J. 아트, 김동신 · 이석중 역. 『미국의 대전략: 외교정책과 군사전략』. 파주: 나남출판, 2005.

박영준. “동아시아 해양안보의 현황과 다자간 해양협력방안”. 『제주평화연구원 정책포럼』, No. 2012-10, 2012.

박창희. 『군사전략론: 국가대전략과 작전술의 원천』. 서울: 플래닛미디어, 2013.

신성호 · 임경한. “미국의 아시아 올인(All-In)”. 『전략연구』, 통권 제55호, 2012.

윤석준. 『해양전략과 국가발전』. 서울: 한국해양전략연구소, 2010.

이춘근. “미국의 해양전략과 동아시아”, 『21세기 해양갈등과 한국의 해양전략』. 서울: 한국해양전략연구소, 2006.

임경한. “동아시아 해양의 국제정치: 미국의 아시아 중시 전략에 따른 동아시아 해양안보 환경 전망”. 『동북아연구』, 제28권 2호, 2013.

______. “美 2014년 ‘4개년 국방검토보고서(QDR)’에 대한 소고”. 『해양전략』, 제162호, 2014.

제프리 틸, 최종호 · 임경한 역. 『아시아의 해군력 팽창: 군비경쟁의 서막인가?』. 서울: 해양전략연구소, 2013.

조지 베어(George W. Baer), 김주식 역. 『미국 해군 100년사(*One Hundred Years of Sea Power*)』. 서울: 한국해양전략연구소, 2009.

최원기. “미국의 환태평양 파트너십(TPP) 추진 전략: 추진 배경 및 향후 전망”. 『주요 국제문제

분석』, No. 2010-24, 2010.

한국해양수산개발원. 『2012 해운통계요람』. 서울: 한국해양수산개발원, 2012.

합동군사대학교 해군대학. 『주변국 해양전략』. 대전: 합동군사대학교 해군대학, 2013.

헨리 헨드릭스(Henry J. Hendrix), 조학제 역. 『시어도어 루스벨트의 해군외교: 미 해군과 미국 세기의 탄생(*Theodore Roosevelt's Naval Diplomacy: The U. S. Navy and the Birth of the American Century*)』. 서울: 한국해양전략연구소, 2010.

"美해군력 60% 태평양에 배치". 『매일경제』, 2012년 6월 3일자.

Air-Sea Battle Office. "Air-Sea Battle: Service Collaboration to Address Anti-Access & Area Denial Challenges." 〈http://defense.gov/pubs/ASB-Con ceptImplementation-Summary-May-2013.pdf〉

Banco, Erin. "Army to Cut Its Forces by 80,000 in 5 Years." *The New York Times*, June 25, 2013.

Bennett, John. "House approves 2014 defense spending bill." *Military Times*, July 24, 2013.

Bowdish, Randall G. "Global Terrorism, Strategy, and Naval Forces." in Sam J. Tangredi (ed.) *Globalization and Maritime Power*, Washington, D. C.: National Defense University Press, 2002.

Bush, Richard. "The Responses of China's Neighbors to the U. S. 'Pivot' to Asia." *The Brookings Institution*, January 31, 2012.

Clark, Vern. "Sea Power 21: Projecting Decisive Joint Capabilities." *Naval Institute Proceedings*, Vol. 128, No. 10 (2002).

Clinton, Hillary. "America's Pacific Century." *Foreign Policy*, November 2011.

Collins, John M. *Grand Strategy: Principles and Practices*. Maryland: Naval Institute Press, 1973.

Cox, Gregory V. *Naval Defense Planning for the 21st Century: Observations from QDR 2001*. Alexandria, VA.: CNA, 2001.

Donilon, Tom. "America is Back in the Pacific and will Uphold the Rules." *The Financial Times*, November 27, 2011.

Ferguson, Niall and Moritz Schularick. "'Chimerica' and the Global Asset Market Boom." International Finance, *Blackwell Publishing*, Vol. 10(3) (December 2007).

Hattendorf, John B. *U. S. Naval Strategy in the 1990s*. Newport, Rhode Island: Naval War College Press, 2006.

He, Kai. "The hegemon's choice between power and security: explaining U. S. policy toward Asia after the Cold War." *Review of International Studies*, No. 36 (2010).

Irby, Kate. "Military considers cutting 25% of Army personnel, Marines to trim budget for sequester." *McClatchy Washington Bureau*, July 31, 2013.

Kreisher, Otto. "Is the 313 Ship Fleet Realistic?" U. S. Naval Institute Proceedings (January 2008). 〈http://www.usni.org/magazines/proceedings/2008-01/313-ship-fleet-realistic〉

Lasater, Martin L. "U. S. Maritime Strategy in the Western Pacific in the Asia Pacific in the 1990s." *Strategic Review*, Vol. 18, No. 3 (Summer, 1990).

Lawrence, Chris. "Pay, benefits, troops reduction 'on the table' as Pentagon wrestles with budget cuts." *CNN*, July 31, 2013.

Le Mière, Christian. "America's Pivot to East Asia: The Naval Dimension." *Survival*, Vol. 54, No. 3, 2012.

Lim, Kyung-Han. "Containing China: Rising China and U. S. Grand Strategy in the East Asian Seas." 『아태연구』, 제19권 1호, 2012.

______. "Global Access vs. Access Denial: U. S.-Chinese Naval Security Competition in the East Asian Seas." *The Korean Journal of Security Affairs*, Vol. 17, No. 1, 2012.

______. "U. S.-Chinese Naval Security Competition Over the East Asian Seas Since the End of the Cold War," *Doctoral Dissertation*. Seoul: Seoul National University, 2012.

Lobell, Steven E. "The Grand Strategy of Hegemonic Decline: Dilemmas of Strategy and Finance." *Security Studies*, Vol. 10, No. 1 (2000).

MacDonald, Paul K. and Joseph M. Parent, "Graceful Decline?: The Surprising Success of Great Power Retrenchment." *International Security*, Vol. 35, No. 4 (Spring 2011).

Manyin, Mark E. et al. "Pivot to the Pacific? The Obama Administration's 'Rebalancing' Toward Asia." CRS Report for Congress, 2012. 〈http://fas. org/sgp/crs/natsec/R42448.pdf〉

Miles, Donna, "Strategy Guidance Underscores Asia-Pacific Region." American Forces Press Service, 2012.

Modelski, George and William R. *Thompson, Seapower in Global Politics, 1494-1993*. Hong Kong: The Macmillan Press, 1988.

Owens, William A. *High Seas: The Naval Passage to an Uncharted World*. Annapolis, MD: Naval Institute Press, 1995.

O'Rourke, Ronald. "China Naval Modernization: Implications for U. S. Navy Capabilities—Background and Issues for Congress." CRS Report for Congress (April 2008).

______. "Navy Force Structure and Shipbuilding Plans: Background and Issues for Congress." 〈www.fas.org/sgp/crs/weapons/RL32665.pdf〉

Panetta, Leon E. "Defense Strategic Guidance Briefing from the Pentagon." 〈http://defense.gov/landing/comme nt.aspx〉

Panetta. "Remarks by Secretary Panetta at the Shangri-La Security Dialogue in Singapore."

Posen, Barry R. and Andrew L. Ross, "Competing Visions for U. S. Grand Strategy." *Interna-*

tional Security, Vol. 21, No. 3 (1996-1997).

Potter, E. B. *The Naval Academy*. New York: Galand Books, 1971.

Schwartz, General Norton and Admiral Jonathan Greener. "Air-sea Battle: Promoting Stability in an Era of Uncertainty," *The American Interest*, February 20, 2012.

SIPRI (Stockholm International Peace Research Institute). "Trends in World Military Expenditure, 2012." 〈http://books.sipri.org/files/FS/SIPRIES1304.pdf〉

Smith, Edward A. "What '... From the Sea' Didn't Say." *Naval War College Review*, Vol. 48, No. 1 (Winter 1995).

Tapper, Jake. "Obama announces 34,000 troops to come home." *CNN International*, February 13, 2013.

The White House. "National Security Strategy." 〈http://whitehouse.gov/sites/default/files/rss_viewer/national_security_strategy.pdf〉

Tritten, Travis. "Philippine government gives OK for U. S. to use old bases." *Stars and Stripes*, June 7, 2012.

U. S. Commission on National Security/21st Century. *New World Coming: American Security in the 21st Century, Major Themes and Implications, Phase I Report on the Emerging Global Security Environment for the First Quarter of the 21st Century*. Washington, D. C.: Government Printing Office, 1999.

______. *Road Map for National Security: Imperative for Change, Phase III Report on a U. S. National Security Strategy for the 21st Century*. Washington, D. C.: Government Printing Office, 1999.

______. *Seeking a National Strategy: A Concept for Preserving Security and Promoting Freedom, Phase II Report on a U. S. National Security Strategy for the 21st Century*. Washington, D. C.: Government Printing Office, 1999.

U. S. Department of Defense. "Fiscal Year 2013 Budget Request," 2012, 〈www.dcmo.defense.gov/publications/documents/FY2013_Budget_Request_Overview_Book.pdf〉

______. "Quadrennial Defense Review Report." 〈http://defense.gov/qdr/qdr%20as%20%2029jan10%201600.pdf〉

______. "Sustaining U. S. Global Leadership: Priorities For 21st Century Defense." January 2012.

______. "Sustaining U. S. Global Leadership: Priorities for 21st Century Defense." 〈http://defense.gov/news/Defense_Strategic_Gui dance.pdf〉

______. "U. S. National Defense Strategy 2008." June 2008. 〈http://www.defense.gov/news/2008% 20national%20defense%20strategy.pdf〉

U. S. Department of Navy. ... *From the Sea: Preparing the Naval Service for the 21st Century*. Washington D. C.: Government Printing Office, 1992.

U. S. Department of the Navy. *Forward... From the Sea.* Washington D. C.: Government Printing Office, 1994.

U. S. DoD. "United States Department of Defense Fiscal Year 2015 Budget Request Overview." 〈www.comptroller.defense.gov/Portals/45/Documents/defbudget/fy2015/fy2015_Budget_Request_Overview_Book.pdf〉

U. S. Navy, U. S. Marine Corps. U. S. Coast Guard. *A Cooperative Strategy for 21st Century Seapower.* Washington, D. C.: Department of the Navy, 2007.

______. *A Cooperative Strategy for 21st Century Seapower: Forward, Engaged, Ready.* Washington, D. C.: Department of the Navy, 2015.

U. S. Navy. "A Cooperative Strategy for 21st Century Seapower." October 2007. 〈http://www.navy.mil/maritime/MaritimeStrategy.pdf〉

Wimmel, Kenneth. *Theodore Roosevelt and the Great White Fleet.* Washington, D. C.: Brasscy's, 1998.

World Bank, "Gross Domestic Product 2012." 〈http://databank.worldbank.org/data/download/GDP.pdf〉

"Former Carter's adviser calls for a 'G-2' between U. S. and China." The New York Times, January 12, 2009.

"Top Risks 2012, Eurasia Group." 〈http://eurasiagroup.net/pages/top-risks -2012〉

"World Cruise of the Great White Fleet." U. S. Naval Institute Proceedings, No. 10, 1958.

II부. 중국의 해양전략

김기주 · 이승렬. "중국 해군력 부상의 위협성 평가: 능력, 의도, 의지를 중심으로". 『신아세아』, 제19권 1호(2012년 봄).

김덕기. "중국의 잠수함 전력 증강과 전략적 함의". 『해양전략』, 제159호, 2013.

______. 『21세기 중국해군』. 서울: 한국해양전략연구소, 2000.

김민석. "중국군의 해양작전능력과 한국군의 과제". 『Strategy 21』, 제17권 1호(통권 제33호), 2014.

김종두. 『중국해양전략론』. 서울: 문영사, 2002.

김태호. "중국의 군사적 부상과 역내 해양안보: 주변국의 전략적 대비 및 유사를 중심으로". 『Strategy 21』, 제17권 1호(통권 제33호), 2014.

도시 요시하라(Toshi Yoshihara) · 제임스 홈스(James R. Holmes), 윤석준 역. 『태평양의 붉은 별: 중국의 부상과 미국 해양전략에 대한 도전(*Red Star Over the Pacific: China's Rise and the Challenge to U. S. Maritime Strategy*)』. 서울: 한국해양전략연구소, 2012.

박병광. "중국의 항공모함 건조에 관한 소고: 지정학과 군사과학기술 요인을 중심으로". 『국가전략』, 제17권 4호, 2011.

박창희. "21세기 전략환경 변화와 중국의 군사전략". 『중소연구』, 통권 제119호(2008 가을).

알프레드 마한(Alfred Mahan), 김주식 역. 『해양력이 역사에 미치는 영향 1, 2(*The Influence of Sea Power upon History 1660~1783*)』. 서울: 책세상, 1999.

요지 코다. "일본의 해양전략과 동북아 해양안보", 해양전략연구소 편, 『해양안보 환경변화와 한국 해군의 역할』. 서울: 한국해양전략연구소, 2013.

이언오 · 임기택. 『2013 항만 · 공항물류통계집』. 부산: 부산발전연구원, 2013.

이춘근. "해군력이 세계사에 미친 영향". 『Strategy 21』, 제21호, 2008(봄 · 여름호).

정철호. "2013년 중국 국방백서의 대한국전략 함의". 『정세와 정책』, 2013년 7월호.

______. "미국과 중국의 동아시아 해양전략과 한국의 해양안보: 미중간의 남중국해 해양통제권 경쟁과 갈등의 영향". 『세종정책연구』, 2012-8, 2012.

제프리 틸(Geoffrey Till), 배형수 역. 『21세기 해양력(*Seapower: A Guide for the Twenty-First Century*)』. 서울: 한국해양전략연구소, 2011.

프레드릭 벨루치. "중국의 해군 전략과 발전 전망: 제1방어선 확대", 한국해양전략연구소 편, 『중국 해군의 증강과 한 · 미해군 협력』. 서울: 한국해양전략연구소, 2009.

하도형. "중국 해양전략의 인식적 기반: 해권(海權)과 국가이익을 중심으로". 『국방연구』, 제55권 제3호, 2012.

"강한 전투력 열망 중… 임시 명칭 '001A'의 정체는?". 『YTN』, 2013년 9월 26일자.

"적극적 방어… 중국 66년 만에 국방전략 수정". 『중앙일보』, 2015년 5월 27일자.

"중국, 인도양 세이셸 군도에 해군기지 추진". 『한겨레』, 2011년 12월 14일.

Cole, Bernard D. "The History of the Twenty-First-Century Chinese Navy." *Naval War College Review*, Vol. 67, No. 3 (Summer 2014).

Erickson, Andrew and David D. Yang, "On the Verge of a Game-Changer," *Proceedings*, 2009. 135, No. 5.

Kaplan, Robert D. "The Geography of Chinese Power." *Foreign Affairs*, Vol. 89, Issue 3 (2010).

Kennedy, Paul. *Rise and Fall of the Great Powers: Change and Military Conflict from 1500 to 2000*. New York: Random House, 1987.

Menzies, Gavin. *1421: The Year China Discovered America*. New York: Morrow, 2002.

Most, Benjamin A. and Harvey Starr, *Inquiry, Logic, and International Politics*. Columbia: University of South Carolina Press, 1989.

Office of Naval Intelligence. A Modern Navy with Chinese Characteristics. D.C.: Office of Naval Intelligence, 2009.

______. The PLA NAVY: New Capabilities and Missions for the 21st Century. D.C.: Office of Naval Intelligence, 2015.

Office of the Secretary of Defense. Annual Report to Congress: Military and Security Developments Involving the People's Republic of China 2014. D.C.: Department of Defense, 2014.

O'Rourke, Ronald. "Maritime Territorial And Exclusive Economic Zone (EEZ) Disputes Involving China: Issues for Congress." *Congressional Research Service* (August 5, 2014).

______. "Navy Force Structure and Shipbuilding Plans: Background and Issues for Congress." *Congressional Research Service* (August 1, 2014).

Russett, Bruce, Harvey Starr, and David Kinsella, *World Politics: The Menu for Choice*, 8th ed. CA: Wadsworth, 2006.

USNI News. 〈http://news.usni.org/2015/01/20/document-air-sea-battle-name-change-memo〉 (검색일: 2015. 5. 10)

「Jane's Fighting Ships 2012~2013」

「Military Balance 2013」

Ⅲ부. 일본의 해양전략

곤도 다이스케. "급변하는 동북아 정세와 아베 신조의 야망: 김정은과 중국 견제 공조 꿈꾼다". 『월간중앙』, 2014년 8월호.

김기주. "일본의 해양전략 평가와 전망", 한국해양전략연구소 편, 『2013~2014 동아시아 해양안보 정세와 전망』. 서울: 한국해양전략연구소, 2014.

김덕기. 『21세기 중국 해군』. 서울: 한국해양전략연구소, 2000.

김성걸 · 김두승. "세력균형 변동과 일본의 국가안보 전략 구상". 『군사논단』, 2014 여름호.

데이비드 에번스(David C. Evans) · 마크 피티(Mark R. Peattie), 김태준 역. 『日本제국 해군의 발전사(KAIGUN) 상권』. 서울: 국방대학교, 2003.

데이비드 핼버스탬(David Halberstam), 정윤미 · 이은진 역. 『The COLDEST WINTER: 한국전쟁의 감추어진 역사』. 경기: 살림출판사, 2007.

도시 요시하라(Toshi Yoshihara) · 제임스 홈스(James R. Holmes), 윤석준 역. 『태평양의 붉은

별: 중국의 부상과 미국 해양전략에 대한 도전(*Red Star Over the Pacific: China's Rise and the Challenge to U. S. Maritime Strategy*)』. 서울: 한국해양전략연구소, 2012.

마고사키 우케루(孫崎享), 양기호 역. 『미국은 동아시아를 어떻게 지배했나: 일본의 사례, 1945~2012년』. 서울: 메디치, 2012.

배정호. 『일본의 국가전략과 안보전략』. 서울: 도서출판 나남, 2006.

부형욱. "미국의 신국방전략지침과 한반도 안보". 『합참』, 제51호(2012. 2).

윤석준. 『해양전략과 국가발전』. 서울: 한국해양전략연구소, 2010.

이시카와 야스시(石川泰志), 김일상 역. 『일본해군국방사상사(日本海軍國防思想史)』. 서울: 한국해양전략연구소, 2000.

이춘근. "일본 해군력 발전의 역사적 궤적", 이홍균 편, 『日本의 해양전략과 21세기 동북아 안보』. 서울: 한국해양전략연구소, 2002.

임인수. "해양전략의 기본개념 연구". 『해양전략』, 제88호(1995. 9).

정호섭. 『海洋力과 미 · 일 안보관계: 미국의 對日 統制手段으로서의 本質』. 서울: 한국해양전략연구소, 2001.

한용섭 외. 『미 · 일 · 중 · 러의 군사전략』. 서울: 국방대안보문제연구소, 2008.

해군대학. 『세계 해전사』. 대전: 해군대학, 1998.

해군본부. 『해군기본교리』. 대전: 해군본부, 2002.

후지와라 아키라(藤原彰), 엄수현 역. 『일본군사사(日本軍史史)』. 서울: 시사영어사, 1987.

히라노 류지. "해군전략과 해군력 균형이 개전 결의에 미친 영향: 러일전쟁을 사례로", 『2014년 한 · 일 전쟁사 학술회의』. 서울: 국방부 군사편찬연구소, 2014.

히라미쓰 시게오, 이용빈 역. 『마오쩌둥과 덩샤오핑의 백년대계: 중국군의 핵 · 해양 · 우주 전략을 독해한다』. 서울: 한국해양전략연구소, 2014.

김용출. "내년도 日방위예산 3.5% 증액". 『세계일보』, 2014년 8월 30일자.

김현기. "아베, 승리 직후 개헌은 나의 큰 목표이자 신념". 『중앙일보』, 2014년 12월 15일자.

"미 국방, 미 · 일동맹 효율화 공개지지". 『국민일보』, 2014년 7월 2일자.

"아베 맘대로 전쟁할 수 있는 일본". 『중앙일보』, 2014년 7월 2일자.

"일본 각의, 집단적 자위권 행사 가능… 전쟁 허용되는 나라…". 『동아일보』, 2014년 7월 1일자.

인터넷 영문판 2012년 일본의 방위백서. 〈http://www.mod.go.jp/e/publ/w_paper/2012.html〉 (검색일: 2013년 10월 5일)

인터넷 영문판 2014년 일본의 방위백서. 〈http://www.mod.go.jp/e/publ/w_paper/2014.html〉 (검색일: 2014년 9월 8일)

일본 해자대 홈페이지. 〈http://www.mod.go.jp/msdf/formal/english〉 (검색일: 2014년 4월 30일)

阿川尙之.『海の友情』. 東京: 中央出版社, 2009.

日野景一. "海自隊 弟1次 防衛力 整備計劃". 『世界の艦船』, 弟534號, 東京: 海人社, 1998.

Auer, James. *The Postwar Rearmament of Japanese Maritime Forces, 1945-1971*. New York: Irvington Pub., 1973.

Brzezinski, Zbigniew. *Strategic Vision: America and the Crisis of Global Power*. New York: Basic Books, 2012.

Clinton, Hillary. "America's Pacific Century." *Foreign Policy*, November 2011.

Cole, Bernard D. *Asian Maritime Strategies: Navigating Troubled Waters*. Annapolis, MD: Naval Institute Press, 2013.

Evans, David C. and Mark R. Peattie, *Kaigun: Strategy, Tactics and Technology in the Imperial Japanese Navy 1887-1914*. Annapolis, MD: Naval Institute Press, 1997.

Mahan, A. T. *The Influence of Seapower upon History: 1660~1783*. New York: Hill and Wang, 1957.

Toshi Yoshihara and James Holmes, "Japanese Maritime Thought: If not Mahan, Who?" *Naval War College Review*, Vol. 59, No. 3 (Summer 2006).

U. S. Department of Defense. "Sustaining U. S. Global Leadership: Priorities For 21st Century Defense." January 2012.

Valencia, Mark J. "Oil and Gas Potential, Overlappinng Claims, and Political Relations." Geroge Kent and Mark J. Valencia(eds.), *Marine Policy in Southeast Asia*, Berkeley. University of California Press, 1985.

〈http://news.naver.com/main/read.nhn?mode=LSD&mid=shm&sid1=104&oId=001&aid=0006780451〉(검색일: 2014년 5월 12일)

Ⅳ부. 러시아의 해양전략

국제문제연구소. 『방위연감 1990~1991년』. 서울: 국제문제연구소, 1990.

권석민. "독도 영유권 분쟁 고찰: 동아시아 영토분쟁을 중심으로". 『Strategy 21』, 제28호(2011년 겨울호), 서울: 한국해양전략연구소, 2011.

권태영 · 노훈. 『21세기 군사혁신과 미래전』. 서울: 법문사, 2008.

김덕기. "북극해의 전략적 가치와 러시아의 전략적 접근". 『Strategy 21』, 제29호(2012년 여름호), 서울: 한국해양전략연구소, 2012.

니콜라이 에피모프, 정재호 · 김영욱 역. 『러시아 국가안보』. 서울: 한국해양전략연구소, 2011.

두진호. "푸틴 집권 시기 러시아의 안보정책 평가와 전망". 『군사논단』, 통권 제79호(2012년 여름호).

드미트리 트레인(Dmitri Trenin). "러시아군의 현대화: 21세기 전략을 찾아서". 『한반도 군비통제』, 제1회 서울안보대화 특집 논문, 2012. 12.

브레진스키, 김명섭 역. 『거대한 체스판』. 서울: 삼인, 2000.

서동주. "2010년 러시아 신군사독트린의 내용과 시사점". 국가안보전략연구소, 2010. 2. 18.

심경욱. "러시아의 해양전략과 해군력 발전추이". 『Strategy 21』, 제21호(봄 · 여름호), 서울: 해양전략문제연구소, 2009.

예브게니 카나예프. "아시아 · 태평양 해양안보와 북한의 핵미사일 개발". 『제11회 국제해양력 심포지엄: 도전과 기회의 바다! 해양안보 환경변화와 해군의 역할』 발표문, 2013. 9. 6.

이재영. "러시아 · 중앙아시아 국가들의 자원외교 전략". 『정세와 정책』, 제144호(2008년 4월호).

제인 데이비스(Jane Davis) 편저. 『냉전 후 세계의 안보문제』. 서울: 국방대학원 안보문제연구소, 1997.

한국국방연구원 연구보고서. 『2010 동북아 군사력과 전략동향』. 서울: 한국국방연구원, 2010.

한국전략문제연구소. 『동북아 전략균형 2012』. 서울: 한국전략문제연구소.

해군전투발전단 편. 『중국 · 러시아 해군사 연구』. 해군본부, 2002.

"러시아, 10척 군함단 북쪽으로 보낸 까닭은". 『중앙일보』, 2013년 9월 16일자.

"얼음 녹은 북극 자원 '신대륙'을 잡아라". 『조선일보』, 2010년 12월 10일자.

『연합뉴스』, 2013년 1월 4일자.

『부산일보』, 2013년 10월 22일자.

『비즈니스 투데이』, 2002년 10월 8일자.

러시아 국방부. 〈http://www.mil.ru/〉 (검색일: 2014. 8. 25.), 리아노보스치(검색일: 2014. 3. 21.)

〈http://eng.globalaffairs.ru/number/n_11281〉 (검색일: 2013. 12. 9.)

〈http://mil.ru/〉 (검색일: 2014. 8. 25.)

〈http://structure.mil.ru/structure/forces/type.htm〉 (검색일: 2013. 12. 27.)

〈http://www.m.cafe. naver. com/anytimeyouwant/24〉 (검색일: 2013. 12. 8.)

〈http://www.wikipedia.ru〉 (검색일: 2014. 1. 5.)

Lee, James R. *Climate change and armed conflict: hot and cold wars*. New York: Routledge, 2009.

"Strategy and the National Security of the Russian Federation Until 2020." May 12, 2009, 〈http://www.scrf.gov.ru/documents/99.html〉

Александров, Л. И. 『Тихоокеанский флот России 1731-2006гг (К 275-летию)』. Владивосток: Дальнаука, 2006.

Андрей Кокошин. "Политология и социология военной стратегии." Москва: URSS, 2014.

Андрей Конопляник · Николай Никитин. "Туркменский газ в Европе Нефте?" 『газовая Вертикаль』, No. 18, 2010.

Андрей Панов. "Морская сила России 300лет." Москва: Эксмо, 2005.

Иван Айвазовский, "Документы и материалы", Ереван, 1967.

РИА Новости. 〈http://www.rian.ru〉 (검색일: 2013. 12. 20.; 2013. 12. 26.)

Росийская газета. 〈http://www.rg.ru〉 (검색일: 2010. 9. 8.; 2010. 12. 1.)

V부. 한국의 해양전략

국방부. 『2014 국방백서』. 서울: 국방부, 2014.

김기주 · 이승렬. "중국 해군력 부상의 위협성 평가: 능력, 의도, 의지를 중심으로". 『신아세아』, 제19권 1호, 2012.

김태완. "유엔해양법협약 레짐과 동아시아 갈등: 원인과 해결방안". 『국제정치연구』, 제10권 1호, 2007.

도시 요시하라(Toshi Yoshihara) · 제임스 홈스(James R. Holmes), 윤석준 역. 『태평양의 붉은 별: 중국의 부상과 미국 해양전략에 대한 도전(*Red Star Over the Pacific: China's Rise and the Challenge to U. S. Maritime Strategy*)』. 서울: 한국해양전략연구소, 2012.

박봉규 · 이승렬. "동아시아 해양안보와 국제협력: 양분화 이론을 중심으로". 『정치 · 정보연구』, 제12권 2호, 2009.

박창희. "강대국 및 약소국 해양전략사상과 한국의 해군전략: '제한적 근해우세'". 『국가전략』, 제18권 4호, 2012.

반길주. 『국제 현실정치의 바다전략: 해양접근전략과 균형적 해양투사』. 서울: 한국해양전략연구소, 2012.

신인균. "국가의 해양주권 수호를 위한 한국해군의 전력건설 방향". 『Strategy 21』, 제15권 2호, 서울: 해양전략문제연구소, 2012.

양정승. "설득이론을 통한 해군력의 정치적 사용에 관한 고찰". 『Strategy 21』, 제15권 2호, 서울: 해양전략문제연구소, 2012.

이승렬 · 배진석. “동아시아의 해양안보환경과 해군력의 역할: 양분화이론과 진자모델을 중심으로”. 『21세기정치학회보』, 제21권 1호, 2011.

제프리 틸(Geoffrey Till), 배형수 역. 『21세기 해양력』. 서울: 한국해양전략연구소, 2011.

황재연 · 김정환. 『현대 해군의 수상전투함』. 서울: 군사연구, 2007.

『연합뉴스』, 2010년 9월 15일자; 2011년 7월 4일자; 2012년 10월 30일자; 2013년 1월 18일자.

『조선일보』, 2012년 3월 25일자; 8월 11일자; 17일자; 18일자; 20일자.

Chang, Amy and John Dotson, *Indigenous Weapons Development in China's Military Modernization*. Washington D.C.: U. S.-China Economic and Security Review Commission, 2012.

Hill, J. R. *Maritime Strategy for Medium Powers*. London & Sydney: Croom Helm Ltd, 1986.

ICC International Maritime Bureau. Piracy and Armed Robbery Against Ships–2014 Annual Report. London.: ICC IMB, 2015.

International Institute for Strategic Studies. *Military Balance 2015*. London.: IISS, 2015.

Japan Ministry of Defense. National Defense Program Guidelines for FY2014 and beyond (Summary).

Lee, Sangyup. *Ships, Security, and Symbols: A Constructivist Explanation of South Korea's Naval Build-Up. Ph. D. Dissertation*. New Jersey: Rutgers, The State University of New Jersey, 2013.

Office of the Secretary of Defense. Annual Report to Congress: Military and Security Developments Involving the People's Republic of China 2011. Washington D.C.: Office of the Secretary of Defense, 2011.

ReCAAP Information Sharing Centre. Piracy and Armed Robbery against Ships in Asia Annual Report 2014. Singapore, ReCAAP Information Sharing Centre, 2015.

Roseneau, James N. *The Study of World Politics: Theoretical and Methodological Challenges*. New York: Routledge, 2006.

______. *Turbulence in World Politics: A Theory of Change and Continuity*. New York: Princeton University Press, 1990.

Senese, Paul D. and John A. Vasquez, “Assessing the Steps to War”. *British Journal of Political Science*, Vol. 35, No. 4, 2005.

찾아보기

ㅂ

ㅅ

ㅇ

ㅈ

123

ABC

저자 약력

해군소령 **임경한**

기수 - 해사 53기

주요 근무경력
- 참-372(고속정) 정장
- 해군사관학교 평가과장
- 해군사관학교 군사전략학과장

주요 교육경력
- 해군사관학교(학사)
- 한국개발연구원 국제정책대학원(석사)
- 서울대학교(국제학 박사)

해군중령 **오순근**

기수 - 해사 51기

주요 근무경력
- 해군본부 전력분석시험평가단 미래전개념담당
- 황도현함(유도탄고속함) 함장
- 해군본부 기획관리참모부 함정전력담당

주요 교육경력
- 해군사관학교(학사)
- 국방대학교/미 해군대학원(국가안보학 석사)
- 미국 사우스캐롤라이나대학(국제정치학 박사)

해군중령 **박남태**

기수 - 해사 47기

주요 근무경력
- 경기함(구축함) 통신관
- 강경함(기뢰탐색함) 함장
- 광양함(구조함) 함장

주요 교육경력
- 해군사관학교(학사)
- 국방대학교(석사)
- 미국 텍사스 A&M 대학교(국제관계학 박사)

해군중령 **정재호**

기수 – 해사 49기

주요 근무경력
- 해군본부 정책실 주변국담당
- 원주함(초계함) 함장
- 순항훈련전단 작전참모

주요 교육경력
- 해군사관학교(학사)
- 한국외국어대학교(학사)
- 러시아 모스크바국립대학교(국제관계학 석 · 박사)

해군중령 **김기주**

기수 – 해사 49기

주요 근무경력
- 해군사관학교 국제관계학과 교수
- 국방대 안보문제연구소 군사전략연구센터장
- 국방대학교 군사전략학과 교수

주요 교육경력
- 해군사관학교(학사), 연세대학교(학사)
- 미국 해군대학원(국가안보학 석사)
- 미국 뉴욕주립대학교(정치학 박사)